Praktische Elektronik

Lizenz zum Wissen.

Sichern Sie sich umfassendes Technikwissen mit Sofortzugriff auf tausende Fachbücher und Fachzeitschriften aus den Bereichen: Automobiltechnik, Maschinenbau, Energie + Umwelt, E-Technik, Informatik + IT und Bauwesen.

Exklusiv für Leser von Springer-Fachbüchern: Testen Sie Springer für Professionals 30 Tage unverbindlich. Nutzen Sie dazu im Bestellverlauf Ihren persönlichen Aktionscode C0005406 auf *www.springerprofessional.de/buchaktion/*

Jetzt 30 Tage testen!

Springer für Professionals.
Digitale Fachbibliothek. Themen-Scout. Knowledge-Manager.

- Zugriff auf tausende von Fachbüchern und Fachzeitschriften
- Selektion, Komprimierung und Verknüpfung relevanter Themen durch Fachredaktionen
- Tools zur persönlichen Wissensorganisation und Vernetzung

www.entschieden-intelligenter.de

Springer für Professionals

Peter F. Orlowski

Praktische Elektronik

Analogtechnik und Digitaltechnik für die industrielle Praxis

Peter F. Orlowski
Technische Hochschule Mittelhessen
Gießen, Deutschland

Zusätzliche Materialien finden Sie unter: http://www.springer.com/978-3-642-39004-3

ISBN 978-3-642-39004-3 ISBN 978-3-642-39005-0 (eBook)
DOI 10.1007/978-3-642-39005-0

Die Deutsche Nationalbibliothek verzeichnet diese Publikation in der Deutschen Nationalbibliografie; detaillierte bibliografische Daten sind im Internet über http://dnb.d-nb.de abrufbar.

Springer Vieweg
© Springer-Verlag Berlin Heidelberg 2013
Das Werk einschließlich aller seiner Teile ist urheberrechtlich geschützt. Jede Verwertung, die nicht ausdrücklich vom Urheberrechtsgesetz zugelassen ist, bedarf der vorherigen Zustimmung des Verlags. Das gilt insbesondere für Vervielfältigungen, Bearbeitungen, Übersetzungen, Mikroverfilmungen und die Einspeicherung und Verarbeitung in elektronischen Systemen.

Die Wiedergabe von Gebrauchsnamen, Handelsnamen, Warenbezeichnungen usw. in diesem Werk berechtigt auch ohne besondere Kennzeichnung nicht zu der Annahme, dass solche Namen im Sinne der Warenzeichen- und Markenschutz-Gesetzgebung als frei zu betrachten wären und daher von jedermann benutzt werden dürften.

Gedruckt auf säurefreiem und chlorfrei gebleichtem Papier.

Springer Vieweg ist eine Marke von Springer DE. Springer DE ist Teil der Fachverlagsgruppe Springer Science+Business Media
www.springer-vieweg.de

Vorwort

Das vorliegende Buch ist ein anwendungsorientiertes Kompendium der Analog- und Digitaltechnik für Studierende der Elektrotechnik und des Maschinenbaus sowie für Ingenieure in der industriellen Praxis.

Das Werk basiert auf langjähriger industrieller Praxis in der Anlagenprojektierung und Geräteentwicklung sowie dem Vorlesungs- und Laborbetrieb im Bereich der Angewandten Elektronik als auch der Mess- und Regeltechnik.

Es hat die Zielsetzung, Basiswissen der Elektronik zusammen mit den zugehörigen mathematischen Grundlagen kompakt und stets an praxisnahen Beispielen orientiert zu vermitteln.

In den Kapiteln der Analogtechnik werden vornehmlich Schaltungen mit Operationsverstärkern und ihre Anwendungen behandelt, ergänzt durch mess- und regeltechnische Applikationen aus verschiedenen Bereichen der Automatisierungstechnik. Voraussetzung für den Schaltungsentwurf sind lediglich die Grundkenntnisse der Elektrotechnik.

Die Kapitel der Digitaltechnik befassen sich vornehmlich mit Schaltungen der CMOS-Technik und deren zahlreiche Anwendungen aus der industriellen Praxis.

Im letzten Kapitel ist eine Einführung in die SPS-Programmierung dargestellt, die auf dem Grundwissen der Digitaltechnik basiert.

Zu den verschiedenen Schaltungen sind die jeweiligen industriellen Anwendungsgebiete angegeben.

Die wichtigsten analogen und digitalen Datenblätter sowie Videos mit Laborversuchen sind von der Homepage des Autors abrufbar:

prof-orlowski.jimdo.com

Im Anhang finden sich die Laborversuche dargestellt sowie Prüfungsaufgaben und Lösungshinweise.

Linden, Sommer 2013 Peter F. Orlowski

Inhaltsverzeichnis

Grundzüge der Analogtechnik

1

1.1 Größen und Einheiten

Zum Verständnis physikalischer Vorgänge ist es vorteilhaft, die ihnen zugrundeliegenden Gesetzmäßigkeiten durch Gleichungen zu beschreiben. In solchen Gleichungen stehen die Buchstaben für Symbole der physikalischen Größen, gebildet aus dem Produkt aus Zahlenwert und Einheit.

Die Einheiten physikalischer Größen sind unter anderem im internationalen Einheitensystem (SI-System) festgelegt. Für die Beschreibung der Eigenschaften elektrotechnischer Größen wie Ladung, Strom, Induktivität usw. gelten die in Tab. 1.1 angegebenen Definitionen.

Tab. 1.1 Wichtige elektrische Größe und Einheiten

Größe	Einheit	Zeichen	Abgeleitete SI-Einheiten	Basis-SI-Einheiten
Frequenz	Hertz	Hz		s^{-1}
Kraft	Newton	N	J / m	$m \cdot kg \cdot s^{-2}$
Druck	Pascal[N 3]	Pa	N / m^2	$m^{-1} \cdot kg \cdot s^{-2}$
Energie, Arbeit, Wärmemenge	Joule	J	N · n; Ws	$m^2 \cdot kg \cdot s^{-2}$
Leistung	Watt	W	J / s; VA	$m^2 \cdot kg \cdot s^{-3}$
Elektrische Ladung	Coulomb	C		$A \cdot s$
Elektrische Spannung (elektrische Potenzialdifferenz)	Volt	V	W / A	$m^2 \cdot kg \cdot s^{-3} \cdot A^{-1}$
Elektrische Kapazität	Farad	F	C / V	$m^{-2} \cdot kg^{-1} \cdot s^4 \cdot A^2$
Elektrischer Widerstand	Ohm	Ω	V / A	$m^2 \cdot kg \cdot s^{-3} \cdot A^{-2}$
Elektrischer Leitwert	Siemens	S	1 / Ω	$m^{-2} \cdot kg^{-1} \cdot s^3 \cdot A^2$
Magnetischer Fluss	Weber	Wb	V · s	$m^2 \cdot kg \cdot s^{-2} \cdot A^{-1}$
Magnetische Flussdichte, Induktion	Tesla	T	Wb / m^2	$kg \cdot s^{-2} \cdot A^{-1}$
Induktivität	Henry	H	Wb / A	$m^2 \cdot kg \cdot s^{-2} \cdot A^{-2}$

P. F. Orlowski, *Praktische Elektronik*, DOI 10.1007/978-3-642-39005-0_1,

© Springer-Verlag Berlin Heidelberg 2013

1.2 Grundlegende Bauelemente

Der Widerstand aller Metalle und Metalllegierungen ist bei gleicher Temperatur eine Konstante. Er ist weder strom- noch spannungsabhängig (ohmsches Gesetz).

$$R = \frac{U}{I}$$

Somit besteht ein linearer Zusammenhang zwischen Spannung und Strom, dem eine Gerade in der U-I-Kennlinie entspricht (Abb. 1.1). Gleiches gilt für die Kennlinien von Fotowiderständen in Abhängigkeit von der Beleuchtungsstärke E sowie für Si-Temperatursensoren mit dem Parameter Temperatur T.

Zwischen der Materiallänge l, dem Querschnitt A und dem spezifischen Leitwert κ eines ohmschen Widerstandes besteht der Zusammenhang (Tab. 1.2).

$$R = \frac{l}{\kappa \cdot A}$$

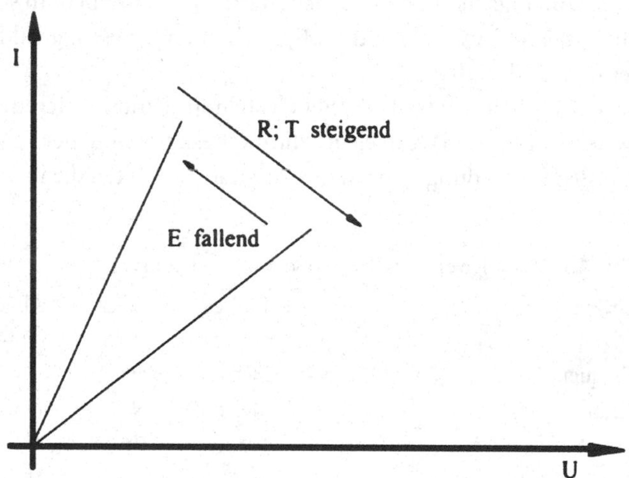

Abb. 1.1 U-I-Kennlinie ohmscher Widerstände, Fotowiderstände und Si-Temperatursensoren

Tab. 1.2 Kennwerte von Leiterwerkstoffen

Werkstoff	Leitfähigkeit κ bei 20 °C in Sm / mm^2	Temperaturbeiwert α bei 10^{-3} / K
Aluminium, weich	36,0	4,0
Gold	43,5	3,8–4,0
Kupfer, weich	57,1	3,8
Leitungskupfer	56,2	3,92
Silber	60,6	3,8

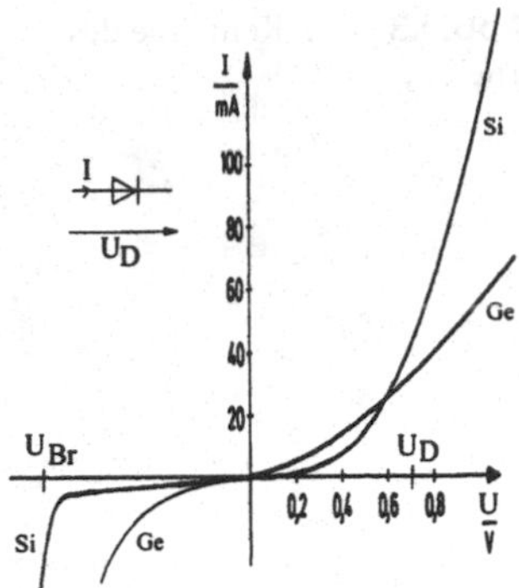

Abb. 1.2 U-I-Kennlinie der Si-Diode und Ge-Diode

Vielen Bauelementen der Elektrotechnik liegt ein nicht linearer Zusammenhang zwischen Spannung und Strom zugrunde. Zu diesen gehören besonders die Halbleiterbauelmente wie Diode, Thyristor und Transistor.

Abbildung 1.2 stellt die Kennlinien von Silizium- und Germaniumdiode dar. Erst bei Überschreiten der Durchlassspannung U_D steigt der Strom stark an. Die Durchlassspannung ergibt sich mithilfe der Sekante durch den 100 %- und 10 %-Punkt des Stromes I entlang des Durchlassbereiches ($U_D \approx 0{,}7\,V$ bei Siliziumdioden). In Sperrichtung, also bei negativer Spannung, fließt lediglich der sehr geringe Sperrstrom. Er liegt im µA–nA-Bereich.

Bis zur Durchbruchspannung U_{Br} ist die Diode praktisch nichtleitend. Wird diese Spannung überschritten, steigt der Strom stark an, ebenso die Verlustleistung und die Temperatur, was zur Zerstörung der Diode führt.

Bei Z-Dioden oder Zenerdioden liegt ein möglichst scharfer Zenerknick im Sperrbereich vor. Diese Dioden sind speziell für den Betrieb im Durchbruchbereich $U_{Br} = U_Z$ ausgelegt. Die Z-Dioden werden vornehmlich zur Spannungsbegrenzung bzw. -stabilisierung genutzt. Im Durchlassbereich verhalten sie sich praktisch wie Si-Dioden.

Ein weiteres nicht lineares elektrisches Bauelement ist der Thyristor, er weist drei Kennlinienbereiche im U-I-Diagramm auf (Abb. 1.3). Die Sperrkennlinie zeigt das Verhalten des Thyristors im nichtleitenden Zustand bis zur Durchbruchspannung, die Blockierkennlinie den nichtleitenden Zustand bis zur Nullkippspannung U_{B0}. Das Zünden (Einschalten) des Thyristors, also der Übergang von der Blockier- in die Durchlasskennlinie, kann auf verschiedene Weise erfolgen:

- Durch einen Steuerimpuls am Gate G von ausreichender Amplitude und Dauer zum gewünschten Zeitpunkt.
- Mit einem Steuergleichstrom von ausreichender Amplitude.
- Durch Überschreiten der Nullkippspannung U_{B0}. Dies kann jedoch zur Zerstörung des Thyristors führen.

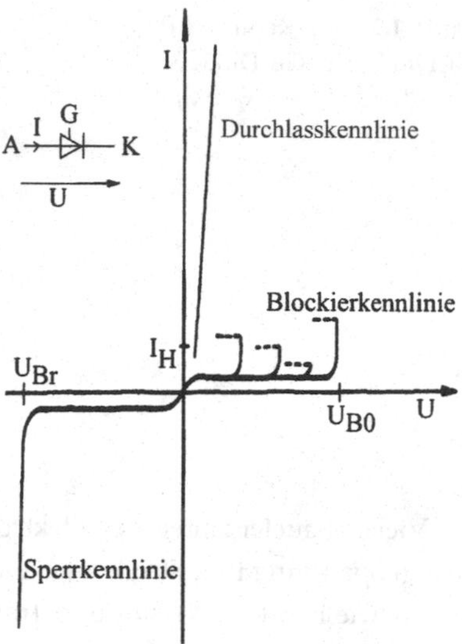

Abb. 1.3 *U*-*I*-Kennlinie des Thyristors

- Unerwünschtes Zünden des Thyristors durch eine zu steil ansteigende positive Anodenspannung. Diese kritische Spannungsanstiegsgeschwindigkeit ist bei der Dimensionierung von Schaltungen der Leistungselektronik zu berücksichtigen.

Der Abschaltvorgang eines Thyristors ist durch den Übergang von der Durchlasskennlinie auf die Blockier- oder Sperrkennlinie gekennzeichnet. Er wird durch das Unterschreiten des Haltestroms I_H bzw. durch eine negative Spannung zwischen Anode und Kathode des Thyristors ausgelöst. Nach Ablauf einer Freiwerdezeit kann erneut gezündet werden.

Anwendungsgebiete für Thyristoren sind hauptsächlich Schaltungen der Leistungselektronik (Stromrichter) zur quasi verlustlosen Leistungssteuerung elektrischer Antriebe.

Der Transistor in seinen verschiedensten Bauarten und Schaltungsvarianten ist ein weiteres wichtiges Bauelement der Analogtechnik.

Hier soll lediglich das Verhalten eines Bipolartransistors in der häufig verwendeten Emitterschaltung gezeigt werden. Weitere Anwendungen sind in [1] und [2] beschrieben. Das zugehörige Schaltbild und die Kennlinienfelder sind in Abb. 1.4 dargestellt.

Es ist zu erkennen, dass mit einem relativ kleinen Basisstrom I_B ein großer Kollektorstrom I_C über den Lastwiderstand R_C gesteuert werden kann. Diese Schaltung stellt somit einen Stromverstärker dar, mit der Verstärkung:

$$B = \frac{I_C}{I_B}.$$

Der Transistor lässt sich z. B. vom Übersteuerungsbereich in den Sperrbereich schalten oder umgekehrt und kann so als Schalter zwischen zwei definierten Zuständen eingesetzt werden.

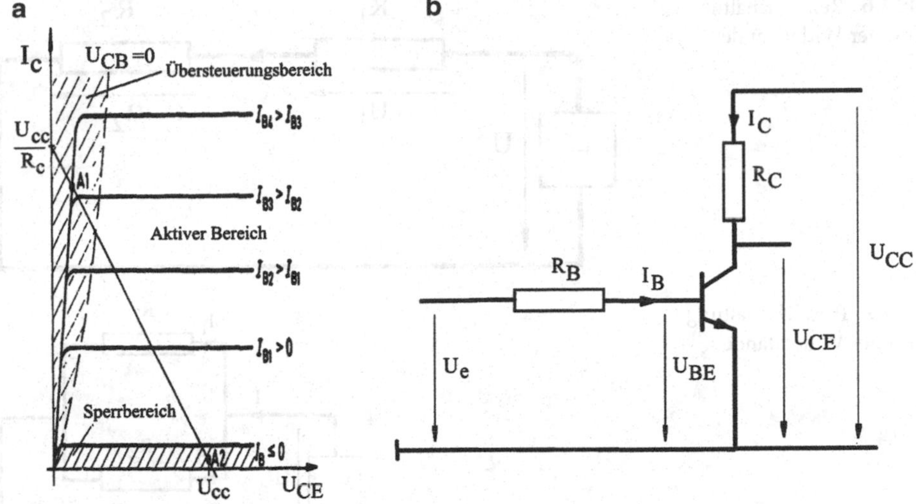

Abb. 1.4 Transistorkennlinien mit Widerstandsgerade und Emitterschaltung

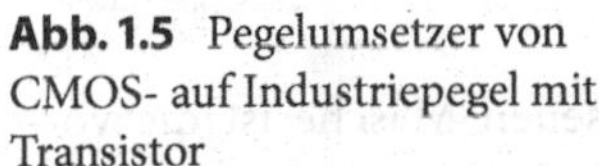

Abb. 1.5 Pegelumsetzer von CMOS- auf Industriepegel mit Transistor

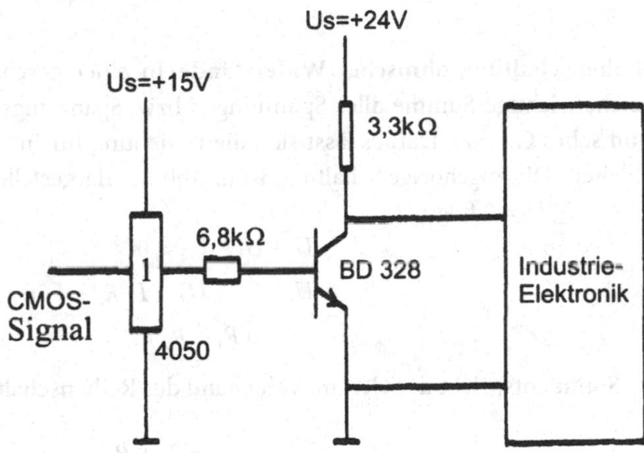

Abbildung 1.5 zeigt eine passende Anwendung als Pegelumsetzer von der CMOS-Technik ($U_s = 15\,V$) mit geringer Ausgangsbelastbarkeit auf den Pegel der Industrieelektronik ($U_s = 24\,V$) für höhere Belastbarkeit.

1.3 Gesetze elekrischer Netzwerke

Die Berechnung elektrischer Netzwerke basiert wesentlich auf den Kirchhoff'schen Gesetzen. Die auftretenden Spannungen und Ströme lassen sich bestimmen, wenn man die Kombinationen aus Reihen- und Parallelschaltung der Widerstände sinnvoll zusammenfasst.

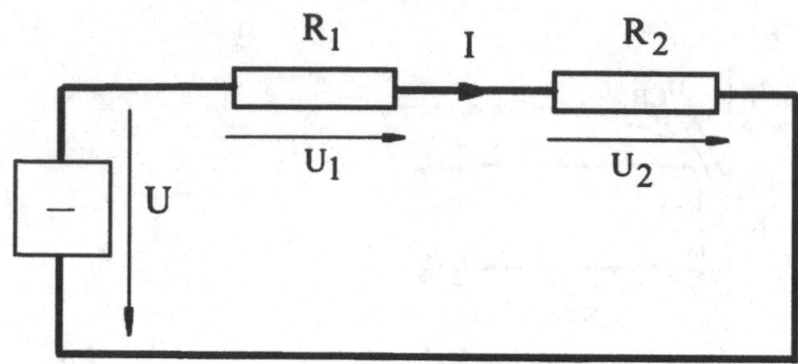

Abb. 1.6 Reihenschaltung ohmscher Widerstände

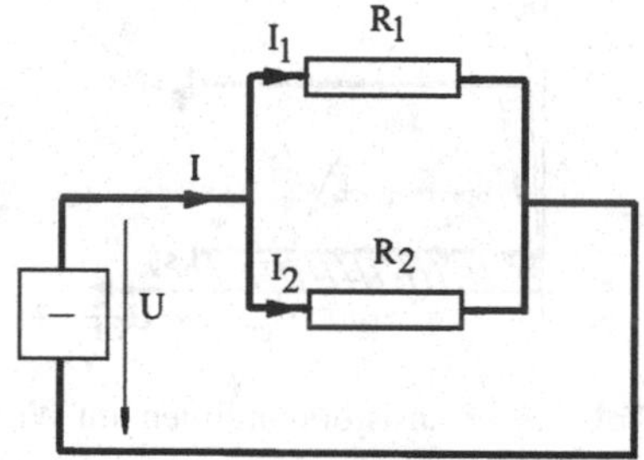

Abb. 1.7 Parallelschaltung ohmscher Widerstände

Reihenschaltung ohmscher Widerstände In einer geschlossenen Masche ist die vorzeichenrichtige Summe aller Spannungen bzw. Spannungsabfälle gleich Null (II. Kirchhoff'sches Gesetz). Daraus lässt sich die Beziehung für in Reihe geschaltete Widerstände ableiten. Die zugehörige Schaltung ist in Abb. 1.6 dargestellt.

Mit $\sum U = 0$ folgt:

$$\begin{aligned} U - U_1 - U_2 &= 0 \\ U = U_1 + U_2 &= I \cdot R_1 + I \cdot R_2 \\ &= I(R_1 + R_2)\,. \end{aligned}$$

Somit entspricht der Gesamtwiderstand der Reihenschaltung:

$$R_g = R_1 + R_2\,.$$

Parallelschaltung ohmscher Widerstände: Im Knoten eines elektrischen Netzwerkes ist die Summe aller Ströme gleich Null (I. Kirchhoff'sches Gesetz). Daraus lässt sich die Beziehung für parallel geschaltete Widerstände ableiten. Die zugehörige Schaltung zeigt Abb. 1.7.

Mit $\sum I = 0$ folgt:

$$\begin{aligned} I - I_1 - I_2 &= 0 \\ I &= I_1 + I_2\,. \end{aligned}$$

Da die Spannung U an beiden Widerständen anliegt, ergibt sich weiter:

$$\frac{U}{R_g} = \frac{U}{R_1} + \frac{U}{R_2}\,.$$

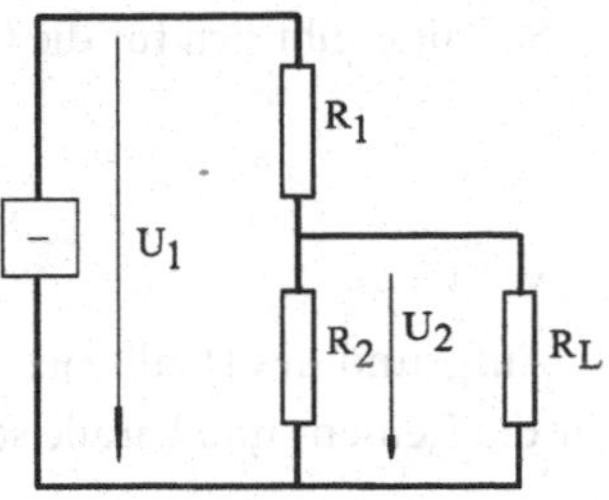

Abb. 1.8 Belasteter und unbelasteter Spannungsteiler

Damit wird der Gesamtwiderstand der Parallelschaltung:

$$\frac{1}{R_g} = \frac{1}{R_1} + \frac{1}{R_2} \quad \text{bzw.} \quad R_g = \frac{R_1 \cdot R_2}{R_1 + R_2} .$$

Belasteter und unbelasteter Spannungsteiler Häufig wird in einer Schaltung eine Teilspannung abgegriffen, die mit einem Lastwiderstand R_L belastet sein kann (Abb. 1.8). Dabei verhalten sich die Spannungen wie die zugehörigen Widerstände (Spannungsteilerregel).

Es folgt für den belasteten Spannungsteiler:

$$\frac{U_2}{U_1} = \frac{\frac{R_2 R_L}{R_2 + R_L}}{R_1 + \frac{R_2 R_L}{R_2 + R_L}} = \frac{R_2 R_L}{R_1(R_2 + R_L) + R_2 R_L}$$

$$\frac{U_2}{U_1} = \frac{R_2 R_L}{R_1 R_2 + R_L(R_1 + R_2)} . \tag{1.1}$$

Beim unbelasteten Spannungsteiler geht $R_L \to \infty$ und es gilt:

$$\frac{U_2}{U_1} = \frac{R_2}{R_1 + R_2} . \tag{1.2}$$

Reihen und Parallelschaltung von Induktivitäten und Kondensatoren Er setzt man in Abb. 1.6 die Widerstände durch Induktivitäten, erhält man für deren Reihenschaltung folgenden Zusammenhang:

$$U = U_1 + U_2 = L_1 \cdot \frac{dI}{dt} + L_2 \cdot \frac{dI}{dt} = \frac{dI}{dt}(L_1 + L_2) .$$

Damit ist die Gesamtinduktivität der Reihenschaltung:

$$L_g = L_1 + L_2 .$$

Ersetzt man in Abb. 1.7 die Widerstände durch Induktivitäten, erhält man für deren Parallelschaltung folgenden Zusammenhang:

$$I = I_1 + I_2 = \frac{1}{L_1} \int u \cdot dt + \frac{1}{L_2} \int u \cdot dt = \int u \cdot dt \left(\frac{1}{L_1} + \frac{1}{L_2} \right) .$$

So mit ergibt sich für die Gesamtinduktivität:

$$\frac{1}{L_g} = \frac{1}{L_1} + \frac{1}{L_2} .$$

Aufgrund des Dualismus zwischen Induktivität und Kapazität kehren sich die Regeln für die Reihen- und Parallelschaltung bei Kondensatoren um und lauten somit:

Reihenschaltung: $\frac{1}{C_g} = \frac{1}{C_1} + \frac{1}{C_2}$ bzw. $C_g = \frac{C_1 \cdot C_2}{C_1 + C_2}$

Parallelschaltung: $C_g = C_1 + C_2 .$

1.4 Wechselspannungsnetzwerke

Die zeitliche Abhängigkeit von sinusförmigen Wechselspannungen lässt sich mit einem Zeiger- und Liniendiagramm darstellen (Abb. 1.9). Darin ist die Sinusfunktion des umlaufenden Zeigers mit dem Winkel φ und die Amplitude $\hat{u}$ ein Maß für die Spannung u, also:

$$u = \hat{u} \sin \varphi .$$

Ein Umlauf des Zeigers $\hat{u}$ mit der Kreisfrequenz ω entspricht $\varphi = 360°$ oder $\varphi = 2\pi$. Mit $\omega = 2\pi f$ gilt dann für den Verlauf der Spannung:

$$u = \hat{u} \sin(\omega t) . \tag{1.3}$$

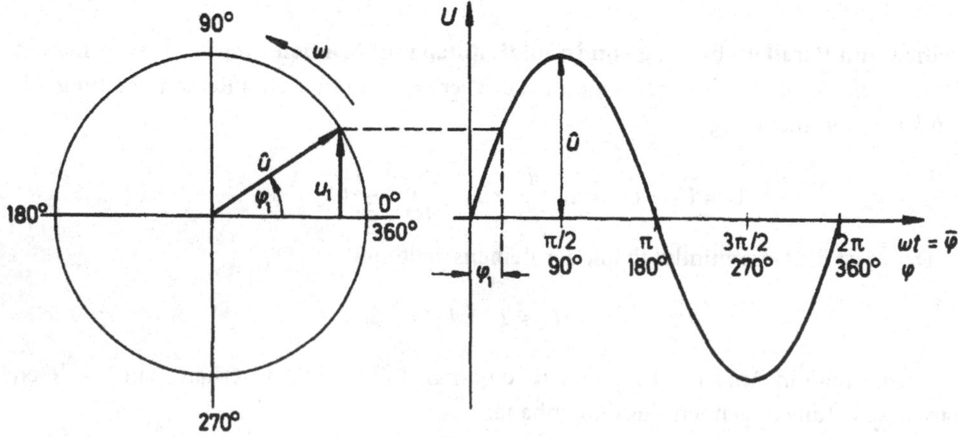

Abb. 1.9 Zeiger- und Liniendiagramm einer sinusförmigen Wechselspannung

Abb. 1.10 Zeitlicher Verlauf von u und i an einem ohmschen Widerstand

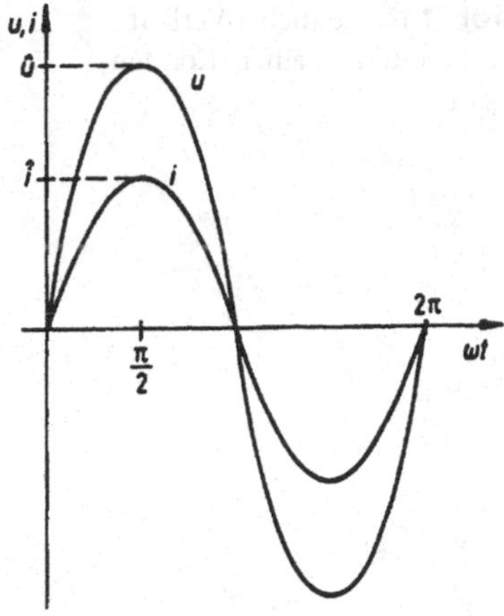

Der zugehörige Strom an einem ohmschen Widerstand ist dann:

$$i = \frac{\hat{u}}{R}\sin(\omega t) = \hat{\imath}\cdot\sin(\omega t)\ . \tag{1.4}$$

Spannung und Strom verlaufen somit in Phase (zeitgleiche Schwingung) und unterscheiden sich lediglich in der Amplitude (Abb. 1.10).

Ein an der Wechselspannung u nach Gl. 1.3 angeschlossener idealer Kondensator zeigt folgendes Verhalten des Stromverlaufs:

$$\text{Mit}\quad i = C\frac{du}{dt}\quad \text{folgt}\quad i = C\frac{du}{dt}\hat{u}\sin(\omega t)\ .$$

Nach Differenziation ergibt sich $i = \omega C\cdot\hat{u}\cos(\omega t)$ und mithilfe eines Additionstheorems schließlich der Kondensatorstrom zu:

$$i = \omega C\cdot\hat{u}\sin\left(\omega t + \frac{\pi}{2}\right)\ . \tag{1.5}$$

Beim Kondensator eilt der Strom der Spannung vor, die Phasenverschiebung beträgt demnach $\omega = 90°$ (Abb. 1.11).

Eine Induktivität (Spule) an Wechselspannung nach Gl. 1.3 ergibt für den Strom folgenden Zusammenhang:

$$i = \frac{1}{L}\int u dt\quad \text{also}\quad i = \frac{\hat{u}}{L}\int \sin(\omega t)dt\ .$$

Nach Integration und Hilfe eines Additionstheorems erhält man schließlich für den Strom an einer Spule:

$$i = \frac{\hat{u}}{\omega L}\sin\left(\omega t - \frac{\pi}{2}\right)\ . \tag{1.6}$$

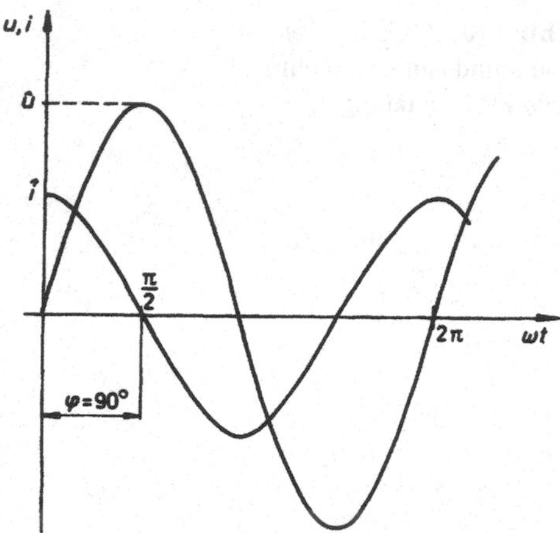

Abb. 1.11 Zeitlicher Verlauf von *u* und *i* an einem Kondensator

Bei der Spule eilt der Strom der Spannung nach, d. h. $\varphi = -90°$.

Die Beschreibung *zusammengesetzter* physikalischer Systeme durch Differenzialgleichungen erweist sich allgemein als sehr umständlich. Eine Betrachtung im Frequenz- und Bildbereich mithilfe der Laplace-Transformation ist meist vorteilhafter. Wegen des engen Zusammenhangs zwischen Laplace-Transformation und komplexer Rechnung sollen zunächst einige komplexe Beziehungen kurz erklärt werden.

Eine komplexe Zahl $\underline{Z}$ und eine konjugiert komplexe Zahl $\underline{\underline{Z}}$ sind mit der imaginären Einheit $j = \sqrt{-1}$ definiert als

$$\underline{Z} = a + jb \quad \text{und} \quad \underline{\underline{Z}} = a - jb\,. \tag{1.7}$$

Bei einer elektrotechnischen Deutung der Gl. 1.7 entspricht der Realteil a dem ohmschen Widerstand R. Der Term jb besteht aus der elektrischen Schaltung der komplexen Widerstände $\underline{X}_L$ und $\underline{X}_C$. Diese sind der Induktivität und der Kapazität zugeordnet.

$$\underline{X}_L = j\omega L \quad \text{und} \quad \underline{X}_C = \frac{1}{j\omega C}\,. \tag{1.8}$$

Die komplexe Zahl $\underline{Z}$ lässt sich in der gaußschen Zahlenebene als Vektor (Zeiger) darstellen, der durch grafische Addition von Real- und Imaginärteil beschrieben werden kann (Abb. 1.12). Die Spiegelung von $\underline{Z}$ an der reellen Achse entspricht der konjugiert komplexen Zahl $\underline{\underline{Z}}$.

Der Vektor $\underline{Z}$ wird auch durch seinen Betrag (Länge) und den Winkel zur reellen Achse (Re) beschrieben. Es gilt:

$$|\underline{Z}| = \sqrt{a^2 + b^2} \tag{1.9}$$

$$\varphi = \arctan\frac{b}{a} = \arctan\frac{\mathrm{Im}(\underline{Z})}{\mathrm{Re}(\underline{Z})}\,. \tag{1.10}$$

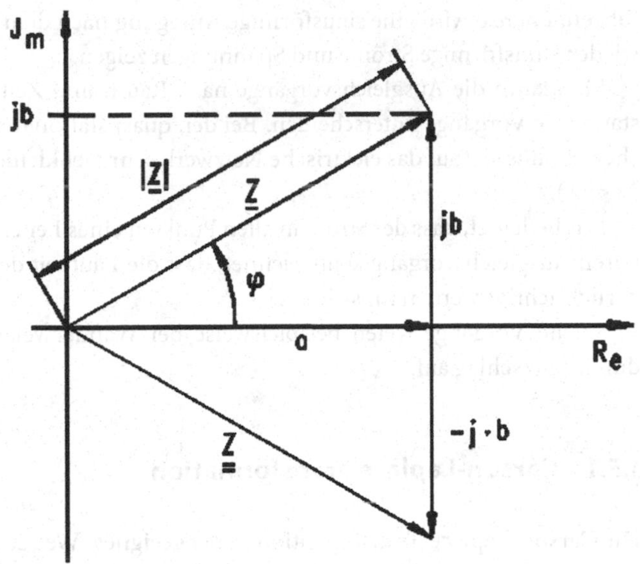

Abb. 1.12 Zeiger in der gaußschen Ebene

Die Darstellung von $\underline{Z}$ als trigonometrische Funktion ist besonders in der Wechselstromtechnik verbreitet. Es ist dann:

$$\underline{Z} = |\underline{Z}| \cdot (\cos\varphi + j\varphi \sin\varphi) .$$

Mit der Eulerschen Gleichung

$$e^{\pm j\varphi} = \cos\varphi \pm j \cdot \sin\varphi . \tag{1.11}$$

ergibt sich schließlich die Exponentialform einer komplexen Zahl:

$$\underline{Z} = |\underline{Z}| \cdot e^{j\varphi} . \tag{1.12}$$

1.5 Ausgleichsvorgänge

Für das Verständnis des dynamischen Verhaltens elektrischer Netzwerke ist die Kenntnis der Ausgleichsvorgänge wichtig.

Er ist definiert als der Übergang von einem eingeschwungenen Zustand bei $t < 0$ in einen anderen eingeschwungenen Zustand nach $t \geq 0$.

Bei der Betrachtung von Ausgleichsvorgängen werden üblicherweise die Parameter R, C und L der beteiligten Energiespeicher als konstant vorausgesetzt.

Die Anregung eines elektrischen Netzwerkes durch konstante Größen wird nach Abklingen des Ausgleichsvorgangs wieder zu konstanten Größen von Strom und Spannung führen. Ebenso wird eine sinusförmige Anregung nach dem Ende des Ausgleichsvorgangs wieder sinusförmige Ströme und Spannungen zeigen.

Man kann die Ausgleichsvorgänge nach Raum und Zeit in nichtstationäre und quasi stationäre Vorgänge unterscheiden. Bei den quasi stationären Vorgängen sind die räumlichen Einflüsse v auf das elektrische Netzwerk sehr viel kleiner als die kleinste Wellenlänge ($v \ll \lambda$).

Das bedeutet, dass der Strom in allen Punkten eines Leiters gleich ist. Einen nicht stationären Ausgleichsvorgang kennzeichnet, dass die Laufzeit des elektromagnetischen Feldes berücksichtigt werden muss ($v < \lambda$).

Solche Vorgänge treten beispielsweise bei Wanderwellen an elektrischen Leitungen durch Blitzschlag auf.

1.5.1 Carson-Laplace-Transformation

Die Carson-Laplace-Transformation ist der geeignete Weg zur Berechnung von Ausgleichsvorgängen. Im Anschluss an die Arbeiten von O. Heaviside haben J. R. Carson und vor allem K. W. Wagner [3, 4, 5] folgendes Laplace-Integral angegeben:

$$L[f(t)] = F(p) = p \cdot \int_{0}^{\infty} f(t) \cdot e^{-pt} \cdot dt\,. \tag{1.13}$$

Die komplexe Variable ist zur Unterscheidung nun benannt mit:

$$p = \sigma + j\omega\,.$$

Für die Originalfunktion $f(t)$ und die Konvergenz des Integrals gelten die gleichen, zuvor genannten Bedingungen.

Somit ist die Gl. 1.13 eine Transformationsformel für die Carson-Laplace-Transformation, die folgende Vorteile aufweist:

- Bildfunktion $F(p)$ und Originalfunktion haben die gleiche Dimension,
- eine Laplace-transformierte Konstante bleibt konstant,
- die Laplace-Transformierte der Einheitssprungfunktion $\sigma_0(t)$ ist 1.

Gewöhnliche lineare Differenzialgleichungen werden mit der Carson-Laplace-Transformation in rein algebraische Gleichungen überführt und lassen sich dann elementar lösen (Abb. 1.13).

Dabei spielt der von O. Heaviside und speziell von K. W. Wagner eindeutig begründete Operatorenbegriff eine große Rolle.

Für lineare Systeme, die sich im eingeschwungenen Zustand befinden bzw. für die der energielose Anfangszustand gilt, lässt sich die zugehörige Differenzialgleichung mithilfe

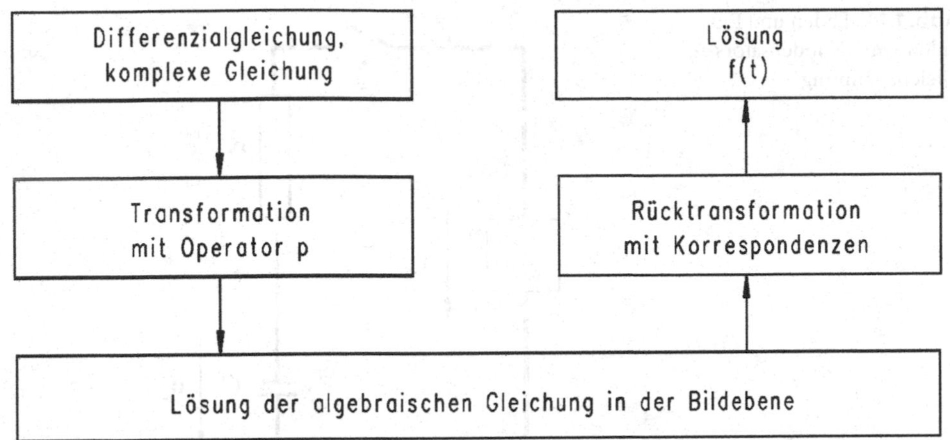

Abb. 1.13 Schema zur Transformation und Rücktransformation

des Operators p direkt in den Bildbereich transformieren. Es ist dann formal zu setzen:

$$p = \frac{d}{dt} \quad \text{bzw.} \quad \int_0^t d\tau = \frac{1}{p} . \tag{1.14}$$

In allen anderen Fällen gilt die allgemeine Form des Differenziationssatzes als Transformationsvorschrift (Tab. 2.1, Nr. 1 Mitte in [6]). Die Funktion $F(p)$ ist zunächst für beliebige Werte $p = \sigma + \mathrm{j}\,\omega$ definiert. Bei rein imaginärem p befindet sich die zugehörige Originalfunktion $f(t)$ im eingeschwungenen Zustand mit sinusförmigen Schwingungen der Kreisfrequenz ω.

Bekanntlich kann nach Fourier jeder nichtperiodische physikalische Vorgang als ein kontinuierliches Spektrum von Dauerschwingungen dargestellt werden. Es ist daher oft angebracht, für komplexe Funktionen den Operator

$$p = j\omega \tag{1.15}$$

zu benutzen. Zumal in diesem Fall die Übertragungsfunktion $F(p)$ in den für die Regeltechnik wichtigen Frequenzgang $F(\mathrm{j}\omega)$ übergeht.

Die Rücktransformation zur Bestimmung der Originalfunktion kann mit dem Umkehrintegral erfolgen. Es lautet für $t > 0$:

$$f(t) = \frac{1}{2\pi j} \cdot \int_{\sigma - j\infty}^{\sigma + j\infty} \frac{F(p) \cdot e^{pt}}{p} dp . \tag{1.16}$$

Das Umkehrintegral braucht jedoch meist nicht berechnet zu werden. Man benutzt vielmehr Korrespondenztabellen (Tab. 1.3), die mit den Rechenregeln der Carson-Laplace-

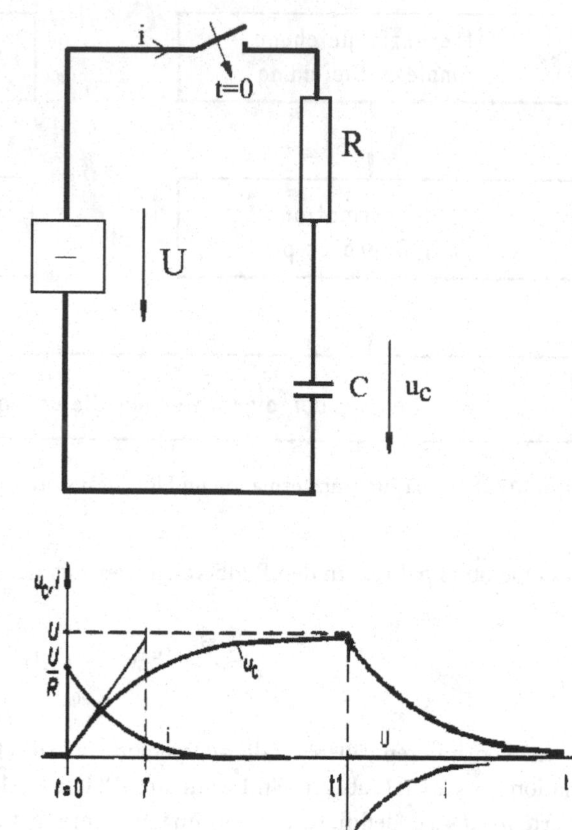

Abb. 1.14 Laden und Entladen eines Kondensators an Gleichspannung

Transformation erstellt wurden. In diesen Tabellen ist jeder Bildfunktion $F(p)$ eindeutig eine Originalfunktion $f(t)$ zugeordnet.

Kann die Bildfunktion nicht direkt tabellarisch in den Zeitbereich rücktransformiert werden, führen der Entwicklungssatz von Heaviside, der Residuensatz und die Partialbruchzerlegung in der Regel zur Lösung.

1.5.2 Gleichstromschaltvorgänge

Zunächst soll die sehr häufig in der Analog- und Digitaltechnik vorkommende Schaltung für das Laden und Entladen eines Kondensators an Gleichspannung betrachtet werden. Die Schaltung für das Laden ist in Abb. 1.14a dargestellt.

Tab. 1.3 Korrespondenzen der Carson-Laplace-Transformation

Nr.	Bildfunktion $F(p)$	Originalfunktion $f(t)$
1	1 | konst.	$\sigma_0(t)$ | konst.
2	$1 - e^{-pT_1}$	$\sigma_0(t) - \sigma_0(t - T_1)$
3	$e^{-pT_1} - e^{-pT_2}$	$\sigma_0(t - T_1) - \sigma_0(t - T_2)$
4	$\frac{1}{p^n}$	$\frac{t^n}{n!}$
5	$\frac{p}{(p \pm a)^n}$	$\frac{t^{n-1}}{(n-1)!} \cdot e^{\mp at}$
6	$\frac{\pm a}{p \pm a}$	$1 - e^{\mp at}$
7	$\frac{a^2}{(p \pm a)^2}$	$1 + (\mp at - 1) \cdot e^{\mp at}$
8	$\frac{a^n}{(p + a)^n}$	$1 - e^{-at} \cdot \sum_{m=1}^{n} \frac{(at)^{n-1}}{(n-1)!}$
9	$\frac{ab}{p(p \pm a)}$	$\pm bt - \frac{b}{a}(1 - e^{\mp at})$
10	$\frac{ab}{(p + a)(p + b)}$	$1 + \frac{be^{-at} - ae^{-bt}}{a - b}$

Tab. 1.3 (Fortsetzung)

Nr	Bildfunktion F(p)	Originalfunktion f(t)
11	$\frac{abc}{(p+a)(p+b)(p+c)}$	$1 - \frac{bc(c-b)e^{-at}}{(a-b)(a-c)(c-b)} + \frac{ab(a-b)e^{-ct} - ac(a-c)e^{-bt}}{(a-b)(a-c)(c-b)}$
12	$\frac{p+a}{p+b}$ | $\frac{p-a}{p+a}$	$\frac{a}{b} + (1-\frac{a}{b})e^{-bt}$ | $2e^{-at} - 1$
13	$\frac{p-a}{(p+b)^2}$	$\frac{a}{b^2}[(1+bt+\frac{b^2}{a}t)e^{-bt} - 1]$
14	$\frac{p}{(p+a)(p+b)}$	$\frac{e^{-bt} - e^{-at}}{a - b}$
15	$\frac{p+a}{(p+b)(p+c)}$	$\frac{a}{bc} + \frac{(1-\frac{a}{b})e^{-bt} - (1-\frac{a}{c})e^{-ct}}{c - b}$
16	$\frac{p(p+a)}{(p+b)(p+c)}$	$\frac{(c-a)e^{-ct} - (b-a)e^{-bt}}{c - b}$
17	$\frac{(p+a)(p+b)}{(p+c)(p+d)}$	$\frac{ab}{cd} + \frac{a+b-c-\frac{ab}{c}}{d-c}e^{-ct} - \frac{a+b-d-\frac{ab}{d}}{d-c}e^{-dt}$
18	$\frac{\omega p}{p^2+\omega^2}$ | $\frac{\omega p}{p^2-\omega^2}$	$\sin \omega t$ | $\sinh \omega t$
19	$\frac{p^2}{p^2+\omega^2}$ | $\frac{p^2}{p^2-\omega^2}$	$\cos \omega t$ | $\cosh \omega t$

Tab. 1.3 (Fortsetzung)

Nr.	Bildfunktion F(p)	Originalfunktion f(t)
20	$\frac{a^2}{p^2+a^2}$	$1 - \cos at$
21	$\frac{p^2+ap}{p^2+\omega^2}$	$\cos\omega t + \frac{a}{\omega}\sin\omega t$
22	$\frac{p(p+a)(p+b)}{a(p^2+\omega^2)}$	$(1+\frac{b}{a})\cos\omega t + (\frac{b}{\omega}-\frac{\omega}{a})\sin\omega t$
23	$\frac{\omega_o{}^2}{p^2+2ap+\omega_o{}^2}$	$1-e^{-at}(\cos\omega_e t + \frac{a}{\omega_e}\sin\omega_e t)$ für $\omega_o > a$ $1 + \frac{p2}{2w}e^{p1t} - \frac{p1}{2w}e^{p2t}$ für $\omega_o < a$
24	$\frac{p}{p^2+2ap+\omega_o{}^2}$	$\frac{e^{-at}}{\omega_e}\sin\omega_e t$ für $\omega_o > a$ $\frac{1}{2w}(e^{p1t} - e^{p2t})$ für $\omega_o < a$
25	$\frac{p+2a}{p^2+2ap+\omega_o{}^2}$	$\frac{e^{-at}}{\omega_e}(1-\frac{2a^2}{\omega_o{}^2})\sin\omega_e t +$ $+ \frac{2a}{\omega_o{}^2}(1 - e^{-at}\cdot\cos\omega_e t)$ für $\omega_o > a$

Tab. 1.3 (Fortsetzung)

Nr.	Bildfunktion F(p)	Originalfunktion f(t)
26	$\frac{p^2}{p^2 + 2ap + \omega_o^2}$	$e^{-at} \cdot (\cos\omega_e t - \frac{a}{\omega_e} \sin\omega_e t)$ für $\omega_o > a$ $\frac{1}{2w}(p_1 e^{p_1 t} - p_2 e^{p_2 t})$ für $\omega_o < a$
27	$\frac{\pm p(p+a)\sin\varphi_o + \omega p \cos\varphi_o}{(p+a)^2 + \omega^2}$	$e^{-at} \cdot \sin(\omega t \pm \varphi_o)$
28	$\frac{ap^2}{(p+a)(p^2+\omega^2)}$	$\frac{a^2}{a^2+\omega^2}(\cos\omega t + \frac{\omega}{a}\sin\omega t - e^{-at})$
29	$\frac{\omega^3 p}{(p^2+\omega^2)^2}$	$\frac{1}{2}(\sin\omega t - \omega t \cdot \cos\omega t)$
30	$\frac{p^2}{(p^2+a^2)(p^2+\omega^2)}$	$\frac{\cos\omega t - \cos at}{a^2 - \omega^2}$
31	$\frac{\omega p}{p^2+\omega^2} \cdot \frac{\omega_o^2}{p^2+2ap+\omega_o^2}$	$\frac{\omega_o^2(\omega_o^2-\omega^2)}{(\omega_o^2-\omega^2)^2+4a^2\omega^2}\sin(\omega t+\varphi_o)$ $-\frac{2a\omega_o^2}{(\omega_o^2-\omega^2)^2+4a^2\omega^2}\cos(\omega t+\varphi_o)$ $+\frac{e^{-at}\cdot\omega_o^2}{2\omega_e}\cdot$ $\left[\frac{a\cos(Arg1)+(\omega-\omega_e)\sin(Arg1)}{\omega_o^2-2\omega\omega_e+\omega^2}\right.$ $\left.-\frac{a\cos(Arg2)-(\omega+\omega_e)\sin(Arg2)}{\omega_o^2+2\omega\omega_e+\omega^2}\right]$ für $\omega_o > a$ mit $Arg1 = \omega_e t + \varphi_o$ $Arg2 = \omega_e t - \varphi_o$

Tab. 1.3 (Fortsetzung)

Nr.	Bildfunktion F(p)	Originalfunktion f(t)
32	$\frac{p(p^2-a^2)}{(p^2+a^2)^2}$	$t \cdot \cos at$
33	$\frac{2ap^2}{(p^2+a^2)^2}$	$t \cdot \sin at$
34	$\frac{p^2+2a^2}{p^2+4a^2} \quad \Big\vert \quad \frac{p^2-2a^2}{p^2-4a^2}$	$\cos^2 at \quad \vert \quad \cosh^2 at$
35	$\frac{2a^2}{p^2+4a^2} \quad \Big\vert \quad \frac{2a^2}{p^2-4a^2}$	$\sin^2 at \quad \vert \quad \sinh^2 at$
36	$\frac{2abp^2}{N}$	$\sin at \cdot \sin bt$
37	$\frac{p^2(p^2+a^2+b^2)}{N}$	$\cos at \cdot \cos bt$
38	$\frac{ap(p^2+a^2-b^2)}{N}$	$\sin at \cdot \cos bt$
39	$\frac{p \cdot \cos(\varphi + \arctan\frac{a}{p})}{\sqrt{p^2+a^2}}$	$\cos(at+\varphi)$
40	$\frac{p \cdot \sin(\varphi + \arctan\frac{a}{p})}{\sqrt{p^2+a^2}}$	$\sin(at+\varphi)$

Tab. 1.3 (Fortsetzung)

Nr.	Bildfunktion F(p)	Originalfunktion f(t)
41	$p \cdot \arctan \frac{a}{p}$	$\frac{\sin at}{t}$
42	$p \cdot \arctan \frac{a}{p+b}$	$\frac{e^{-bt} \cdot \sin at}{t}$
43	$p \cdot \lg \frac{\sqrt{p^2+a^2}}{p}$	$\frac{1 - \cos at}{t}$
44	$\frac{2p^2(p^2-3a^2)}{(p^2+a^2)^3}$	$t^2 \cdot \cos at$
45	$\frac{2ap(3p^2-a^2)}{(p^2+a^2)^3}$	$t^2 \cdot \sin at$
46	$\sqrt{p}$	$\frac{1}{\sqrt{\pi t}}$
47	$\frac{1}{\sqrt{p}}$	$2\sqrt{\frac{t}{\pi}}$
48	$\frac{p\sqrt{\pi}}{\sqrt{p+a}}$	$\frac{e^{-at}}{\sqrt{t}}$
49	$\frac{p}{p \pm \lg a}$	$a^{\mp t}$
50	$p \cdot \lg \frac{p-a}{p-b}$	$\frac{e^{bt} - e^{at}}{t}$
51	$\frac{p}{\sqrt{p^2+a^2}}$	$J_0(at)$ Besselfunktion 1. Art 1. Ordnung

Tab. 1.3 (Fortsetzung)

Nr.	Bildfunktion F(p)	Originalfunktion f(t)
52	$\dfrac{p\left[\dfrac{\sqrt{p^2+a^2}-p}{a}\right]^n}{\sqrt{p^2+a^2}}$	$J_n(at)$ Besselfunktion 1. Art n. Ordnung mit $\mathrm{Re}(n) > -1$
53	$\tanh\left(p\dfrac{T}{4}\right)$	1, -1, 0, T, 2T, t
54	$\dfrac{1}{2\cdot\cosh\left(p\dfrac{T}{4}\right)}$	1, 0, T, 2T, t
55	$\dfrac{\sinh\left(p\dfrac{T}{8}\right)}{\cosh\left(p\dfrac{T}{4}\right)}$	1, 0, -1, T, t
56	$\coth(pT)$	5, 3, 1, 0, T, t
57	$\dfrac{1-e^{-pT_1}}{p}$	T_1, 0, T_1, t Rampenfunktion

Argumente trigon. Funktionen ohne Klammer, z. B.

$\sin \omega t \mathrel{\hat{=}} \sin(\omega t)$

$\omega_e^2 - \omega_0^2 - a^2 \quad w^2 = a^2 - \omega_0^2$

$p_{1,2} = -a \pm w$

$N = (p^2 + a^2 + b^2)^2 - 4a^2b^2$.

Für die Spannung am Kondensator dieser R-C-Reihenschaltung ergibt sich mit der Spannungsteilerregel als Laplace-Transformierte (Bildfunktion):

$$F(p) = \frac{u_c(p)}{U} = \frac{\frac{1}{pC}}{R + \frac{1}{pC}} = \frac{1}{1 + pRC} = \frac{1}{1 + pT} = \frac{a}{p + a} \quad \text{mit} \quad \alpha = 1/T\,.$$

Mit Korrespondenz Nr. 6 links aus Tab. 1.3 erhält man sofort den Verlauf der Kondensatorspannung über der Zeit:

$$\frac{u_C(t)}{U} = 1 - e^{-t/T}\,. \tag{1.17}$$

Für den Strom beim Aufladen des Kondensators gilt mit

$$i(p) = \frac{U(p)}{Z(p)}$$

$$i(p) = \frac{U}{R + \frac{1}{pC}} = \frac{U}{R} \cdot \frac{1}{1 + \frac{1}{pRC}} = \frac{pT}{1 + pT} = \frac{p}{p + a} \quad \text{mit} \quad \alpha = 1/T\,.$$

Mit Korrespondenz Nr. 5 links aus Tab. 1.3 erhält man sofort den Verlauf des Stromes beim Aufladen.

$$i(t) = \frac{U}{T} e^{-t/T}. \tag{1.18}$$

Der in Abb. 1.14b dargestellte Verlauf von Spannung und Strom ist um das Abschalten bzw. Entladen des Kondensators ergänzt. Dabei wird der Schalter wieder geöffnet und gleichzeitig der Kondensator über den Widerstand R kurzgeschlossen.

Auf diese Weise wird sehr deutlich, dass der Kondensator ein Energiespeicher ist, denn es gilt für die Energie W am Kondensator:

$$W = \int_{t_1}^{\infty} u_C(t) \cdot i(t) \cdot dt > 0\,. \tag{1.19}$$

Ein elektrisches Netzwerk (Abb. 1.15) wird zur Zeit $t = 0$ an die Gleichspannung gelegt. Zur Zeit $t = t_1$ wird die Spannung abgeschaltet und das Netzwerk über einen zweiten Schalter kurzgeschlossen. Die Parameter R, L und U sind gegeben. Es soll der Verlauf des Stroms $i(t)$ beim Ein- und Ausschalten von U ermittelt werden.

Dieser Ausgleichsvorgang lässt sich durch die Überlagerung zweier Ausgleichsvorgänge berechnen (Abb. 1.16); einen Einschaltvorgang mit

$$U_1(t) = U \cdot \sigma_0(t)$$

und einen Ausschaltvorgang mit

$$U_2(t) = U \cdot \sigma_0(t - t_1).$$

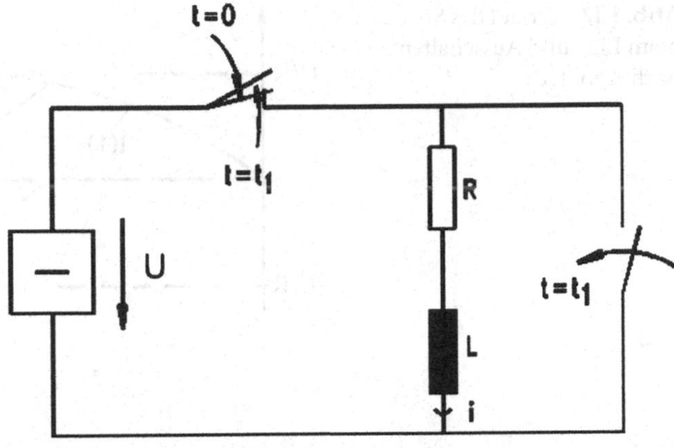

Abb. 1.15 Schaltvorgang an R-L-Reihenschaltung für Gleichspannung

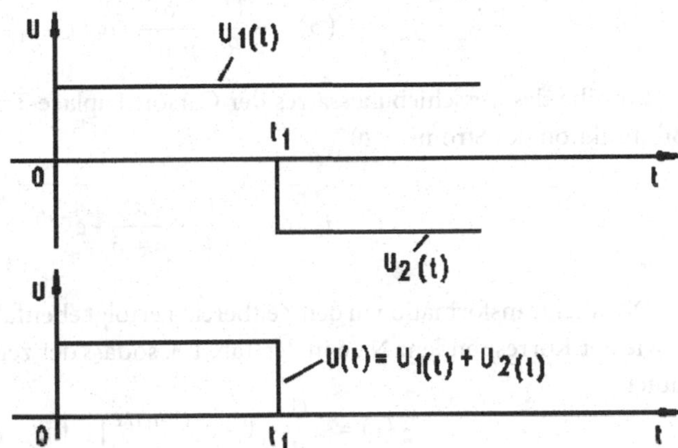

Abb. 1.16 Überlagerung zweier Schaltvorgänge

Mit $\sum U = 0$ erhält man für das Einschalten

$$U_1(p) = i_1(p)(R + pL)$$

bzw.

$$i_1(p) = \frac{U_1(p)}{R} \cdot \frac{a}{p+a} = \frac{U}{R} \cdot \frac{a}{p+a}$$

mit $a = 1/T = R/L$.

Die Korrespondenz Nr. 6 in der Tab. 1.3 liefert den zeitlichen Verlauf des Stroms

$$i_1(t) = \frac{U}{R} \cdot (1 - e^{-t/T}) .$$

Für den Ausschaltvorgang gilt

$$U_2(p) = i_2(p)(R + pL) = -\frac{U}{R} \cdot \sigma_0(t - t_1)(R + pL)$$

Abb. 1.17 Verlauf des Stroms beim Ein- und Ausschalten nach Abb. 1.15

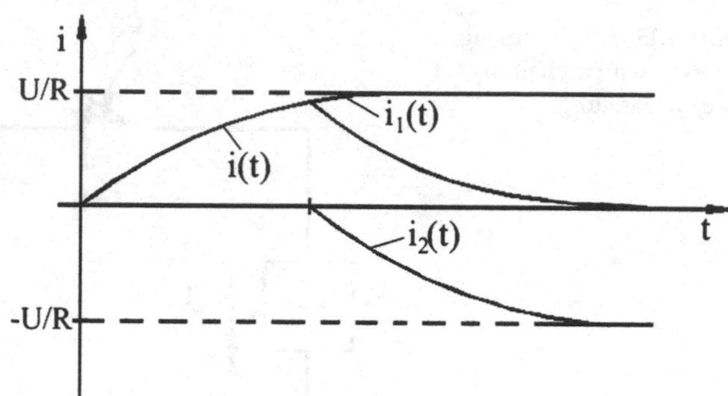

bzw.

$$i_2(p) = -\frac{U}{R} \cdot \frac{a}{p+a} \cdot \sigma_0(t-t_1)\,.$$

Mithilfe des Verschiebungssatzes der Carson-Laplace-Transformation [6] folgt für die Bildfunktion des Stroms $i_2(p)$

$$i_2\,(p) = -\frac{U}{R} \cdot \frac{a}{p+a} \cdot e^{-pt_1}\,.$$

Die Rücktransformation in den Zeitbereich erfolgt ebenfalls mit dem Verschiebungssatz sowie der Korrespondenz Nr. 6 in der Tab. 1.3, sodass der zeitliche Verlauf des Stroms $i_2(t)$ lautet:

$$i_2\,(t) = -\frac{U}{R} \cdot \left[1 - e^{-(t-t_1)/T}\right] \quad \text{für} \quad t \geq t_1\,.$$

Der Gesamtstrom entspricht der Zusammenfassung aus den beiden Teilströmen und ist in Abb. 1.17 dargestellt:

$$i(t) = i_1(t) + i_2(t)\,.$$

Es wäre auch möglich, den gesamten Ausgleichsvorgang mithilfe der impulsförmigen Spannung

$$U(t) = U \cdot \left[\sigma_0(t) - \sigma_0(t-t_1)\right]$$

zu berechnen. Sie liegt als Korrespondenz Nr. 2 in der Tab. 1.3 vor.

Für einen Reihenschwingkreis (Abb. 1.18) aus R, L und C soll die Kondensatorspannung und der Strom bei energielosem Anfangszustand nach dem Einschalten von U ermittelt werden.

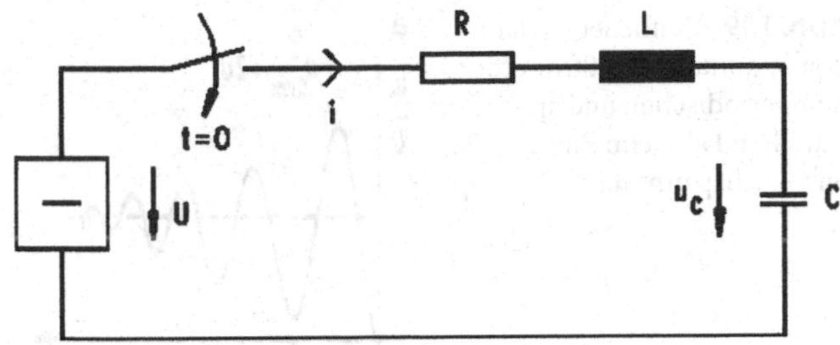

Abb. 1.18 Reihenschwingkreis an Gleichspannung

Mit der Spannungsteilerregel erhält man die Bildfunktion

$$F(p) = \frac{u_C(p)}{U} = \frac{\frac{1}{pC}}{R + pL + \frac{1}{pC}}$$

$$u_C(p) = U \cdot \frac{\frac{1}{pLC}}{\frac{R}{L} + p + \frac{1}{pLC}}$$

und mit der Resonanzfrequenz $\omega_0^2 = 1/(LC)$ sowie $R/L = 2a$

$$u_C(p) = U \cdot \frac{\omega_0{}^2}{p^2 + p\frac{R}{L} + \omega_0{}^2} = U \cdot \frac{\omega_0{}^2}{p^2 + 2ap + \omega_0{}^2}\,. \tag{1.20}$$

So ergibt sich mit Korrespondenz Nr. 23 in der Tab. 1.3 für den periodischen Fall $a < \omega_0$ der zeitliche Verlauf der Kondensatorspannung zu:

$$u_C(t) = U[1 - e^{-at}(\cos\omega_e t + \frac{a}{\omega_e}\sin\omega_e t)]\,. \tag{1.21}$$

Darin ist ω_e die Eigenkreisfrequenz der Schwingung und a die Dämpfung.
Für den Strom ergibt sich mit $i(p) = U / Z(p)$:

$$i(p) = \frac{U}{R + pL + \frac{1}{pC}} = \frac{U}{L} \cdot \frac{p}{p^2 + 2ap + \omega_0{}^2}\,. \tag{1.22}$$

Mit Korrespondenz Nr. 24 in der Tab. 1.3 folgt sofort:

$$i(t) = \frac{U}{\omega_e L} \cdot e^{-at} \cdot \sin\omega_e t\,. \tag{1.23}$$

Setzt man in den Gln. 1.18 und 1.20 $a > \omega_0$, ergibt sich der aperiodische Fall für Kondensatorspannung und Strom. Alle Verläufe sind in Abb. 1.19 dargestellt.

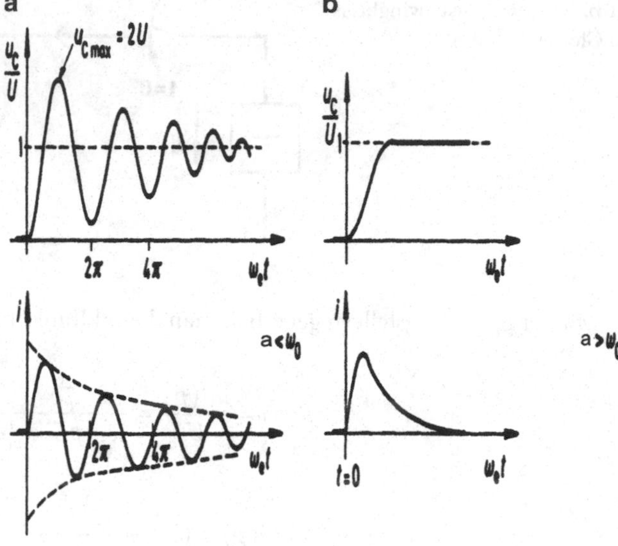

Abb. 1.19 Zeitlicher Verlauf von Spannung und Strom für den periodischen und aperiodischen Fall beim Einschalten an Gleichspannung

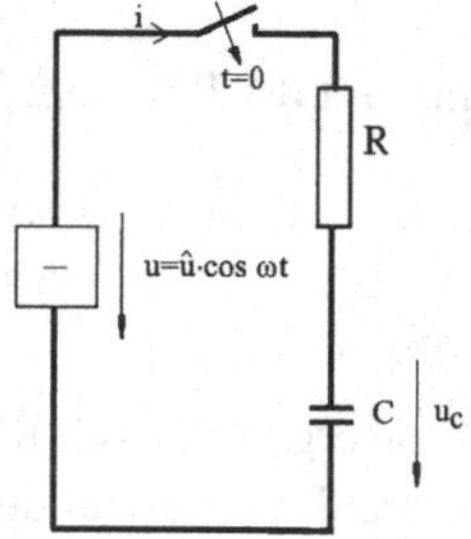

Abb. 1.20 Einschaltvorgang einer *R-C*-Reihenschaltung an Wechselspannung

1.5.3 Wechselstromschaltvorgänge

Die Reihenschaltung aus R und C soll bei $t = 0$ im energielosen Anfangszustand an die sinusförmige Wechselspannung $u(t) = \hat{u} \cdot \cos \omega t$ geschaltet werden (Abb. 1.20). Nach der Spannungsteilerregel lässt sich die Spannung am Kondensator als Laplace-Transformierte (Bildfunktion) sofort angeben.

$$F(p) = \frac{u_C(p)}{U} = \frac{\frac{1}{pC}}{R + \frac{1}{pC}}$$

Und mit $a = \frac{1}{RC} = \frac{1}{T} = 1$ folgt

$$\frac{u_C(p)}{u(p)} = \frac{a}{p+a} .$$

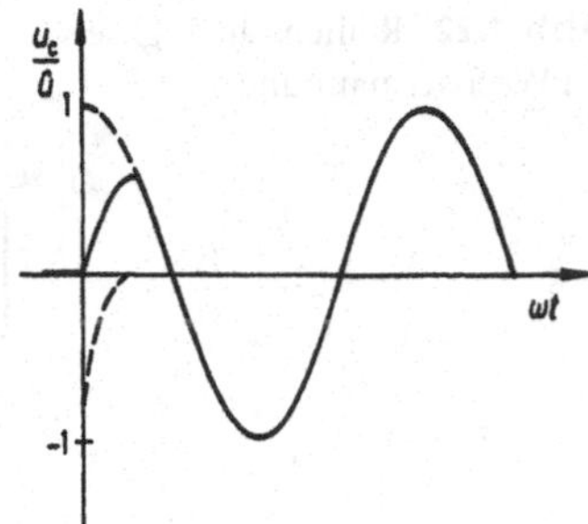

Abb. 1.21 *R-C-*Reihenschaltung bei Einschaltvorgang an Wechselspannung

Die Laplace-transformierte Wechselspannung ergibt sich mit Korrespondenz Nr. 19 in der Tab. 1.3 zu:

$$u(p) = \hat{u} \cdot \frac{p^2}{p^2 + \omega^2} \,.$$

Damit wird die Kondensatorspannung im Bildbereich:

$$u_C(p) = \hat{u} \cdot \frac{a}{p + a} - \frac{p^2}{p^2 + \omega^2} \,.$$

Mit Korrespondenz Nr. 28 in der Tab. 1.3 ergibt sich für den zeitlichen Verlauf der Kondensatorspannung:

$$u_C(t) = \frac{a \cdot \hat{u}}{a^2 + \omega^2} \left(a \cdot \cos \omega t + \omega \cdot \sin \omega t - a \cdot e^{-at} \right) . \tag{1.24}$$

Für den Fall, dass $a \gg \omega = 2\pi f$ gesetzt wird, ergibt sich

$$u_C(t) = \hat{u} \cdot \left(\cos \omega t - e^{-at} \right) . \tag{1.25}$$

Abbildung 1.21 stellt diesen zeitlichen Verlauf von $u_C(t)$ dar.

Der Einschaltvorgang eines Reihenschwingkreises an der Wechselspannung

$$u(t) = \hat{u} \cdot \sin \omega t$$

entsprechend Abb. 1.22 soll für den energielosen Anfangszustand untersucht werden.

Die Reihenschaltung ist mit der von Abb. 1.18 identisch, sodass für die Kondensatorspannung $u_C(t)$ die Gl. 1.20 gilt. Die sinusförmige Wechselspannung hat entsprechend Korrespondenz Nr. 18 in der Tab. 1.3 die Laplace-Transformierte:

$$u(p) = \hat{u} \cdot \frac{\omega p}{p^2 + \omega^2} \,.$$

Damit wird die Laplace-transformierte Kondensatorspannung:

$$u\,(p) = \hat{u} \cdot \frac{\omega p}{p^2 + \omega^2} \cdot \frac{{\omega_0}^2}{p^2 + 2ap + {\omega_0}^2} \,. \tag{1.26}$$

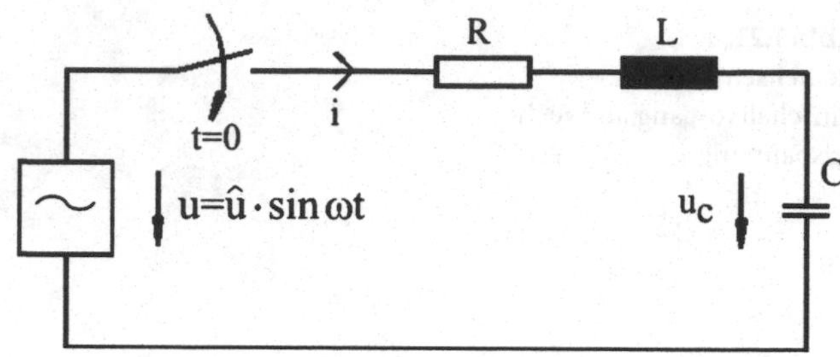

Abb. 1.22 Reihenschwingkreis an Wechselspannung

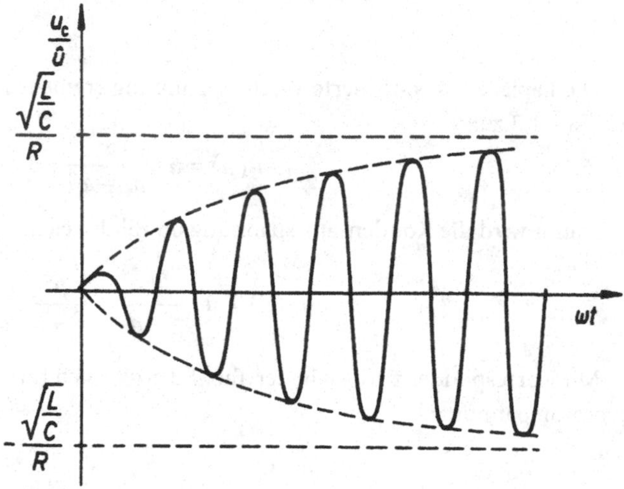

Abb. 1.23 Einschaltvorgang im Resonanzfall

Die Lösung im Zeitbereich liefert Korrespondenz Nr. 31 in der Tab. 1.3. Für die Annahme, dass

$$\omega = \omega_0 = \omega_e \text{ (Resonanzfall)} \quad \text{und} \quad a \ll \omega_0$$

vereinfacht sich der zeitliche Verlauf der Kondensatorspannung auf:

$$u_C(t) \approx -\frac{\hat{u}\sqrt{L/C}}{R} \cdot \cos(\omega t + \varphi_0) \cdot (1 - e^{-at}) \,. \tag{1.27}$$

Die Gleichung ist für $\varphi_0 = \pi / 2$, das entspricht dem Einschalten im Netzspannungsmaximum, in Abb. 1.23 dargestellt.

Ein weiterer Grenzfall ergibt sich, wenn die Netzkreisfrequenz ω sehr viel kleiner ist als die Resonanzfrequenz ω_0. Außerdem soll gelten:

$$\omega \ll \omega_0 = \omega_e \quad \text{und} \quad a \ll \omega_0 \quad \text{sowie} \quad \varphi_0 = \pi/2 \,.$$

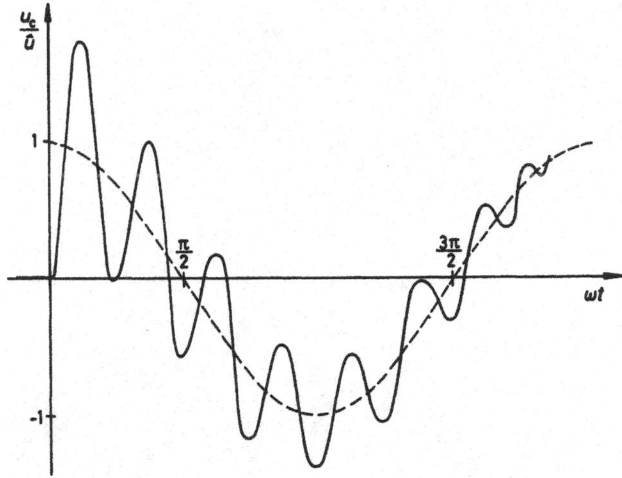

Abb. 1.24 Einschaltvorgang im Netzspannungsmaximum

Dann erhält man für die Kondensatorspannung im Zeitbereich (Abb. 1.24):

$$u_C(t) \approx \hat{u} \cdot (\cos \omega t - e^{-at} \cdot \cos \omega_0 t) \,. \tag{1.28}$$

Es ist zu erkennen, dass die Kondensatorspannung beim Einschalten im Netzspannungsmaximum zu Anfang auf den doppelten stationären Scheitelwert schwingt.

Operationsverstärker Grundlagen

2

Die Analogtechnik kann als Teilgebiet der Mess- und Regelungstechnik gesehen werden, imdem ein funktioneller Zusammenhang zwischen mathematischen Größen und analogen Rechengrößen wie u, i, f hergestellt wird.

Das Mittel zur Realisierung analoger Rechenschaltungen ist der Operationsverstärker (OP). Er ist ein breitbandiger Verstärker, dessen Wirkungsweise durch eine äußere Beschaltung festgelegt wird.

OP sind integrierte Schaltungen, die in großer Vielfalt, angepasst auf die jeweilige Anwendung, am Markt erhältlich sind (Abb. 2.1a,b).

In den meisten Fällen kann man die OP als „black box" mit festgelegten Eigenschaften betrachten. Die Angaben der Hersteller in Datenblättern reichen aus, um OP-Schaltungen entwerfen zu können.

Für das allgemeinen Verständnis und die Beurteilung spezieller Probleme ist es jedoch angebracht, sich mit dem inneren Aufbau und den daraus resultierenden Kennwerten vertraut zu machen.

2.1 Idealer und realer OP

Der Entwurf einer analogen Schaltung hängt wesentlich von den Kennwerten des OPs und dessen Einsetzgebiet ab. Die wichtigsten sind im Folgenden anhand der OP-Ersatzschaltungen (Abb. 2.1) definiert.

Demnach wirkt ein OP eingangsseitig als Verbraucher mit Differenzeingangswiderstand

$$r_D = \frac{U_D}{I_e} \approx [10^6\,\text{M}\Omega \ldots 10^{12}\,\text{M}\Omega] \,. \tag{2.1}$$

P. F. Orlowski, *Praktische Elektronik*, DOI 10.1007/978-3-642-39005-0_2,
© Springer-Verlag Berlin Heidelberg 2013

a

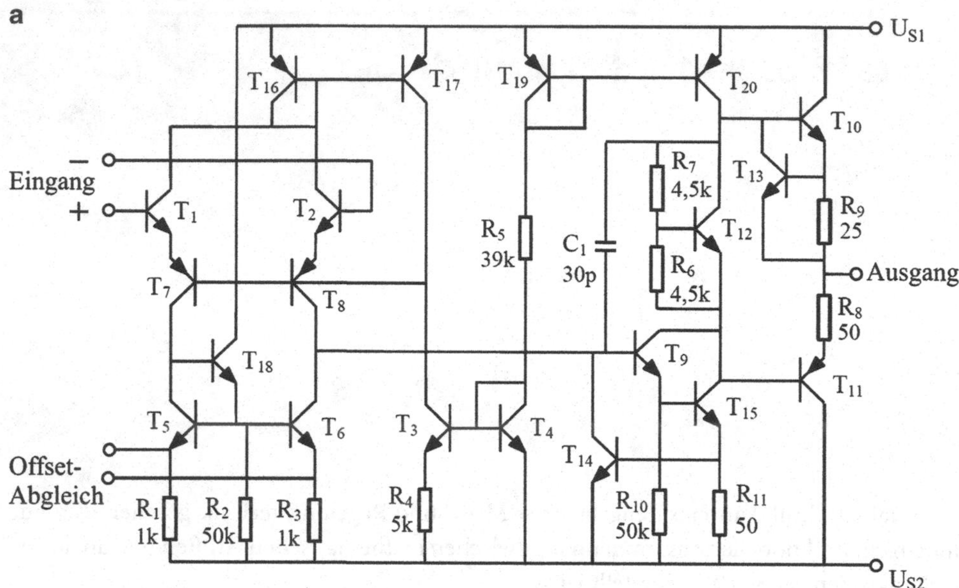

b

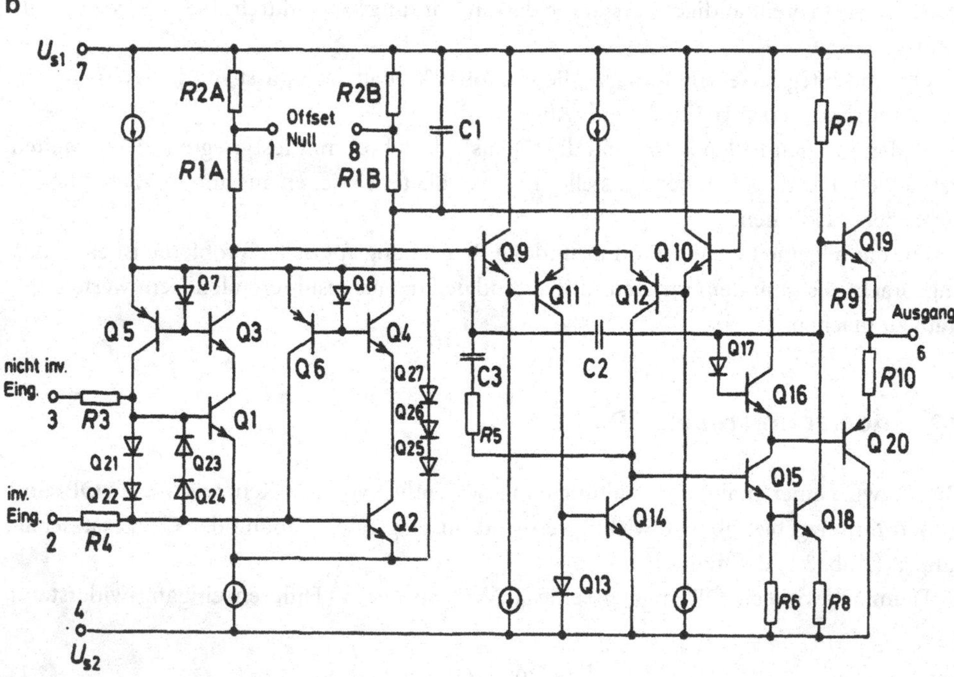

Abb. 2.1 **a** Innenschaltbild des Operationsverstärkers μA741, **b** Innenschaltbild des Operationsverstärkers OP07

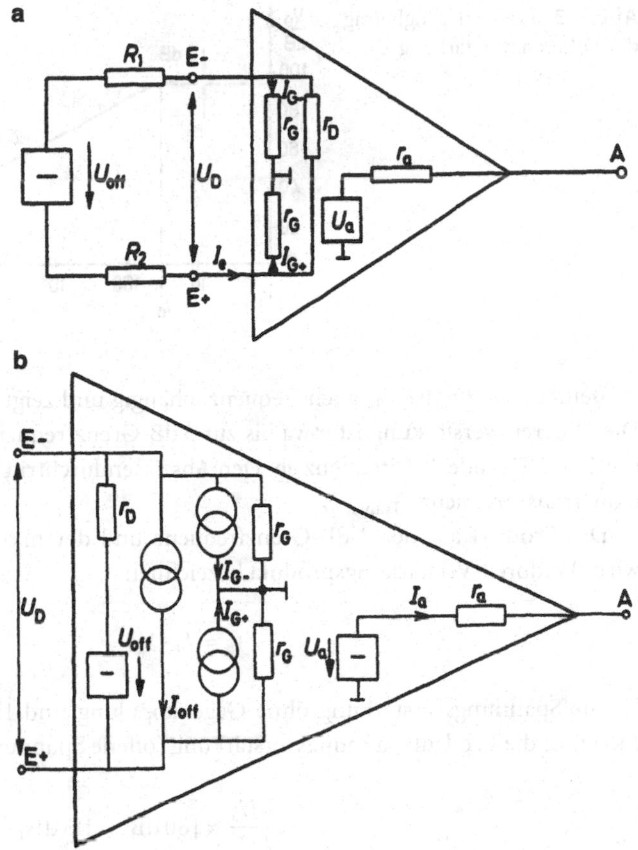

Abb. 2.2 OP-Ersatzschaltbilder. **a** Wechselspannung, **b** Gleichspannung

Der Gleichtakteingangswiderstand ist stets um Zehnerpotenzen größer als der Differenzeingangswiderstand und ist angegeben als:

$$r_G = \frac{U_G}{I_G} \approx [10^9\,\mathrm{M\Omega} \ldots 10^{12}\,\mathrm{M\Omega}]\,. \tag{2.2}$$

Am Ausgang stellt der OP eine Spannungsquelle dar, deren Innenwiderstand im Ω-Bereich liegt und meist vernachlässigbar ist. Im nicht gegengekoppelten Zustand ist er angegeben als:

$$r_a = \frac{\delta U_a}{\delta I_a} \quad \text{für} \quad U_D = \text{konst.} \tag{2.3}$$

Die Differenzverstärkung eines OPs ist für den unbelasteten Ausgang als partielles Differenzial der Ausgangs- zur Differenzeingangsspannung definiert. Sie liegt im Bereich von $10^5 \ldots 10^7$.

$$V_D = \frac{\delta U_a}{\delta U_D} \quad \text{für} \quad I_G R_G = \text{konst.} \tag{2.4}$$

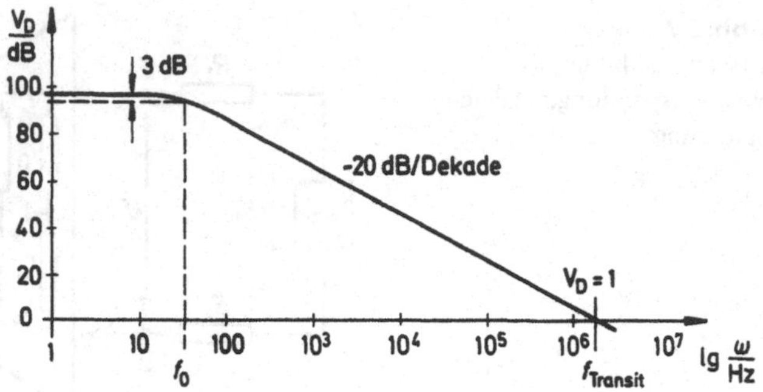

Abb. 2.3 Frequenzgangbetrag der Differenzverstärkung V_D

Beim realen OP ist V_D auch frequenzabhängig und zeigt Tiefpassverhalten (Abb. 2.3). Die Differenzverstärkung ist etwa bis zur 3 dB-Grenzfrequenz f_0 konstant und fällt dann mit 20 dB/Dekade der Frequenz ab. Den Abszissendurchtritt bei $V_D = 1$ ($V_D = 0$ dB) nennt man Transitfrequenz $f_{Transit}$.

Das Produkt aus der 3-dB-Grenzfrequenz und der maximalen Differenzverstärkung wird Bandbreit-Verstärkungsprodukt bezeichnet:

$$f_b = f_0 \cdot V_{D_{max}} . \qquad (2.5)$$

Die Spannungsverstärkung ohne Gegenkopplung und Lastwiderstand, gemessen bei 1 kHz, ist die Leerlaufspannungsverstärkung (offene Spannungsverstärkung):

$$V_0 = \frac{\delta U_a}{\delta U_e} \approx [80\,\text{dB} \ldots 115\,\text{dB}] . \qquad (2.6)$$

Bei niedrigen Frequenzen und bei Gleichspannung ist V_0 frequenzunabhängig. Der Abfall von V_0 bei höheren Frequenzen ist bedingt durch die Grenzfrequenz der inneren Transistoren und deren parasitärer Kapazitäten. Mit der frequenzbedingten Abnahme von V_0 ergibt sich eine maximale Phasenverschiebung zwischen Ein- und Ausgangsspannung des OPs von 90°, die bei mess- und regeltechnischen Anwendungen zu berücksichtigen ist.

Der Eingangsruhestrom, der von den Eingängen E− und E+ ohne äußeren Eingriff nach Masse fließt, lautet:

$$I_G = \frac{I_{G+} + I_{G-}}{2} . \qquad (2.7)$$

Bei sehr präzisen OPs liegt er im pA-Bereich. In Gleichspannungsankopplung wird der Ruhestrom von der Signalquelle geliefert. Er ist notwendig, um den Arbeitspunkt des OPs festzulegen.

Den Offsetstrom erhält man aus der Differenz der beiden Eingangsruheströme und er ist ein Parameter zur Beurteilung der inneren Symmetrie des OPs.

$$I_{off} = I_{G+} - I_{G-} . \qquad (2.8)$$

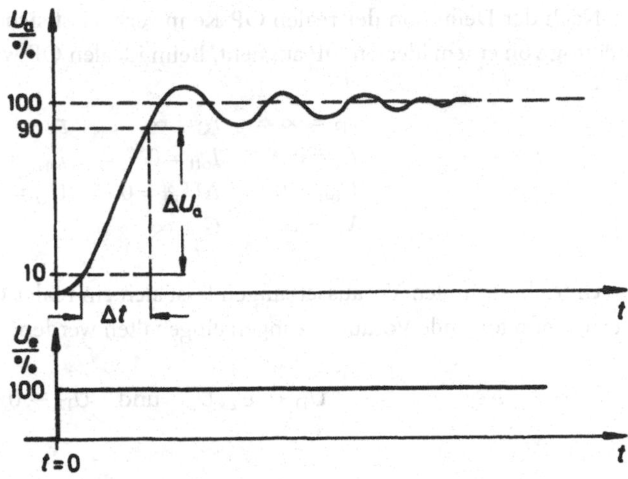

Abb. 2.4 Definition der Spannungsanstiegsgeschwindigkeit

Die Eingangsoffsetspannung tritt als additiver Fehler am Ausgang des OPs auf. Sie liegt im µV- … mV-Bereich und ist zudem von der Temperatur, Zeit und Versorgungsspannung abhängig. Dies zeigt das partielle Differenzial:

$$\Delta U_{\text{off}} = \frac{\partial U_{\text{off}}}{\partial \vartheta}\Delta\vartheta + \frac{\partial U_{\text{off}}}{\partial t}\Delta t + \frac{\partial U_{\text{off}}}{\partial U_{\text{S}}}\Delta U_{\text{S}}\,. \tag{2.9}$$

Die Gleichtaktunterdrückung ist ein Maß für die Symmetrie der Verstärkerbeschaltung an E− und E+, sie lautet:

$$G = \frac{V_{\text{D}}}{V_0} \approx [10^2\,\text{dB} \ldots 10^4\,\text{dB}]\,. \tag{2.10}$$

Ein OP verfügt nur über eine begrenzte Spannungsanstiegsgeschwindigkeit. Sie wird zwischen dem 10 %- und 90 %-Punkt der Signalanstiegsflanke gemessen (Abb. 2.4). Für sinusförmige Eingangssignale ergibt sich dann:

$$\frac{U_{\text{a}}}{dt_{\text{max}}} \approx 2\pi \cdot f_b \cdot \hat{u}_a\,. \tag{2.11}$$

Der maximale Ausgangsstrom des OPs ist typenabhängig, ebenso wie der Arbeitsbereich der Ausgangsspannung. Dieser liegt etwa zwischen 90 % und 95 % der Versorgungsspannung.

Die Verlustleistung eines OP ist von der Gehäusebauform und damit von der Temperatur sowie der Eingangs- und Ausgangsbelastung abhängig. Auf der Homepage des Autors stehen zahlreiche technische Daten verschiedenster OPs als Download zur Verfügung.

Nach der Definition der realen OP-Kennwerte lässt sich nun auch sagen, wie die Vorstellung von einem idealen OP aussieht. Beim idealen OP wäre:

$$\begin{array}{lll} r_D = \infty & r_G = \infty & r_a = 0 \\ I_G = 0 & I_{off} = 0 & I_{a_{max}} = \infty \\ U_{off} = 0 & \Delta U_{off} = 0 & U_D = 0 \\ V_D = \infty & G = \infty & \end{array}.$$

Unter bestimmten Voraussetzungen lässt sich ein realer OP der Idealvorstellung annähern, wenn folgende Voraussetzungen eingehalten werden:

$$U_D \ll U_e, U_a \quad \text{und} \quad U_D \to 0\,.$$

2.2 Grundschaltungen

Ein am Minus-Eingang beschalteter OP ist allgemein ein- und ausgangsseitig mit je einem Netzwerk versehen (Abb. 2.5). Dabei können die Netzwerksgrößen, der Strom und die Spannung ganz oder teilweise auf den Verstärkereingang zurückwirken.

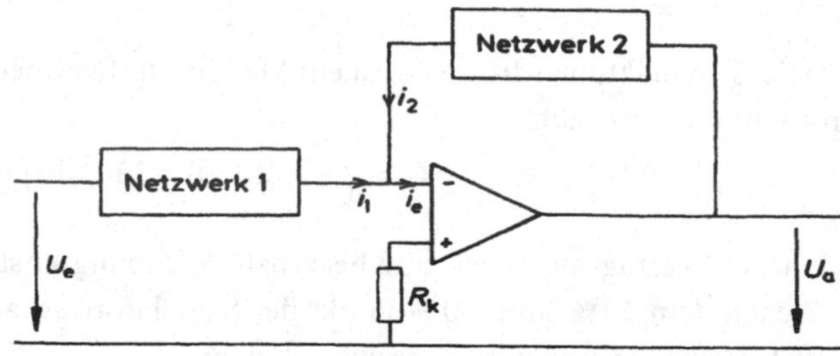

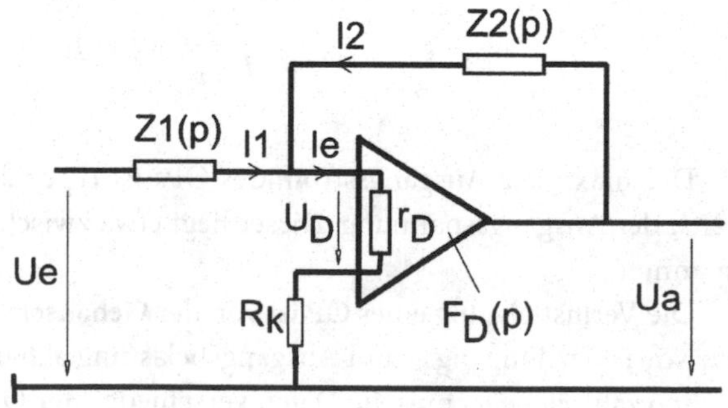

Abb. 2.5 Am Minus-Eingang beschalteter OP

Für $r_D \gg R_k$ folgt mit $\sum U = 0$ und $\sum U = 0$ (Impedanzen bzw. Netzwerke $Z_1(p)$ und $Z_2(p)$ der Einfachheit halber als Z bezeichnet):

$$\begin{aligned}
&\text{I.} && U_e - U_D - I_1 Z_1 = 0\\
&\text{II.} && U_a - U_D - I_2 Z_2 = 0\\
&\text{III.} && I_e = I_1 + I_2\\
&\text{IV.} && U_D = I_e \cdot r_D\\
&\text{V.} && F_D(p) = \frac{U_a(p)}{U_D(p)} = \frac{-V_D}{1 + pT_E} = -V_D\\
& && \text{für} \quad pT_E \Rightarrow j\omega T_E \le j\omega_0 T_E\\
& && \le 3\,\text{dB} - \text{Grenzfrequenz } f_0 \text{ dann } U_D = \frac{-U_a}{V_D}\,.
\end{aligned}$$

Mit I., II., IV. und V. in III. er gibt sich:

$$\begin{aligned}
\frac{-U_a}{V_D \cdot r_D} &= \frac{U_e + \frac{U_a}{V_D}}{Z_1} + \frac{U_a + \frac{U_a}{V_D}}{Z_2}\\
\frac{-U_e}{R_1} &= U_a \left(\frac{1}{V_D Z_1} + \frac{1}{Z_2} + \frac{1}{V_D Z_2} + \frac{1}{V_D r_D} \right).
\end{aligned}$$

Für die zulässige Annahme $r_D \gg Z_1; Z_2$ entfällt der Bruch $\frac{1}{V_D r_D}$ und es folgt:

$$\frac{-U_e}{Z_1} = U_a \frac{Z_2 + V_D Z_1 + Z_1}{V_D Z_1 Z_2}$$

und schließlich:

$$\frac{U_a}{U_e} = -\frac{Z_2}{Z_1} \cdot \frac{1}{1 + \frac{Z_1 + Z_2}{V_D Z_1}}\,. \tag{2.12}$$

Für $V_D \gg 1$, und das ist bei den meisten OPs gegeben, geht die Gleichung in die bekannte einfache Form in die komplexe oder laplacetransformierte Schreibweise (Bildfunktion auch Übertragungsfunktion) über:

$$\frac{\underline{U}_a}{\underline{U}_e} = -\frac{Z_2}{Z_1} \quad \text{bzw.} \quad F(p) = \frac{U_a(p)}{U_e(p)} = -\frac{Z_2(p)}{Z_1(p)}\,. \tag{2.13}$$

Regelungstechnisch betrachtet stellt ein Operationsverstärker mit der Beschaltung am Minus-Eingang den Abgleich zwischen dem Eingangsstrom I_1 (als Sollwert w) und dem Rückkopplungsstrom I_2 (als Istwert x) mit dem Ziel $I_e = 0$ bzw. $U_D = 0$ (Regeldifferenz $x_d = w - x = 0$) dar.

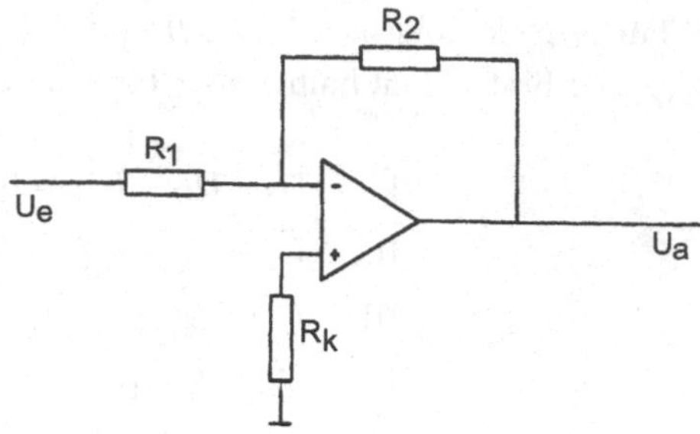

Abb. 2.6 Inverter

2.2.1 Inverter, Summierer

Inverter Beim Inverter (Abb. 2.6) entsprechen die Werte $Z_1(p)$ und $Z_2(p)$ in der Gl. 2.13 Widerstandswerten, sodass für die Ausgangsspannung gilt:

$$U_a = -U_e \frac{R_2}{R_1}. \tag{2.14}$$

Darin ist

$$K_p = \frac{R_2}{R_1} \tag{2.15}$$

die Proportionalverstärkung. Aus Symmetriegründen sollte nach Möglichkeit der Widerstand R_k der Parallelschaltung der Beschaltungswiderstände am Minus-Eingang entsprechen, also hier:

$$R_k = \frac{R_1 R_2}{R_1 + R_2}.$$

Untersucht man einen Inverter µA741 messtechnisch in einem Laborversuch, lassen sich folgende Ergebnisse festhalten (Abb. 2.7 und Abschn. 11.2).

Abb. 2.7 Laborversuch zum Inverter für $K_p = 2$

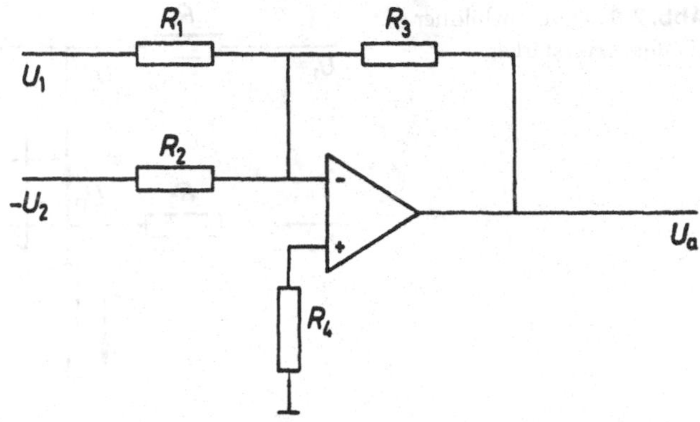

Abb. 2.8 Summierer für zwei Eingangsspannungen

1. Die angegebenen Formeln gelten nur unterhalb der Stellgrenze von +13,*xx* V und −12,*yy* V (typenabhängig, bei $U_{S1} = +15$ V und $U_{S2} = -15$ V).
2. Alle Messwerte werden daher in der Praxis auf maximal +10 V normiert.
3. Die Messungen zeigen, dass für die gewöhnliche Industrieelektronik der Widerstand R_k entfallen kann.
4. Die gemessene Differenzeingangsspannung U_D liegt je nach OP-Typ bei funktionierender Schaltung im µV- bis nV-Bereich. Bei der Berechnung von OP-Schaltungen kann daher $U_D = 0$ gesetzt werden.
5. Alle Formeln für U_a sind korrekt bis auf einen Fehler im 1–10 mV-Bereich. 10 mV ... 10 V entspricht einem Spannungs-Stellbereich von 1 : 1000.
6. Maßnahmen, die diesen mV-Fehler noch verkleinern oder beseitigen, sind:
   - OPs mit Offsetspannung im µV-Bereich benutzen.
   - Tatsächliche Widerstandswerte in die Formeln einsetzen.
   - Feste Verdrahtung und Verlötung der Schaltung auf einer Leiterplatte.

Summierer Wird Abb. 2.6 um eine zweite oder beliebig viele Eingangsspannungen erweitert, erhält man einen Summierer, der in Abb. 2.8 dargestellt ist.

Die Gleichung der Ausgangsspannung lässt sich nach dem Superpositionsprinzip nach Helmholz aus der zweimaligen Anwendung der Gleichung des Inverters (Gl. 2.14) zusammensetzen. Es ergibt sich:

$$U_a = -U_1 \frac{R_3}{R_1} - U_2 \frac{R_3}{R_2} = -R_3 \left(\frac{U_1}{R_1} + \frac{U_2}{R_2} \right) . \tag{2.16}$$

Die Eingangsspannungen werden also einschließlich ihrer Polarität und Verstärkung R_3/R_1 sowie R_3/R_2 addiert und mit einem gemeinsamen negativen Vorzeichen versehen.

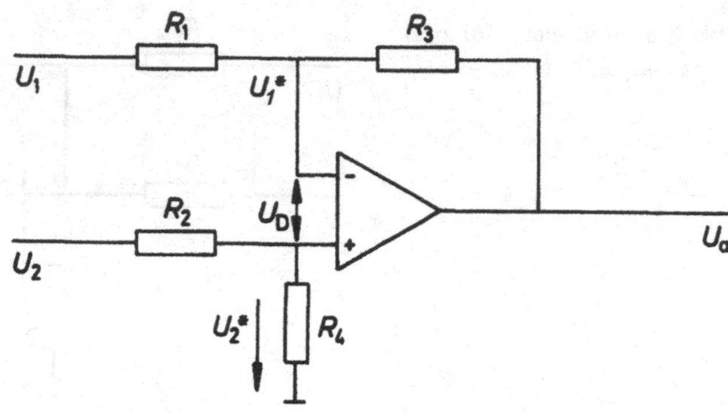

Abb. 2.9 Differenzbildner (Differenzverstärker)

2.2.2 Differenzbildner (Differenzverstärker)

Abbildung 2.9 zeigt die Schaltung eines Differenzbildners. Die Gleichung für die Ausgangsspannung erhält man durch Superposition von Fall 1 und Fall 2 sowie zweimalige Anwendung der Spannungsteilerregel.

Fall 1 für $U_2 = 0$ Es liegt nur ein Inverter vor, dessen Ausgangsspannung lautet

$$U_{a1} = \frac{R_3}{R_1} \cdot U_1 \,.$$

Fall 2 für $U_1 = 0$ Am Pluseingang des OPs liegt die Spannung U_2^* an und am Minuseingang die Teilerspannung U_1^*. Sie sind wegen $U_D = 0$ gleich. Es ergibt sich also:

$$\frac{U_2^*}{U_2} = \frac{R_4}{R_2 + R_4} \quad \text{und} \quad \frac{U_1^*}{U_{a2}} = \frac{R_1}{R_1 + R_3}$$

$$U_{a2} = \frac{R_4}{R_2 + R_4} \cdot \frac{R_1 + R_3}{R_1} \cdot U_2 \,.$$

Addiert man nun die Ausgangsspannungen von Fall 1 und Fall 2, so folgt die Gleichung des Differenzbildners.

$$U_a = U_{a1} + U_{a2} = \frac{R_4}{R_2 + R_4} \cdot \frac{R_1 + R_3}{R_1} \cdot U_2 - \frac{R_3}{R_1} U_1 \,. \tag{2.17}$$

Setzt man $R_1 = R_2 = R_3 = R_4$ bzw. $R_1 = R_2$ und $R_3 = R_4$ wird:

$$U_a = U_2 - U_1 \quad \text{bzw.} \quad U_a = \frac{R_3}{R_1} (U_2 - U_1) \,. \tag{2.18}$$

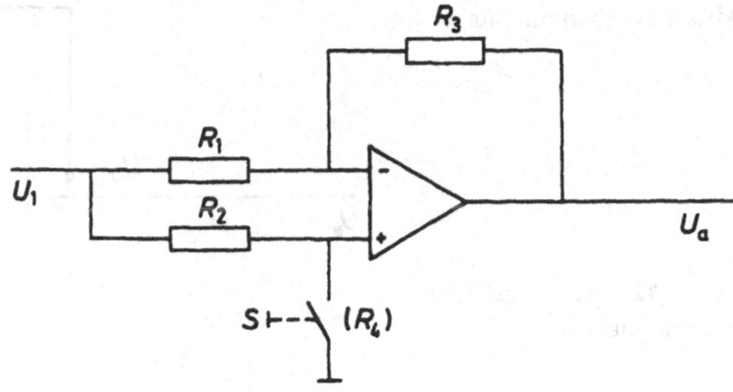

Abb. 2.10 Signumschalter

Anwendungsgebiete für Differenzbildner

1. Störfreie Signalübertragung auf langen Leitungen
2. Messverstärker
3. Verstärker an weathstoneschen Brückenschaltungen

2.2.3 Signumschalter, Spannungsfolger

Signumschalter Beschaltet man einen Differenzverstärker nach Abb. 2.9 an beiden Eingängen mit der gemeinsamen Spannung U_e und bringt anstelle von R_4 einen Schalter an, ergibt sich mit $R_1 = R_2 = R_3$ ein Signumschalter (Abb. 2.10). Seine Funktion lässt sich leicht aus der Gl. 2.17 ableiten.

Schalter geschlossen ($R_4 = 0$) Mit Gl. 2.17 wird:

$$U_a = -U_e . \tag{2.19a}$$

Schalter offen ($R_4 = \infty$) Mit Gl. 2.17 wird:

$$U_a = 2 \cdot U_2 - U_1 \mathrel{\hat{=}} +U_e . \tag{2.19b}$$

Setzt man als variable Spannungsquelle ein Potentiometer am Eingang des OPs ein, kommt es beim geschlossenen Schalter zum Absinken der Eingangsspannung, da das Potentiometer über den jetzt an Masse liegenden Widerstand R_2 belastet wird (belasteter Spannungsteiler).

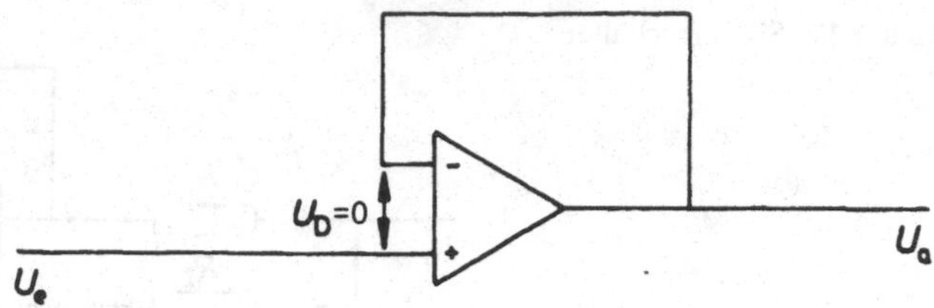

Abb. 2.11 Spannungsfolger

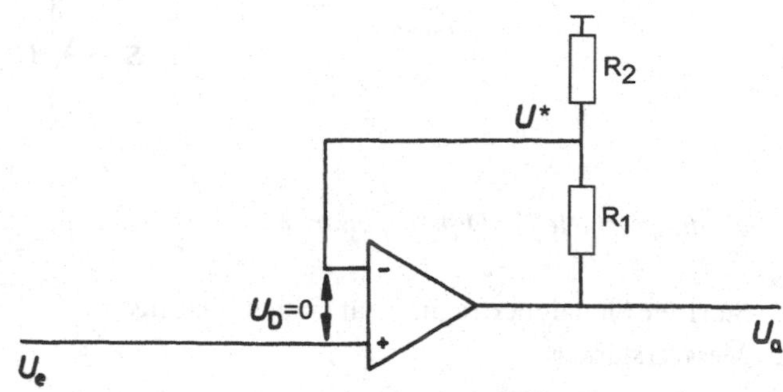

Abb. 2.12 Spannungsfolger mit Spannungsteiler

Anwendungsgebiete für Signumschalter

1. Einbeziehen der Wirkrichtung einpolig gemessener Größen, z. B. Ankerstrom von Gleichstromantrieben auf Drehstromseite ermittelt
2. Hilfsgröße bei der Berechnung der Walzgerüstfederkonstante

Spannungsfolger Die zugehörige Schaltung mit direkter Rückkopplung ist in Abb. 2.11 dargestellt. Wegen der praxisnah zulässigen Annahme, dass $U_D = 0$ wird, erhält man sofort:

$$U_a = U_e. \tag{2.20}$$

Das Verändern der Verstärkung beim Spannungsfolger lässt sich mit einem Spannungsteiler in der Rückkopplung realisieren (Abb. 2.12).

Es ergibt sich mit der Spannungsteilerregel für:

$$U^* = \frac{R_2}{R_1 + R_2} \cdot U_a = U_e$$

und somit

$$U_a = U_e \cdot \frac{R_1 + R_2}{R_2}. \tag{2.21}$$

Setzt man in die Rückkopplung des Spannungsfolgers ein Potentiometer ein, lässt sich die Verstärkung der Schaltung in weiten Grenzen verstellen. Damit der Abgriff (Schleifer) des Potentiometers nicht abhebt und die Funktion der Schaltung außer Kraft setzt ist es notwendig, nur Zehngang-Wendel-Potentiometer einzusetzen (Abb. 2.13).

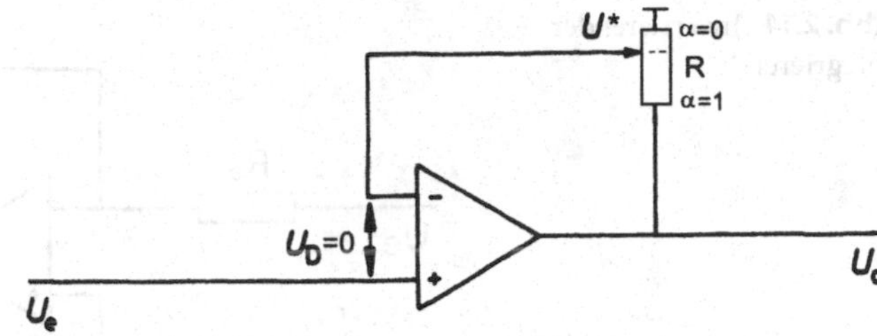

Abb. 2.13 Spannungsfolger mit Potentiometer

Nimmt man beispielweise an, dass die Spannung U^* an 1/4 des Potentiometerwiderstandes R abgegriffen wird, ergibt sich mit der Spannungsteilerregel sofort:

$$U^* = \frac{1/4R}{R} \cdot U_a = U_e \quad \text{wegen} \quad U_D = 0$$

und somit $U_a = 4 \cdot U_e$.

Die Spannungsteilerregel am Potentiometer kann auch relativ dargestellt werden, nämlich als Wert a. Dann gilt:

$$U_a = U_e \cdot \frac{1}{\alpha} . \tag{2.22}$$

Die Verstärkung kann nun im Bereich von $K_p = [1; \infty]$ verstellt werden. Für industriell genutzte OPs ist jedoch nur der Bereich von $K_p = [1; 10^4]$ realistisch.

Anwendungsgebiete für Spannungsfolger

1. Entkopplung von Schaltungen mit Dioden oder Schaltern
2. Entkopplung der Spannungsquelle von der Last
3. Spannungsfolger mit Potentiometer in der Rückkopplung
4. Einweggleichrichter
5. Maximal- und Minimalwertschaltung
6. Messverstärker

2.2.4 Integrierer, Differenzierer

Integrierer Setzt man einen Kondensator in die negative Rückkopplung (Gegenkopplung) eines invertierenden OPs, erhält man einen einfachen Integrierer (Abb. 2.14).

Mit Gl. 2.13 folgt für die Übertragungsfunktion (Bildfunktion):

$$F(p) = \frac{U_a(p)}{U_e} = \frac{\frac{1}{pC_r}}{R_e} = -\frac{1}{pR_eC_r} = \frac{1}{pT_I} = -\frac{a}{p} . \tag{2.23}$$

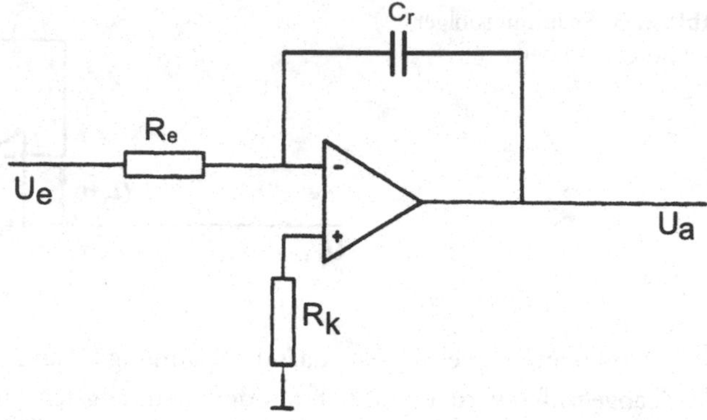

Abb. 2.14 Invertierender Integrierer

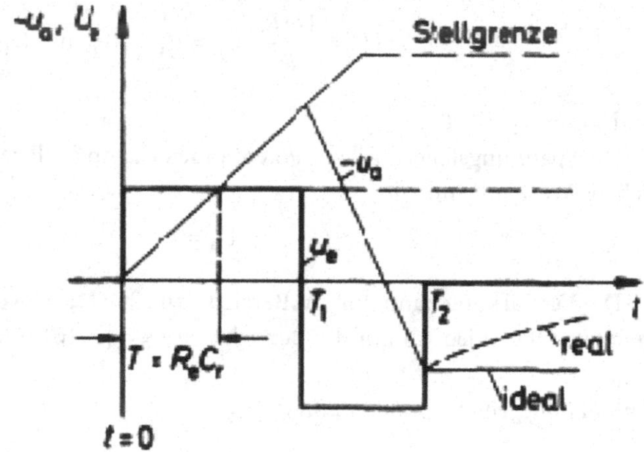

Abb. 2.15 Zeitlicher Verlauf der Sprungsantwort beim Integrierer

Mit Gl. 1.14 ergibt sich die Rücktransformation in den Zeitbereich:

$$U_a(t) = -\frac{1}{T_I} \cdot \int_0^\infty U_e \cdot dt\,. \tag{2.24}$$

Und für eine stückweise U_e = konst, so wie in Abb. 2.15 dargestellt, ergibt sich mehrfach angewendet die Lösung des Integrals zu:

$$U_a(t) = -U_e \cdot \frac{t}{T_I}\,.$$

Die Spannung am Integriererausgang steigt nach dem sprunghaften Einschalten der Eingangsspannung linear an. Wenn die Eingangsspannung sich nicht umkehrt, geht U_a schließlich an die Stellgrenze, ansonsten integriert U_a in den negativen Bereich.

Beim Abschalten der Eingangsspannung bleibt die augenblickliche Ladung des Kondensators (im Idealfall) erhalten, d. h. U_a bleibt konstant. Real fällt die Ausgangsspannung jedoch ab und kann sogar ohne weitere Einflussnahme an die Stellgrenze gehen.

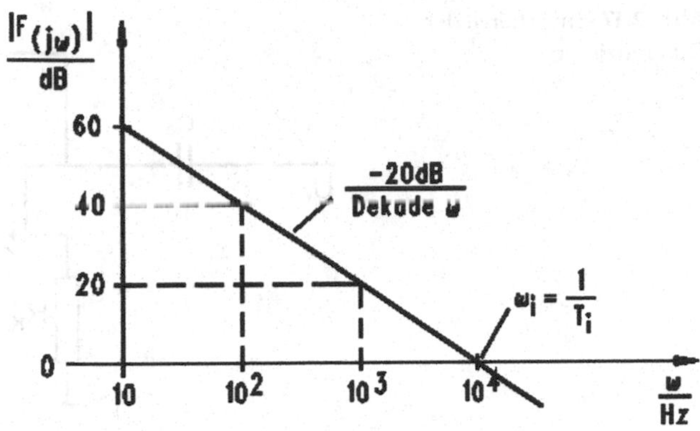

Abb. 2.16 Frequenzgang eines Integrierers

Der Frequenzgang des Integrierers ergibt sich mithilfe von Gln. 1.15 und 2.23 zu:

$$F(j\omega) = \frac{U_a(j\omega)}{U_e(j\omega)} = -\frac{1}{j\omega T_I} = j\frac{1}{\omega T_I}$$

und daraus der Frequenzgangbetrag entsprechend Gl. 1.9

$$\frac{|F(j\omega)|}{\text{dB}} = \frac{\left|\frac{U_a(j\omega)}{U_e(j\omega)}\right|}{\text{dB}} = 20\lg\frac{1}{\omega T_I}\ . \tag{2.25}$$

Der Phasengang (Phasenwinkel) ergibt sich mit Gl. 1.10 zu:

$$\varphi_I = \arctan\frac{\frac{1}{\omega T_I}}{0} = \infty \quad \text{d.h.} \quad \varphi_I = 90°\ . \tag{2.26}$$

Der Frequenzgang ist in Abb. 2.16 dargestellt. Seine Steigung beträgt −20 dB/Dekade der Frequenz ω.

Unabhängig von Form, Art und zeitlicher Änderung der Eingangsspannung bildet der Integrierer unterhalb der Stellgrenze und für Frequenzen kleiner als die 3 dB-Grenzfrequenz f_0 laufend das zugehörige Integral am Ausgang ab.

Anwendungsgebiete für Integrierer

1. Funktionsgeber in A/D-Wandlern
2. I-Regler in der Verfahrenstechnik
3. in der Rückführung beim Auto-Zero-Offsetabgleich
4. bei der analogen Simulation des Integralverhaltens in der Regeltechnik
5. als Regelstrecke bei Fluid- und Antriebsregelungen

Abb. 2.17 Invertieren der Differenzierer

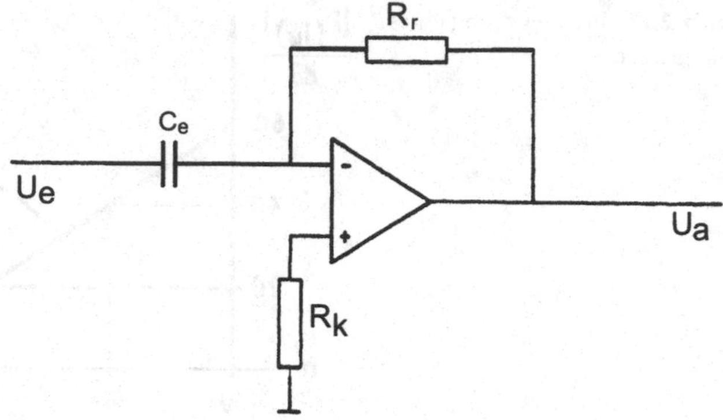

Differenzierer Setzt man einen Kondensator an den Eingang eines invertierenden OPs, erhält man einen einfachen Differenzierer (Abb. 2.17).

Mit Gl. 2.13 folgt für die Übertragungsfunktion (Bildfunktion):

$$F(p) = \frac{U_a(p)}{U_e} = -\frac{R_r}{\frac{1}{pC_e}} = -pR_rC_e = -pT_D\ . \tag{2.27}$$

Der Frequenzgang des Differenzierers ergibt sich mithilfe von Gln. 1.15 und 2.23 zu:

$$F(j\omega) = \frac{U_a(j\omega)}{U_e(j\omega)} = -j\omega T_D$$

Und daraus der Frequenzgangbetrag entsprechend Gl. 1.9

$$\frac{|F(j\omega)|}{\text{dB}} = \frac{\left|\frac{U_a(j\omega)}{U_e(j\omega)}\right|}{\text{dB}} = 20\ \lg\ \frac{1}{\omega T_D}\ . \tag{2.28}$$

Der Phasengang (Phasenwinkel) ergibt sich mit Gl. 1.10 zu:

$$\varphi_D = \arctan \frac{\frac{1}{\omega T_D}}{0} = -\infty \quad \text{d. h.} \quad \varphi_D = -90°\ . \tag{2.29}$$

Der Frequenzgang ist in Abb. 2.18 dargestellt. Seine Steigung beträgt +20 dB/Dekade der Frequenz ω.

2.2.5 PI- und PID-Regler

PI-Regler Durch die Summation des P- und I-Gliedes ergibt sich ein Regelkreisglied mit PI-Verhalten, das ausschließlich als Regler Verwendung findet (Abb. 2.19).

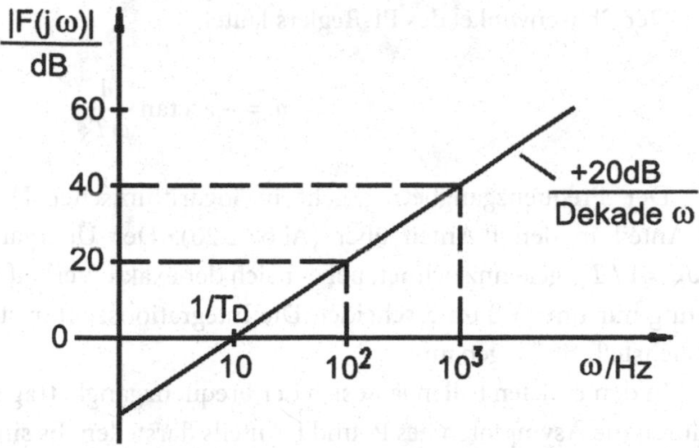

Abb. 2.18 Frequenzgang eines Differenzierers

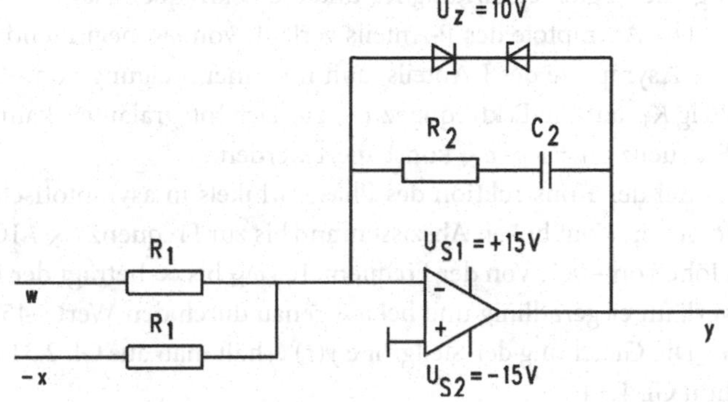

Abb. 2.19 PI-Regler mit Begrenzung X_S

Abgesehen von der vorgewählten Stellgrößenbegrenzung $X_S \mathrel{\hat{=}} U_z = 10\,\text{V}$ des Verstärkers erhält man mit den Gln. 2.13 und 2.16 folgende Übertragungsfunktion:

$$F(p) = \frac{U_a(p)}{U_e} = \frac{y(p)}{x_d} = -\frac{R_2 + \frac{1}{pC_2}}{R_1} = -\frac{R_2}{R_1} \cdot \left(1 + \frac{1}{pR_2C_2}\right). \tag{2.30}$$

Mit der Regeldifferenz $x_d = w - x$; mit $K_R = \frac{R_2}{R_1}$ sowie $T_N = R_2C_2$ folgt:

$$F(p) = \frac{y(p)}{x_d} = -K_R\left(1 + \frac{1}{pT_N}\right). \tag{2.31}$$

Aus dieser Gleichung erhält man den Frequenzgang

$$F(j\omega) = -K_R\left(1 + j\frac{-1}{\omega T_N}\right)$$

und schließlich die Gleichung des Frequenzgangbetrages:

$$\frac{|F(j\omega)|}{\text{dB}} = 20\lg\left(K_R\sqrt{1 + \frac{1}{\omega^2 {T_N}^2}}\right). \tag{2.32}$$

Der Phasenwinkel des PI-Reglers lautet:

$$\omega = -\arctan\frac{1}{\omega T_N}\,. \tag{2.33}$$

Der Frequenzgangbetrag geht in logarithmischer Darstellung kontinuierlich vom I-Anteil in den P-Anteil über (Abb. 2.20). Der Übergang ist durch die Eckfrequenz $\omega_N = 1\,/\,T_N$ gekennzeichnet, bei der sich der exakte Verlauf von der asymptotischen Näherung nur um 3 dB unterscheidet. Die Integrationszeitkonstante des PI-Reglers wird auch Nachstellzeit T_N genannt.

In den meisten Fällen lässt sich der Frequenzgangbetrag mit ausreichender Genauigkeit durch die Asymptoten des P- und I-Anteils darstellen. Es sind nur zwei Parameter notwendig, die Reglerverstärkung K_R und die Eckfrequenz ω_N.

Die Asymptote des P-Anteils verläuft von ω_N beginnend in Höhe des Wertes $20\lg K_R$. Die Asymptote des I-Anteils läuft mit einer Steigung von −20 dB/Dekade ω in Höhe von $20\lg K_R$ auf die Eckfrequenz ω_N zu. Der Integralanteil kann allerdings auch mithilfe der Frequenz $\omega_1 = K_R \cdot \omega_N$ konstruiert werden.

Bei der Konstruktion des Phasenwinkels in asymptotischer Darstellung geht man wie folgt vor: Vom linken Abszissenrand bis zur Frequenz $\omega_N\,/\,10$ verläuft der Phasenwinkel in Höhe von −90°. Von der Frequenz $10 \cdot \omega_N$ bis ∞ beträgt der Phasenwinkel 0°. Dazwischen verläuft er geradlinig und bei ω_N genau durch den Wert −45°.

Die Gleichung der Stellgröße $y(t)$ erhält man aus Gl. 2.31 mithilfe der Rücktransformation Gl. 1.14.

$$y(t) = K_R\left(x_d(t) + \frac{1}{T_N}\int_0^t x_d(\tau)\cdot d\tau\right). \tag{2.34}$$

Sie besteht aus einem Sprung der Größe $K_R \cdot x_d$, zu dem der I-Anteil addiert wird. Der PI- Regler hat gegenüber Reglern ohne I-Anteil den Vorteil, dass jede Regeldifferenz $x_d = w - x$ mithilfe des Integralanteils beseitigt („wegintegriert") wird. Beim realen PI-Regler endet die Integration an der Stellgrenze. Durch das Zener-Diodenpaar in der Gegenkopplung mit

$$K_R = \left(\frac{R_2}{R_1};\, X_S\right) \quad \text{mit} \quad X_S = \frac{U_Z/\text{V}}{10\,\text{V}} \tag{2.35}$$

vermeidet man das Erreichen der Stellgrenze des Verstärkers, an der sich Sättigungserscheinungen (Totzeit-Effekte, Signalsprünge) einstellen, die das PI-Verhalten verfälschen. Gleichzeitig wird damit die Stellgröße auf den Wert $\pm y_{max} = \pm U_z = \pm 10$ V normiert.

Eine Reglerschaltung mit variabler Begrenzung ist in Abb. 2.21 abgebildet. Mithilfe von zwei Potentiometern und Dioden kann die Stellgröße y in positiver und negativer Richtung verschieden begrenzt werden. Allerdings ist ein nachgeschalteter Spannungsfolger zur Entkopplung des Begrenzers von nachfolgenden Schaltungen erforderlich.

Bei Anlagenstillstand muss die Gegenkopplung von Reglern mit I-Anteil über ein Relais kurzgeschlossen werden (Reglersperre). Damit erreicht man, dass der Widerstand der

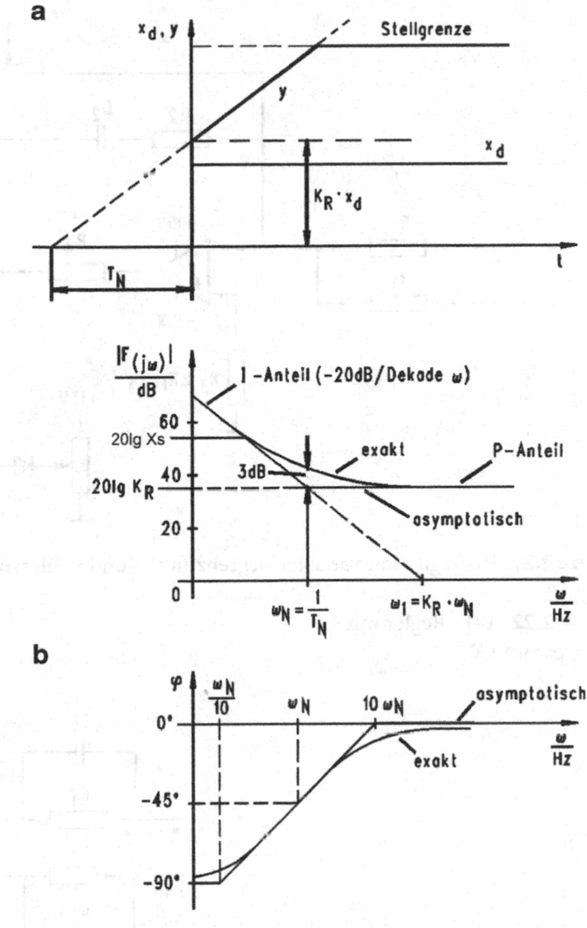

Abb. 2.20 Sprungantwort und Bode-Diagramm des PI-Reglers mit Begrenzung X_S

Gegenkopplung Null gesetzt wird, sodass auch die Stellgröße den Wert $y = 0$ annimmt. Auf diese Weise wird ein „Wegintegrieren" der Stellgröße infolge der unvermeidbaren Verstärkerdrift verhindert.

PID-Regler Erweitert man die Formel (2.34) um einen differenziellen Anteil, ergibt sich ein einfacher PID-Regler (Abb. 2.22).

Ohne die vorgewählte Stellgrößenbegrenzung $X_S \mathrel{\hat{=}} U_z = 10\,\text{V}$ des Verstärkers erhält man mit den Gln. 2.13 und 2.16 folgende Übertragungsfunktion:

$$F(p) = \frac{U_a(p)}{U_e} = -\frac{y(p)}{x_d} = -\frac{R_2 + \frac{1}{pC_2}}{\frac{R_1 \cdot \frac{1}{pC_1}}{R_1 + \frac{1}{pC_1}}} = -\frac{R_2}{R_1} \cdot \left(1 + \frac{1}{pR_2C_2}\right)(1 + pR_1C_1)\,. \tag{2.36}$$

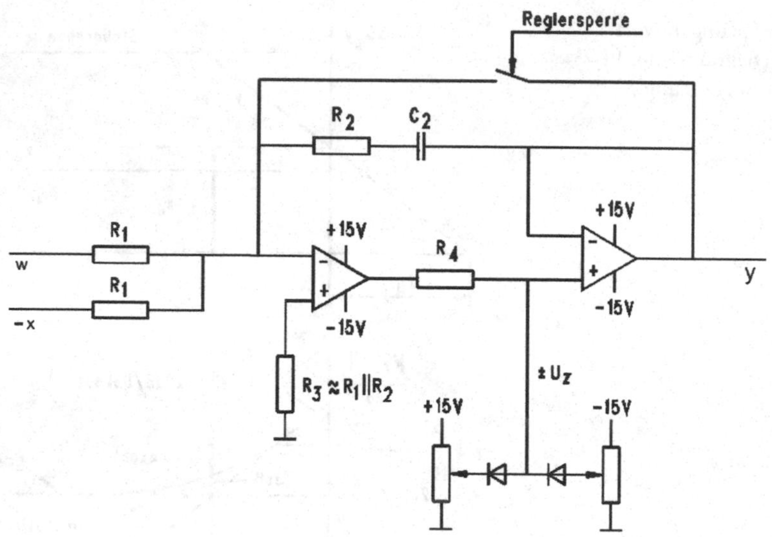

Abb. 2.21 PI-Regler mit variabler BegrenzungX_S und Reglersperre

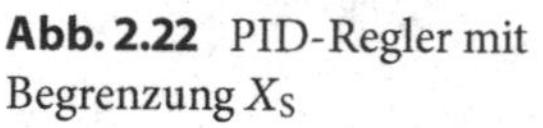

Abb. 2.22 PID-Regler mit Begrenzung X_S

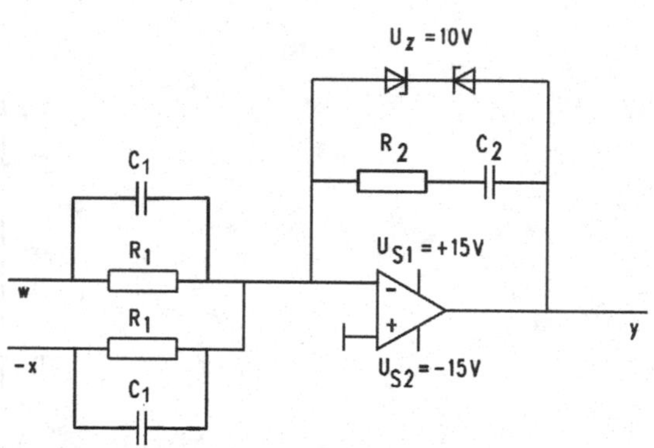

Mit der Regeldifferenz $x_d = w - x$, $K_R = \frac{R_2}{R_1}$, $T_N = R_2C_2$ und $T_V = R_1C_1$ folgt:

$$F(p) = \frac{y(p)}{x_d} = -K_R \left(1 + \frac{T_V}{T_N} + \frac{1}{pT_N} + pT_V\right). \tag{2.37}$$

Praxisnah ist $T_N \gg T_V$, sodass sich vereinfacht ergibt:

$$F(p) = \frac{y(p)}{x_d} = -K_R \left(1 + \frac{1}{pT_N} + pT_V\right). \tag{2.38}$$

Aus dieser Gleichung erhält man den Frequenzgang

$$F(j\omega) = -K_R \left[1 + j\left(\omega T_V - \frac{1}{\omega T_N}\right)\right] \tag{2.39}$$

und schließlich die Gleichung des Frequenzgangbetrages:

$$\frac{|F(j\omega)|}{\mathrm{dB}} = 20\lg\left[K_\mathrm{R}\sqrt{1+\left(\omega T_\mathrm{V}-\frac{1}{\omega T_\mathrm{N}}\right)^2}\right]. \tag{2.40}$$

Der Phasenwinkel des PID-Reglers lautet:

$$\varphi = \arctan\left(\omega T_\mathrm{V}-\frac{1}{\omega T_\mathrm{N}}\right).$$

Der Frequenzgangbetrag geht im Bode-Diagramm kontinuierlich vom I-Anteil in den Proportional- und schließlich in den D-Anteil über (Abb. 2.23). Der Übergang ist durch die Eckfrequenzen $\omega_\mathrm{N} = 1 / T_\mathrm{N}$ und $\omega_\mathrm{V} = 1 / T_\mathrm{V}$ markiert, bei denen sich die jeweilige Asymptote vom exakten Verlauf um den Wert $20\lg\sqrt{2} \approx 3$ dB unterscheidet.

Aus der Gl. 2.39 lässt sich ersehen, dass bei der Frequenz $\omega^* = 1/\sqrt{T_\mathrm{N} T_\mathrm{V}}$ der asymptotische mit dem exakten Verlauf übereinstimmt.

Die Konstruktion der asymptotischen Näherung erfordert lediglich die Parameter K_R, ω_N und ω_V. Dabei verläuft der P-Anteil mit $20\lg K_\mathrm{R}$ von ω_N bis zur Eckfrequenz ω_V. Der Integral-Anteil fällt mit −20 dB/Dekade ω ab und triff bei ω_N auf die Asymptote des P-Anteils. Der D-Anteil steigt von ω_V beginnend mit +20 dB/Dekade ω an.

Integral- und D-Anteil können auch wahlweise mithilfe der Frequenzen $\omega_1 = K_\mathrm{R} \cdot \omega_\mathrm{N}$ und $\omega_2 = \omega_\mathrm{V} / K_\mathrm{R}$ konstruiert werden.

Die asymptotische Darstellung des Phasenwinkels erfordert nur die Parameter ω_N und ω_V, da in der Gleichung des Phasenwinkels die Verstärkung K_R fehlt. Der Phasenwinkel verläuft bis zur Frequenz $\omega_\mathrm{N} / 10$ auf −90° und steigt dann bis zur Frequenz $10 \cdot \omega_\mathrm{V}$ auf den Wert +90° an. Danach verläuft er unverändert auf +90°. Bei der Frequenz ω_N beträgt der Phasenwinkel exakt −45°, bei $\omega^* = 1/\sqrt{T_\mathrm{N} T_\mathrm{V}}$ beträgt er 0° und bei ω_V genau +45°.

Auch beim realen PID-Regler ist eine Begrenzung der Stellgröße y durch eine Zener-Diodenpaar in der Gegenkopplung entsprechend Gl. 2.35 erforderlich.

Die Rücktransformation der Gl. 2.38 in den Zeitbereich ergibt die Stellgröße $y(t)$.

$$y(t) = K_\mathrm{R}\left(x_\mathrm{d}(t) + \frac{1}{T_\mathrm{N}}\int_0^t x_\mathrm{d}(\tau)\cdot d\tau + T_V\frac{dx_\mathrm{d}(t)}{dt}\right). \tag{2.41}$$

Für die optimale Einstellung von Reglern sind in [6], Abschn. 4.1 und 4.3 die passenden Methoden beschrieben.

Anwendungsgebiete für PI- und PID-Regler

1. Regler für Strecken höherer Ordnung in der Antriebstechnik (möglichst ohne Integralanteil)
2. Bandsperre in der Nachrichtentechnik

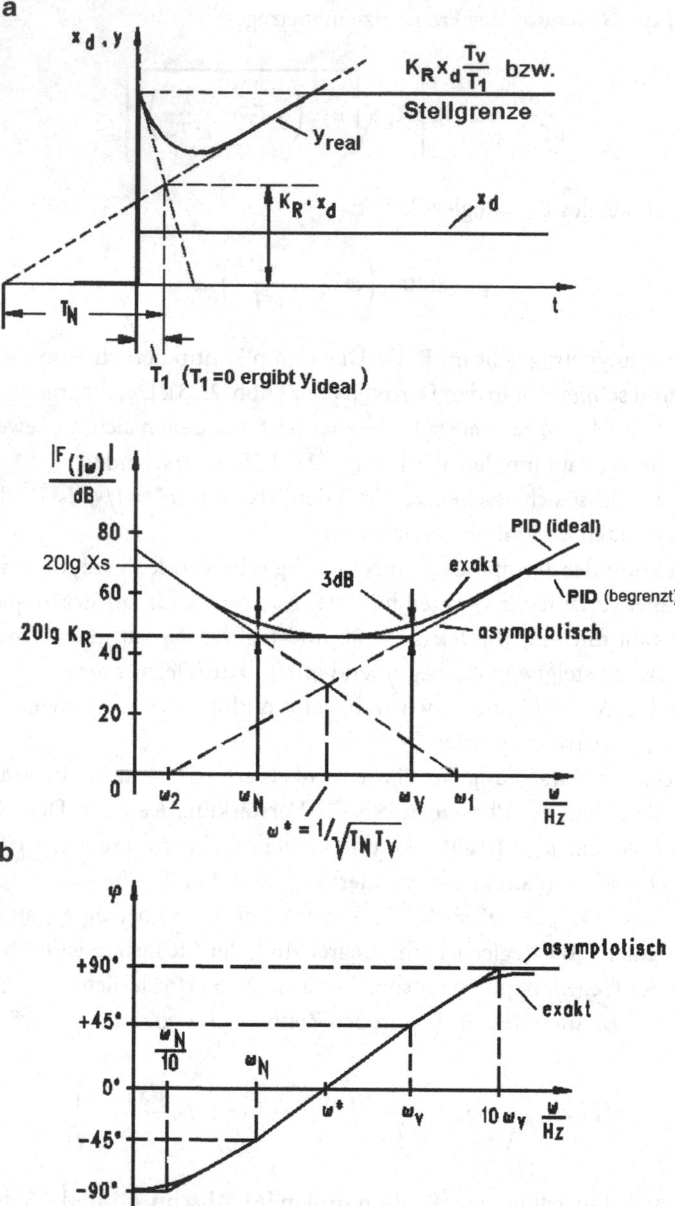

Abb. 2.23 Sprungantwort und Bode-Diagramm des PID-Reglers mit Begrenzung X_S

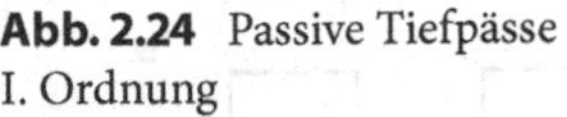

Abb. 2.24 Passive Tiefpässe I. Ordnung

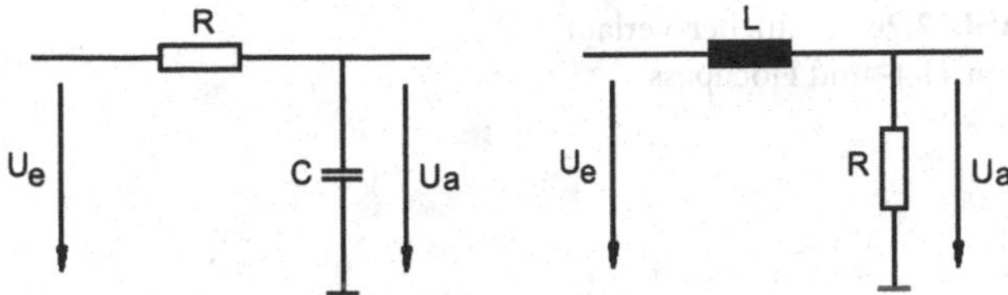

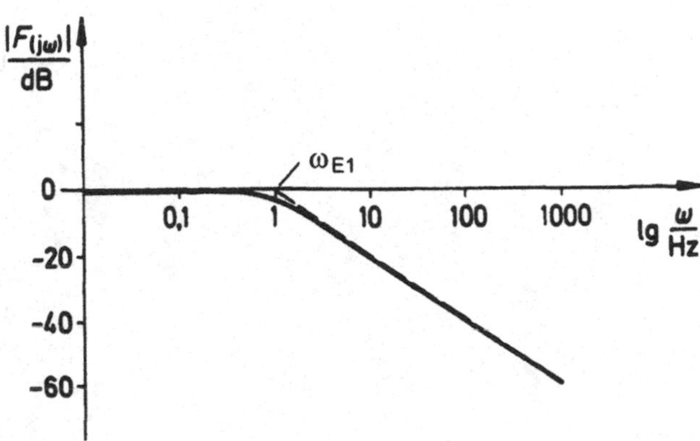

Abb. 2.25 Frequenzgangbetrag des Tiefpasses I. Ordnung mit RC-Glied

2.2.6 Passive Filter

Passive und besonders aktive Filter gehören zu den Grundlagen der Nachrichtentechnik sowie Mess- und Regeltechnik. Mithilfe von Filtern können je nach Bedarf bestimmte Frequenzspektren hervorgehoben oder unterdrückt werden. Einige der zahlreichen Filterschaltungen sind im Folgenden beschrieben. Zur Vertiefung des Themas siehe beispielsweise [1; Kap. 13 und Abschn. 29.3].

Passive Tiefpassfilter Ein passiver Tiefpass I. Ordnung überträgt das tiefe Frequenzspektrum unverfälscht und schwächt hohe Frequenzen ab. Er lässt sich wahlweise aus einem RC- oder LR-Glied realisieren (Abb. 2.24).

Die Übertragungsfunktion des kapazitiven Tiefpasses ergibt sich mit der Spannungsteilerregel zu:

$$F(p) = \frac{U_a(p)}{U_e(p)} = \frac{1/pC}{R + 1/pC} = \frac{1}{1 + pT_1} = \frac{a}{p + a} \quad \text{mit} \quad a = \frac{1}{RC} = \frac{1}{T_1}\,. \tag{2.42}$$

Der Frequenzgangbetrag ergibt sich mit Gl. 1.15 und ist in Abb. 2.25 dargestellt.

$$\frac{|F(j\omega)|}{\text{dB}} = 20\lg \frac{1}{\sqrt{1 + \omega^2 {T_1}^2}}\,. \tag{2.43}$$

Bis zur Eckfrequenz ω_{E1} wird das ankommende Frequenzspektrum ungedämpft an den Ausgang übertragen. Danach werden die Signale mit −20 dB/Dekade ω abgeschwächt. Der

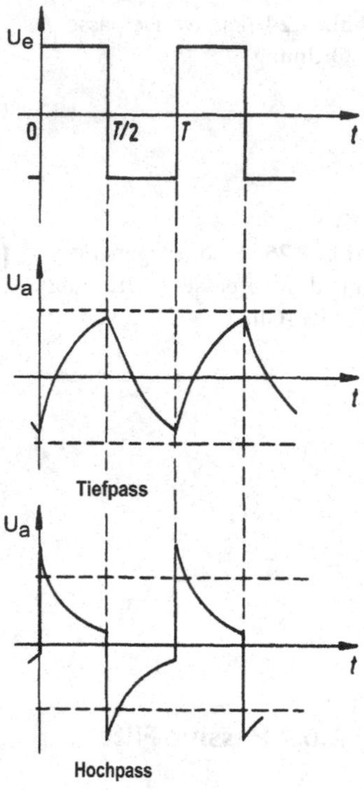

Abb. 2.26 Zeitlicher Verlauf von Tief- und Hochpass

Phasenwinkel des passiven Tiefpasses lautet:

$$\varphi = -\arctan \omega T_1 \tag{2.44}$$

und verläuft von 0 bis −90°.

Mit Korrespondenz Nr. 6 in der Tab. 1.3 ergibt sich aus Gl. 2.42 sofort die Rücktransformation in den Zeitbereich (Abb. 2.26).

$$U_a(t) = U_e(1 - e^{\frac{-t}{T_1}}) \quad \text{für stückweise pos. } U_e \tag{2.45a}$$

und

$$U_a(t) = U_e \cdot e^{\frac{-t}{T_1}} \quad \text{für stückweise neg. } U_e\,. \tag{2.45b}$$

Passive Hochpassfilter Beim passiven Hochpass I. Ordnung wird das tiefe Frequenzspektrum gedämpft und hohe Frequenzen ab der Eckfrequenz ω_{E1} werden unverfälscht an den Ausgang übertragen. Er lässt sich wahlweise aus einem CR- oder RL-Glied realisieren (Abb. 2.27).

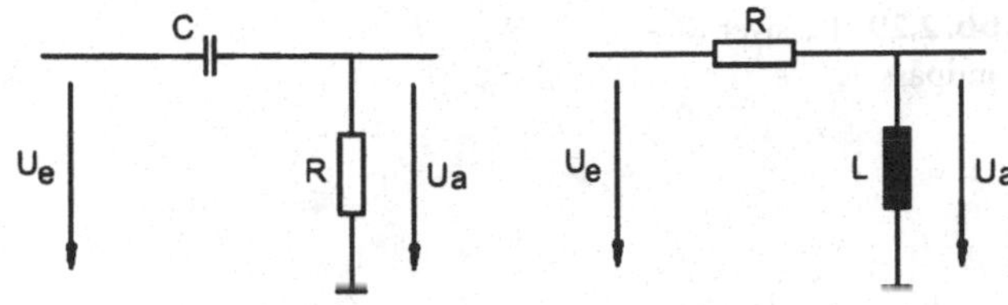

Abb. 2.27 Passive Hochpässe I. Ordnung

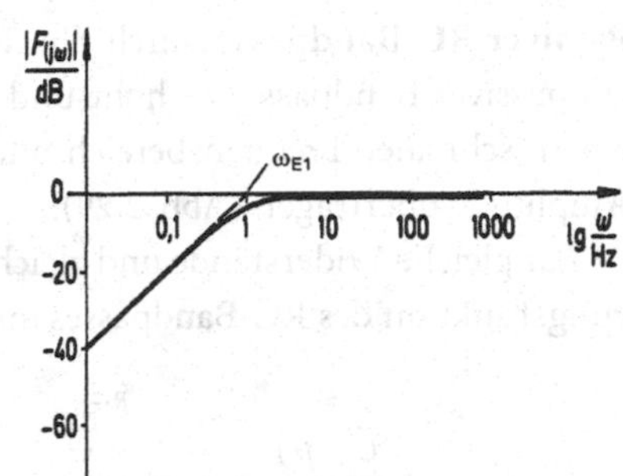

Abb. 2.28 Frequenzgangbetrag des Hochpasses I. Ordnung mit CR-Glied

Die Übertragungsfunktion des kapazitiven Hochpasses erhält man mit der Spannungsteilerregel:

$$F(p) = \frac{U_a(p)}{U_e(p)} = \frac{R}{R + 1/pC} = \frac{pT_1}{1 + pT_1} = \frac{p}{p+a} \text{ mit } a = \frac{1}{RC} = \frac{1}{T_1}\,. \tag{2.46}$$

Der Frequenzgangbetrag ergibt sich mit Gl. 1.15 und ist in Abb. 2.28 dargestellt.

$$\frac{|F(j\omega)|}{\text{dB}} = 20\,\text{lg}\,\frac{\omega T_1}{\sqrt{1 + \omega^2 T_1^2}}\,. \tag{2.47}$$

Bis zur Eckfrequenz ω_{E1} wird das ankommende Frequenzspektrum gedämpft an den Ausgang übertragen, mit +20 dB/Dekade ω Steigung. Danach werden die Signale unverfälscht übertragen. Der Phasenwinkel des passiven Hochpasses lautet:

$$\varphi = \arctan\frac{1}{\omega T_1} \tag{2.48}$$

und verläuft von 90 nach 0°.

Mit Korrespondenz Nr. 5 in der Tab. 1.3 ergibt sich aus Gl. 2.46 sofort die Rücktransformation in den Zeitbereich (Abb. 2.26b).

$$U_a(t) = U_e \cdot e^{-t/T_1} \text{ für stückweise konst. } U_e. \tag{2.49}$$

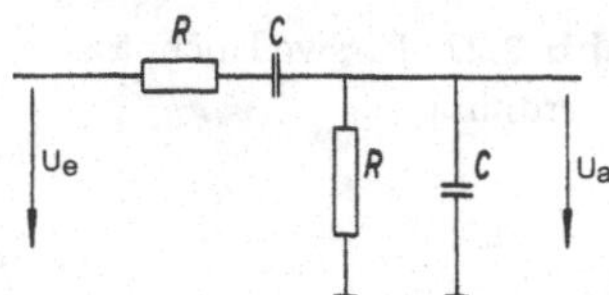

Abb. 2.29 Passiver RC-Bandpass

Passiver RC-Bandpass Durch die Reihenschaltung aus Hoch- und Tiefpass ergibt sich ein passiver Bandpass. Das hohe und tiefe Frequenzspektrum wird von ihm gedämpft. In einem schmalen Frequenzbereich um die Frequenz ω_g werden die Signale mit relevanter Amplitude übertragen (Abb. 2.29).

Für gleiche Widerstände und gleiche Kondensatoren erhält man eine einfache Übertragungsfunktion des RC-Bandpasses mithilfe der Spannungsteilerregel:

$$F(p) = \frac{U_a(p)}{U_e(p)} = \frac{\frac{R \cdot \frac{1}{pC}}{R + \frac{1}{pC}}}{\frac{R \cdot \frac{1}{pC}}{R + \frac{1}{pC}} + R + \frac{1}{pC}} = \frac{pT_g}{1 + 3pT_g + p^2 T_g^2} \quad \text{mit} \quad T_g = RC\,. \tag{2.50}$$

Ist man nur am Verlauf des Frequenzgangbetrags interessiert, lässt sich dieser unmittelbar aus der Übertragungsfunktion $F(p)$ ablesen. Man setzt entsprechend Gl. 1.15 $p = j\omega$ und geht nach folgender Regel vor:

1. Man zerlegt Zähler und Nenner von $F(j\omega)$ jeweils in Real- und Imaginärteil.
2. Jeder Real- und Imaginärteil von Zähler und Nenner wird für sich quadriert.
3. Aus dem gesamten Bruch wird die Wurzel gezogen.

Auf diese Weise erspart man sich die konjugiert komplexe Erweiterung, die sonst zur Berechnung von $|F(j\omega)|$ herangezogen wird (Abb. 2.30).

$$\frac{|F(j\omega)|}{\text{dB}} = 20\lg \frac{\omega T_g}{\sqrt{(1 + \omega^2 T_g^2)^2 + 9\omega^2 T_g^2}}\,. \tag{2.51}$$

Bei $\omega_g = 1 / T_g$ ergibt sich der Betragsmaximalwert von $|F(j\omega)| = 1/3$.

Wien-Robinson-Brücke (passive Bandsperre) Die als Wien-Robinson-Brücke bekannte RC-Schaltung (Abb. 2.31) ist die Erweiterung eines Bandpasses um einen Spannungsteiler und stellt eine Bandsperre dar. Das hohe und tiefe Frequenzspektrum wird von ihm nahezu ungedämpft übertragen. In einem schmalen Frequenzbereich um die Frequenz ω_g werden die Signale stark gedämpft.

Durch den Spannungsteiler am Ausgang teilt sich das Ergebnis zusätzlich auf 1 / 3. Für die Übertragungsfunktion ergibt sich dann:

$$F(p) = \frac{U_a(p)}{U_e(p)} = \frac{1}{3} \cdot \frac{1 + p^2 T_g^2}{1 + 3pT_g + p^2 T_g^2} \quad \text{mit} \quad T_g = RC\,. \tag{2.52}$$

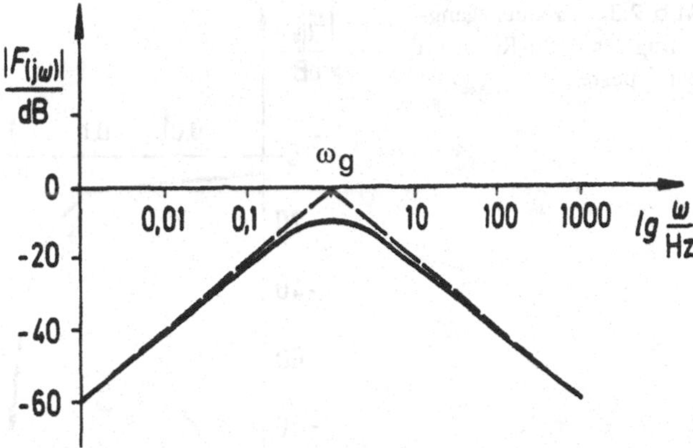

Abb. 2.30 Frequenzgangbetrag des RC-Bandpass

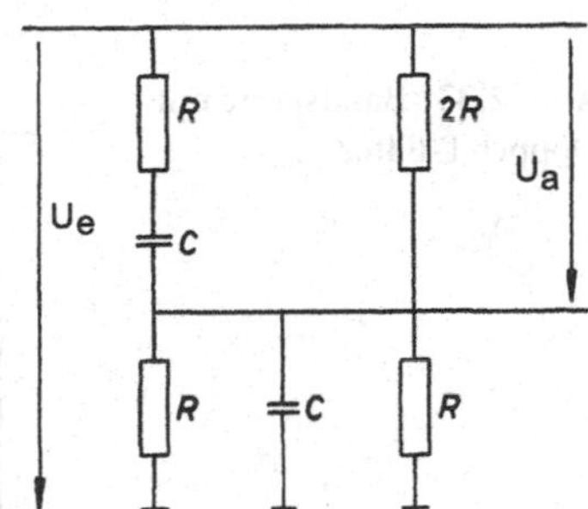

Abb. 2.31 Wien-Robinson-RC-Bandsperre

Und daraus ergibt sich direkt der Frequenzgangbetrag, welcher in Abb. 2.32 dargestellt ist.

$$\frac{|F(j\omega)|}{\mathrm{dB}} = 20\lg\left(\frac{1}{3}\cdot\frac{1-\omega^2 T_g^2}{\sqrt{(1+\omega^2 T_g^2)^2 + 9\omega^2 T_g^2}}\right). \tag{2.53}$$

Für $\omega = [0; \infty]$ wird $|F(j\omega)| = 1/3$ und für $\omega = \omega_g$ ergibt sich $|F(j\omega)| = 0$.

Nachteil der Wien-Robinson-Brücke als RC-Schaltung ist, dass die Ausgangsspannung nur als Differenzspannung und nicht gegen Masse gemessen vorliegt.

Passives Doppel-T-Filter (passive Bandsperre): Das Doppel-T-Filter hat eine sehr ähnliche Übertragungsfunktion wie die Wien-Robinson-Brücke und ist daher auch für die Unterdrückung eines bestimmten Frequenzspektrums geeignet. Doch hier ist die Ausgangsspannung gegen Masse abgreifbar (Abb. 2.33).

Für die Übertragungsfunktion erhält man:

$$F(p) = \frac{U_a(p)}{U_e(p)} = \frac{1+p^2T_g^2}{1+4pT_g+p^2T_g^2} \quad \text{mit} \quad T_g = RC\,. \tag{2.54}$$

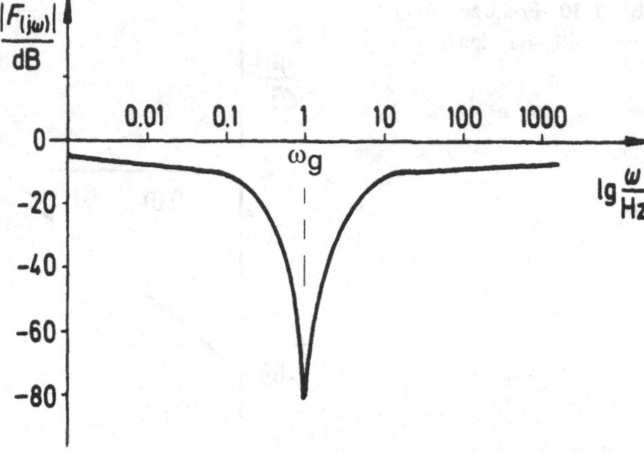

Abb. 2.32 Frequenzgangbetrag der Wien-Robinson-Bandsperre

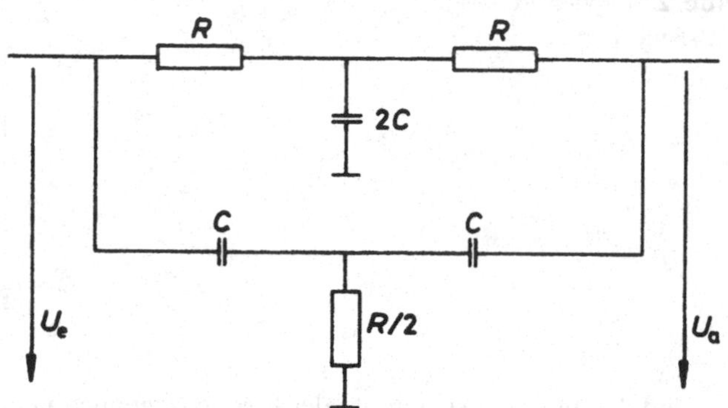

Abb. 2.33 Bandsperre mit Doppel-T-Filter

Und daraus ergibt sich direkt der Frequenzgangbetrag, der in Abb. 2.34 dargestellt ist.

$$\frac{|F(j\omega)|}{\mathrm{dB}} = 20\lg \frac{1-\omega^2 T_g^{\,2}}{\sqrt{\left(1+\omega^2 T_g^{\,2}\right)^2 + 16\omega^2 T_g^{\,2}}}\,. \tag{2.55}$$

Für $\omega = [0;\ \infty]$ wird im Gegensatz zur Wien-Robinson-Brücke $|F(\mathrm{j}\omega)| = 1$, und für $\omega = \omega_g$ ergibt sich $|F(\mathrm{j}\omega)| = 0$.

2.2.7 Aktive Filter

Aktive Filter sind in der Regel RC-beschaltete Operationsverstärker, die ein bestimmtes Frequenzband hervorheben und/oder unterdrücken. Bei der Berechnung der folgenden Schaltungen wird vorausgesetzt, dass die Schaltung unterhalb der 3 dB-Grenzfrequenz f_0 betrieben wird und die Differenzeingangsspannung $U_D = 0$ ist.

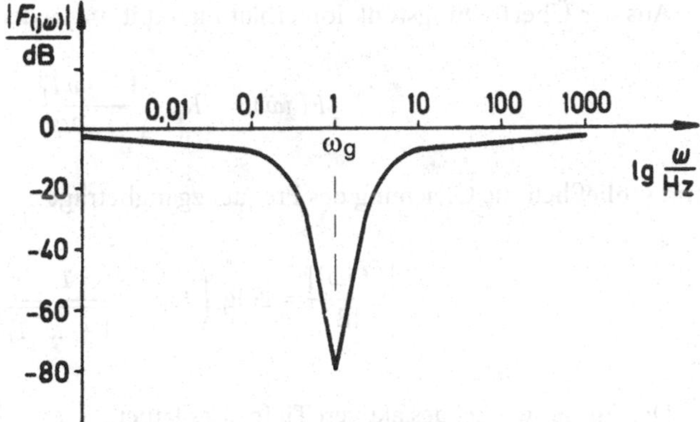

Abb. 2.34 Frequenzgangbetrag des passiven Doppel-T-Filters

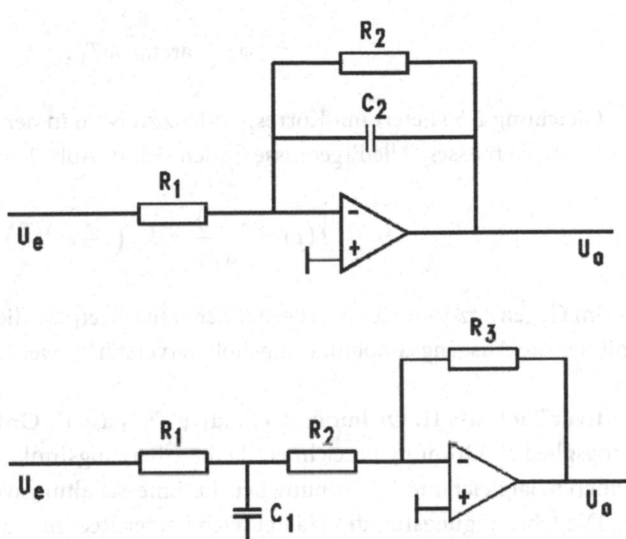

Abb. 2.35 Zwei Varianten des aktiven Tiefpasses I. Ordnung

Aktiver Tiefpass I. Ordnung Der aktive Tiefpass I. Ordnung wird auch als Verzögerungsglied I. Ordnung bezeichnet, da die Übergangsfunktion dieses Tiefpasses aus einer Differenzialgleichung I. Ordnung hervorgeht.

Es gibt zwei gleichwertige Varianten der OP-Schaltung (Abb. 2.35). Zur Berechnung wird die Schaltung mit dem Kondensator in der Gegenkopplung benutzt.

Die Übertragungsfunktion erhält man mit Gl. 2.13 aus der oberen OP-Schaltung.

$$F(p) = \frac{U_a(p)}{U_e(p)} = -\frac{\frac{R_2 \cdot \frac{1}{pC_2}}{R_2 + \frac{1}{pC_2}}}{R_1} = -K_p \cdot \frac{1}{1 + pT_1} = \frac{a}{p + a} \tag{2.56}$$

mit $K_p = \frac{R_2}{R_1}$ und $T_1 = R_2 C_2$ sowie $a = 1 / T_1$.

Aus der Übertragungsfunktion erhält man mit $p = j\omega$ den Frequenzgang.

$$F(j\omega) = -K_p \cdot \frac{1 - j\omega T_1}{1 + \omega^2 T_1^2}$$

und schließlich die Gleichung des Frequenzgangbetrages:

$$\frac{|F(j\omega)|}{\text{dB}} = 20\lg\left(K_p \cdot \frac{1}{\sqrt{1 + \omega^2 T_1^2}}\right). \tag{2.57}$$

Der Phasenwinkel des aktiven Tiefpasses lautet:

$$\varphi = -\arctan \omega T_1 . \tag{2.58}$$

Gleichung 2.56 liefert mit Korrespondenz zu Nr. 6 in der Tab. 1.3 sofort die Sprungantwort des Tiefpasses. Alle Ergebnisse finden sich in Abb. 2.36.

$$f(t) = \frac{x_a(t)}{x_e} = K_p\left(1 - e^{-t/T_1}\right). \tag{2.59}$$

Im Gegensatz zum passiven besitzt der aktive Tiefpass die Proportionalverstärkung K_p, mit der die Ausgangsamplitude angehoben (verstärkt) werden kann.

Aktiver Tiefpass II. Ordnung Der aktive Tiefpass II. Ordnung wird auch als Verzögerungsglied II. Ordnung bezeichnet, da die Übergangsfunktion dieses Tiefpasses auf einer Differenzialgleichung II. Ordnung beruht. Eine Schaltungsvariante stellt Abb. 2.37 dar.

Die Übertragungsfunktion lautet nach kurzer Rechnung:

$$F(p) = \frac{U_a(p)}{U_e(p)} = -K_p \cdot \frac{1}{(1 + pT_{11})(1 + pT_{12})} \tag{2.60}$$

mit $T_{11} = \frac{R_1 R_2}{R_1 + R_2} \cdot C_1$, $T_{12} = R_3 C_2$, $K_p = \frac{R_3}{R_1 + R_2}$.

Als Verzögerungsglied II. Ordnung wird diese Schaltung häufig in einer allgemeineren Form dargestellt.

Setzt man $T_{11} + T_{12} = 2dT_2$ und $T_{11} T_{12} = T_2{}^2$, erhält man die allgemeine Übertragungsfunktion:

$$F(p) = \frac{U_a(p)}{U_e(p)} = -K_p \cdot \frac{1}{1 + 2dpT_2 + p^2 T_2{}^2}$$

bzw. mit $\omega_o = 1 / T_2$

$$F(p) = -K_p \cdot \frac{\omega_0{}^2}{p^2 + 2d\omega_0 p + \omega_0{}^2}. \tag{2.61}$$

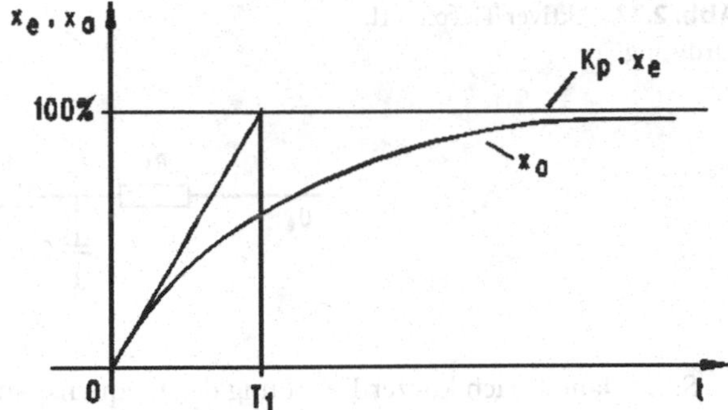

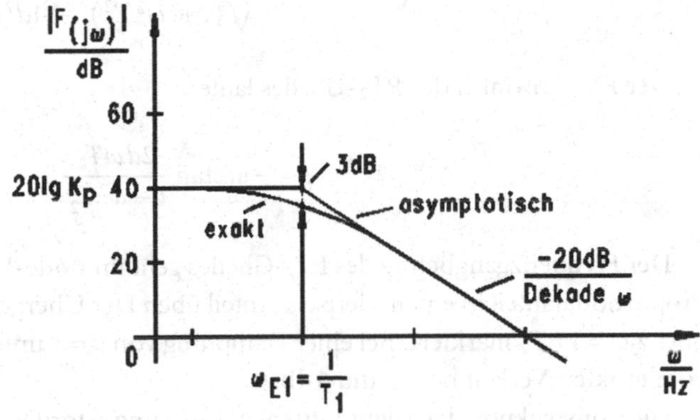

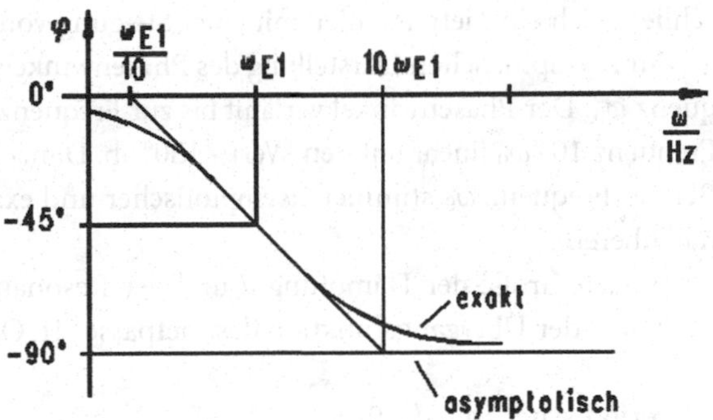

Abb. 2.36 Kurven des aktiven Tiefpasses I. Ordnung für positives U_a

Der Frequenzgang ergibt sich zu:

$$F(\omega j) = -K_p \cdot \frac{1}{1 - \omega^2 {T_2}^2 + j2d\omega T_2} .$$

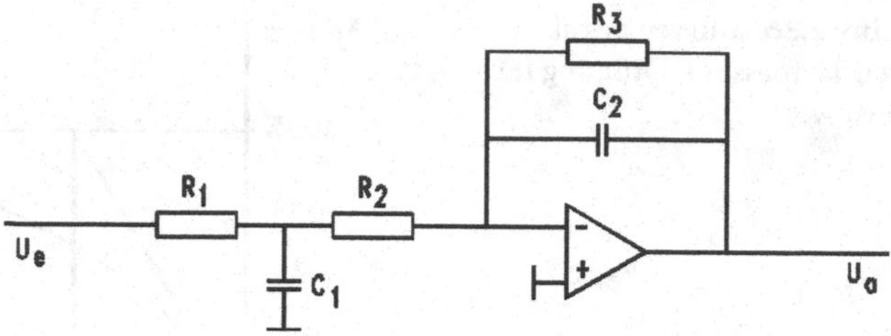

Abb. 2.37 Aktiver Tiefpass II. Ordnung

Somit lautet nach kurzer Rechnung der Frequenzgangbetrag:

$$\frac{|F(j\omega)|}{\mathrm{dB}} = 20\lg\frac{K_\mathrm{p}}{\sqrt{\left(1+\ \omega^2T_2^2\right)^2 + 4d^2\omega^2T_2^2}}\ . \tag{2.62}$$

Der Phasenwinkel des PT_2-Gliedes lautet:

$$\varphi = -\arctan\frac{2d\omega T_2}{1-\omega^2T_2^2}\ . \tag{2.63}$$

Der Frequenzgangbetrag des PT_2-Gliedes geht im Bode-Diagramm kontinuierlich vom Proportionalanteil in einen Tiefpass-Anteil über. Der Übergang ist durch die Resonanzfrequenz $\omega = 1/T_2$ markiert. Bei einer Dämpfung von $d = 1$ unterscheidet sich die Asymptote vom exakten Verlauf bei ω_0 um 6 dB.

Die Konstruktion der asymptotischen Näherung erfordert nur die Parameter K_p und ω_0. Dabei verläuft der Proportional-Anteil mit $20\lg K_\mathrm{p}$ bis zur Resonanzfrequenz ω_0. Daran schließt sich ein Tiefpassanteil mit einer Steigung von −40 dB/Dekade ω an.

Zur asymptotischen Darstellung des Phasenwinkels benötigt man nur die Resonanzfrequenz ω_0. Der Phasenwinkel verläuft bis zur Frequenz $\omega_0/10$ auf 0° und fällt dann bis zur Frequenz $10\cdot\omega_0$ linear auf den Wert −180° ab. Danach verläuft er unverändert auf −180°. Bei der Frequenz ω_0 stimmen asymptotischer und exakter Verlauf des Phasenwinkels genau überein.

Je nach Größe der Dämpfung d und der Resonanzfrequenz ω_0 lassen sich vier Fälle bezüglich der Übergangsfunktion des Tiefpasses II. Ordnung unterscheiden.

1. Periodischer Fall, $d = 0$.
   Für $d = 0$ wird in Korrespondenz Nr. 23 in der Tab. 1.3 auch $a = 0$. Die Sprungantwort entspricht damit einer ungedämpften sinusförmigen Dauerschwingung. Die Eigenkreisfrequenz ist $\omega_\mathrm{e} = \omega_0$, sodass insgesamt folgt:

$$U_\mathrm{a}(t) = -K_\mathrm{p}\cdot U_\mathrm{e}\cdot(1-\cos\omega_0 t)\ . \tag{2.64a}$$

2. Mehrfaches Überschwingen, $d \ll 1$.
   Hier gilt $\omega_0 > a$, und Korrespondenz Nr. 23 in der Tab. 1.3 liefert sofort:

$$U_a(t) = -K_p \cdot U_e \cdot \left[1 - e^{-d \cdot t/T_2} \cdot \left(\cos \omega_e t + \frac{d}{T_2 \omega_e} \cdot \sin \omega_e t\right)\right]. \tag{2.64b}$$

3. Aperiodischer Grenzfall, $d = 1$.
   In diesem Fall geht $\omega_e \to 0$ und man erhält mit Korrespondenz Nr. 23 in der Tab. 1.3

$$U_a(t) = -K_p \cdot U_e \cdot \left[1 - e^{-t/T_2} \cdot (1 + \omega_0 t)\right]. \tag{2.64c}$$

4. Aperiodischer Fall, $d > 1$.
   Hier gilt $\omega_0 < a$ und man erhält mit Korrespondenz Nr. 23 in der Tab. 1.3 nun:

$$U_a(t) = -K_p \cdot U_e \cdot \left(1 + \frac{p_2}{2w} e^{p_1 t} - \frac{p_1}{2w} e^{p_2 t}\right). \tag{2.64d}$$

   Darin bedeuten $p_{12} = \omega_0 (-d \pm \sqrt{d^2 - 1})$ und $w = \omega_0 \sqrt{d^2 - 1}$, sodass die Sprungantwort aus der Summe zweier e-Funktionen besteht.

Diese und weitere Sprungantworten sind in Abb. 2.38 für $K_p = 1$ und positive Ausgangsspannung U_a dargestellt.

Aktiver Tiefpass III. Ordnung Einen aktiven Tiefpass III. Ordnung mit Butterworth-Verhalten III. Ordnung stellt Abb. 2.39 dar. Werden die drei Energiespeicher sowie die Widerstände gleich groß gewählt, erhält man für den Frequenzgangbetrag eine Gleichung, die im Frequenzgangbetrag für Frequenzen größer als ω_0 eine Steigung von −60 dB/Dekade ω aufweist.

$$\frac{|F(j\omega)|}{\text{dB}} = 20 \lg \frac{1}{\sqrt{1 + \omega^6 T^6}}. \tag{2.65}$$

Aktiver Bandpass Schaltet man einen Hochpass mit einem Tiefpass in einer OP-Schaltung zusammen, entsteht der in Abb. 2.40 dargestellte aktive Bandpass.

Die Übertragungsfunktion errechnet sich mithilfe der Gl. 2.13 wie folgt:

$$\frac{U_a(p)}{U_e(p)} = -\frac{\frac{R_2 \cdot \frac{1}{pC_2}}{R_2 + \frac{1}{pC_2}}}{R_1 + \frac{1}{pC_1}} = -\frac{R_2}{R_1} \cdot \frac{1}{(1 + \frac{1}{T_1})(1 + pT_2)}$$

$$F(p) = -K_p \cdot \frac{pT_1}{(1 + pT_1)(1 + pT_2)} = -K_p \cdot \frac{pT_1}{1 + p(T_1 + T_2) + p^2 T_1 T_2} \tag{2.66}$$

mit $K_p = R_2 / R_1$; $T_1 = R_1 \cdot C_1$; $T_2 = R_2 \cdot C_2$

Abb. 2.38 Kurven des aktiven Tiefpasses II. Ordnung für positives U_a

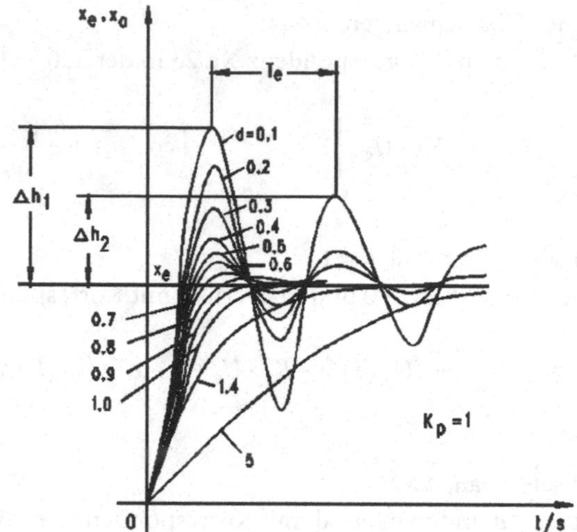

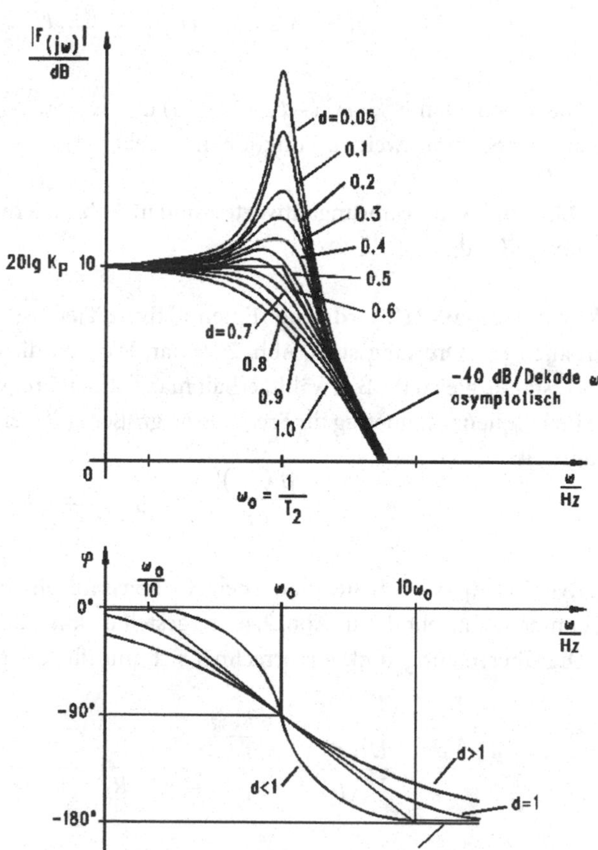

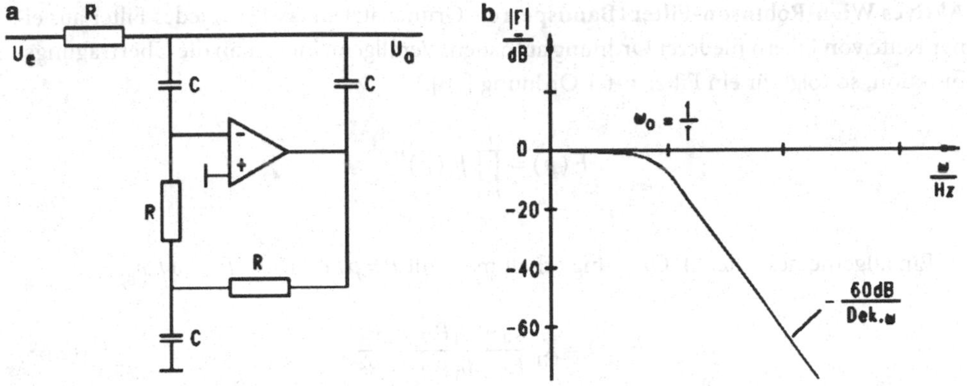

Abb. 2.39 Schaltung und Frequenzgangbetrag des Tiefpasses III. Ordnung

Abb. 2.40 Aktiver Bandpass

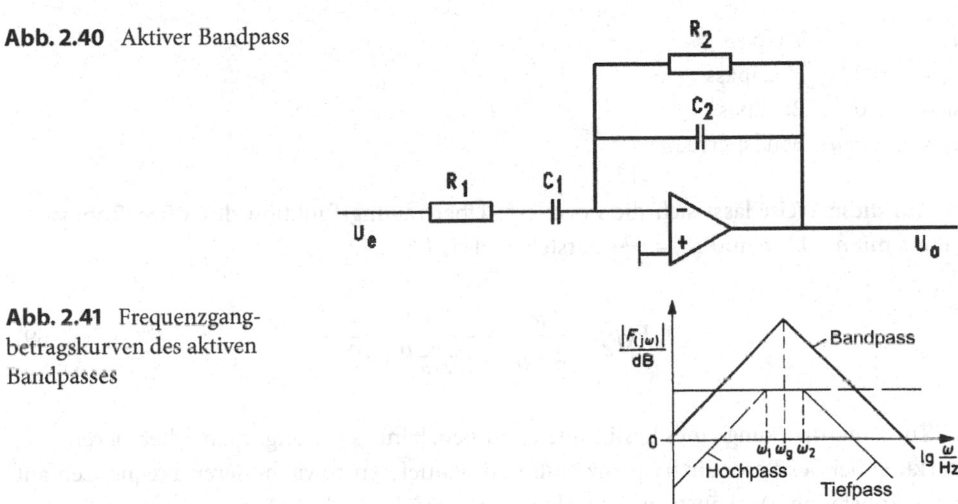

Abb. 2.41 Frequenzgangbetragskurven des aktiven Bandpasses

Es ergibt sich sofort der Frequenzgangbetrag mit der Regel aus Abschn. 2.2.6.

$$\frac{|F(j\omega)|}{\text{dB}} = 20\lg\left(K_\text{p}\cdot\frac{\omega T_1}{\sqrt{(1+\omega^2 T_1 T_2)^2+\omega_2(T_1+T_2)^2}}\right). \tag{2.67}$$

Setzt man die Eckfrequenz ω_1 des Hochpasses und die des Tiefpasses ω_2 gleich, liegt das Maximum der asympthotischen Amplitude bei ω. Die Darstellung der Kurven zeigt Abb. 2.41. Das exakte Maximum der Frequenzgangbetrags-Amplitude liegt um 6 dB tiefer, denn es wird aus Gl. 2.64a–d an der Stelle ω mit $T_1 = T_2 = T_\text{g}$ (Laborversuch siehe Abschn. 11.3):

$$\frac{|F(j\omega)|}{\text{dB}} = 20\lg\left(K_\text{p}\cdot\frac{1}{2}\right).$$

Aktives Wien-Robinson-Filter (Bandsperre) Grundsätzlich lässt sich jedes Filter aus einer Kette von Filtern niederer Ordnung aufbauen. Verallgemeinert man die Übertragungsfunktion, so folgt für ein Filter n-ter Ordnung [10]:

$$F(p) = \prod_{i=1}^{n} F_i(p) .$$

Ein allgemeines Filter II. Ordnung erhält man mit $P = p / \omega_g$ bzw. $|P| = \omega / \omega_g$:

$$F(p) = K_p \frac{a_0 + a_1 P + a_2 P^2}{b_0 + b_1 P + b_2 P^2} . \tag{2.68}$$

Ordnet man den Koeffizienten bestimmte Werte zu, erhält man entsprechende Filter.

$a_1 = a_2 = 0$	Tiefpass
$a_0 = a_1 = 0$	Hochpass
$a_0 = a_2 = 0$	Bandpass
$a_1 = 0, a_0 = a_2$	Bandsperre

Auf diese Weise lässt sich die normierte Übertragungsfunktion des Wien-Robinson-Filters mit $q = 1 \ldots n$ und $K_p = \frac{q}{2+q}$ darstellen als (Abb. 2.42):

$$F(p) = \frac{q}{2+q} \cdot \frac{1 + P^2}{1 + \frac{6}{2+q} P + P^2} . \tag{2.69}$$

Zur Unterdrückung eines bestimmten Frequenzbandes benötigt man Filter, deren Verstärkung bei der Resonanzfrequenz Null und bei tieferen sowie höheren Frequenzen auf einen konstanten Wert ansteigt. Charakterisiert wird die selektive Frequenzunterdrückung durch die Unterdrückungsgüte Q als Quotient aus Resonanzfrequenz $f_0 = 1/(2\pi R_2 C)$ und 3 dB-Grenzfrequenz (Abb. 2.43).

Für das Wien-Robinson-Filter erhält man

$$Q = \frac{2+q}{6} .$$

Für die beiden Grenzwerte $\omega = P = 0$ und $\omega = P = \infty$ geht die Gl. 2.69 genau wie Gl. 2.52 auf den Wert $F(p) = 1/3$.

Aktives Doppel-T-Filter (Bandsperre) Die normierte Übertragungsfunktion des aktiven Doppel-T-Filters II. Ordnung lässt sich mit $K_p = q$ darstellen (Abb. 2.44) als:

$$F(p) = q \cdot \frac{1 + P^2}{1 + (4 - 2q)P + P^2} . \tag{2.70}$$

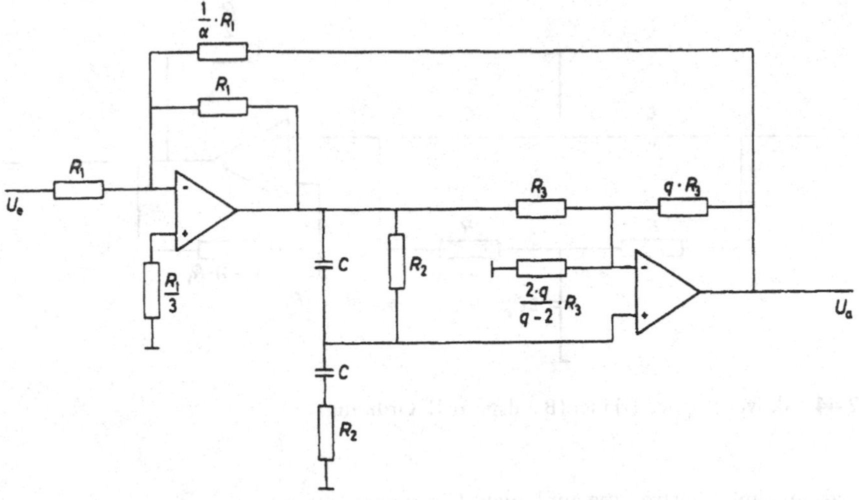

Abb. 2.42 Aktives Wien-Robinson-Filter (Bandsperre II. Ordnung)

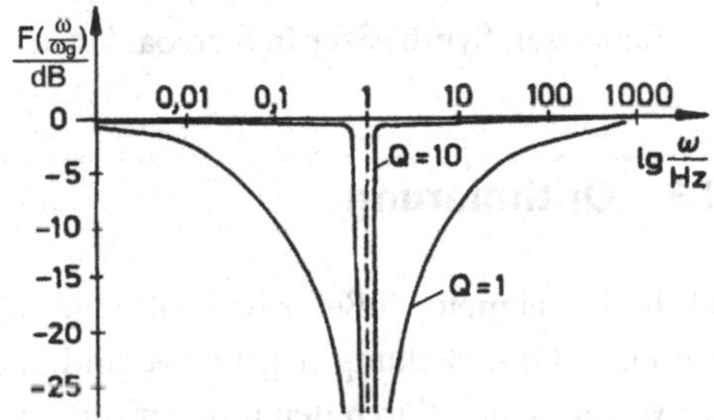

Abb. 2.43 Frequenzgangbeträge für Bandsperren II. Ordnung

Für dieses Filter ist $f_0 = 1/(2\pi RC)$ und

$$Q = \frac{1}{4} - 2q \,.$$

Für die beiden Grenzfälle $\omega = P = 0$ und $\omega = P = \infty$ sowie $q = 1$ geht die Gl. 2.70 ebenso wie Gl. 2.54 auf den Wert $F(p) = 1$ zurück.

Weitere Beispiele von Filtern höherer Ordnung, die vornehmlich in der Nachrichtentechnik eingesetzt werden, finden sich in [1, S. 816–865].

Anwendungsgebiete für Filter

1. Herausfiltern eines bestimmten Frequenzbandes,
2. Frequenzanalyse in der Schallemission,

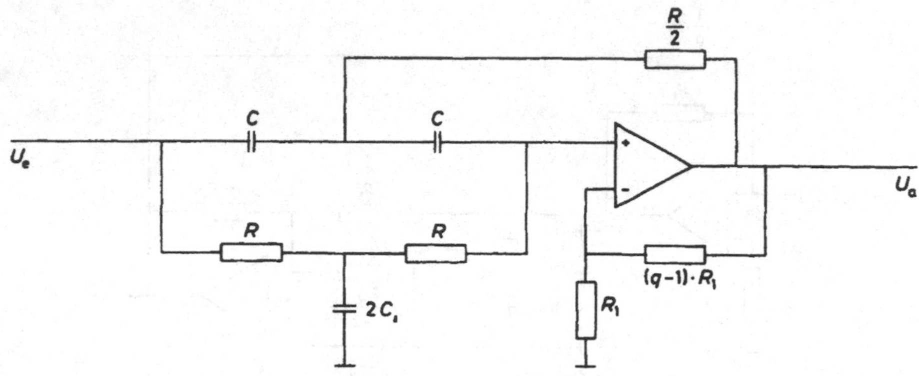

Abb. 2.44 Aktives Doppel-T-Filter (Bandsperre II. Ordnung)

3. störfreie Signalübertragung auf langen Leitungen,
4. Simulation von Verzögerungsgliedern in der Regeltechnik,
5. Frequenzweichen in Lautsprechersystemen,
6. Equalizer, Synthesizer in Stereoanlagen.

2.3 Optimierung

Mithilfe geeigneter äußerer Beschaltungen sind Störeinflüsse, die das Übertragungsverhalten einer OP-Schaltung negative verändern, zu vermeiden. Diese störenden Effekte sind im Wesentlichen durch den inneren Aufbau des OPs, die Toleranzen der Beschaltungselemente und die Signalweiterleitung bedingt.

2.3.1 Frequenzkorrektur

Operationsverstärker benötigen für die allgemeine Verwendung, also auch als Wechselspannungsverstärker, eine Frequenzkompensation, d. h. eine frequenzabhängige Korrektur der Differenzverstärkung V_D. Wegen des inneren Aufbaus und der unvermeidbaren Basis- und Basis-Emitter-Kapazitäten verhält sich ein OP wie ein Tiefpass höherer Ordnung (meist als hintereinander liegende Tiefpässe I. Ordnung).

Ohne Korrekturkondensatoren C_k knickt der Frequenzgangbetrag der Differenzverstärkung V_D an den Punkten f_0, f_1 und f_2 um jeweils −20 dB/Dekade ab. Außerdem kommt es mit zunehmender Frequenz zu einer entsprechenden Phasenverschiebung. Nimmt diesen den Wert von $\varphi = -180°$ an, kommt es bei Verstärkungen von $K_p > 1$ zu selbstätiger Schwingung der Schaltung.

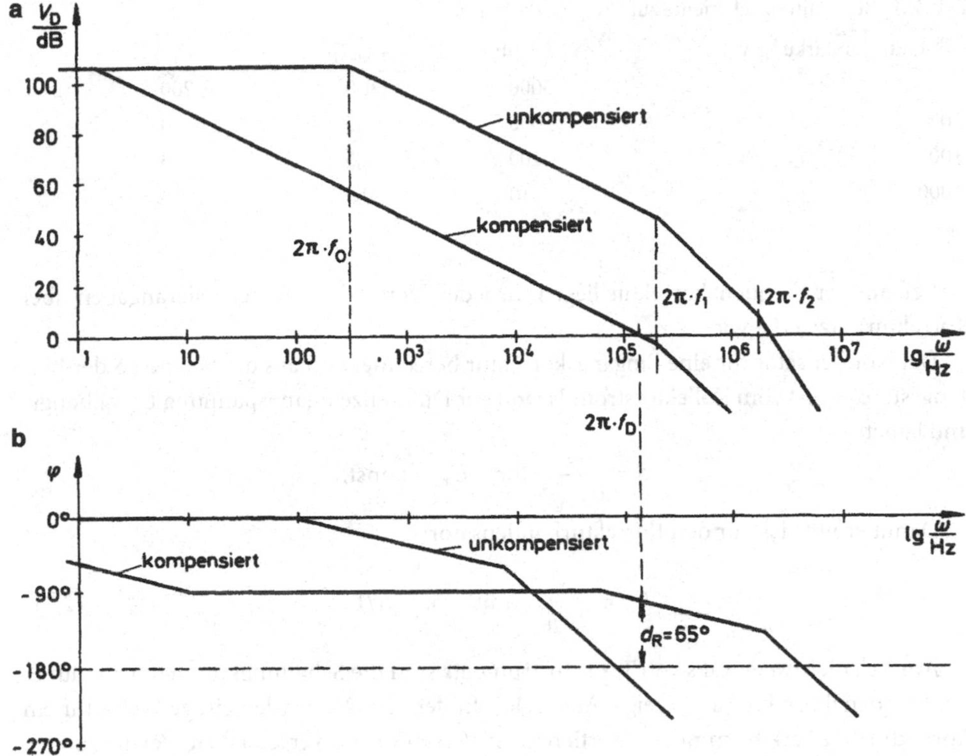

Abb. 2.45 Bode-Diagramm eines OP mit und ohne Frequenzkorrektur

Man hilft sich mit einer Korrektur des Frequenzgangbetrages, bei der das Bandbreit-Verstärkungsprodukt f_b unter die Grenzfrequenz f_1 abgesenkt wird (Abb. 2.45). Als günstig erweist sich ein Wert von $f_b = f_1 / 2$ bei $V_D = 1$.

Der Operationsverstärker OP07, der eine interne Frequenzkorrektur besitzt, hat ein Bandbreite-Verstärkungsprodukt von $f_b = 0{,}6$ MHz. Mit seinem Kennwert $V_{D_{max}} = 4{,}5 \cdot 10^5$ ergibt sich mit Gl. 2.5 eine 3-dB-Grenzfrequenz von:

$$f_0 = \frac{0{,}6\,\text{MHz}}{4{,}5 \cdot 10^5} = 1{,}333\,\text{Hz}\,.$$

Infolge des verringerten f_b beim kompensierten Verstärker sinkt auch die Spannungsanstiegsgeschwindigkeit auf

$$\frac{dU}{dt_{max}} \approx 2\pi \cdot f_b \cdot \hat{u} \approx 0{,}17\,\text{V}/\mu\text{s}\,.$$

Tab. 2.1 Beschaltungselemente zur Frequenzkorrektur

Differenzverstärkung V_D	C_1/pF	C_2/pF	R_1/kΩ
1	5000	1,5	200
10	500	1,5	20
100	100	1,5	3
1000	10	0	3

Bei äußerer Frequenzkorrektur liegen für jeden Verstärkertyp Herstellerangaben über Korrekturnetzwerke vor.

Der Kondensator für eine Eingangskorrektur berechnet sich aus der Steilheit S der Eingangsstufe. Sie ist vom Kollektorstrom I_K und der Differenzeingangspannung U_D abhängig und lautet:

$$S = \frac{\partial I_K}{\partial U_D} \quad \text{für} \quad U_K = \text{konst.}$$

Damit ergibt sich für den Korrekturkondensator:

$$C_K = \frac{S}{2\pi f_b} \quad \text{mit} \quad f_b = f_1/1\,. \tag{2.71}$$

Am Beispiel zweier OPs von Texas Instruments sind die Schaltungsvarianten zur äußeren Frequenzkorrektur aufgezeigt (Abb. 2.46). In der Tab. 2.1 werden einige Werte für ein Korrekturnetzwerk beim nicht invertierenden Verstärker für verschiedene Verstärkungen V_D angegeben.

2.3.2 Offsetabgleich

Die Offsetspannung tritt am Ausgang des OPs auf, ohne dass eine Eingangsspannung angelegt ist. Sie ist eine additive Fehlspannung, die in den ungleichen Arbeitspunkten und Stromverstärkungsfaktoren der inneren Transistorstufen gründet. Die Offsetspannung lässt sich im OP selbst oder durch eine äußere Beschaltung kompensieren (Abb. 2.47). Die gesamte Ausgangsfehlspannung U_{a0} ist infolge der beteiligten Ruheströme:

$$U_{a0} = U_{off}\frac{R_r}{R_K} + I_{G+} \cdot R_K - I_{G-} \cdot \frac{R_e R_r}{R_e + R_r}\,.$$

Setzt man sinnvollerweise $R_K = \frac{R_e R_r}{R_e + R_r}$, bleibt mit Gl. 2.8:

$$U_{a0} = U_{off}\left(1 + \frac{R_r}{R_e}\right)\,.$$

Sind die Ströme I_{G+} und I_{G-} ungleich, kann mit einem Potentiometer abgeglichen werden. Weitere Maßnahmen sind bei OPs wie dem LH0044CH und dem OP07-EJ im Allgemeinen nicht erforderlich.

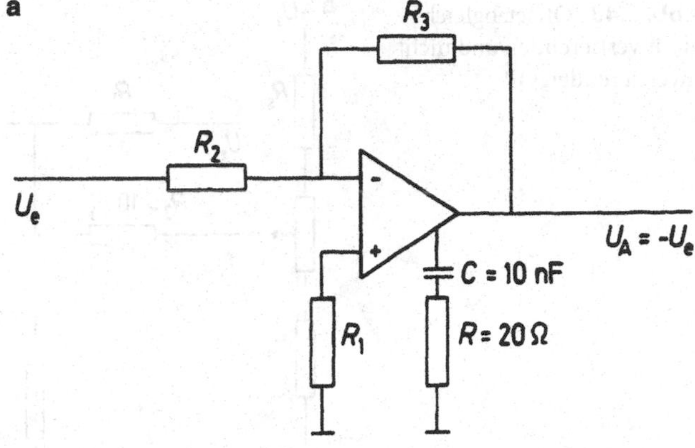

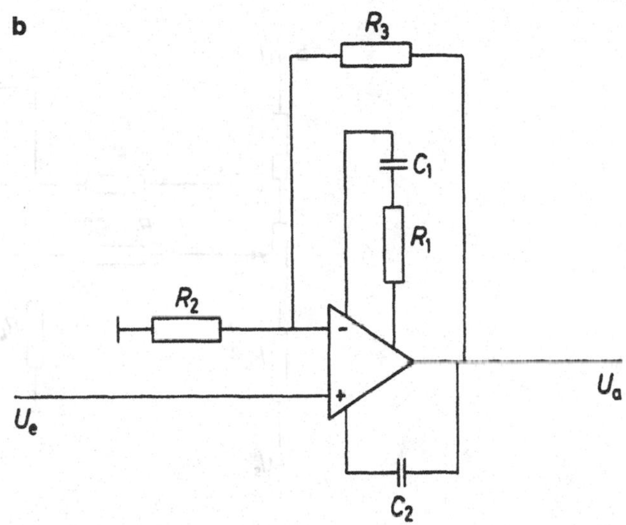

Abb. 2.46 Frequenzkorrektur beim invertierenden und nicht invertierenden OP

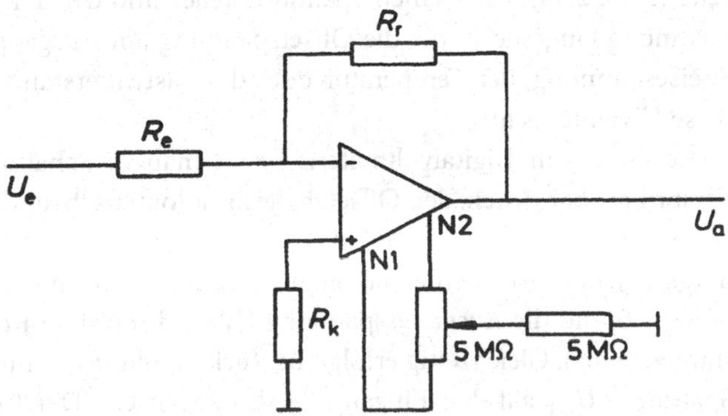

Abb. 2.47 Äußerer Offsetabgleich über die Eingangsstufen des OPs

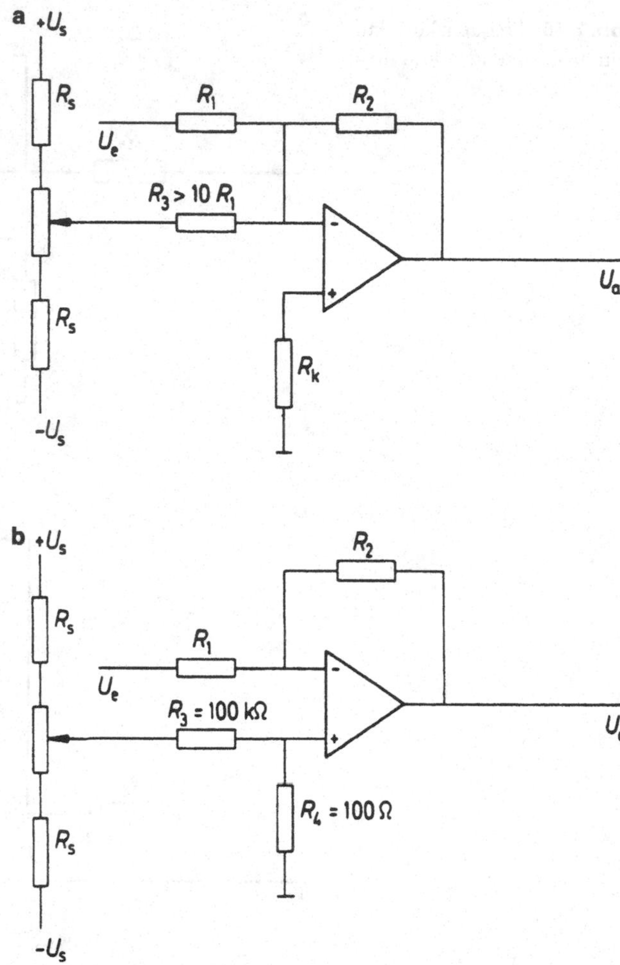

Abb. 2.48 Offsetabgleich am invertierenden und nicht invertierenden OP

Bei Operationsverstärkern der 741-Reihe erfolgt der Offsetabgleich über die Eingangsseite (Abb. 2.48). Über einen Spannungsteiler und den Eingangswiderstand R_3 wird eine Spannung eingespeist, die die Offsetspannung am Ausgang aufhebt. Veränderungen der Speisespannung, der Temperatur oder des Lastwiderstandes am Ausgang berücksichtigt diese Variante nicht.

Besonders in Digitalvoltmetern findet man in Schaltungen sogenannte Auto-Zero-Verstärker, bei denen der Offsetabgleich automatisch und getaktet vorgenommen wird (Abb. 2.49). Zwei von einem Taktgeber gesteuerte Feldeffekt-Transistoren (als S1 und S2 dargestellt) bewirken einen automatischen Abgleich. In der dargestellten Schalterstellung ist $U_e = 0$ und die Ausgangsspannung U_a wird mit dem Kondensator C_2 kurzzeitig konstant gehalten. Gleichzeitig erfolgt die Rückkopplung der mit dem zweiten OP integrierten Spannung U_{A1} auf den Eingang E− des ersten OP. Der Integrierer arbeitet solange, bis

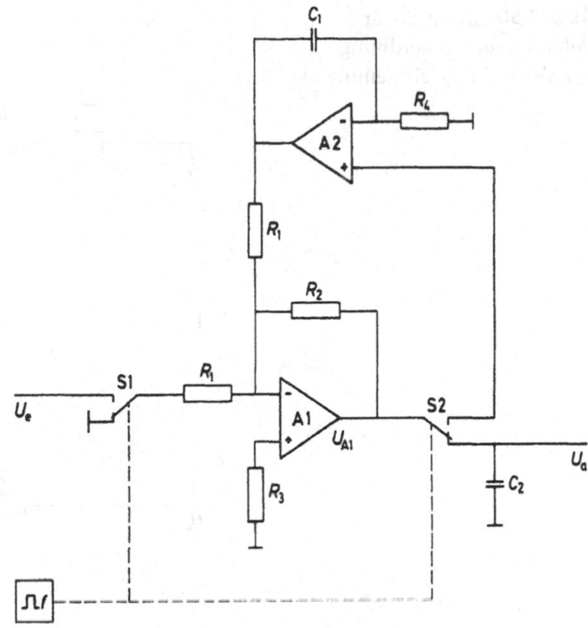

Abb. 2.49 OP-Schaltung mit Auto-Zero-Offsetabgleich

Tab. 2.2 Eigenschaften von Zero-Drift-Verstärkern

OP-Typ	Off set in µV	Drift in µV/K	Rauschen nV/rtHz
OPA 333	10	0,05	55
OPA 335	5	0,05	55
OPA 378	50	0,25	20

$U_{A1} = U_{off} = 0$ ist. Danach schaltet der Taktgeber die Schalter S1 und S2 wieder in Betriebsstellung, d. h. auf die Eingangsspannung U_e.

Ähnliche OPs mit integriertem Auto-Zero-Offsetabgleich stellt die Firma Intersil her.

Bei einer Chopper-stabilisierten Schaltung, dem sogenannten Zero-Drift-Verstärker, werden Eingang und Ausgang synchron invertiert [11], [21]. Dadurch wird der Offset in jeder zweiten Phase invertiert. Auf diese Weise wird der Offset von einer Gleichspannung in eine Wechselspannung mit einem Mittelwert von 0 V umgewandelt.

Eine Filterstufe reduziert die Amplitude des Wechselspannungssignals. Bei modernen Chopper-Verstärkern von Texas Instruments ist ein patentierter Sperrfilter integriert, um genau diese Chopper-Frequenz zu filtern. Eine ausführlichere Beschreibung des Chopper-Verfahrens findet sich in [12].

Einige charakteristische Eigenschaften typischer OPs von Texas Instruments sind in Tab. 2.2 zusammengestellt.

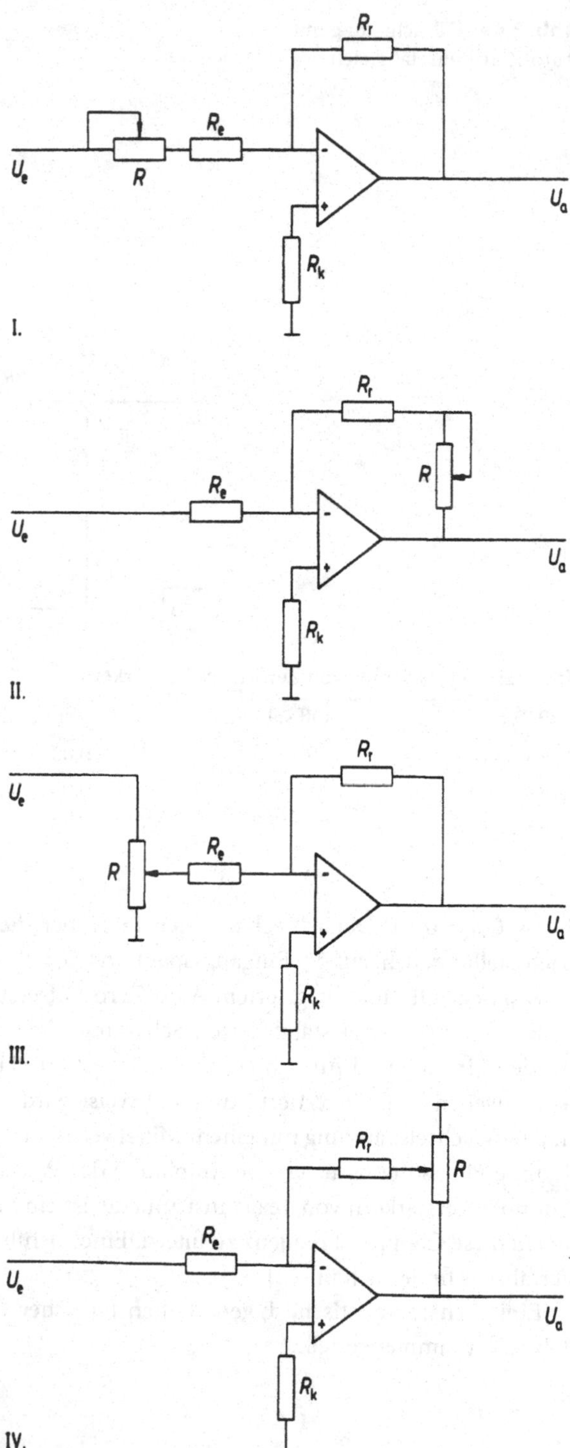

Abb. 2.50 Beispiele für Potentiometer-Anordnung zur Verstärkungseinstellung

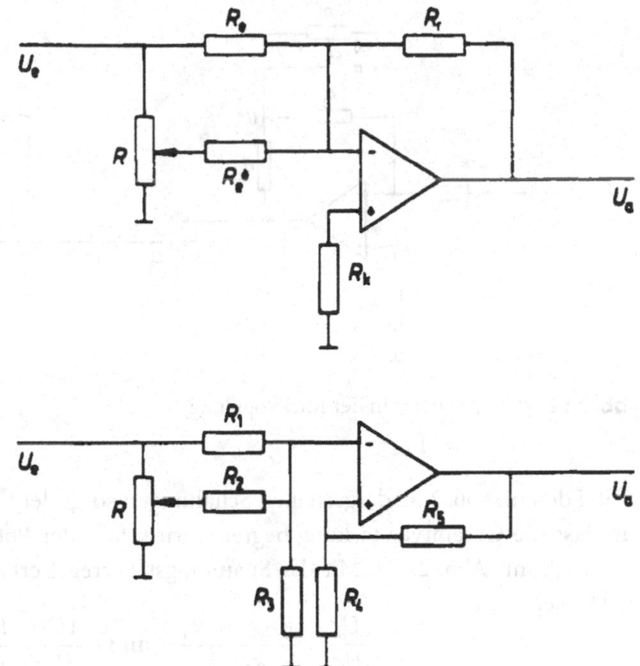

Abb. 2.51 Beispiele für die Potentiometer-Anordnung als Spannungsteiler

2.3.3 Variable Verstärkungen

In vielen Fällen ist es notwendig, eine kontinuierlich einstellbare Verstärkung zu realisieren, so z. B. für die Verstärkung π in der Antriebstechnik. Durch die Verwendung von einem oder mehreren Potentiometern im Eingang und/oder der Rückkopplung des OPs lassen sich variable Verstärkungsfaktoren bequem einstellen. In Abb. 2.50 sind einige Anordnungen dargestellt.

Die Schaltungen I. und II. verursachen bei einem eventuellen Abheben des Potentiometer-Schleifers keinen Verstärkungsfehler der Schaltung. Bei den Varianten III. und IV. wird die gesamte Schaltung beim Abheben des Schleifers außer Funktion gesetzt, da entweder das Eingangssignal oder das Rückkopplungssignal fehlt.

Setzt man dagegen das Potentiometer als Spannungsteiler ein (Abb. 2.51), führt ein Fehler am Potentiometer nicht zu einem Aussetzen der Schaltung. Außerdem geht das Spannungsteilerverhältnis alinear in die Gesamtverstärkung ein.

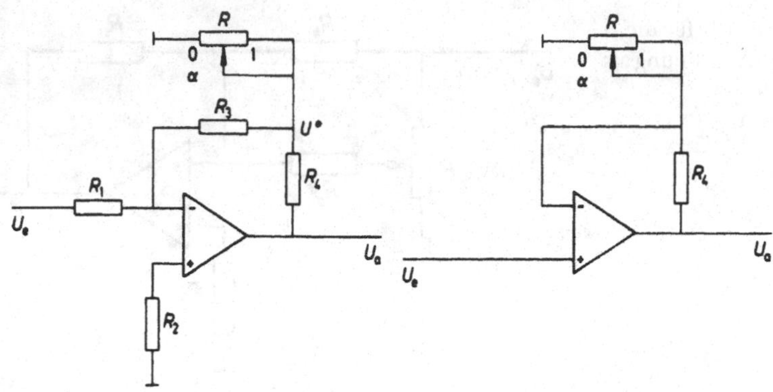

Abb. 2.52 Potentiometer in der Rückkopplung

Bei den in Abb. 2.52 dargestellten Schaltungen sorgt der zusätzliche Widerstand R_4 dafür, dass die Gesamtverstärkung begrenzt wird, falls der Potentiometer-Abgriff auf $\alpha = 0$ geht (vgl. mit Abb. 2.13). Mit der Spannungsteilerregel erhält man beim invertierenden Verstärker:

$$\frac{U_a}{U^*} = \frac{R_{\text{Nenn}} + R_4}{R_{\text{Nenn}}} \quad \text{und} \quad \frac{U^*}{U_e} = \frac{R_3}{R_1}.$$

$$\text{Daraus} \quad U_a = \frac{R_3}{R_1}\left(1 + \frac{R_4}{R_{\text{Nenn}}}\right) \cdot U_e$$

$$\text{oder} \quad U_a = \frac{R_3}{R_1}\left(1 + \frac{R_4}{\alpha \cdot R}\right) \cdot U_e K_p \cdot U_e. \tag{2.72}$$

Die Verstärkung K_p kann damit in weiten Grenzen variabel eingestellt werden. Allerdings geht die Schaltung bei $\alpha = 0$ an die Stellgrenze.

Spezielle Analogschaltungen

3

In diesem Abschnitt werden Schaltungen beschrieben, die aus der industriellen Praxis stammen und dort für messtechnische, regeltechnische und nachrichtentechnische Aufgaben eingesetzt werden.

3.1 Logarithmierer, Exponentialglied

Logarithmierer Logarithmische Funktionen findet man besonders in der Nachrichten- und Regeltechnik. Sie lassen sich entweder mit einer approximierten Potenzreihe oder durch Ausnutzen eines geeigneten physikalischen Effektes herleiten.

Eine grundlegende logarithmische Übergangsfunktion lässt sich mit einer Diode oder mit Transistor in der Gegenkopplung eines Operationsverstärkers realisieren. Dabei muss die Eingangsspannung stets positiv sein (Abb. 3.1).

Bei einer Diode besteht ein exponentieller Zusammenhang zwischen Durchlaßstrom I_D und dem konstanten Sättigungssperrstrom I_{SD}.

$$I_D = I_{SD} \cdot \left(e^{\frac{U_D}{U_T}} - 1\right) \quad \text{mit der Temperaturspannung} \quad U_T = \frac{k \cdot T}{q}$$

Darin sind:

$k \approx 1{,}38 \cdot 10^{-23}$ Ws/K (Boltzmannkonstante)
T Temperatur der Sperrschicht in Kelvin
$q \approx 1{,}6 \cdot 10^{-19}$ As (Elementarladung)

Bei $T = 25\,°\mathrm{C}$ beträgt die Temperaturspannung $U_T \approx 26$ mV. Da im Durchlassbereich der Diode gilt:

$$e^{\frac{U_D}{U_T}} \gg 1$$

P. F. Orlowski, *Praktische Elektronik*, DOI 10.1007/978-3-642-39005-0_3,
© Springer-Verlag Berlin Heidelberg 2013

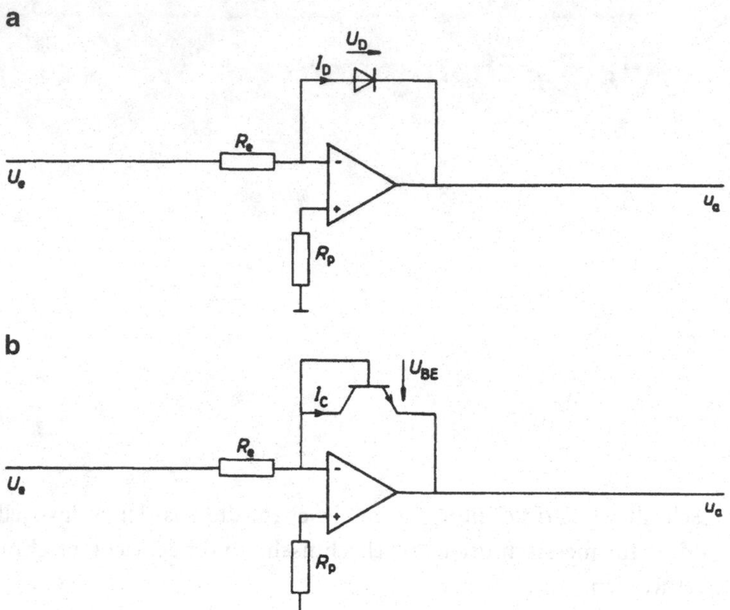

Abb. 3.1 Logarithmierer mit Diode und mit Transistor

vereinfacht sich die Gleichung des Durchlassstroms zu:

$$I_D \approx I_{SD} \cdot e^{\frac{U_D}{U_T}}.$$

Die Durchlassspannung der Diode entspricht $U_D = -U_a$ und mit $\sum I = 0$ folgt:

$$I_D = \frac{U_e}{R_e} \quad \text{also} \quad \frac{U_e}{R_e} \approx I_{SD} \cdot e^{\frac{U_a}{U_T}}.$$

Durch Logarithmieren der Gleichung ergibt sich schließlich:

$$U_a \approx -U_T \cdot \ln \frac{U_e}{R_e\, I_{SD}} \tag{3.1}$$

oder mit dem Umrechnungsfaktor für den dekadischen Logarithmus:

$$U_a \approx -2{,}3026 \cdot U_T \cdot \lg \frac{U_e}{R_e\, I_{SD}}. \tag{3.2}$$

Der ausnutzbare Stellbereich der Eingangsspannung ist jedoch durch den parasitären Durchlasswiderstand der Diode eingeschränkt. Mehr als drei Dekaden sollte die Eingangsspannung nicht verstellbar sein.

Setzt man einen Transistor in die Gegenkopplung ein, wird der exponentielle Zusammenhang zwischen Kollektorstrom I_C und Basis-Emitter-Spannung U_{BE} ausgenutzt.

$$I_C = B \cdot I_{ST} \cdot \left(e^{\frac{U_{BE}}{U_T}} - 1 \right) .$$

Darin sind B die Stromverstärkung und I_{ST} der Sättigungssperrstrom der Basis-Emitter-Diode. Auch hier gilt:

$$e^{\frac{U_{BE}}{U_T}} \gg 1 .$$

So vereinfacht sich die Gleichung des Kollektorstromes zu:

$$I_C \approx B \cdot I_{ST} \cdot e^{\frac{U_{BE}}{U_T}} .$$

Es gilt $U_{BE} = -U_a$ und mit $\sum I = 0$ folgt

$$I_C = \frac{U_e}{R_e} \quad \text{also} \quad \frac{U_e}{R_e} \approx B \cdot I_{ST} \cdot e^{-\frac{U_a}{U_T}} .$$

Durch Logarithmieren der Gleichung ergibt sich schließlich:

$$U_a \approx -U_T \cdot \ln \frac{U_e}{B \cdot R_e \, I_{ST}} \tag{3.3}$$

oder mit dem Umrechnungsfaktor für den dekadischen Logarithmus:

$$U_a \approx -2,3026 \cdot U_T \cdot \lg \frac{U_e}{B \cdot R_e \, I_{ST}} . \tag{3.4}$$

Bei hochwertigen Transistoren ergibt sich ein Kollektorstrombereich von pA bis mA, sodass die Eingangsspannung neun Dekaden überstreichen kann.

Nachteilig wirkt sich jedoch die starke Temperaturabhängigkeit von I_{ST} und U_T aus. Während die Änderung der Temperaturspannung $\Delta U_T \approx 8{,}63$ mV / 10 °C beträgt, wächst der Sättigungsstrom bei $\Delta T = 10$ °C auf das 2,5 fache an.

Der Temperatureinfluss lässt sich weitgehend kompensieren, wenn man zwei gleichartige Transistoren einsetzt (Abb. 3.2). Diese Anordnung lässt sich mit dem Schaltkreis 8048 der Firma Intersil realisieren. Mit dem zweiten Verstärker A2 wird dann der Temperatureinfluss des Transistors T1 kompensiert.

Die Kapazität von 150 pF in der Gegenkopplung dient zur Frequenzkompensation, mit R_2 wird der Offset kompensiert.

Nach kurzer Rechnung erhält man:

$$U_a \approx -2,3026 \cdot U_T \cdot \frac{R_1 + R_2}{R_2} \cdot \lg \frac{U_e \cdot R_{ref}}{U_R \cdot R_e} . \tag{3.5}$$

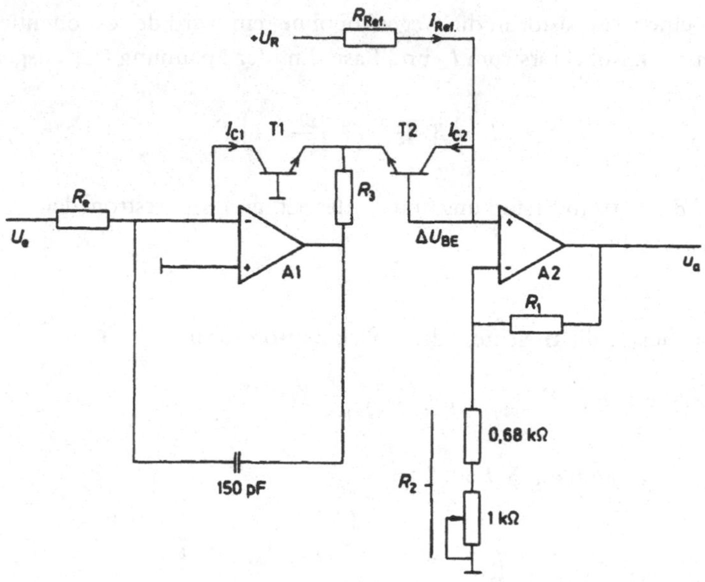

Abb. 3.2 Logarithmierer mit Temperaturkompensation

Abb. 3.3 Exponentialfunktion mit Transistor im Eingang des OPs

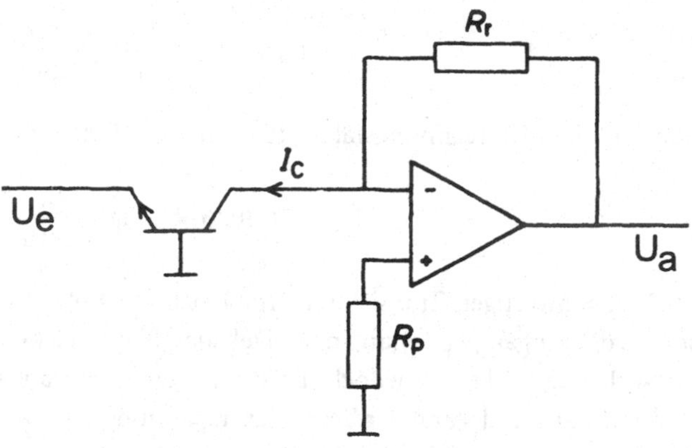

Exponentialglied Ein Transistor im Eingang eines invertierenden Verstärkers bewirkt die Exponentialfunktion der Schaltung, vorausgesetzt die Eingangsspannung ist stets negativ (Abb. 3.3).

Es ergeben sich folgende Beziehungen:

$$U_e = -U_{BE} \text{ und } U_a = -I_C R_r \,.$$

Wie beim Logarithmieren ergibt sich vereinfacht für die Gleichung des Kollektorstroms:

$$I_C \approx B \cdot I_{ST} \cdot e^{\frac{U_{BE}}{U_T}} \,.$$

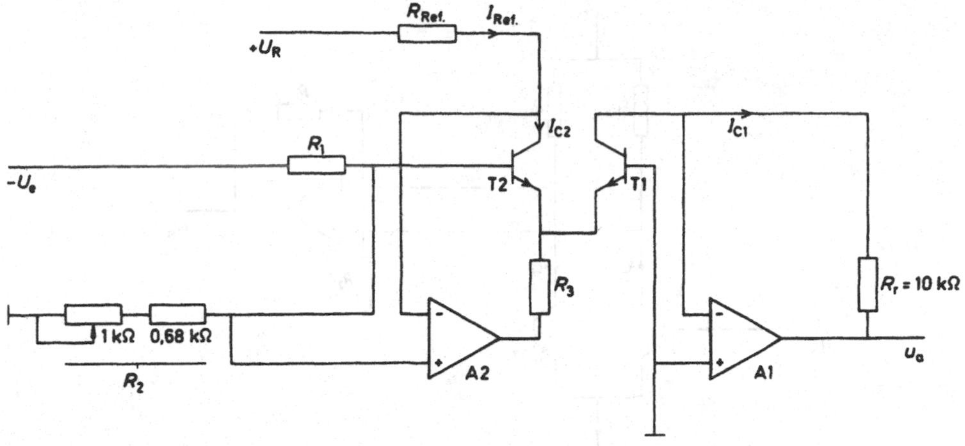

Abb. 3.4 Exponentialfunktion mit zwei Transistoren

Daraus folgt schließlich:

$$U_a \approx -B \cdot R_r \cdot I_{ST} \cdot e^{-\frac{U_e}{U_T}} . \qquad (3.6)$$

Auch hier zeigt der Sättigungssperrstrom des I_{ST} Temperaturabhängigkeit. Dies wird durch eine Variante mit zwei Transistoren und OPs verhindert. Die Schaltung ist eine Applikation von Intersil (Abb. 3.4). Man erhält nach kurzer Rechnung folgende Ausgangsspannung:

$$U_a = U_R \frac{R_r}{R_{ref}} \cdot e^{\frac{U_e R_2}{U_T (R_1 + R_2)}} . \qquad (3.7)$$

3.2 Multiplizierer, Dividierer, Potenzfunktionen

Multiplizierer Das am häufigsten verwendete Prinzip zur analogen Multiplikation besteht darin, die Differenz der Kollektorströme zweier Transistoren in Zusammenhang mit den Eingangspannungen zu bringen (Abb. 3.5).

Ein OP als Differenzverstärker geschaltet, bildet die Subtraktion der Kollektorströme, sodass gilt:

$$U_a = R_2(I_{C1} - I_{C2}) .$$

Für $U_X = 0$ und eine negative Eingangsspannung U_Y fließt durch beide Transistoren der gleiche Kollektorstrom. Damit ergibt sich $U_a = 0$. Bei positiver Spannung U_X wird $I_{C1} > I_{C2}$, sodass U_a positive Werte annimmt; für negatives U_X wird dann U_a ebenfalls negative Werte annehmen.

Zwischen der Differenz der Kollektorströme und der Temperaturspannung U_T besteht der Zusammenhang:

$$I_{C1} - I_{C2} = I_E \cdot \tanh \frac{U_X}{2U_T} .$$

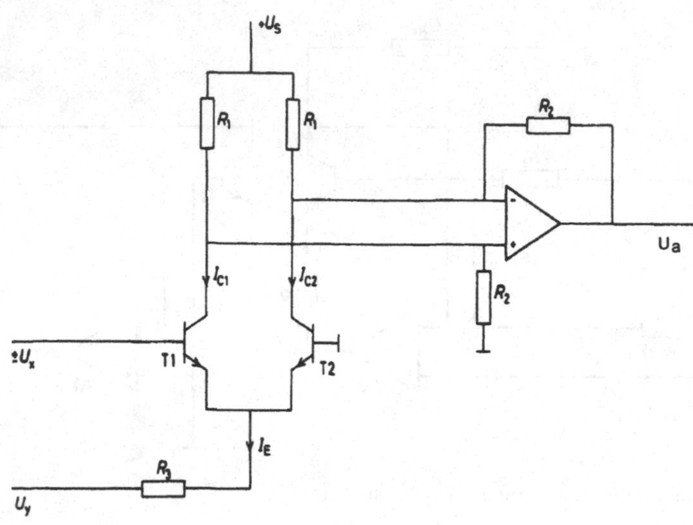

Abb. 3.5 Multiplizierer mit Kollektor-Differenzströmen

Als Potenzreihe entwickelt ist für die Funktion „tanh" die Vereinfachung erlaubt:

$$I_{C1} - I_{C2} \approx I_E \cdot \frac{U_X}{2U_T} .$$

Setzt man außerdem voraus, dass $|U_Y| \gg U_{BE}$ ist, gilt:

$$I_E \approx -\frac{U_Y}{R_3} .$$

Die Gleichungen ineinander eingesetzt, ergibt sich für die Ausgangspannung:

$$U_a \approx -\frac{U_X U_Y R_2}{2U_T R_3} . \tag{3.8}$$

Durch die vorgenommenen Vereinfachungen ist der Multiplikationsbereich jedoch nicht unerheblich eingeschränkt. Außerdem darf jeweils nur eine Eingangsspannung mit beiden Polaritäten auftreten. Man nennt diese dann Zweiquadranten-Multiplizierer.

Einen Vierquadranten-Multiplizierer, also einen Multiplizierer für positive und negative Eingangsspannungen, stellt Abb. 3.6 dar. Der verwendete Schaltkreis 4214BP der Firma Burr Brown weist einen Offset von 0,5 % auf.

Über die Eingänge (9) und (12) ist eine Subtraktion und über (1) eine zusätzliche Addition integriert.

Der Schaltkreis AD534L der Firma Analog Devices funktioniert nach dem gleichen Prinzip, weist jedoch nur einen Offset von 0,25 % auf.

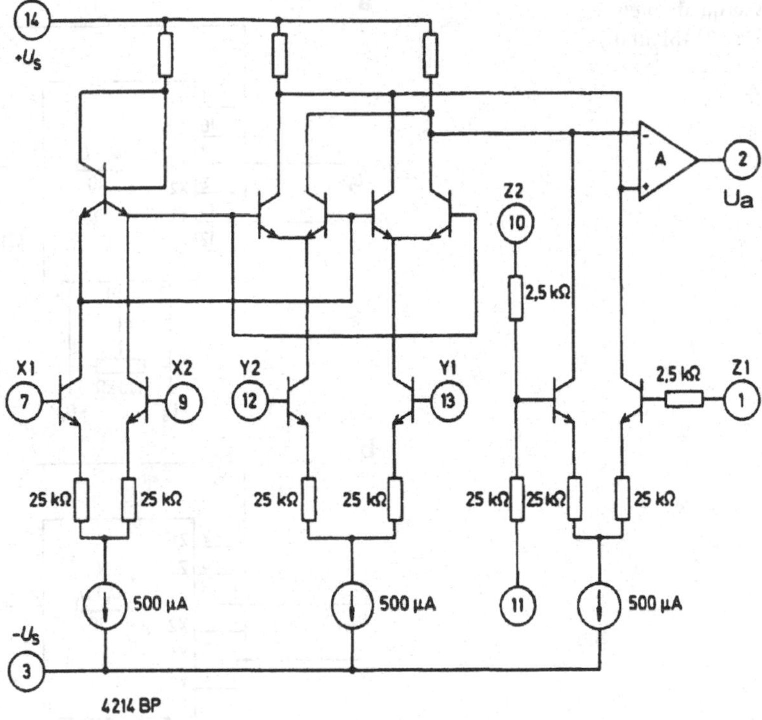

Abb. 3.6 Innenschaltbild des Vierquadranten-Multiplizierers 4214BP

Beide Gerätevarianten als Multiplizierer sind in Abb. 3.7 dargestellt. Die Ausgangsspannung hat schließlich folgende Formel:

$$U_a = \frac{(U_{X1} - U_{X2})(U_{Y1} - U_{Y2})}{10} + U_{Z2} . \tag{3.9}$$

Weitere Verfahren für die analoge Multiplikation zweier Spannungen sind die Ausnutzung binomischer Formeln wie $(x + y)^2 - (x - y)^2 = 4xy$ oder die Nutzung eines Optokopplers [13] bzw. die Methode der logarithmischen Addition $x - y = \exp(\ln x + \ln y)$ als Mehrfachanwendung von Abb. 3.2 [1, S. 780].

Dividierer, Radizierer, Potenzierer Mithilfe eines zusätzlichen Operationsverstärkers ist ein Multiplizierer wahlweise als Dividierer oder Radizierer einsetzbar (Abb. 3.8). Bei der Division wird die Ausgangsspannung des OPs mit der Eingangsspannung U_Z multipliziert und auf den invertierenden Eingang des OP zurückgeführt. Dabei entsteht wegen der Differenzeingangsspannung $U_D = 0$ die Dividierer-Formel:

$$\frac{U_a \cdot U_Z}{10} = U_X \quad \text{und somit} \quad U_a = 10\frac{U_X}{U_Z} \quad \text{mit } U_Z > 0 . \tag{3.10}$$

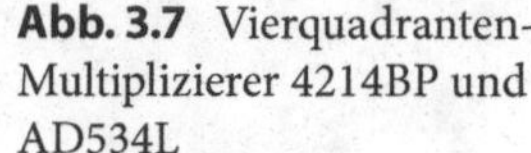

Abb. 3.7 Vierquadranten-Multiplizierer 4214BP und AD534L

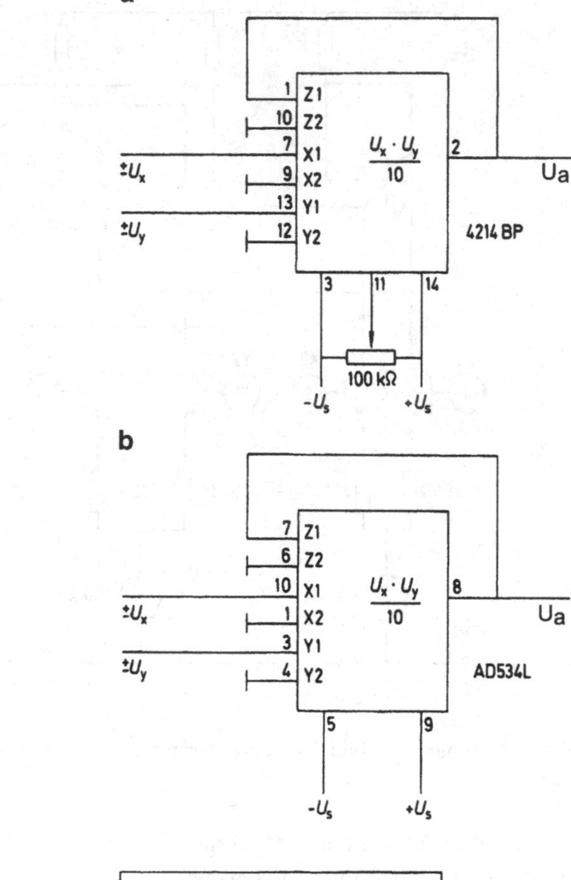

Abb. 3.8 Dividierer und Radizierer durch Rückopplungs-Multiplikation

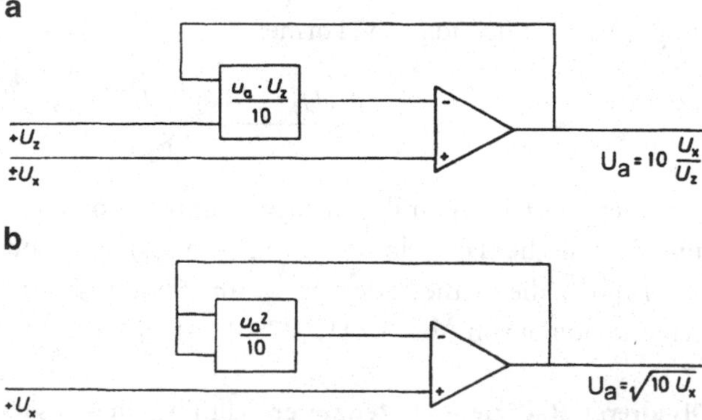

Als Radizierer ist die Ausgangsspannung im Gegenkopplungszweig mit sich selbst multipliziert. Man erhält dann mit der Differenzeingangsspannung $U_D = 0$ die Radizierer-

Formel als:

$$\frac{U_a^2}{10} = U_X \quad \text{und somit} \quad U_a = \sqrt{10U_X} \quad \text{mit } U_Z > 0 \,. \tag{3.11}$$

Auf diese Weise lassen sich die Schaltkreise 4214BP und AD534L als Dividierer bzw. Radizierer beschalten (Abb. 3.9).

Die Formel für die Division lautet dann:

$$U_a = \frac{10(U_{Z2} - U_{Z1})}{U_{X1} - U_{X2}} + U_{Y1} \,. \tag{3.12}$$

Die Formel für die Ausgangsspannung als Radizierer ist:

$$U_a = \sqrt{10(U_{Z2} - U_{Z1})} \quad \text{für} \quad U_{Z2} - U_{Z1} = [0{,}2;10]\ \mathrm{V} \,. \tag{3.13}$$

Das ganzzahlige Potenzieren lässt sich durch eine Schaltkreiskette aus Multiplizierern aufbauen (Abb. 3.10). Wünscht man beispielsweise

$$U_a = U_X^3$$

sind zwei Multiplizierer notwendig. Die Offsetfehler der gesamten Schaltung nehmen jedoch erheblich zu, das ist zu beachten. Potenzieren ist auch möglich, wenn man schreibt:

$$U_a = U_X^k = (e^{\ln U_X})^k = e^{k \ln U_X} \,. \tag{3.14}$$

Die Realisierung der Schaltung beinhaltet jedoch einen nicht zu vernachlässigenden expandierenden Verlauf wegen der beteiligten e-Funktion.

3.3 Funktionsgeneratoren

Mutivibratoren, Oszillatoren Ersetzt man an einem Schmitt-Trigger die Vergleichsspannung U_{Ref} durch die rückgekoppelte Ausgangsspannung und schaltet einen Tiefpass nach, entsteht ein astabiler Multivibrator (Abb. 3.11).

Wenn das Potenzial $E^- > E^+$ ist, kippt die Ausgangsspannung an die entgegengesetzte Stellgrenze (Abb. 3.12). Dadurch lädt sich der Kondensator auf bis auf den Wert $U_C = +U_H / 2$. Dann kippt die Schaltung wieder, sodass sich der Kondensator bis $U_C = -U_H / 2$ entlädt.

Die e-Funktion für das Auf- und Entladen lässt sich sofort angeben mit:

$$U_C = U_{max} - (U_{max} + \frac{U_H}{2}) \cdot e^{-t/T} \,. \tag{3.15}$$

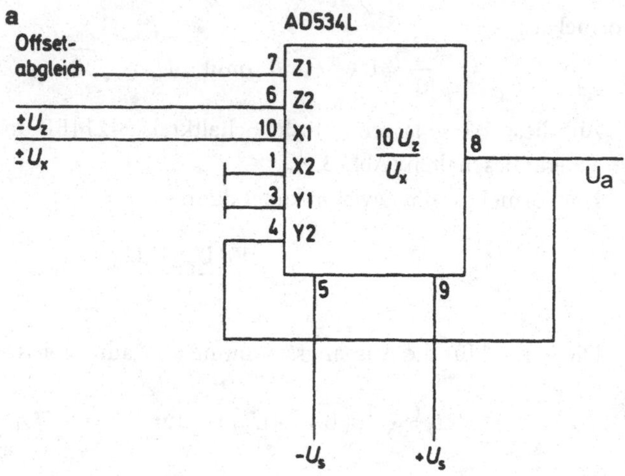

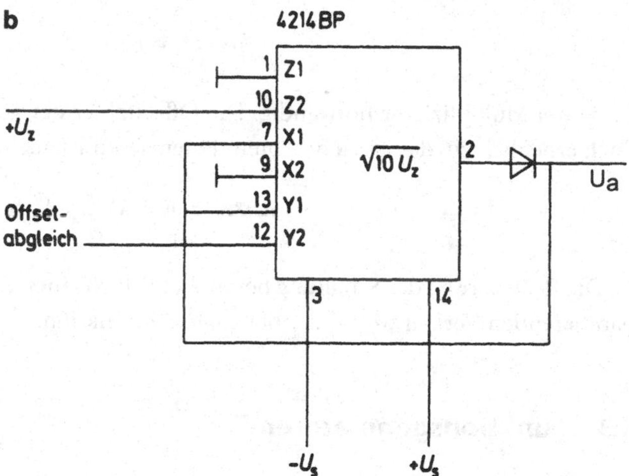

Abb. 3.9 Dividierer mit AD534L und Radizierer mit 4214BP realisiert

Aus Abb. 3.12 ist ersichtlich, dass für $t = T_2 / 2$ die Spannung am Kondensator $U_C = U_H / 2$ entspricht. Dieser Wert in die Gl. 3.15 eingesetzt, ergibt eine Formel für die Frequenz des Multivibrators. Nach kurzer Rechnung folgt:

$$f_2 = \frac{1}{2T \cdot \ln \frac{1+\alpha}{1-\alpha}} \quad \text{für} \quad \alpha = \frac{U_H/2}{U_{max}} \,. \tag{3.16}$$

Man erkennt, dass die Frequenz mithilfe des Faktors α frei eingestellt werden kann. Theoretisch zwischen $f = [0; \infty]$ für $\alpha = [1; 0]$. Das Frequenzverhalten des OPs setzt dem jedoch Grenzen.

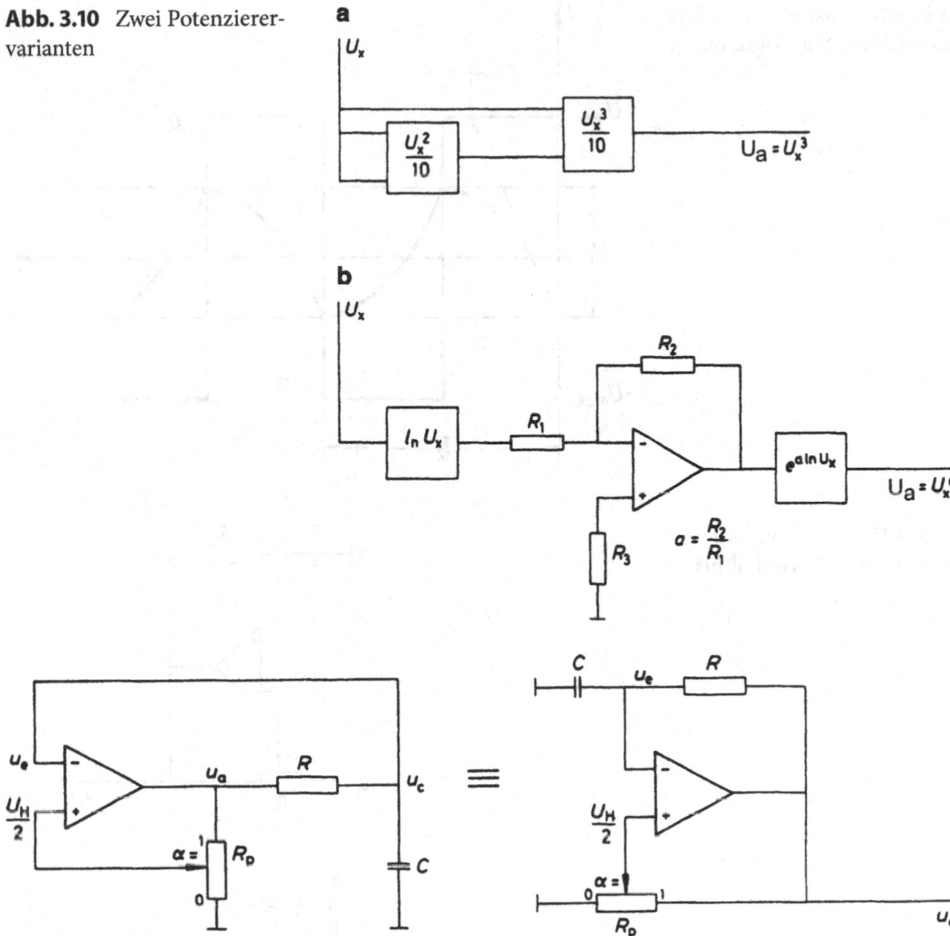

Abb. 3.10 Zwei Potenzierervarianten

Abb. 3.11 Astabile Multivibratoren mit Tiefpass

Oft ist es wünschenswert, das Puls-Pausen-Verhältnis bzw. Tastverhältnis eines Multivibrators zu beeinflussen. Dies lässt sich realisieren, wenn man das Potentiometer nicht gegen Masse, sondern an U_e anschließt (Abb. 3.13). Damit ergeben sich zwei Einschwingvorgänge von $t = 0 - T_0$ und von $t = T_0 - T_1$.

Für $t = 0 - T_0$ gilt:

$$U_C = U_{max} - U_e - \left(U_{max} + \frac{U_H}{2}\right) \cdot e^{-t/T} . \tag{3.17}$$

Bei $t = T_0$ ist:

$$U_C = U_e + \frac{U_H}{2}$$

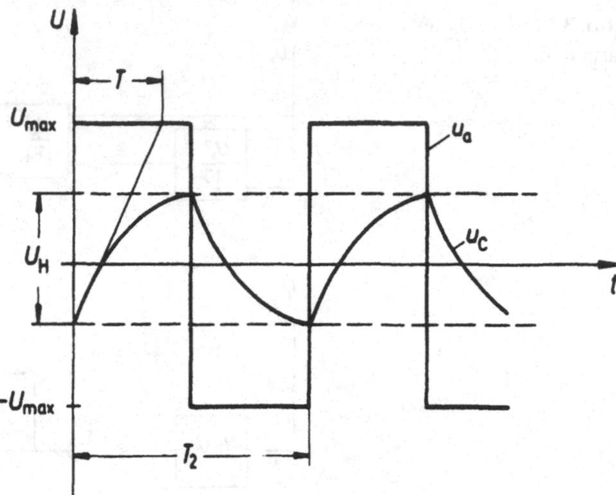

Abb. 3.12 Ausgangsspannung des astabilen Multivibrators

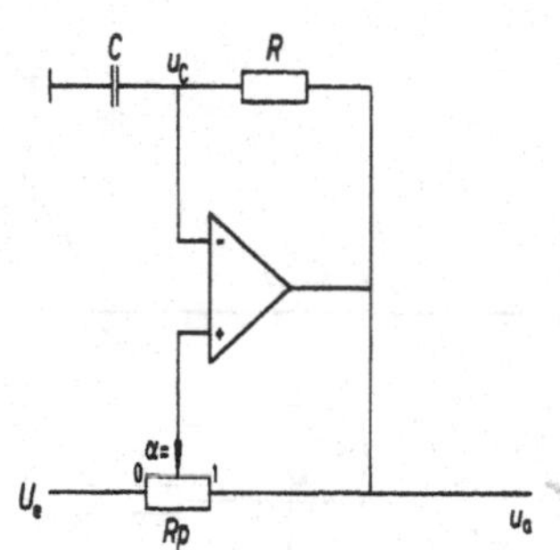

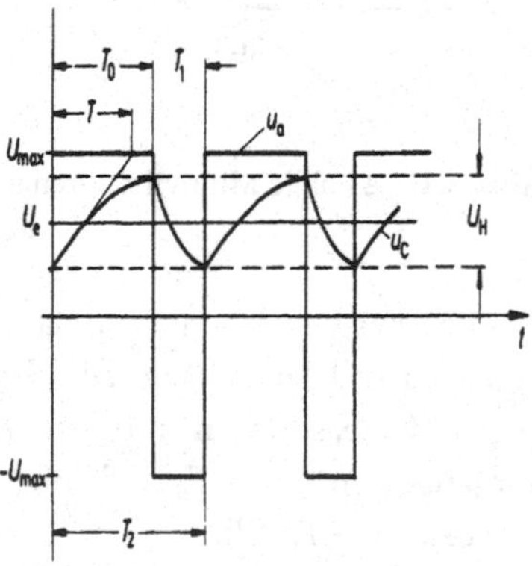

Abb. 3.13 Multivibrator mit einstellbarem Tastverhältnis

sodass sich für T_0 errechnet:

$$T_0 = T \cdot \ln \frac{1 + \alpha}{1 - \frac{2U_e}{U_{max}} - \alpha} \qquad \text{für} \quad \alpha = \frac{U_H/2}{U_{max}} .$$

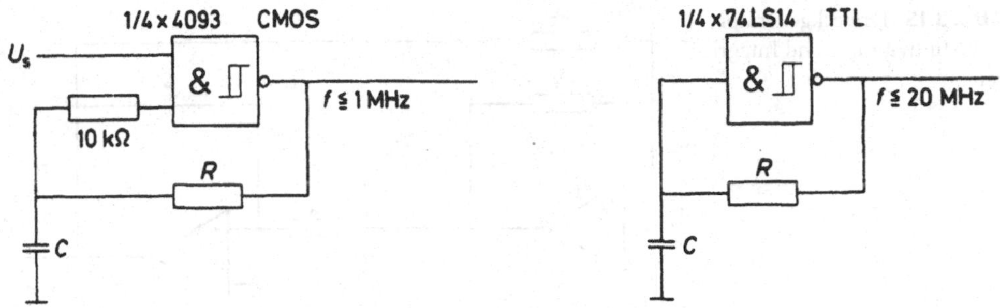

Abb. 3.14 Oszillatoren mit digitalen NAND-Schaltkreisen

Für den Bereich $t = T_0 - T_1$ ergibt sich die entsprechende Formel für T_1:

$$T_1 = T \cdot \ln \frac{1 - \frac{2U_e}{U_{max}} + \alpha}{1 - \alpha} .$$

Mit der Gesamtperiode $T_2 = T_0 + T_1$ erhält man die Gleichung für die Frequenz des Multivibrators:

$$f_2 = \frac{1}{T \cdot \ln \frac{1 - \frac{2U_e}{U_{max}} + \alpha}{1-\alpha} + T \cdot \ln \frac{1+\alpha}{1 - \frac{2U_e}{U_{max}} - \alpha}} . \tag{3.18}$$

Oszillatoren für Frequenzen bis in den MHz-Bereich lassen sich mit digitalen Schaltkreisen der CMOS- oder TTL-Technik aufbauen (Abb. 3.14). Mit einem NAND-Gatter und rückgekoppeltem Tiefpass ergeben sich folgende Frequenzformeln:

$$f = \frac{1,1}{R \cdot C} \pm 11\,\% \quad \text{für} \quad U_S = 10\text{ V} \quad \text{CMOS-Schaltkreis 4093}$$

$$f \approx \frac{0,7}{R \cdot C} \quad \text{für} \quad U_S = 5\text{ V} \quad \text{TTL-Schaltkreis 74LS14} .$$

Die Kippspannung der analogen und digitalen Oszillatoren ist stark von der Speisespannung und der Exemplarstreuung der Schaltkreise abhängig. Die 0-1-Schaltschwelle des NAND 4093 beispielsweise beträgt im Gegensatz zum einfachen NAND 4011 nur statisch ±11° (siehe Abschn. 7.5).

Dreieck-, Rechteck-, Sinusgeneratoren Schaltet man einen Integrator einem astabilen Multivibrator nach, wird das Rechtecksignal integriert und ergibt einen Dreiecksgenerator (Abb. 3.15).

Da die Rechteckspannung halbperiodenweise konstant ist, ergibt das Integral eine Gerade. Der Scheitelwert der Ausgangsspannung ist:

$$\hat{U}_a = \frac{R_2}{R_1} U_{max} .$$

Abb. 3.15 Dreieckgenerator mit Multivibrator und Integrierer

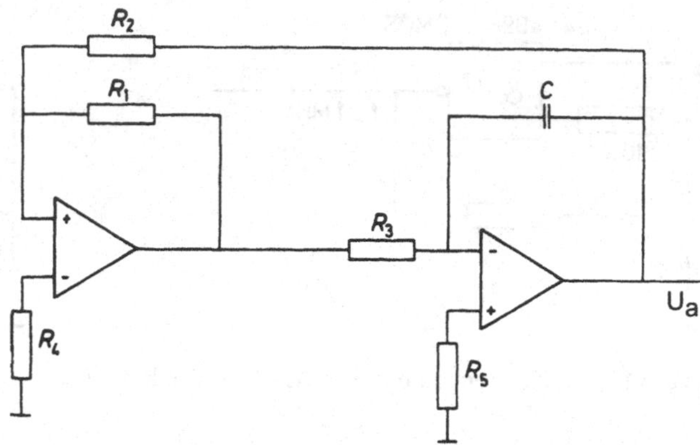

Die Frequenz der Dreieckspannung ist infolge $T/2 = R_3C$

$$f = \frac{R_1}{4R_2R_3C} \,. \tag{3.19}$$

Verändert man die Verstärkung der Eingangspannung einer Schaltung stückweise, gelingt die Approximation einer Sinusfunktion. Ein Netzwerk mit dieser Eigenschaft ist in Abb. 3.16 dargestellt. Der untere Teil bildet die positive, der obere Teil die negative Sinushalbwelle nach.

Mit den Transistoren T2, T4 und T6 wird dafür gesorgt, dass bei negativer Eingangsspannung die Transistoren T1, T3 und T5 gesperrt werden, da dann nur das obere Netzwerk im Eingriff sein darf. Mit $U_e = 0$ beginnend, schaltet dann zunächst T1 durch, da dieser Transistor die größte Basis-Emitter-Spannung besitzt. Die Ausgangsspannung errechnet sich schließlich zu:

$$U_a = \frac{R_2}{R_1 + R_2} U_S + (1 - \frac{R_2}{R_1 + R_2}) U_e \,.$$

Mit steigender Spannung U_e schaltet nun auch Transistor T3 durch, sodass in der Gleichung R_1 durch die Parallelschaltung $R_1R_3 / (R_1 + R_3)$ ersetzt wird. Damit sinkt die Steigung der Ausgangsspannung. Anschließend wird der Kurvenverlauf durch das Zuschalten von T5 nochmals flacher.

Insgesamt wird so folgende Sinusfunktion nachgebildet:

$$U_a = U_{e_{max}} \cdot \sin \frac{\pi \cdot U_e}{2U_{e_{max}}} \,. \tag{3.20}$$

Die Genauigkeit der Approximation lässt sich durch Erweitern des Netzwerkes beliebig erhöhen. Ein Schaltkreis, der nach diesem Prinzip funktioniert, ist der ICL8038 von Intersil. Abbildung 3.17 zeigt eine Anwendung dazu. Die Frequenz kann zwischen 0,1 Hz und 10^6 Hz nach der Formel $f = 0{,}15 / RC$ eingestellt werden.

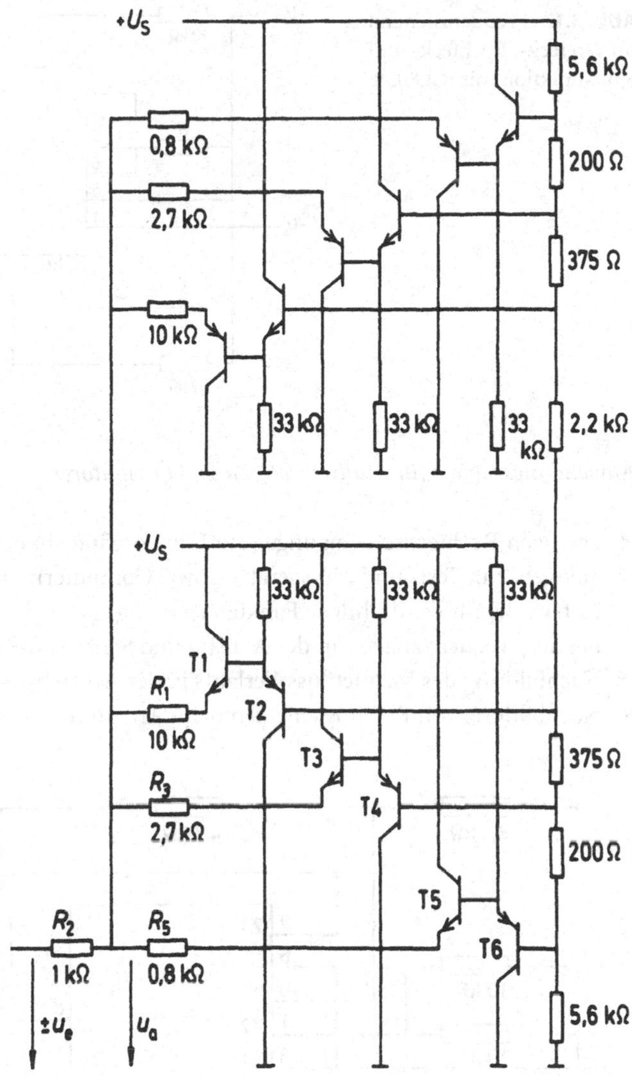

Abb. 3.16 Netzwerk zur Approximation der Sinusfunktion

Ähnliche Ergebnisse liefert die Anwendung des Schaltkreises AD534L von Analog Devices (Abb. 3.18). Jedoch beschränkt sich die Approximation auf die Sinusfunktion entsprechend der Gl. 3.20.

Die Nachbildung weitgehend freier Funktionen lässt sich mit einer Kette von Oszillatoren erreichen (Abb. 3.19).

Deren Ausgangsspannung wird anteilig integriert. Kurvenstücke mit positiver Steigung sind über den invertierenden Verstärker A1 auf den Integrierer geführt. Negative Steigungen erreicht man durch direkte Integration über Verstärker A2. Mit einem Schalter wird der Anfang und das Ende des Funktionsverlaufs festgelegt.

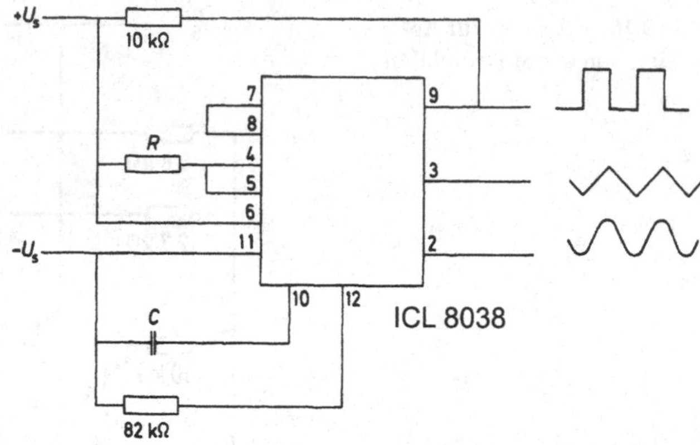

Abb. 3.17 Frequenzgenerator für Dreieck-, Rechteck- und Sinusfunktion mit ICL8038

Anwendungsgebiete für Multivibratoren und Oszillatoren

1. erzeugen Rechteckschwingungen für Zählvorgänge in der Messtechnik,
2. Taktgeber in Test- und Messgeräten sowie Computern und Uhren,
3. Netzwerke für die drahtlose Funkübertragung,
4. bei der Frequenzanalyse in der Akustik und Schallemission,
5. Nachbildung des Magnetfluss-Verlaufs in der Antriebstechnik,
6. Nachbildung von Reibungseffekten beim Anfahren von Antrieben.

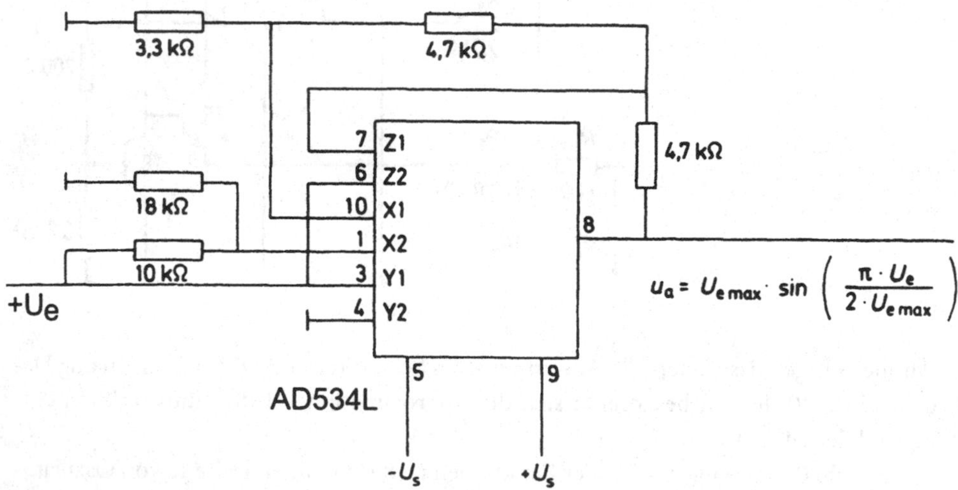

Abb. 3.18 Sinusgenerator mit AD534L

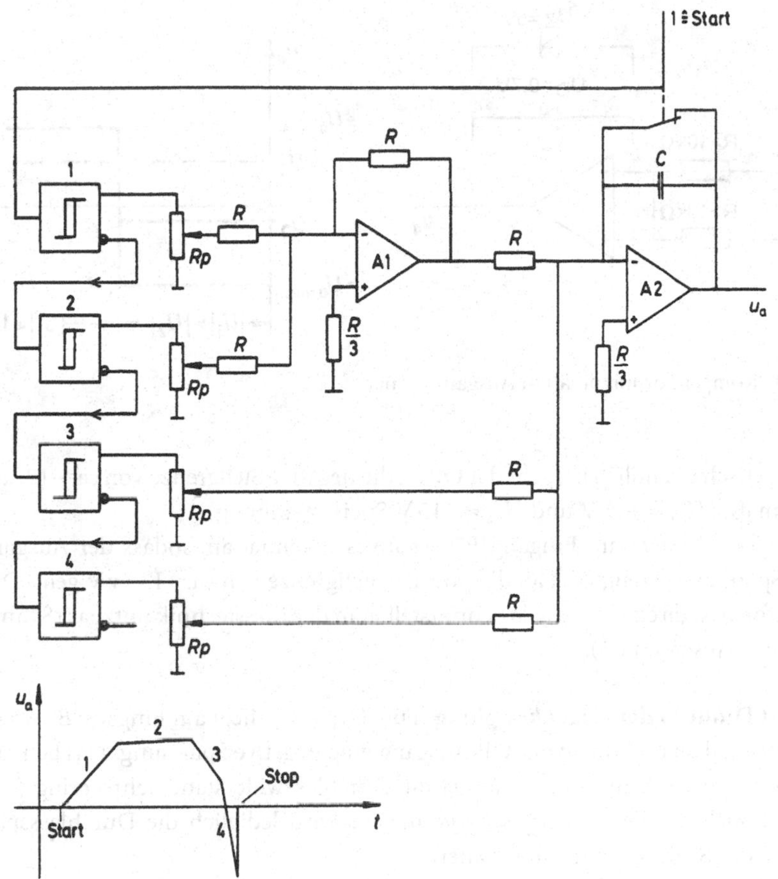

Abb. 3.19 Funktionsgenerator für frei einstellbare Funktionen

3.4 Komparatoren

Grundsätzlich unterscheidet man zwei Arten von Komparatoren. Solche, die aus dem Vergleich zweier Spannungen ein binäres Signal erzeugen und solche, die aus dem Vergleich von Spannungen den jeweils größten/kleinsten Spannungswert weiterleiten.

Die erste Variante lässt sich leicht mithilfe eines invertierenden Verstärkers erzeugen. Je nach dem gewünschten Pegel des binären Ausgangssignals ist die Gegenkopplung anders beschaltet (Abb. 3.20). Voraussetzung für die Funktion der Schaltung ist, dass U_1 stets positiv und U_2 nur negativ ist.

Fall 1: Ohne Gegenkopplung Für $|U_1| > |U_2|$ liegt am Eingang E^- positives Potenzial an, sodass der Ausgang eine negative Spannung erzeugt. Da die Verstärkung ohne Gegenkopp-

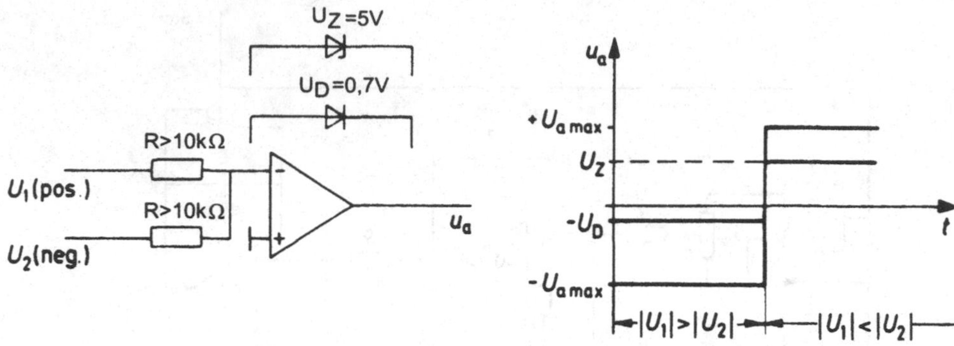

Abb. 3.20 Komparator mit binärem Ausgangssignal

lung theoretisch unendlich ist, geht der OP an die negative Stellgrenze von ca. −12,*xx* V (bei standardmäßig $U_{S1} = +15$ V und $U_{S2} = -15$ V Speisespannung).

Für $|U_1| < |U_2|$ liegt am Eingang E^- negatives Potential an, sodass der Ausgang eine positive Spannung erzeugt, die an die positive Stellgrenze von ca. +13,*yy* V geht. Diese Binärsignalform ist direkt für serielle Schnittstellen in der Messtechnik nutzbar (Schnittstelle RS232, siehe Abschn. 11.1).

Fall 2: Mit Diode in der Gegenkopplung Für $|U_1| > |U_2|$ liegt am Eingang E^- wieder positives Potenzial an und damit am OP-Ausgang eine negative Spannung. Das bedeutet, die Diode ist durchlässig. In diesem Fall ist ihr Durchlasswiderstand sehr gering (< 100 Ω) und somit auch die Verstärkung sehr gering. Es wird lediglich die Durchlassspannung $U_D \approx 0{,}7$ V der Si-Diode aufrecht erhalten.

Für $|U_1| < |U_2|$ liegt am Eingang E^- negatives Potenzial an, am Ausgang positives, sodass die Diode sperrt. Ihr Sperrwiderstand liegt im Bereich MΩ–GΩ. Damit geht die Ausgangsspannung wegen der sehr hohen Verstärkung an die positive Stellgrenze. Dieses Binärsignal ist direkt für Anwendungen in der CMOS-Technik nutzbar.

Fall 3: Mit Zener-Diode in der Gegenkopplung Für $|U_1| > |U_2|$ wird die Zener-Diode durchlässig und es ergibt sich wegen des ebenfalls sehr geringen Durchlasswiderstands eine sehr kleine Verstärkung und damit am Ausgang nur $U_D \approx 0{,}7$ V.

Bei $|U_1| < |U_2|$ liegt am Eingang E^- negatives Potenzial an, am Ausgang positives, sodass die Zener-Diode sperrt. In diesem Fall begrenzt die Z-Diode die zur Stellgrenze strebende Ausgangsspannung auf die Zener-Spannung. Wählt man für diese $U_Z \approx 5$ V, kann das erzeugte Binärsignal direkt für Anwendungen der TTL-Technik verwendet werden.

Ein Komparator ohne Gegenkopplung lässt sich auch als Pegelumsetzer einsetzen (Abb. 3.21). Der Eingangspegel entspricht einem CMOS-Signal, dass mithilfe eines Inverters 4049 auf den OP geschaltet wird. Der Ausgang nimmt dann jeweils die positive oder negative Stellgrenze $\pm U_{a_{max}}$ an. Dieser Signalpegel ist direkt für die serielle Datenübertragung nutzbar (Schnittstelle RS232).

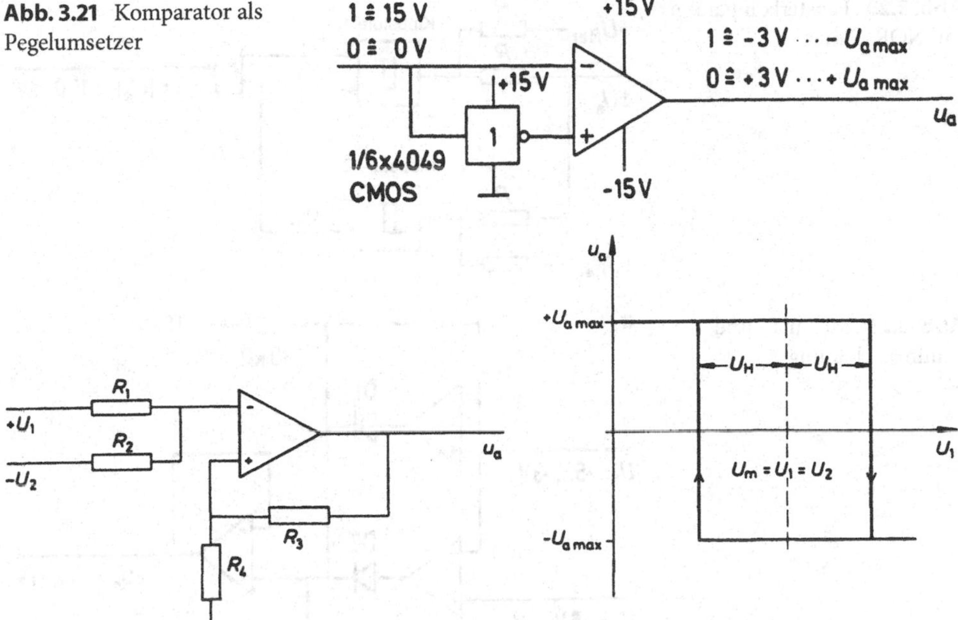

Abb. 3.21 Komparator als Pegelumsetzer

Abb. 3.22 Komparator mit Schalthysterese

Dort, wo mit Rausch- bzw. Störsignalen zu rechnen ist, empfiehlt sich ein Komparator mit Schalthysterese. Dieser lässt sich durch einen Spannungsteiler in der Mitkopplung eines OPs realisieren (Abb. 3.22).

Die Hysteresebreite bezüglich der Spannung U_H ergibt sich mit:

$$U_H = |U_{a_{max}}| \cdot \frac{R_1 + R_2}{R_1} \cdot \frac{R_4}{R_3 + R_4} \,. \tag{3.21}$$

Setzt man anstelle der Spannung U_2 eine feste Referenzspannung, spricht man auch von einer Kippstufe oder Schmitt-Trigger. Die Kippspannung, die zum binären Ausgangssignal führt, lässt sich mit einem Potentiometer exakt einstellen.

Mit einem sogenannten Fensterkomparator erhält man eine Aussage über die Eingangsspannung zwischen zwei Vergleichswerten (Abb. 3.23). Dazu sind zwei Komparatorschaltungen entsprechend Abb. 3.20 mit ihren Ausgängen auf ein NOR-Gatter geschaltet.

Stellt man den Kipppunkt von U_{a1} und U_{a2} mithilfe von U_{Ref} beispielsweise auf ± 100 mV ein, ergibt sich ein Binärsignal mit der booleschen Aussage: $1 \mathrel{\hat{=}} |U_e| < 100$ mV.

Komparatoren, die aus einer Auswahl beliebiger Eingangsspannungen den jeweils maximalen oder minimalen Wert bezogen auf den mathematischen Zahlenstrahl weiterleiten, nennt man Maximal- bzw. Minimalschaltung.

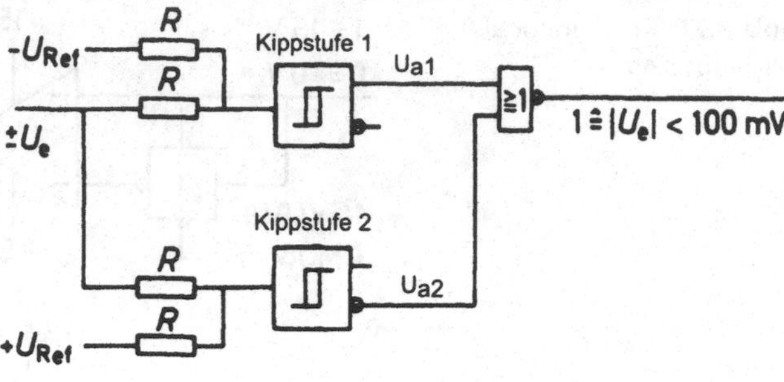

Abb. 3.23 Fensterkomparator mit NOR-Gatter

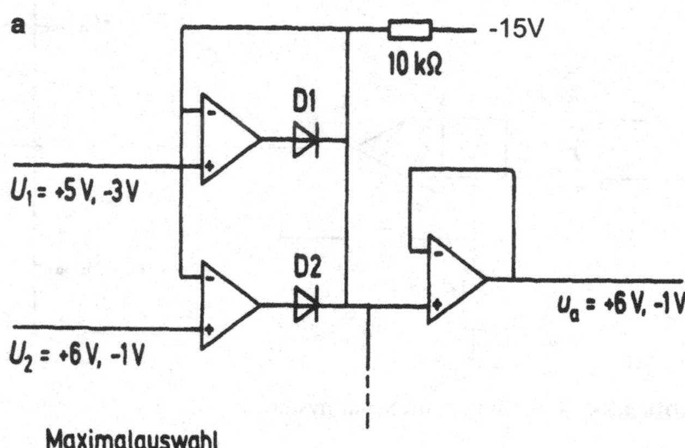

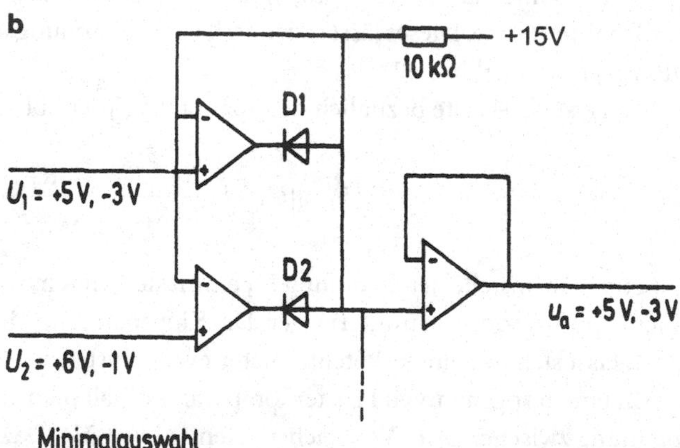

Abb. 3.24 Maximal- und Minimalschaltung

Zum Vergleich zweier Spannungen am Eingang, die auch kleiner als die Durchlassspannungen der beteiligten Dioden sein können, benötigt man drei Spannungsfolger. Wobei der dritte hauptsächlich zur Entkopplung gegenüber nachfolgenden Schaltungen bzw. Netzwerken dient (Abb. 3.24).

Im Prinzip entspricht die Anordnung der Parallelschaltung von Einweggleichrichtern (auch ideale Diode genannt).

Zur Auswahl des Maximalwertes sind die Dioden in Signallaufrichtung zur Auswahl des Minimalwertes entgegengesetzt geschaltet. Die Funktion der Schaltung setzt voraus, dass die OPs die Differenzeingangsspannung $U_D = 0$ erreichen wollen.

Bei der Maximalwertschaltung gelingt dies im gezeigten Beispiel für die Spannungen $U_1 = +6$ V und $U_2 = -1$ V am unteren OP. Gleichzeitig geht dann der obere OP an die negative Stellgrenze, da die zugehörige Diode sperrt. Damit ein Vergleich von zwei oder mehr negativen Eingangsspannungen möglich ist, bedient man sich einer negativen Hilfsspannungsquelle −15 V, die über ≥ 10 kΩ am Ausgang anliegt. Bei der Minimalschaltung sind die Ergebnisse dazu analog.

Anwendungsgebiete für Komparatoren

1. Pegelumsetzer CMOS- in RS232-Pegel,
2. aus Spannungsvergleich zu binärem Signal zum Abschalten von Anlagen,
3. Maximal-/Minimalauswahl zur Bandzugbegrenzung in Walzwerken,
4. Zählrichtungsbildung bei Durchmesserrechnern für Walzwerke,
5. Als Zweipunktregler mit Diode in der Gegenkopplung,
6. Gleichrichten von Spannungen.

3.5 Analogschalter, Analogspeicher

Analogschalter Ein Analogschalter sollte eine Spannung verlustfrei zuschalten oder abschalten können, ähnlich einem Relais. Im durchgeschalteten Zustand soll sein Durchgangswiderstand $R_E = 0$ und im offenen Zustand $R_E = \infty$ sein. Außerdem hat der Schaltvorgang prellfrei und in möglichst kurzer Zeit zu erfolgen. Die Schaltfrequenz sollte bis zu 1 MHz reichen. Schaltkreise, die diesen Forderungen sehr nahe kommen, sind beispielsweise der CMOS-Schalter 4066 (Abb. 3.25).

Die einzige relevante Störquelle ist die thermisch bedingte Rauschspannung U_R an den Materialien unterschiedlicher Thermospannung, wie sie an den Verbindungen zur äußeren Verdrahtung auftritt. Sie ist definiert als:

$$U_R = \sqrt{R_E \cdot T \cdot k \cdot \frac{\pi}{2} \cdot f_0}. \tag{3.22}$$

Darin sind T die absolute Temperatur in °C, k die Boltzmann-Konstante und f_0 die 3 dB-Grenzfrequenz. Beim CMOS-Schaltkreis 4066 erhält man für eine Speisespannung von +15 V und bei $T = 25°$ ein $U_R = 0{,}72\ \text{nV}\sqrt{f_0}$.

Im offenen Zustand des Analogschalters beträgt sein Widerstand 10^9 Ω und er ist für Schaltfrequenzen bis 8,5 MHz geeignet.

Zum Durchschalten einzelner Spannungen bzw. Binärsignale aus einer Auswahl verschiedener eignen sich die CMOS-Schaltkreise 4051 und 4052. Mit einer inneren Logik an

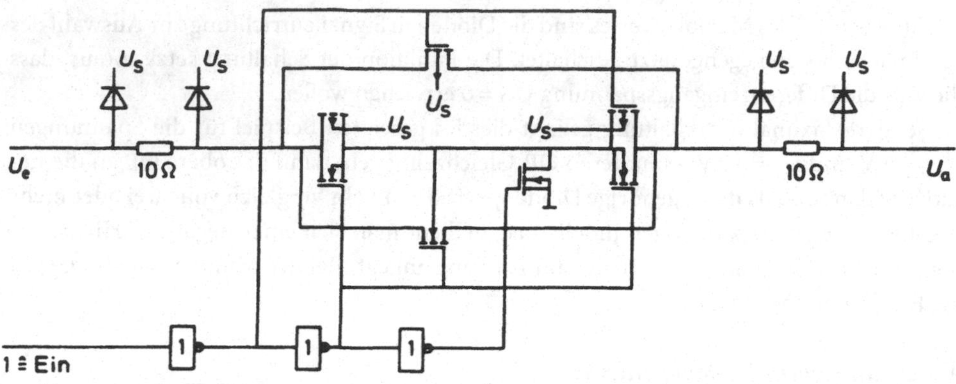

Abb. 3.25 Analogschalter mit CMOS-Schaltkreis 4066

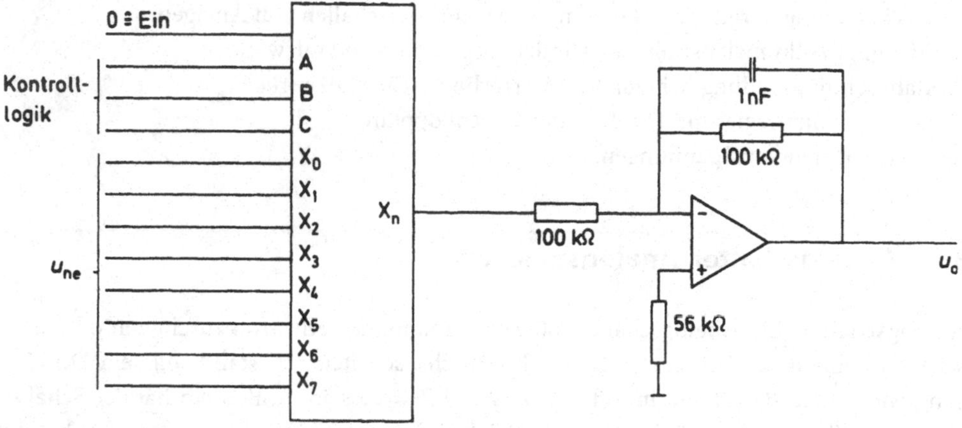

Abb. 3.26 CMOS-Schaltkreis 4051 als Analogmultiplexer

den Eingängen A, B und C wird die jeweils gewünschte Eingangsspannung durchgeschaltet (Abb. 3.26). Solche Anordnungen bezeichnet man als Multiplexer.

Analogspeicher Analogspeicher oder Abtast-Halte-Glieder sollen den Augenblickswert der Eingangsspannung halten oder der Eingangsspannung folgen (Abb. 3.27).

Das kurzzeitige Speichern (Halten) der Spannung ist nur mit Kapazitäten möglich. Das Problem aller Schaltungsvarianten besteht folglich darin, den Ladungsverlust des Kondensators während der Haltephase T_H zu vermeiden.

Das Prinzip eines Analogspeichers beruht auf der Reihenschaltung zweier OPs mit einem Schalter und einem Kondensator dazwischen (Abb. 3.28).

Die Abweichung der Ausgangsspannung in der Haltephase lässt sich definieren als

$$\Delta U_a = \frac{I_D T_H}{C} \qquad (3.23)$$

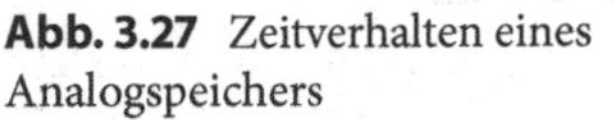

Abb. 3.27 Zeitverhalten eines Analogspeichers

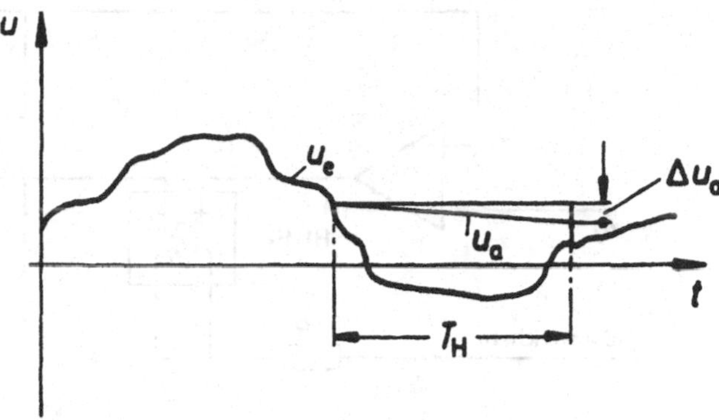

mit dem Driftstrom I_D, der sich aus dem Leckstrom des Kondensators C und des Schalters sowie dem Eingangsstrom des OPs zusammensetzt.

Bei sehr kleinen Haltephasen z. B. im µs-Bereich bei der Ankopplung von Signalen in Mikrocomputer spielt die Abweichung ΔU_a keine Rolle. In der Antriebstechnik müssen Haltephasen von einigen Sekunden realisiert werden. Dabei ist eine Abweichung von ΔU_a im mV-Bereich gerade noch zulässig. Man benutzt daher für den Schalter häufig FET-Optokoppler (Abb. 3.29).

Wegen des Optokopplerwiderstandes bei 1-Signal (Sample) von ca. 200 Ω folgt die Ausgangs- der Eingangsspannung mit einer Verzögerung von $T_V = 0{,}2\,\text{k}\Omega \cdot C$.

In der Haltephase (Hold) beträgt der FET-Widerstand $R_A > 3 \cdot (-10^8)\,\Omega$. Bei Verwendung eines hochgenauen OPs vom Typ OP07 ergibt sich ein Gleichtakt-Eingangswiderstand von $r_G = 1{,}6 \cdot 10^{11}\,\Omega$. Der Isolationswiderstand des FET-Optokopplers und des OPs kann mit $R_i = 10^{11}\,\Omega$ angenommen werden. Damit lautet die Gesamtentladezeitkonstante der Anordnung:

$$T_E = \frac{C}{\frac{1}{r_G} + \frac{1}{R_A} + \frac{1}{R_{iFET}} + \frac{1}{R_{iOP}}} = 2{,}98 \cdot 10^8\,\Omega \cdot C.$$

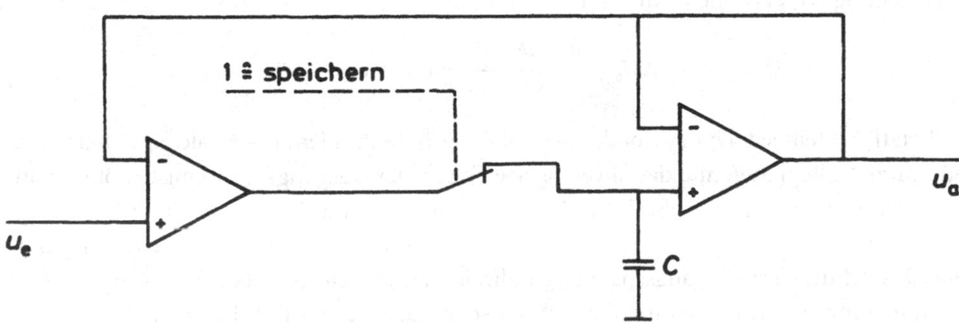

Abb. 3.28 Prinzipschaltung eines Analogspeichers

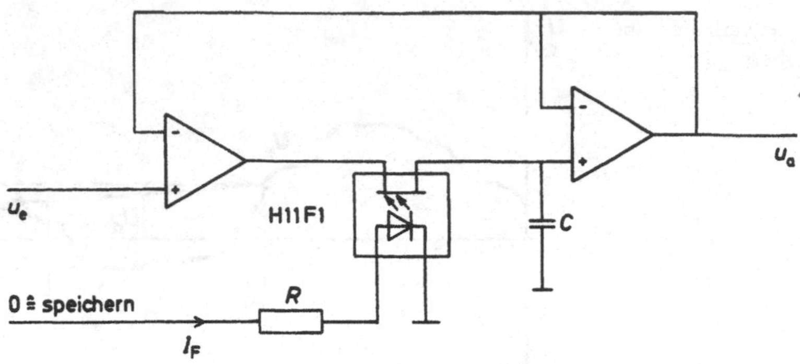

Abb. 3.29 Analogspeicher mit FET-Optokoppler

Eine weitere Fehlerquelle ist die Sperrkapazität C_G (Gate-Kanal-Kapazität) des FET-Optokopplers. Sie bezieht sich auf die Änderung des Ansteuersignals U_{ST} und lautet:

$$\Delta U_{aG} = \frac{C_G}{C} U_{ST}. \tag{3.24}$$

Man kann die Sperrkapazität mit etwa 2,5 pF angeben. Bei Speicherkapazitäten von $C = 10$ nF spielt die Abweichung ΔU_{aG} praktisch keine Rolle.

Setzt man jedoch beispielsweise $C = 1$ nF an, beträgt die Entladezeitkonstante bereits $T_E = 5$ min. Das bedeutet bei einer Eingangsspannung von $U_e = 10$ V eine Abweichung von $\Delta U_a = 33{,}5$ mV/s.

Einige Halbleiterhersteller vertreiben auch speziell ausgelegte Analogspeicher-Schaltkreise. In Abb. 3.30 ist eine Anordnung mit dem LF198/LF298 von National Semiconductor dargestellt.

Die Anordnung ist um zwei antiparallel geschaltete Dioden und einen Widerstand ergänzt. Damit wird ein Übersteuern des Verstärkers A2 im Sperrzustand (Hold) des FET-Optokopplers vermieden.

Aufgrund der technischen Daten des LF198/LF298 lässt sich mithilfe von Gl. 3.23 die Abweichung ΔU_a angeben (für $C = 1\,\mu$F):

$$\Delta U_a = \frac{100\,\text{pA} \cdot T_H}{1\,\mu\text{F}} = 0{,}1 \text{ mV/s}.$$

Letztlich stellt jedoch der Kondensator C das größte Problem bei Analogspeichern dar. Für kurze Haltephasen und das unverzögerte Folgen der Ausgangsspannung benötigt man kleine Kapazitäten. Für große Haltephasen wären große Kapazitäten erforderlich. Doch damit wird ein unverzögertes Folgen der Ausgangsspannung verhindert. Außerdem nimmt die Abweichung der Ausgangsspannung während des Haltens unzulässig stark zu.

Man kann den Kondensator, der sich zwischen den beiden OPs befindet, auch durch einen Integrierer am Ausgang ersetzen. Allerdings sind auch hier für die Kapazität nicht mehr als $C = 1\,\mu$F sinnvoll.

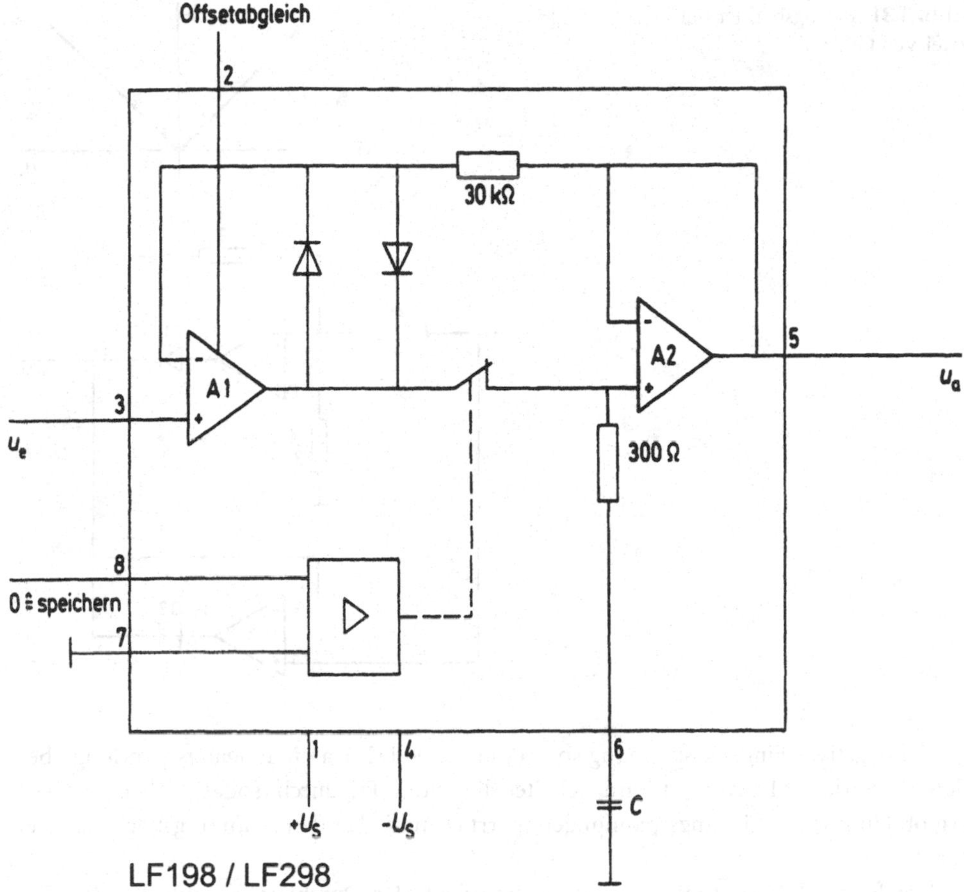

Abb. 3.30 Analogspeicher mit LF198/LF298

Anwendungsgebiete für Analogschalter und Analogspeicher

1. als Analog- und Digital-Multiplexer in der Mess- und Antriebstechnik,
2. als Analogspeicher zu Ankopplung von Spannungen an Mikrocomputer,
3. als Kurzzeitspeicher bei Netzausfall von Sollwerten in der Regeltechnik.

3.6 Betragsbildner, *U*/*I*- und *I*/*U*-Wandler

Betragsbildner Der Ausgangsspannung wird unabhängig von der Polarität der Eingangsspannung nur ein Vorzeichen zugeordnet (Abb. 3.31). Man spricht auch von einem Gleichrichter.

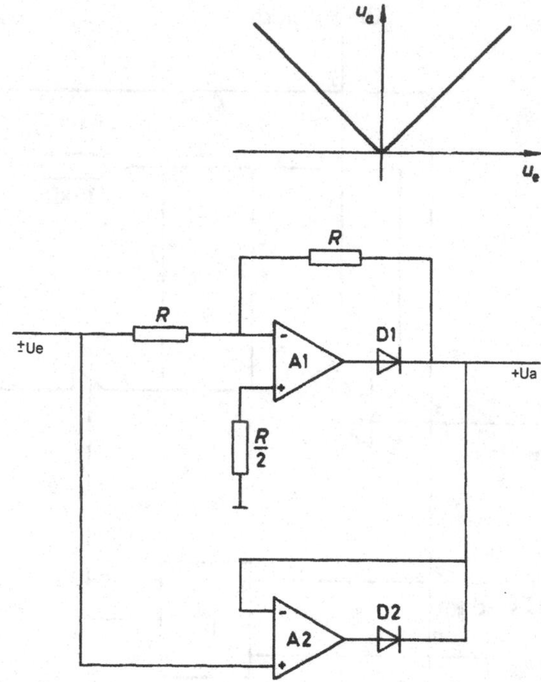

Abb. 3.31 Betragsbildner mit zwei Verstärkern

Bei negativer Eingangsspannung sperrt die Diode D2. Da die Eingangsspannung über den Verstärker A1 invertiert wird, schaltet die Diode D1 durch, sodass sich $U_a = +|U_e|$ ergibt. Für positive Eingangsspannungen sperrt D2 und über den Spannungsfolger schaltet D2 durch.

Der Betragsbildner funktioniert auch unterhalb der Durchlassspannung U_D der Dioden, weil sich D1 und D2 jeweils in der Rückkopplung des OP befinden und dieser die Differenzeingangsspannung auf Null regelt.

Dreht man die Dioden um, ergibt sich ebenfalls der Betrag der Eingangsspannung, jedoch mit stets negativem Vorzeichen, also $U_a = -|U_e|$.

Eine zweite Schaltungsvariante, jedoch mit dem präziseren Verstärker OP07 ist in Abb. 3.32 dargestellt.

Bei positiver Eingangsspannung sperrt Diode D2, und D1 leitet. Daraus folgt:

$$U_2 = -U_e \quad \text{und} \quad U_1 = 0 \quad \text{somit} \quad U_a = -U_2 = +U_e \quad (U_e \text{ positiv}) .$$

Bei negativer Eingangsspannung sperrt D1, und Diode D2 ist durchlässig. Somit folgt mit $\sum I = 0$

$$\frac{U_1}{R} + \frac{U_1}{2R} = -\frac{U_e}{R} \quad \text{somit} \quad U_1 = -\frac{2 \cdot U_e}{3} .$$

Diese Spannung liegt am Eingang E^+ des Verstärkers A2. Am Eingang E^- liegt infolge des Sperrens von D1 die Eingangsspannung U_e direkt an. Damit arbeitet Verstärker A2 als

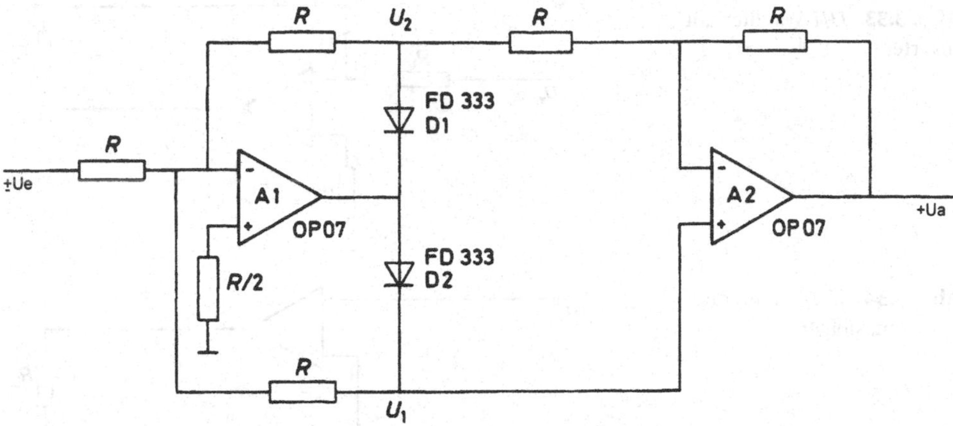

Abb. 3.32 Betragsbildner mit Differenzbildner

Differenzbildner mit der Ausgangsspannung

$$U_a = U_1 - \frac{U_e R}{3R} = -U_e\left(\frac{2}{3} + \frac{1}{3}\right) = -U_e \quad (U_e \text{ negativ})\ .$$

Bei beiden Polaritäten der Eingangsspannung liefert diese Schaltung demnach $U_a = +|U_e|$. Für eine präzise Betragsbildung sind in jedem Falle die Toleranzen der Beschaltungswiderstände und Dioden zu berücksichtigen.

U/I- und I/U-Wandler Die Übertragung analoger Signale über lange Leitungen ist ohne besondere Maßnahmen sehr störanfällig. Gerade bei kleinen Signalspannungen ist der Störabstand, also die Differenz zwischen Störspannung und Nutzsignal sehr gering.

Setzt man jedoch die Signalspannung in einen Strom um und prägt diesen der Übertragungsstrecke ein, sind Störspannungen weitestgehend unerheblich. Das setzt beim Empfänger jedoch einen Lastwiderstand voraus.

Ein einfacher *U/I*-Wandler lässt sich mit einem Inverter realisieren (Abb. 3.33). Dabei ist der Gegenkopplungswiderstand R_L dem Empfänger zugeordnet. Es ergibt sich mit $\sum I = 0$ für den idealisierten OP, also $I_e = 0$ bzw. $U_D = 0$:

$$I_1 + I_L = 0$$

somit

$$I_L = -\frac{U_e}{R_1}\ . \tag{3.25}$$

Damit ist der Laststrom proportional der Eingangsspannung.

Eine nicht invertierende Variante stellt Abb. 3.34 dar. Auch hier wird angenommen, dass der OP auf $U_D = 0$ geht. Dann folgt:

$$I_L \cdot R_1 - U_e = 0$$

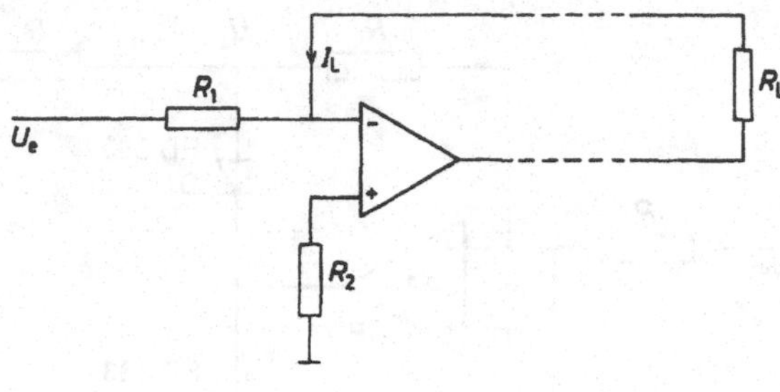

Abb. 3.33 *U/I*-Wandler mit Inverter

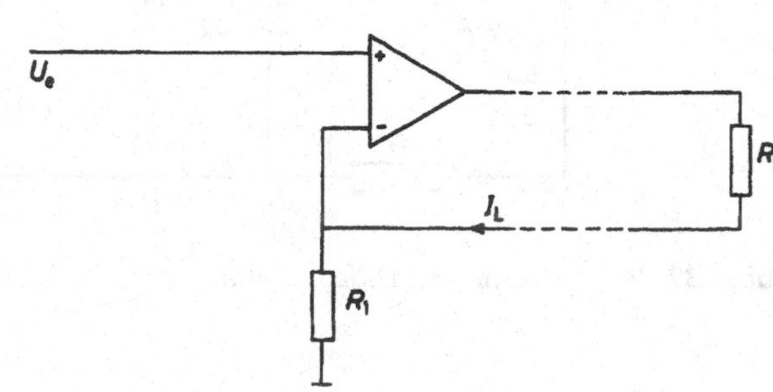

Abb. 3.34 *U/I*-Wandler mit Spannungsfolger

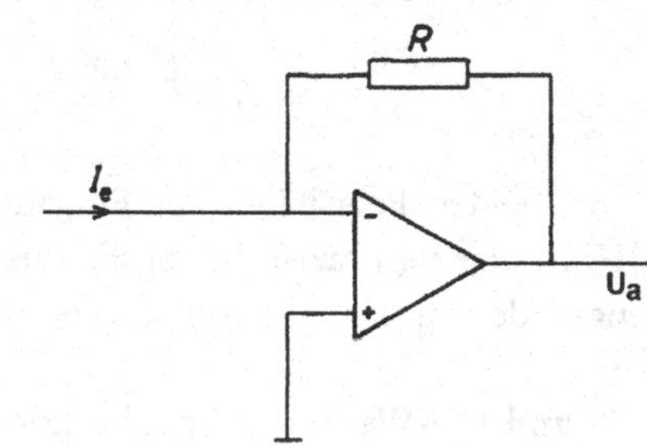

Abb. 3.35 *I/U*-Wandler mit Inverter

somit

$$I_L = \frac{U_e}{R_1}. \tag{3.26}$$

In seltenen Fällen werden auch potenzialgebundene *U/I*-Wandler eingesetzt. Dabei liegt der Lastwiderstand R_L einseitig an der Masse und es entfällt die Rückleitung [13].

Ein *I/U*-Wandler lässt sich realisieren, wenn man den Eingangswiderstand auf Null setzt (Abb. 3.35). Dann wird $U_a = I_e \cdot R$.

Bei sehr niederohmigen Lasten eignet sich diese Schaltung jedoch nicht gut, da der Strom I_e für den Verstärker zu hoch werden kann.

Bessere Eigenschaften erhält man bei Verwendung eines Spannungsfolgers (Abb. 3.36). So wird ein Spannungsabfall am OP-Eingang erzeugt und es folgt dann:

$$U_a = I_E \cdot R_1 \frac{R_2 + R_3}{R_3}. \tag{3.27}$$

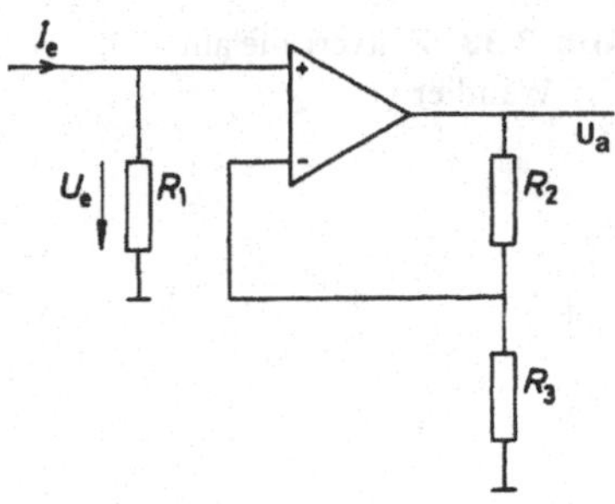

Abb. 3.36 *I/U*-Wandler mit Spannungsfolger

Anwendungsgebiete für Betragsbildner, U/I- und I/U-Wandler

1. Bildung des Betrages der Walzgerüstfederkonstante in der Regeltechnik,
2. Gleichrichter in der Messtechnik,
3. störfreie Übertragung von Nutzsignalen über lange Leitungen,
4. Ansteuerung von Servoventilen mit eingeprägtem Strom.

3.7 *U/f*- und *f/U*-Wandler

***U/f*-Wandler** Das Prinzip des *U/f*-Wandlers besteht darin, dass man einen Signumschalter in Reihe mit einem Integrierer und Komparator schaltet (Abb. 3.37). Es wird angenommen, dass die Eingangsspannung U_e stückweise konstant ist.

Bei geschlossenem Schalter S1 wird die Spannung $-U_1$ integriert, bis der Komparator seine Kippspannung $U_H / 2$ überschreitet und an die Stellgrenze geht (Abb. 3.38).

Damit öffnet S1 und die Polarität U_1 dreht sich um. Der Integrierer arbeitet nun in die andere Richtung, bis $U_2 = U_H / 2$. Dann schaltet der Komparator den Schalter S1 wieder um.

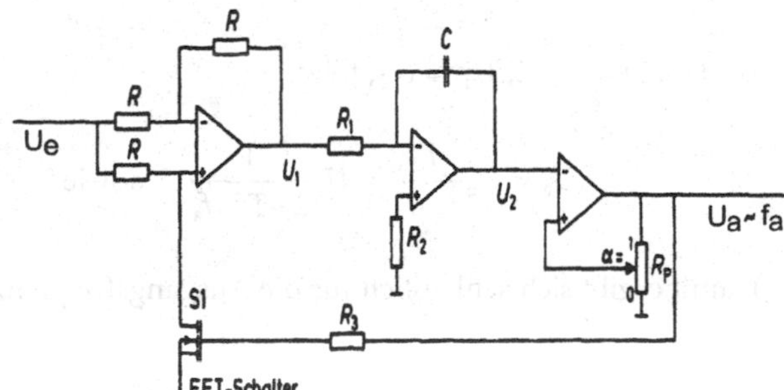

Abb. 3.37 Prinzip eines *U/f*-Wandlers

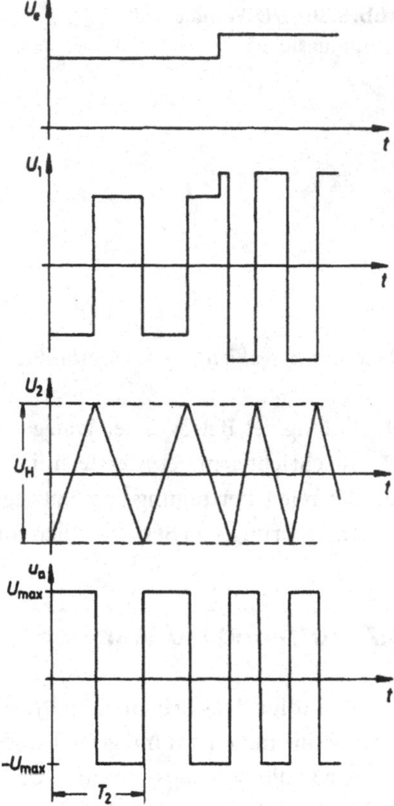

Abb. 3.38 Zeitverläufe am U/f-Wandler

Man erhält eine der Eingangsspannung U_e proportionale Ausgangsfrequenz f_a.

$$U_2 = \frac{1}{T_1} \int_0^t U_e dt \quad \text{mit} \quad T_1 = R_1 C.$$

Ist dabei $t = T_2 / 2$, $U_H = U_2$, folgt:

$$U_a = U_e \frac{T_2}{2 \cdot T_1} = U_e \frac{1}{2 \cdot T_1 \cdot f_a} \quad \text{sowie} \quad U_H = 2 \cdot \alpha \cdot U_{max}.$$

Damit ergibt sich schließlich für die Ausgangsfrequenz:

$$f_a = \frac{U_e}{4 \cdot \alpha \cdot T_1 \cdot U_{max}}. \tag{3.28}$$

Am Markt sind natürlich integrierte U/f Wandler erhältlich. Beispielweise der AD537S von Analog Devices (Abb. 3.39). Sein Linearitätsfehler beträgt 0,07 % bei $f_{max} = 10\,\text{kHz}$.

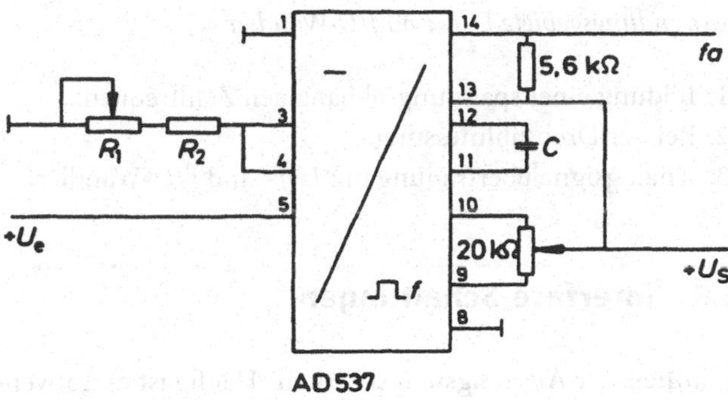

Abb. 3.39 Beschaltung des AD537S als U/f-Wandler

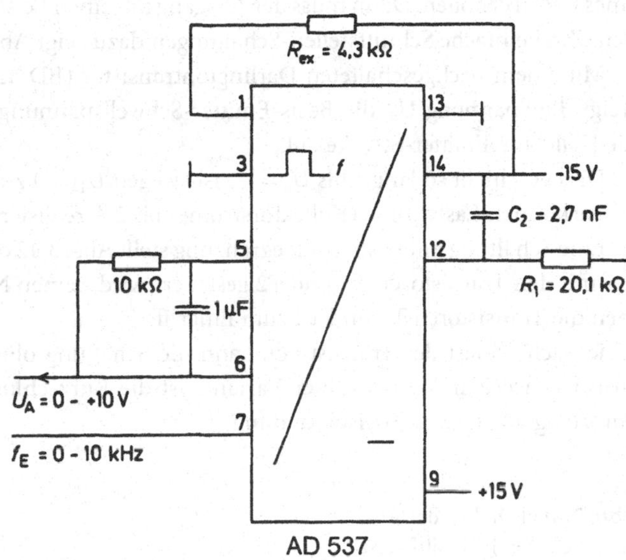

Abb. 3.40 f/U-Wandler mit Schaltkreis A-8400

Die Ausgangsfrequenz folgt der Formel:

$$f_a = \frac{U_e}{10(R_1 + R_2) \cdot C} . \quad (3.29)$$

Ein f/U-Wandler für Rechteckimpulse bildet lediglich den Mittelwert der Spannungszeitflächen aller Impulse. Diese Eigenschaft erfüllt auch der AD537 und lässt sich entsprechend beschalten (Abb. 3.40).

Anwendungsgebiete U/f- und f/U-Wandler

1. Bildung einer spannungsabhängigen Zählfrequenz,
2. Bei der Drehzahlmessung,
3. Analogsignalübertragung mit U/f- und f/U-Wandler.

3.8 Interface-Schaltungen

Erhöhen der Ausgangsbelastbarkeit Häufig ist es notwendig, die Ausgangsbelastbarkeit eines OP zu erhöhen. Dann muss der Ausgang um einen Leistungsverstärker erweitert werden. Zwei einfache Schnittstellen-Schaltungen dazu zeigt Abb. 3.41.

Mit einem nachgeschalteten Darlingtontransistor (BD 328) ist dies realisierbar. Übersteigt die Spannung U_a^* die Basis-Emitter-Schwellspannung U_{BE0}, steuert der Transistor die Kollektor-Emitter-Strecke auf.

Dies geschieht so lange, bis $U_a = U_e$ ist (wegen $U_D = 0$ zwischen E^+ und E^-). Auf diese Weise können Lastströme (Kollektorströme) bis 2 A realisiert werden.

Eine Schaltung mit Laststrombegrenzung stellt Abb. 3.42 dar. Wenn der Ausgangsstrom, der mit den Transistoren T1 und T2 gesteuert wird, seinen Nennwert überschreitet, kommen die Transistoren T3 und T4 zum Eingriff.

Je nach Bauart der Transistoren kann die Schaltung ohne weiteres auf 2 A Belastung ausgelegt werden. Vorteil dieser Variante ist die Kurzschlussfestigkeit gegen Masse und kurzzeitig auch gegen Speisespannung.

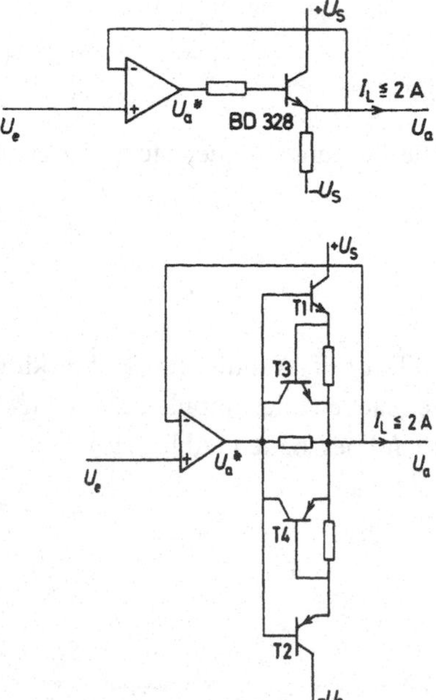

Abb. 3.41 Erhöhen der Ausgangsbelastbarkeit mit BD 328

Abb. 3.42 Erhöhen der Ausgangsbelastbarkeit mit Strombegrenzung

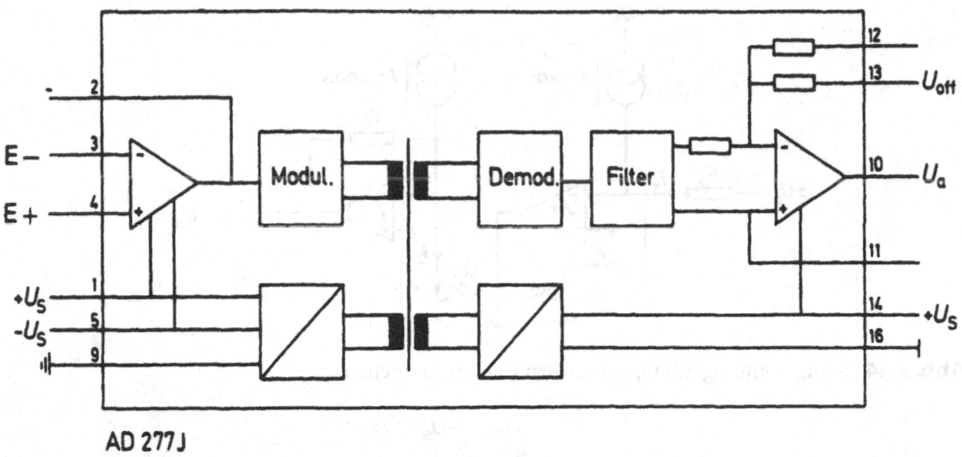

Abb. 3.43 Prinzip eines Trennverstärkers

Trennverstärker Solche Verstärkeranordnungen werden eingesetzt, wenn beispielsweise weit entfernt erfasste Messwerte möglichst störfrei in eine Schaltung übertragen werden sollen. In Abb. 3.43 ist eine solche Anordnung mit Trenntransformatoren dargestellt. Zur Störunterdrückung ist zusätzlich ein Filter nachgeschaltet. Der von der Firma Analog Devices vertriebene Schaltkreis AD277 erfüllt auch die Forderung nach einem geringen Offset, er beträgt lediglich $U_{\text{off}} = \pm 5\ \mu\text{V}/°\text{C}$. Mit der speziellen Modular-Demodularschaltung wird eine sehr hohe Gleichtaktunterdrückung von 160 dB erzielt, bei einem Eingangsruhestrom von $I_G = +20$ pA.

Trennverstärker, die mit Optokopplern arbeiten, erfüllen ebenfalls die Forderung nach möglichst vollständiger Entkopplung von Störpotenzialen.

Während bei der digitalen Signalverarbeitung die Eigenschaften des Optokopplers keine entscheidende Rolle spielen, sind sie bei der analogen Signalübertragung äußerst wichtig, insbesondere zur Vermeidung von Erdschleifen.

Die meisten Optokoppler arbeiten wegen des besseren Wirkungsgrades im Infrarotbereich. Ihre Lumineszenzausbeute η_S ist gegeben durch die Anzahl der externen Photonen N_s und die Elektronenladung q, bezogen auf den Durchlassstrom I_F.

$$\eta_s = \frac{q \cdot N_s}{I_F} \,.$$

Da der Fotostrom I_λ, eine lineare Funktion der einfallenden Lichtstärke ist, spricht alles für Optokoppler mit Fotodioden, also:

$$I_\lambda = I_0 + \eta \cdot Z \cdot q \cdot A \,.$$

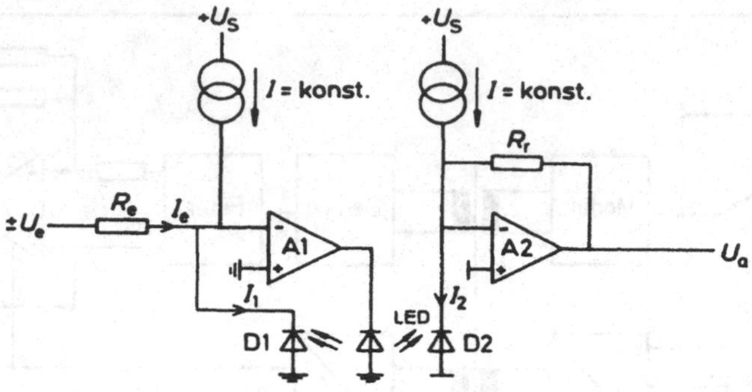

Abb. 3.44 Signaltrennung mit Optokopplern und Stromquellen

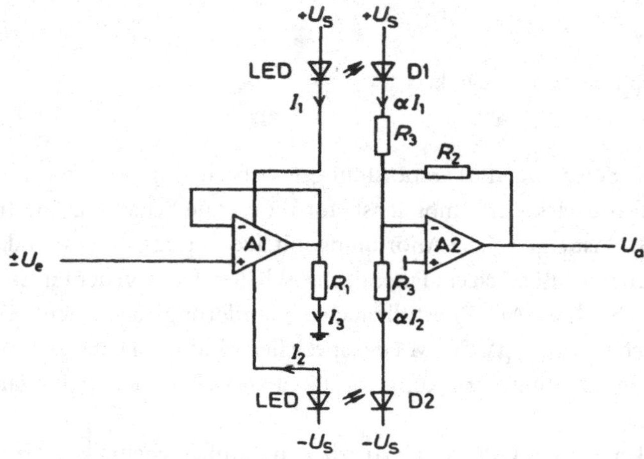

Abb. 3.45 Signaltrennung mit Optokopplern in der Speisespannungsleitung

I_0: Dunkelstrom
η: Quantenausbeute
Z: Zahl der auftreffenden Photonen
A: aktive optische Fläche

Die in Abb. 3.44 gezeigte Schaltung bedient sich der Optokopplung mit zwei Stromquellen zur Bildung des Vorstromes.

Bei einer zweiten Schaltungsvariante befinden sich die Optokoppler in der Zuleitung der Speisespannung (Abb. 3.45).

Betrachtet man den Verstärker A1 als Stromknoten, so folgt mit $\sum I = 0$:

$$I_1 - I_2 - I_3 = 0 \qquad I_1 - I_2 = \frac{U_e}{R_1} \,.$$

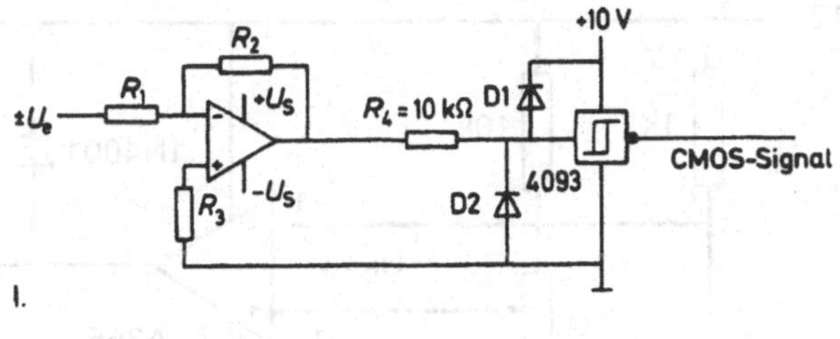

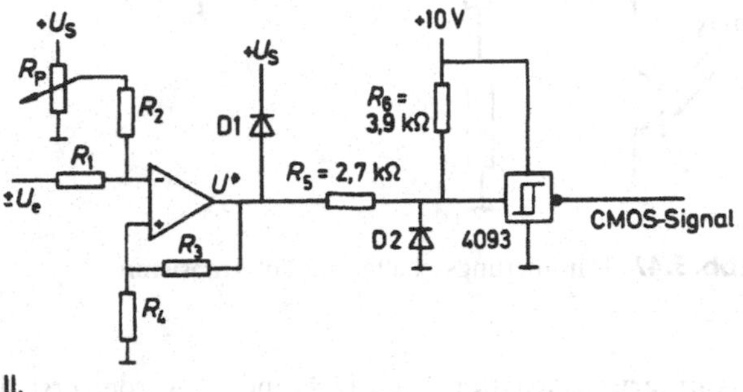

Abb. 3.46 Pegelumsetzer für ein CMOS-Signal

Für den Verstärker A2 ergibt sich:

$$\frac{U_a}{R_2} = -\alpha(I_1 - I_2)\,.$$

Damit erhält man schließlich:

$$U_a = -\frac{\alpha \cdot R_2}{R_1} U_e\,. \tag{3.30}$$

Vorteil dieser Schaltung ist, dass es bei $U_e = 0$ zu keiner Ausgangsfehlspannung (Offsetspannung) kommt. Die beiden Ströme αI_1 und αI_2 kompensieren sich. Denn bei $U_e = 0$ fließt nur der Eingangsstrom I_G durch den Verstärker A1.

Pegelumsetzer (Pegelwandler) Ähnlich dem Komparator aus Abschn. 3.4 lässt sich eine Eingangsspannung in ein Digitalsignal umsetzen. Hier steuert ein Operationsverstärker einen Schmitt-Trigger, dessen Ansprechschwelle mit der Verstärkung $K_p = R_2/R_1$ eingestellt ist (Abb. 3.46).

Der CMOS-Schaltkreis 4093 ist durch zwei Dioden gegen positive und negative Überspannungen geschützt. Bei Übersteuerung des OP wird das Potenzial jeweils nach Masse oder Speisespannung abgeleitet (Abb. 3.46).

Überschreitet eine positive Eingangsspannung des OP die Schaltschwelle des CMOS-Schaltkreises, entsteht am Ausgang des 4093 ein 1-Signal. Bei einer negativen Eingangspannung am OP ergibt sich am CMOS-Ausgang ein 0-Signal. In der Schaltungsvariante II lässt sich die Schaltschwelle mit einem Potentiometer einstellen.

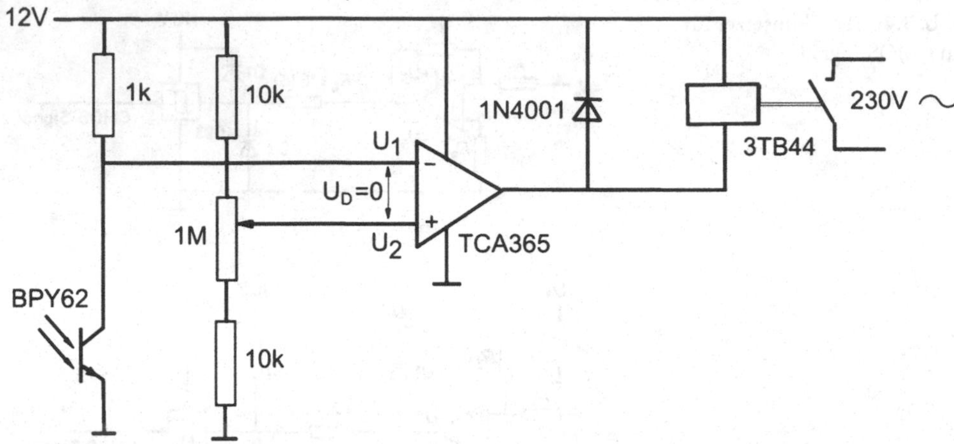

Abb. 3.47 Dämmerungsschalter mit Fototransistor

Dämmerungsschalter Viele Lichtquellen werden erst ab einer bestimmten Beleuchtungsstärke eingeschaltet. Eine Schaltungsvariante dazu zeigt Abb. 3.47.

Mit dem Potentiometer kann an der Wheatstoneschen Messbrücke der Punkt eingestellt werden, ab dem das Relais schaltet.

Geringe Beleuchtungsstärke (Dämmerung) auf den Fototransistor bedeutet, dass sein Kollektor-Emitterwiderstand sehr groß ist. Die Teilerspannung U_1 wird somit groß gegenüber U_2.

$U_1 > U_2$ würde den OP an die negative Stellgrenze bringen. Da er jedoch an Masse angeschlossen ist, liegt diese Stellgrenze bei ca. $U_a \approx 2\,\mathrm{V}$. Mit dem Spannungsunterschied 12 V – 2 V schaltet das Relais (z. B. einen Leuchtkörper).

$U_1 < U_2$ bringt den OP an die positive Stellgrenze von ca. $U_a \approx 10\,\mathrm{V}$. Mit diesem Spannungsunterschied von 12 V – 10 V schaltet das Relais nicht.

3.9 Störquellen in Analogschaltungen

Der Schaltungsentwurf beinhaltet wesentlich auch die Bauelementeauswahl, Netzversorgung, Umgebungsbedingungen, Betriebarten usw. Es gibt keine Patentlösung für den vollkommen störfreien Schaltungsentwurf. Doch es lassen sich wichtige Kriterien dazu angeben.

Eingangssignale

- Stellbereich der Eingangsspannung
- Belastbarkeit der Signalquelle
- Innenwiderstand der Signalquelle

- Zulässige Störpegel
- Leitungslänge, Leitungsimpedanz
- Leitungsführung

Übertragungseigenschaften

- Frequenz- und Phasengang der Verstärkung
- technische Daten der Hersteller
- Abgleichbedingungen (Offset, Frequenz, Temperatur)
- Einfluss von Schutzschaltungen
- Ausgangsbelastbarkeit

Umgebungsbedingungen

- Lagertemperatur der Bauteile
- Betriebstemperaturbereich
- Verlustleistung
- mechanische Belastbarkeit
- Kontaktapparat (Sockel, Drähte)
- Lötzeit, Löttemperatur
- statische Aufladung
- Raumbedarf

Netzversorgung

- erforderliche Versorgungsspannung
- Belastbarkeit der Spannungsquelle
- Konstanz der Spannungsquelle
- Erdungs-, Schutzmaßnahmen
- Verkabelung der Spannungsquelle

Wirtschaftlichkeit

- Preis/Stückzahl
- Kompatibilität verschiedener Zulieferer
- Lebensdauer
- Normung der Bauteile
- Recycling

Fehlersuche Die Fehlersuche und -beseitigung bedarf meist einiger Erfahrung mit der Analogtechnik. Die folgenden Beispiele in Form eines Verstärkersignalflusses geben dazu einige Denkanstöße und werden im Folgenden diskutiert (Abb. 3.48).

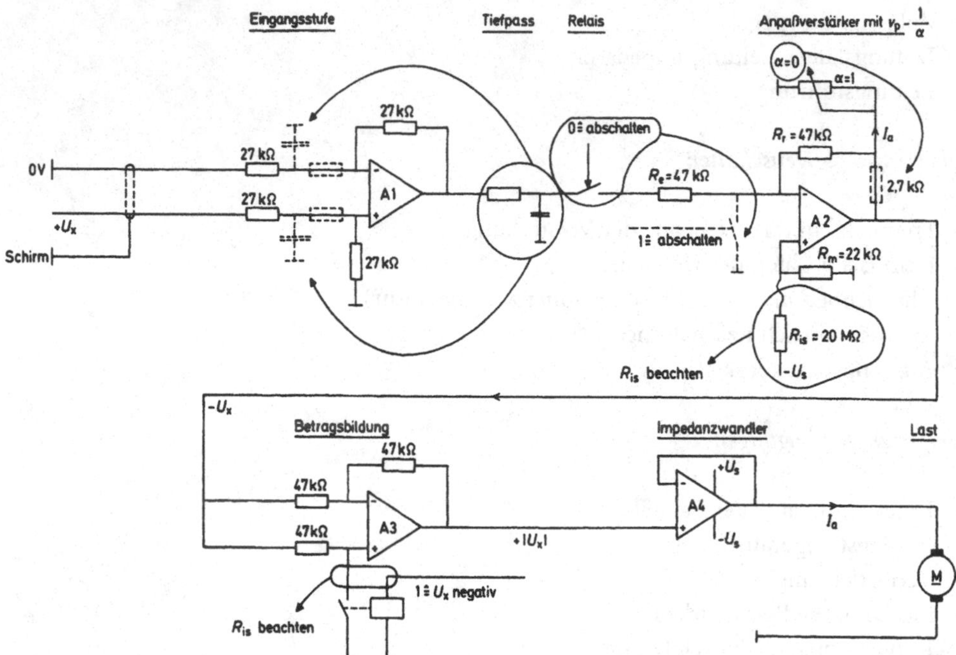

Abb. 3.48 Fehlerquellen in Analogschaltungen

Wird eine Spannung $+U_x$ über eine längere Strecke übertragen, empfiehlt sich der Einsatz eines Differenzverstärkers, bei dem die Null-Volt-Leitung (Masse) im Kabel des Nutzsignals mitgeführt wird. Ein Störsignal weist dann in dem verdrillten Kabel eine gleich hohe Amplitude auf und wird am Ausgang des Differenzverstärkers heraus subtrahiert. Übrig bleibt das Nutzsignal $+U_x$. Dabei werden über den einseitig an Masse angeschlossenen Kabelschirm hochfrequente Störsignale abgeleitet. Eine auftretende Brummspannung wird mit dieser einfachen Maßnahme eliminiert.

Der nachgeschaltete Tiefpass soll Frequenzen größer als den zu nutzenden Frequenzbereich dämpfen. Außerdem ist das Frequenzband des Verstärkers A1 bei der Schaltungsdimensionierung zu beachten.

Mit dem hinter A1 liegenden Schalter (Relais) soll die Spannung $+U_x$ vom Verstärker A2 getrennt werden. Unterbricht man die Zuleitung zum Verstärker A2, ist dieser Eingang offen. Ein offener Eingang kann zu einem undefinierten Zustand am Verstärker A2 führen. Es ist besser, das Abschalten gegen Masse vorzunehmen.

Am Verstärker A2 ist auch dargestellt, dass eine „kalte" Lötstellen zu offenem Eingang oder offener Rückkopplung führen kann. Dabei gilt aus Symmetriegründen für den Widerstand $R_m = R_e \,||\, R_r$.

Mit dem in der Gegenkopplung befindlichen Potentiometer kann die Verstärkung von 1 bis theoretisch ∞ verstellt werden. Doch für $\alpha = 0$ fließt der Ausgangsstrom direkt nach

Masse; der OP wird damit überlastet. Mit einem Widerstand von 2,7 kΩ kann dies vermieden werden.

Beim Einbau von OPs in Leiterplatten ist darauf zu achten, dass der Isolationswiderstand R_{Is} sehr groß ist. Besonders bei Gehäusebauformen wie TO90, bei denen der Eingang E^+ und die Speisespannung $-U_S$ nebeneinander liegen, können Fehlspannungen am Verstärkerausgang auftreten. Nimmt man für $R_{Is} \approx 20\,\mathrm{M\Omega}$ an, ergibt sich mit R_m ein Spannungsteiler mit der Fehlspannung:

$$U_{Fehl} \approx \frac{R_m}{R_{Is} + R_m} \approx -16\ \mathrm{mV}\,.$$

Ähnliche Fehler ergeben sich beim Einsatz von Relais wie hier am Verstärker A3 als Betragsbildnerschaltung. In solchen Fällen sollte man den Betrag mit einer Gleichrichterschaltung realisieren (Abb. 3.31).

Am Ende der Verstärkerkette ist ein Impedanzwandler zur direkten Ansteuerung eines Gleichstrommotors eingebaut. Seine Ausgangsstufe muss auf den maximal möglichen Ankerstrom und die Nennspannung des Motors angepasst sein. Ausgleichsvorgänge infolge Ein- und Ausschalten des Motors sind ebenfalls zu berücksichtigen.

Leitungsführung Insbesondere, wenn in einer Schaltung Wechsel- bzw. Impulsströme fließen und die Leitungswiderstände induktive Anteile enthalten, kann es zu unerwünschten Störsignalen kommen.

Ursachen sind

- Magnetische Kopplungen zwischen stromführenden Leitungen
- Kapazitive Kopplung über parasitäre Schaltungskapazitäten
- Einkopplung von Störsignalen über Isolationswiderstände
- Spannungsabfälle über vermaschte Schaltungsteile

Gegenmaßnahmen sind

- Kurze Leitungsführung
- Kleine Leitungswiderstände auf der Platine (ein 1 mm breiter Leiterbahnstreifen ist ca. 35 µm dick und hat einen Widerstand von ca. 5 MΩ/cm)
- Masseschleifen vermeiden (Abb. 3.49)
- Masseschirmung (Abb. 3.50)
- Spannungsschirmung bei Präzisionsschaltungen (Abb. 3.51)

Störungsgrößen Die meisten Elektroniksysteme enthalten Analog-Digitale Verarbeitungselemente einschließlich der Messwertgeber und Netzgeräte, die teilweise in einem komplexen elektromagnetischen Zusammenhang stehen (Abb. 3.52). Die wesentlichen sind hier erläutert.

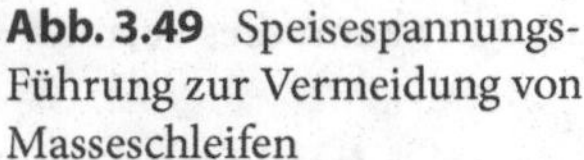

Abb. 3.49 Speisespannungs-Führung zur Vermeidung von Masseschleifen

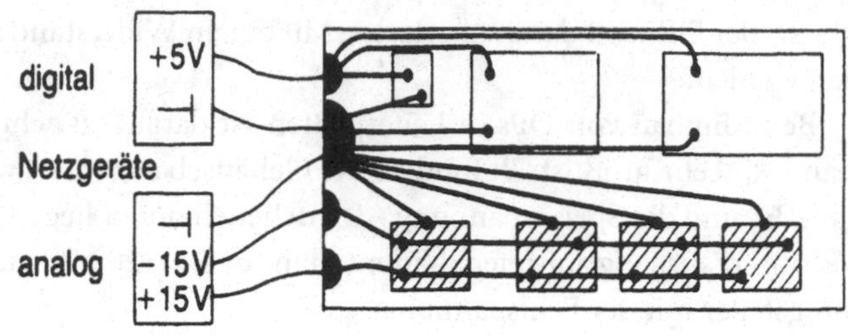

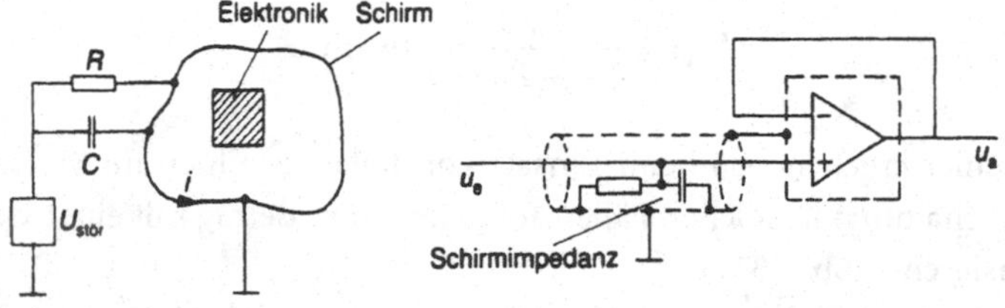

Abb. 3.50 Masseschirmung

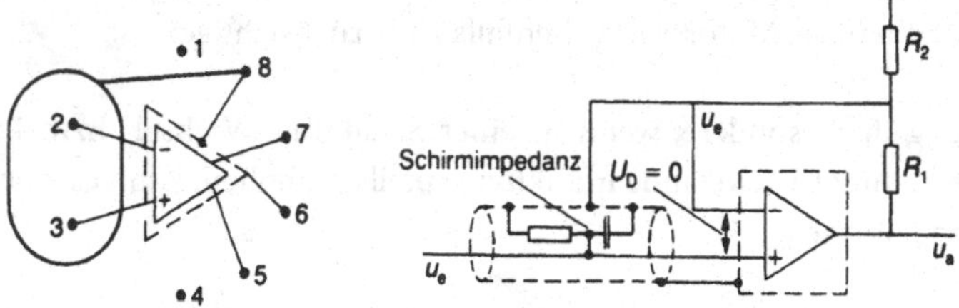

Abb. 3.51 Spannungsschirmung

Je höher der Strom in einem Leiter, desto größer ist sein magnetischer Fluss Φ. Es gilt dann für die induktive Störspannung nach dem Induktionsgesetz:

$$U_{\mathrm{St}} = I \cdot R = -\frac{d\Phi}{dt} .$$

Eine Flussänderung ist bei festverlegten Leitungen die Folge einer Stromänderung im Leiter. Die Höhe der eingekoppelten Störspannung richtet sich dann wesentlich nach der geometrischen Anordnung von störender und gestörter Leitung.

Eine zylindrische, unendlich lange Leitung erzeugt in einem homogenen Raum der Permeabilität μ nach Oersted die magnetische Feldstärke (Abb. 3.53):

$$I = \oint_C \vec{H} d\vec{s} \quad \text{und damit} \quad H_{\mathrm{a}} = \frac{I}{2\pi r} . \tag{3.31}$$

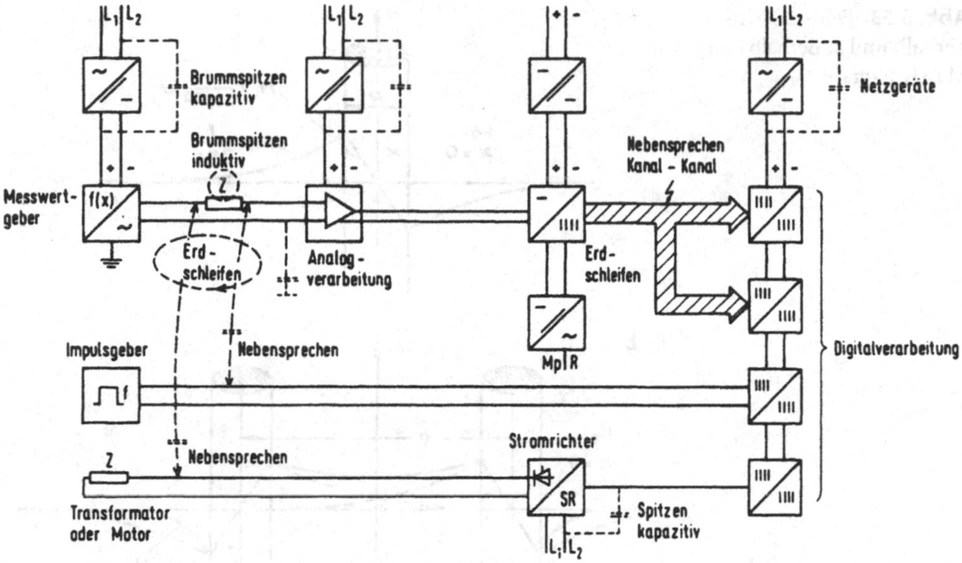

Abb. 3.52 Schematische Darstellung von Störungsgrößen

Zur Beschreibung des Magnetfeldes innerhalb eines Massivleiters der Leitfähigkeit κ und der Eindringtiefe d kann man die Feldgleichungen von Maxwell heranziehen.

$$\operatorname{rot} \vec{H} = \vec{S} + \frac{\delta \vec{D}}{\delta t} \quad \text{sowie} \quad \operatorname{rot} \vec{E} = \frac{\delta \vec{B}}{\delta t}\ .$$

Mit den drei Materialgleichungen für die Dielektrizitätskonstante ε, die Leitfähigkeit κ und die Permeabilität μ

$$\vec{D} = \varepsilon \cdot \vec{E} \quad \vec{D} = \kappa \cdot \vec{E} \quad \vec{B} = \mu \cdot \vec{H}$$

erhält man für den Fall, dass die Stromdichte sehr viel größer ist als die Verschiebungsstromdichte $\delta D / \delta t$ die Skingleichung:

$$\operatorname{rot}\operatorname{rot} \vec{H} + \mu\kappa \frac{\delta \vec{H}}{\delta t} \quad \text{bzw. komplex} \quad \operatorname{rot}\operatorname{rot} \underline{H} + \gamma^2 H = 0\ .$$

Darin ist $\gamma^2 = j\omega\mu\kappa$ die Skinkonstante, mit der sich die Ortsabhängigkeit der Feldstärke innerhalb eines Leiters als Eindringtiefe d angeben lässt. Es wird:

$$d = \frac{\sqrt{2}}{\sqrt{\omega\mu\kappa}}\ . \tag{3.32}$$

Die Eindringtiefe ist somit ein Maß dafür, auf welchen Wert die Feldstärke innerhalb des Leiters abgesunken ist (Abb. 3.54).

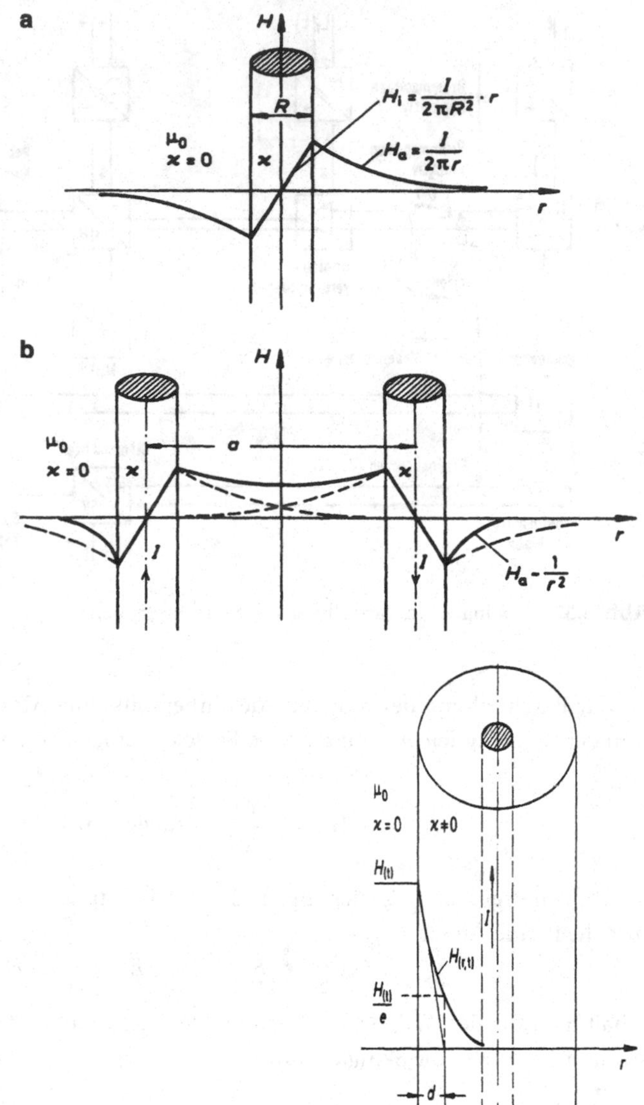

Abb. 3.53 Feldstärke innerhalb und außerhalb eines Massivleiters

Abb. 3.54 Eindringtiefe des Magnetfeldes in Leiter

Demnach verhindert eine gute Abschirmung mit großen Werten von κ und μ das Eindringen von Störfeldern in den Leiter. Die Stromdichte S als Quotient aus Strom und Querschnitt kann sich in einem Punkt i nur auf den Querschnitt $\pi \cdot r^2$ mit $r \leq R$ beziehen, daher ist:

$$H(r) = H_i = \frac{I_i}{2\pi \cdot R^2} r. \tag{3.33}$$

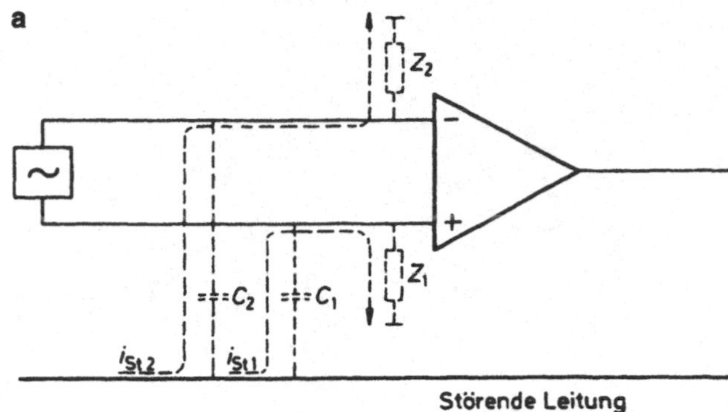

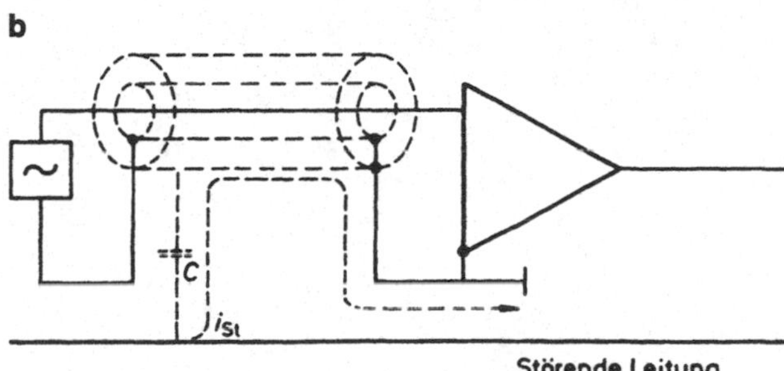

Abb. 3.55 **a** Auftreten und **b** Beseitigen von Störströmen

Zwei nebeneinander im Abstand a verlaufende Leitungen, die von entgegengesetzt gerichtetem Strom durchflossen sind, erzeugen das aus dem Feldstärkeverlauf der Einzelleitungen resultierende Magnetfeld (Abb. 3.53b). Dabei nimmt die Feldstärke ab nach:

$$H_a \approx \frac{1}{r^2}\,. \tag{3.34}$$

Bei zweidrahtiger Leitungsführung besteht demnach praktisch nur zwischen den Leitern ein Magnetfeld. Außerhalb der von den Leitungen aufgespannten Fläche ist es vernachlässigbar.

Die Impedanzen zwischen den Signalleitungen machen sich hauptsächlich kapazitiv bemerkbar (Abb. 3.55).

Bei gleichgroßen Impedanzen $Z_1 = Z_2$ sowie Kapazitäten $C_1 = C_2$ wäre auch die Störspannung an den OP-Eingängen gleich groß und entspräche einer Gleichtaktspannung. Diese könnte bei genügend großer Gleichtaktunterdrückung kompensiert werden.

Im Allgemeinen ist aber $Z_1 \ll Z_2$ und es tritt eine kapazitive Störspannung am OP-Ausgang auf. Diese lässt sich nur durch eine korrekte Abschirmung beseitigen (Abb. 3.55b). Die doppelte Schirmung bewirkt, dass alle auftretenden Störströme über den äußeren Schirm abfließen können und das innengeschirmte Nutzsignal nicht beeinflussen.

Zur Verhinderung von Erdschleifen bei der analogen Signalübertragung sind nicht zuletzt Trennwandler das geeignete Mittel. Sie bieten bestmögliche galvanische Trennung zwischen Schaltungsteilen (Abb. 3.44 und 3.45).

Mess- und Regeltechnik

4

Die exakte Erfassung physikalischer und abgeleiteter Größen entscheidet über die Güte bzw. Genauigkeit der gesamten mess- und regeltechnischen Aufgabenstellung [6,14–16].

Die wichtigsten Messgrößen und ihre analogtechnische Erfassung sind in Abschn. 4.1 dargestellt.

4.1 Messwerterfassung

Die Umformung in einen Messwert erfordert oft die Ausnutzung eines oder mehrerer physikalischer Effekte. Dabei wird ein möglichst linearer Zusammenhang zwischen Messwert und abgeleiteter Spannung innerhalb eines festgelegten Messbereichs angestrebt.

Die genaue analoge Abbildung von Messwerten hängt u. a. von folgenden Werten ab:

- Linearitätsfehler
- Maximalwertfehler
- Nullpunktfehler
- Temperaturdrift
- Umsetzfehler

Da es keinen physikalischen Effekt gibt, der ein unbegrenzt lineares Verhalten zeigt, ist die richtige Einstellung bzw. Wahl des Messbereiches entscheidend (Abb. 4.1). Der Endwert der Messwertabbildung ist durch Sättigungseffekte, die Stellgrenze bzw. mechanische Begrenzungen gekennzeichnet.

Unvermeidlich sind auch der sog. Nullpunktfehler infolge Messwertrauschen und Nichtlinearität bei sehr niedrigen Signalpegeln.

Die normierte Messgröße x wird schließlich als eingeprägter Strom von $x = 4\,\text{mA} \ldots 20\,\text{mA}$ oder als Spannung von $x = 0\,\text{V} \ldots \pm 10\,\text{V}$ ausgegeben.

P. F. Orlowski, *Praktische Elektronik*, DOI 10.1007/978-3-642-39005-0_4,
© Springer-Verlag Berlin Heidelberg 2013

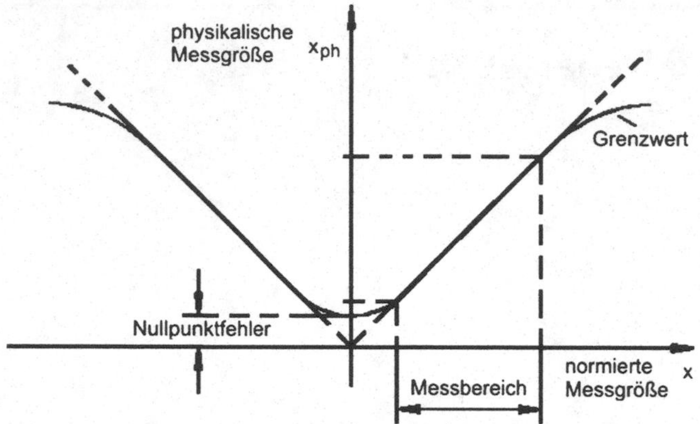

Abb. 4.1 Zum Messbereich einer Messwerterfassung

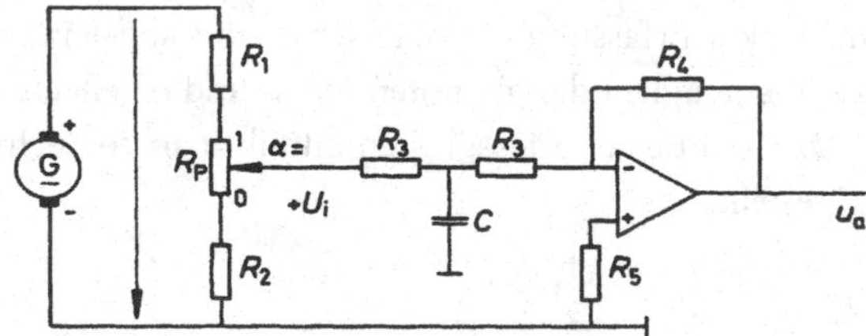

Abb. 4.2 Drehzahlerfassung mit Tachodynamo

Die dynamischen Eigenschaften einer Messeinrichtung für regeltechnische Aufgaben sind durch die Umsetzzeit und Eigenzeitkonstanten gegeben. Eine Regelung ist nur möglich, wenn diese Zeitkonstanten nicht die Größenordnung der wesentlichen Regelstreckenzeitkonstanten aufweisen.

4.1.1 Drehzahlmessung

Die Drehzahl ist ein wichtiger Messwert in der Antriebstechnik. Ihre analoge Abbildung ist mit einem Tachodynamo möglich und in Abb. 4.2 dargestellt.

Bei Drehzahlen von 1000/min liefert ein Tachodynamo je nach Type 100 V. Daher erfolgt über einen Spannungsteiler die Normierung der Tachospannung auf 10 V, sodass sich ergibt:

$$U_\mathrm{i} = U_\mathrm{T} \frac{\alpha \cdot R_\mathrm{p} + R_2}{R_1 + R_2 + R_\mathrm{p}} . \tag{4.1}$$

Die Drehzahl ist bei dieser Messwerterfassung in einem Bereich von ca. 10/min bis 1500/min einstellbar. Voraussetzung sind außerdem Widerstände R_1 und R_2 mit sehr niedrigen Toleranzen, damit das Teilerverhältnis nicht verfälscht wird.

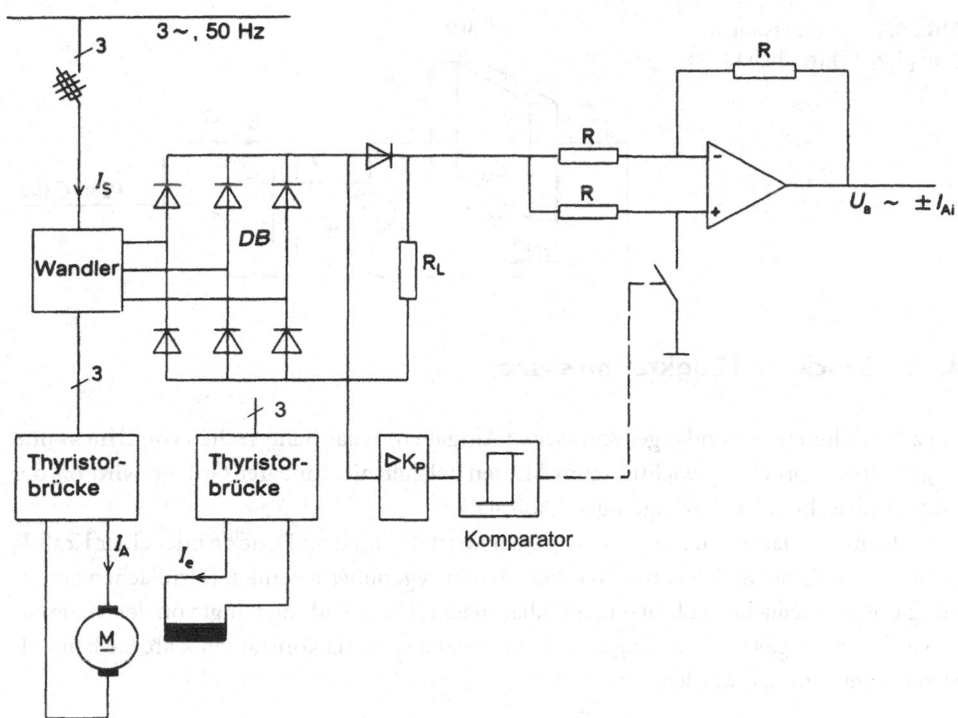

Abb. 4.3 Messung des Ankerstroms drehstromseitig

4.1.2 Strommessung

Die Erfassung des Stroms kann mithilfe eines Shunts, von Feldplatten, Hallsensoren oder mit Wandler vorgenommen werden. Mit Shunts werden meist große Ströme gemessen, da der zur Messung abgeleitete Spannungsabfall dabei lediglich nur im mV-Bereich liegt. Bei Feldplatten wird der Strom über eine wheatstonesche Brücke abgebildet. Die Messung des Ankerstroms einer Gleichstrommaschine auf der Drehstromseite ist in Abb. 4.3 dargestellt.

Der Gleichstrommotor wird im Anker- und Feldkreis über zwei sechspulsige Drehstrombrückenschaltungen gesteuert. Mit einem Stromwandler und einer Brückenschaltung wird der Strom gleichgerichtet. Es ergibt sich, bezogen auf den Effektivwert I_S einer Netzleitung:

$$I_d = \sqrt{3}\sqrt{2} \cdot I_S \approx kI_{Ai} \approx kU_a \,. \tag{4.2}$$

Die Diode D1 sperrt negative Stromwerte, sodass am Widerstand R_L ein dem Strom $+I_{Ai}$ proportionaler Spannungsabfall entsteht. Der Verstärker A1 und ein Komparator bilden mit dem nachgeschalteten Signumschalter A2 die positive und negative Stromrichtung ab. Dessen Ausgangsspannung U_a ist somit proportional zu dem Ankerstrom des Motors (k: Proportionalitätsfaktor).

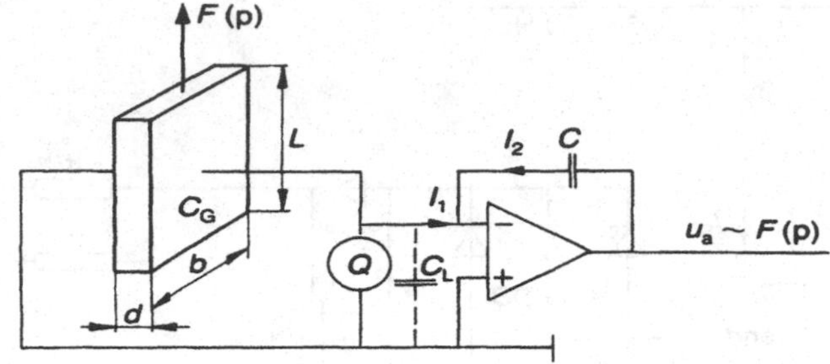

Abb. 4.4 Kraftmessung mit dem piezoelektrischen Effekt

4.1.3 Druck- und Zugkraftmessung

Bei zahlreichen mess- und regeltechnischen Aufgaben ist das Beherrschen von Druck- und Zugkraftbeanspruchung wichtig. Zum Messen solcher nichtlinearer Größen wird oft der piezoelektrische Effekt herangezogen (Abb. 4.4).

Deformiert man einen Piezokristall (Quarzkristall) mit dem Druck p oder einer Kraft F, entsteht eine Gitterverschiebung, die sich an den gegenüberliegenden Stirnflächen als Ladung unterschiedlicher Polarität bemerkbar macht. Diese Ladung hängt von der Materialdicke d, der Länge l und der Zugkraft F sowie einer Materialkonstanten k ab. Sie kann als Strom I entnommen werden.

$$Q_p = \frac{k \cdot l}{d} \cdot F = I_1 \cdot t$$

Unter Berücksichtigung der Leitungskapazität C_L und der Quarzkapazität C_P folgt:

$$Q_P = \frac{k \cdot C_L}{C_L + C_P} \cdot F \quad \text{bzw.} \quad U_a = -\frac{k}{C_L + C_P} \cdot F = -\frac{Q_P}{C_L} . \tag{4.3}$$

Piezoelektrische Messwertaufnehmer sind in der Anordnung nach Abb. 4.4 besonders für dynamische Messungen geeignet. Es lassen sich große Kraftmessbereiche realisieren. Da piezoelektrische Sensoren außerordentlich hochohmig sind und nur sehr kleine Ladungsmengen erzeugen, benötigt man zur Signalverarbeitung Verstärker mit FET-Eingangsstufen.

Statische Kräfte werden bevorzugt mit Dehnungsmessstreifen (DMS) erfasst. Ein Leiter der Länge l und des Querschnitts A an den Stirnflächen hat den Widerstand:

$$R = \frac{l \cdot \rho}{A} = \frac{4 \cdot l}{d^2 \pi} \cdot \rho .$$

Wird der Leiter durch eine Kraft F um eine Längungsänderung Δl gedehnt, ergibt sich auch eine Querkontraktion Δd. Auch der spezifische Widerstand ρ ändert sich bei der Kontraktion. Dieser Effekt ist bei piezoresitiven Halbleitermaterialien besonders ausgeprägt. Es ergibt sich insgesamt für die Widerstandsänderung [17]:

$$\frac{\Delta R}{R} = \frac{\Delta \rho}{\rho} + \frac{\Delta l}{l} - \frac{2 \cdot \Delta d}{d} .$$

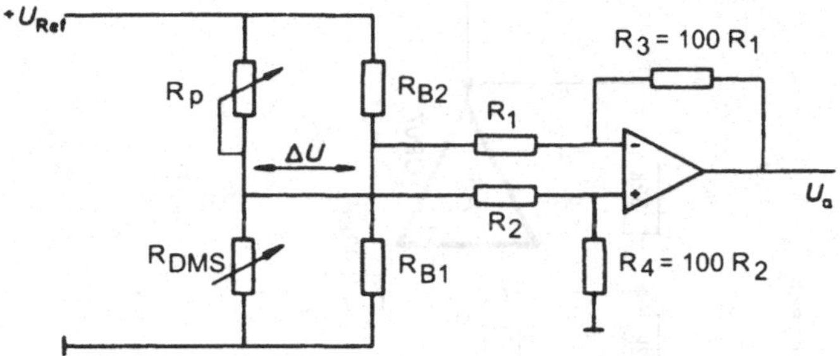

Abb. 4.5 Kraftmessung mit DMS (Viertelbrücke)

Mit

$$\varepsilon = \frac{\Delta l}{l} \quad \text{und} \quad \varepsilon_Q = \frac{\Delta d}{d} = -\mu \cdot \varepsilon \quad \text{(relative Querschnittsänderung)}$$

und mithilfe eines sog. k-Faktors erhält man einen einfachen Zusammenhang für die Widerstandsänderung eines DMS:

$$\frac{\Delta R}{R} = k \cdot \varepsilon \quad \text{mit} \quad k = 1 + 2 \cdot \mu + \frac{\Delta \rho}{\rho \cdot \varepsilon} . \tag{4.4}$$

Typische Parameter eines DMS sind:

- $R = 100\,\Omega \ldots 600\,\Omega$;
- $\varepsilon = 3 \cdot 10^{-3} \ldots 5 \cdot 10^{-3}$;
- $k = [2{,}05$ Konstantan; 4,0 Platin-Wolfram; 6,0 Platin-Iridium$]$;
- 2000 µm/m → 2 mV/V.

In eine wheatstonesche Brückenschaltung werden je nach Anwendung ein (Viertelbrücke), zwei (Halbbrücke) oder vier DMS (Vollbrücke) eingebaut und auf einen Differenzverstärker geschaltet. Man erhält in der dargestellten Schaltung (Abb. 4.5) dann einen Zusammenhang zwischen Ausgangsspannung und der einwirkenden Kraft F (C: konstanter Faktor)

$$U_a = 100 \cdot \Delta U(F) \approx C \cdot F \tag{4.5}$$

mit

$$\Delta U(F) = U_{Ref} \left(\frac{R_p}{R_p + R_{DMS}} - \frac{R_{B1}}{R_{B1} + R_{B2}} \right) \quad \text{bei Viertelbrücke} .$$

Für eine äußerst präzise Erfassung der Kraft mithilfe von DMS bedient man sich häufig eines Instrumentenverstärkers bzw. Messverstärkers. Eine entsprechende Schaltung zeigt Abb. 4.6. Dabei wird die Spannung ΔU zunächst über zwei Spannungsfolger A1 und A2

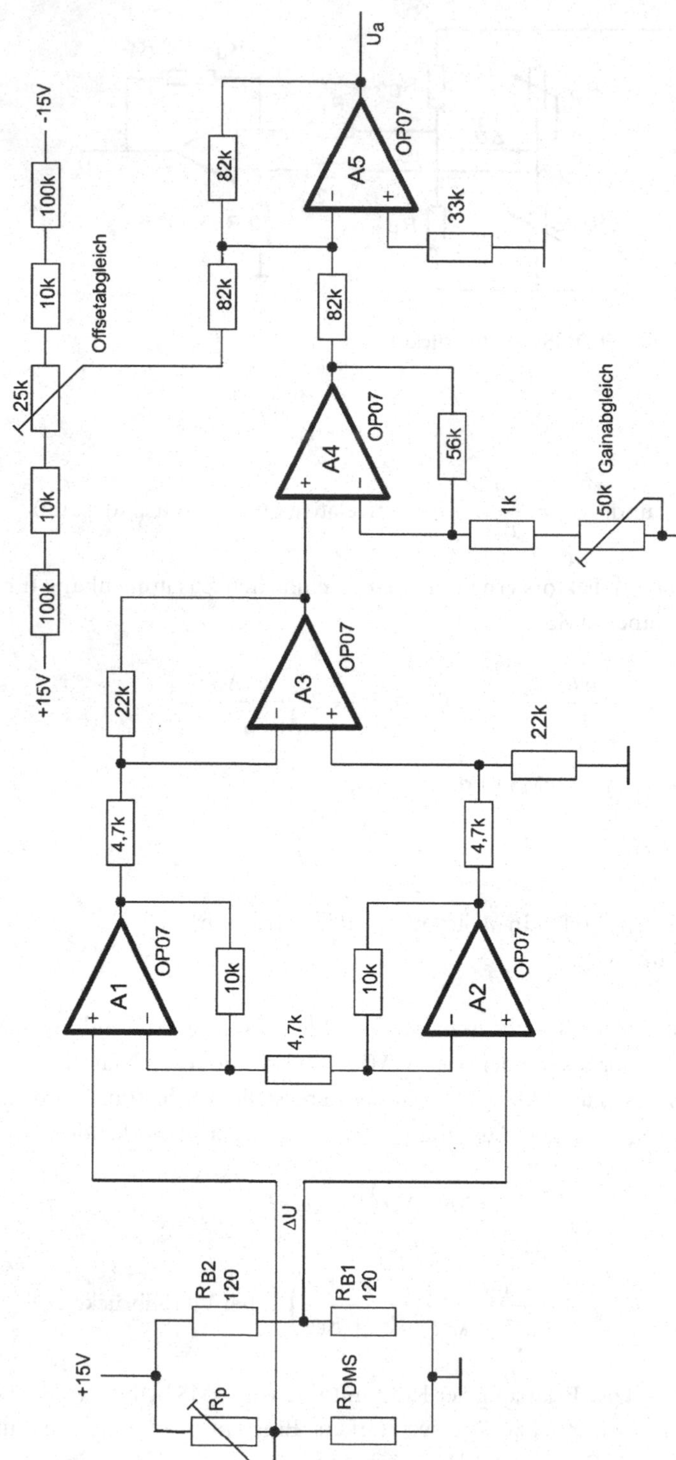

Abb. 4.6 Kraftmessung mit DMS und Instrumentenverstärker (Viertelbrücke)

geleitet und anschließend dem Differenzverstärker A3 zu geführt. Mit den nachfolgenden Verstärkern werden dann noch der Gain- und Offsetabgleich durchgeführt.

Wegen $p = F / A$ ist die Kraftmessung äquivalent zur Druckmessung und wird mit den gleichen Verfahren durchgeführt.

4.1.4 Temperaturmessung

Die Messung der Temperatur eines Motors hat oft eine überwachende Funktion. Sie schützt den Motor vor thermischer Überlastung und beseitigt so ein Gefahrenmoment innerhalb einer Anlage. Des Weiteren findet man Temperaturregelungen für Flüssigkeiten u. a. in der Verfahrenstechnik.

Zur Erfassung der Temperatur kommen verschiedene Bauteile bzw. Verfahren zum Einsatz:

- Bauteile, die ihren Widerstand verändern
  - Heißleiter (Widerstandsminderung bei Temperaturerhöhung)
  - Kaltleiter (Widerstandserhöhung bei Temperaturerhöhung)
  - Widerstandsthermometer (temperaturlineare Widerstandkennlinie)
  - Silizium-Sensoren
  - Thermistor/Keramik-Kaltleiter (materialspezifischer Widerstandsanstieg)
- Bauteile mit direkter Signalausnutzung
  - Halbleiter-Temperatursensoren (temperaturproportionaler Strom)
  - Spannung U_{BE} eines Transistor (Spannung sinkt mit Temperaturanstieg)
- andere Verfahren
  - Thermoelemente (Temperaturdifferenz in Spannung mit Seebeck-Effekt)
  - Wärmefühler mit Schwingquarz
  - Pyroelektrische Sensoren (zur Strahlungstemperaturmessung)
  - Bimetalle (Materialkrümmung als Schaltfunktion genutzt)

Die Anwendung mit Heißleiter soll hier näher erläutert werden. Die Temperaturabhängigkeit ist wesentlich größer als die eines gewöhnlichen Kupferleiters. Der Heißleiterwiderstand für metallische Widerstandsstoffe (z. B. Nickel, Platin) lässt sich angeben als:

$$R_\vartheta = R_{\vartheta 0} \cdot e^{B/(1/T - 1/T_0)} \qquad (4.6)$$

mit

$R_{\vartheta 0}$: Widerstand bei ϑ_0
B: Materialkonstante (2500 K … 5200 K)
T: absolute Temperatur in K
T_0: Bezugstemperatur 273,2 K + ϑ_0

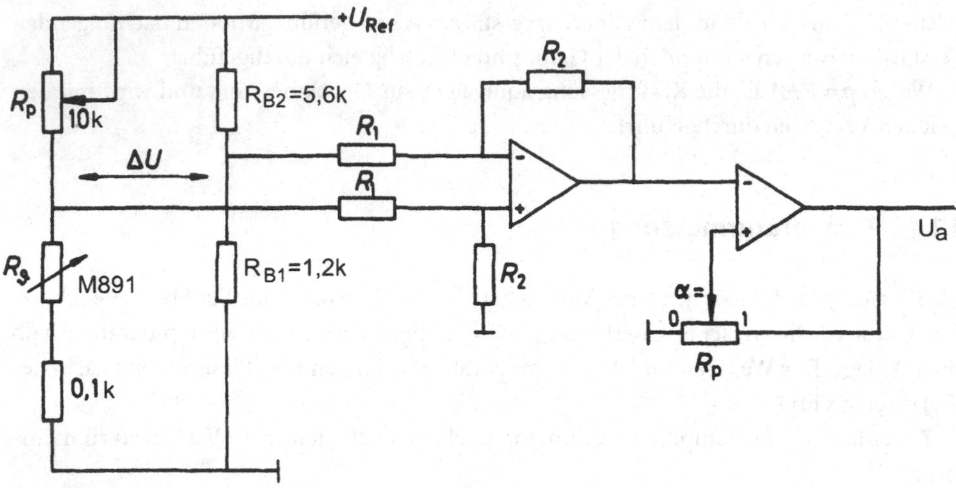

Abb. 4.7 Temperaturmessung mit Heißleiter

Eine Schaltung zur Temperaturerfassung ist in Abb. 4.7 dargestellt.

Vergleichbar mit Abb. 4.5 wird der Messwertgeber (Heißleiter) hier ebenfalls in eine wheatstonesche Brückenschaltung integriert. Man erhält dann einen Zusammenhang zwischen Ausgangsspannung und der Temperatur ϑ

$$U_a = \Delta U(\vartheta) \cdot \frac{R_2}{\alpha \cdot R_1} \tag{4.7}$$

mit

$$\Delta U(\vartheta) = U_{\text{Ref}} \left(\frac{R_p}{R_p + R_\vartheta + 0{,}1k} - \frac{R_{B1}}{R_{B1} + R_{B2}} \right) \quad \text{bei Viertelbrücke} .$$

4.1.5 Analoger Durchmesserrechner

Besonders bei der Regelung von Wickelantrieben ist die Erfassung des Coil-Durchmessers eine wichtige Prozessgröße. Eine quasianaloge Durchmessererfassung für die Regelung bewegter Stoffbahnen (z. B. im Walzwerk) ist in Abb. 4.8 dargestellt. Die Schaltung stellt den ermittelten Durchmesser sowohl analog als auch digital für die Weiterverarbeitung in einer Regelung zur Verfügung.

Das Messprinzip beruht auf dem stetigen Vergleich vom Sollwert v_s der Geschwindigkeit mit dem Istwert v_i (Augenblickswert) nach der Gleichung:

$$v_s \equiv v_i = D_i \cdot \pi \cdot n_i .$$

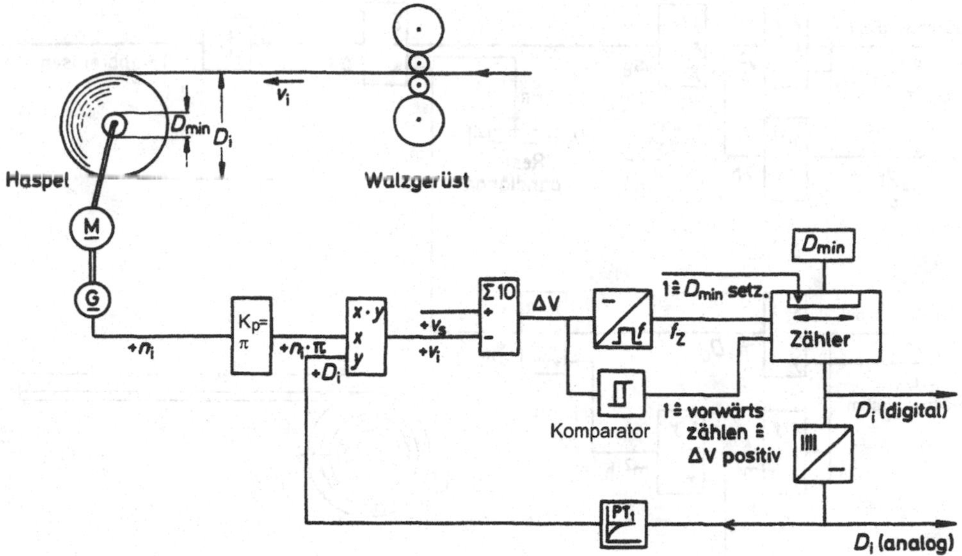

Abb. 4.8 Analoger Durchmesserrechner für Coils

Die Drehzahl der Haspel wird mit einem Tachodynamo gemessen und über einen Verstärker mit der Konstanten π bewertet. Das Ergebnis wird mit dem Durchmesser D_i multipliziert und ergibt die Geschwindigkeit v_i. Eine Anlage mit Wickelantrieben arbeitet u. a. mit einer Geschwindigkeitsregelung. Diese sorgt für die Übereinstimmung von $v_s = v_i$. Bei der Durchmessererfassung geht man davon aus, dass eine Abweichung $v_s \neq v_i$ auf der Änderung des Durchmessers D_i beruht und nutzt diese für die Ansteuerung eines Durchmesserzählers aus. Dabei wird der Zähler solange angesteuert, bis sein Zählergebnis über die Rückkopplung wieder auf $v_s = v_i$ führt.

Beispielsweise bedeutet $v_s > v_i$, dass der Durchmesser zu klein ist. Dann wird der Wert Δv positiv und steuert den U/f-Wandler an, der zum Zählen führt. Die Zählrichtung wird mit dem Komparator gebildet, sodass ein $+\Delta v$ Vorwärtszählen ergibt. Für $v_s < v_i$ wird Δv negativ und ergibt Rückwärtszählen. Bei $v_s = v_i$ wird der Zähler nicht angesteuert.

Der Durchmesser wird demnach stückweise nachgebildet und stellt infolge der Rückkopplungsschleife eine Regelung dar. Damit es nicht zu unerwünschten Schwingungsvorgängen kommt, wird die Rückkopplung von D_i mit einem Tiefpass PT_1-Glied leicht verzögert.

Der zeitliche Verlauf des Durchmessers ist von der Regeldifferenz Δv, der Zählfrequenz f und der Zeitkonstanten T_1 des PT_1-Gliedes abhängig. Er stellt sich etwa so dar:

$$D_i(t) \approx D_{min} + \frac{\Delta v}{f} \cdot \left(1 - e^{-t/T_1}\right) . \tag{4.8}$$

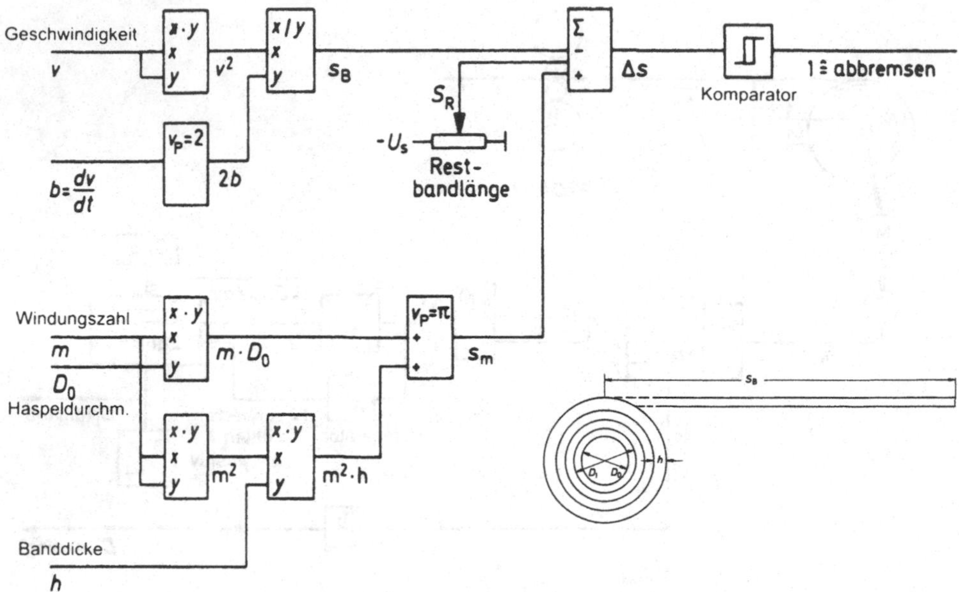

Abb. 4.9 Analoge Abbremsautomatik

Beim Starten des Durchmesserrechners wird auf der Seite der Aufhaspel (des Aufwicklers) $D_{\min}$ in den Zähler gesetzt, an der Abhaspel (Abwickler) entsprechend $D_{\max}$.

4.1.6 Abbremsautomatik

Die Abbremsautomatik ist keine spezielle Messwerterfassung im eigentlichen Sinne, sie stellt jedoch eine wichtige Hilfsschaltung bei der Automatisierung von Wickelprozessen dar und ist hier als rein analoge Schaltung aufgeführt (Abb. 4.9).

Mit der Abbremsautomatik ist es möglich, die Anlagezeit optimal und automatisch auf eine Restbandlänge bzw. Restbandlagenzahl abzubremsen. Man erzeugt dabei aus einer Rechenschaltung einen entsprechenden Abbremsbefehl für die Anlagensteuerung. Dieser wird aus dem Vergleich der augenblicklichen Bandlänge S_m und des Bremsweges S_B gebildet.

Die Bandlänge eines einzelnen Kreisringes ist:

$$S_1 = \pi \cdot \frac{D_0 + D_1}{2}, \quad \text{mit} \quad D_1 = D_0 + 2h \quad \text{folgt} \quad S_1 = \pi \cdot (D_0 + h)\,.$$

Erhöht man den Kreisring um eine Lage der Dicke h, ergibt sich:

$$S_2 = S_1 + \pi \cdot \frac{D_0 + 2h + D_0 + 4h}{2}, \quad \text{also} \quad S_2 = \pi \cdot (2D_0 + 4h)\,.$$

Für m Lagen bzw. Kreisringe erhält man schließlich eine Gleichung für die Bandlänge, die eine Approximation der Archimedischen Spirale darstellt:

$$S_m = \pi \cdot (mD_0 + m^2 h) . \tag{4.9}$$

Aus der newtonschen Bewegungsgleichung ergeben sich die beiden Beziehungen für die Geschwindigkeit und den zurückgelegten Weg.

$$v = b \cdot t \quad \text{und} \quad S = \frac{b \cdot t^2}{2}$$

Für den Bremsweg ergibt sich daraus:

$$S_\mathrm{B} = \frac{v^2}{2b} . \tag{4.10}$$

Subtrahiert man Gl. 4.9 von 4.10, erhält man eine Differenz, aus der sich ein Bremsbefehl ableiten lässt.

$$\Delta S = S_m - S_\mathrm{B} \tag{4.11}$$

Die Schaltung ist mit einigen Multiplizierern und Dividierern ausgestattet, um die Gln. 4.9 und 4.10 nachzubilden. Ist $\Delta S \leq 0$, muss der Bremsbefehl mit Hilfe des Komparators ausgelöst werden. Aus Sicherheitsgründen ist zusätzlich ein Potenziometer eingebaut, das eine Restbandlänge simuliert und den Bremsbefehl entsprechend etwas früher auslöst.

4.2 Konstanter und Netzteile

Zum Aufbau von Experimentierschaltungen und professionellen Schaltungen werden häufig Konstanter (Festspannungsregler) eingesetzt. Für den Einsatz in der Analogtechnik eignen sich hauptsächlich solche mit ±10 V … ±15 V Ausgangsspannung. Für digitale Anwendungen werden solche mit +5 V … +15 V eingesetzt.

In einfachen Anordnungen wird vorausgesetzt, dass die Wechselspannung des Netzes bereits mit einem Gleichrichter in eine Gleichspannung U_e für den nachgeschalteten Konstanter umgesetzt wurde.

Abbildung 4.10 stellt die Grundschaltung eines Konstanters dar, der mit Schaltkreisen wie dem LM109 oder LM209 bzw. LM309 realisiert werden kann.

Die Ausgangsspannung von $U_\mathrm{a} = +5$ V wird aus Eingangsspannungen von $U_\mathrm{e} = +7$ V … +25 V gebildet. Der Kondensator C_1 verbessert die Welligkeit der Eingangsspannung, während C_2 die Regelgeschwindigkeit und die Ausgangsspannungsstabilität verbessert. Hochfrequente Schwingungen lassen sich durch den Kondensator C_3 unterdrücken. Die Energiebilanz mit

$$U_\mathrm{e} I_\mathrm{e} = U_\mathrm{a} I_\mathrm{a} + P_\mathrm{v}$$

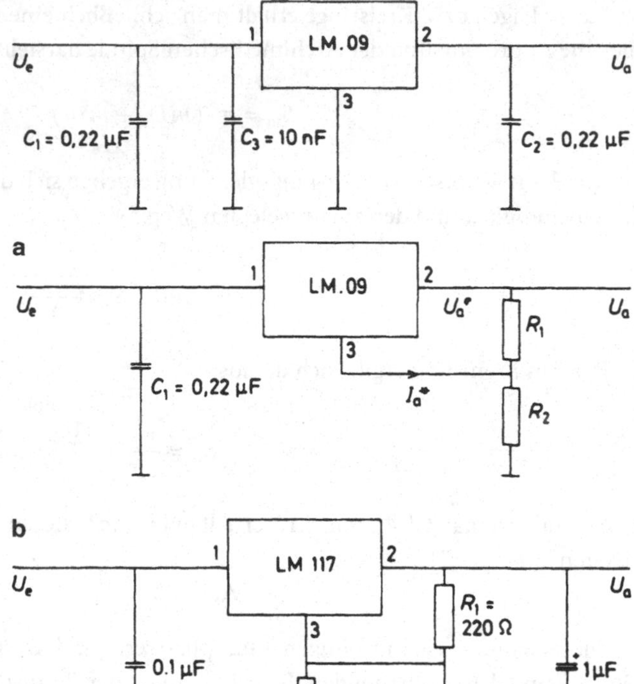

Abb. 4.10 Einfache Konstanterschaltung für $U_a = +5\,V$

Abb. 4.11 Konstanter mit einstellbarem U_a. **a** +5 V, **b** +1,2 V … +25 V

zeigt, dass eine hohe Eingangsspannung bei konstanter Ausgangsspannung U_a zu erhöhter Verlustleistung P_v führt. Daher ist ein Kühlkörper erforderlich, um eine unzulässige Erwärmung des Konstanter-Schaltkreises zu vermeiden. Je nach Gehäusebauform kann der Konstanter dann mit bis zu 1,5 A belastet werden.

Für eine genaue Einstellung der Ausgangsspannung um +5 V verwendet man einen Spannungsteiler (Abb. 4.11a). Damit wird erreicht, dass:

$$U_a = U_a \cdot \left(1 + \frac{R_1}{R_2}\right) + I_r R_r \,. \tag{4.12}$$

Darin ist I_r der Ruhestrom des Schaltkreises im unbelasteten Zustand. Er liegt bei ca. 10 mA. Mit dem Schaltkreis LM117 kann die Ausgangsspannung im Bereich von 1,2 V bis 25 V eingestellt werden. Man erhält für Abb. 4.11b die Ausgangsspannung:

$$U_a = 1{,}25\,V \cdot \left(1 + \frac{R_1}{R_2}\right). \tag{4.13}$$

Sind in einer Schaltung bereits die Speisespannungen +15 V vorhanden, kann man mit dem Schaltkreis AD 2702 eine sehr genaue Referenzspannungsquelle für +10 V aufbauen

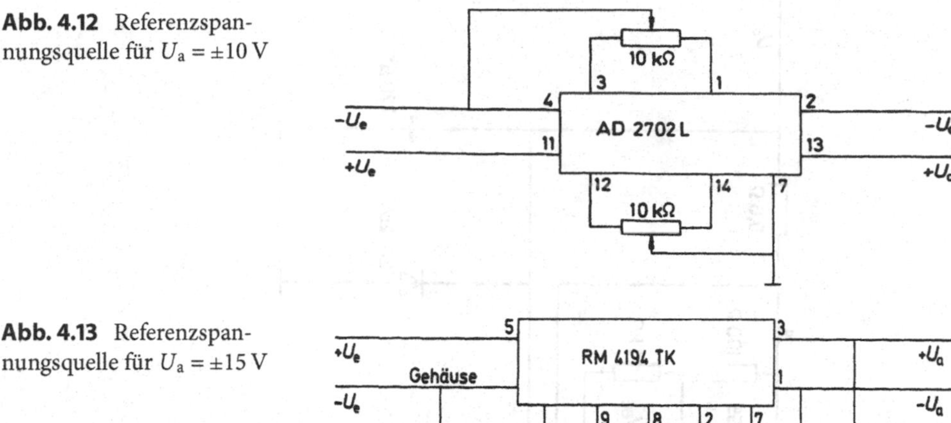

Abb. 4.12 Referenzspannungsquelle für $U_a = \pm 10\,V$

Abb. 4.13 Referenzspannungsquelle für $U_a = \pm 15\,V$

(Abb. 4.12). Die Ausgangsspannungen weichen dabei nur um maximal ±5 mV ab. Dieser Offset lässt sich mit den beiden Potenziometern abgleichen.

Mit dem Schaltkreis RM4194 lassen sich aus Eingangsspannungen von ±9,5 V bis ±45 V die Speisespannungen ±15 V erzeugen (Abb. 4.13). Die Schwankung der Ausgangsspannung beträgt dabei nur 0,002 %/mA Ausgangsstrom bei einer Temperaturdrift von 0,015 %/°C. Der maximale Ausgangsstrom ist jedoch auf 0,2 A begrenzt.

Der universelle Einsatz von Quellen bezüglich der Ausgangsspannung und der Belastbarkeit ist nur mit Netzgeräten möglich. Der Aufbau solcher Netzteile besteht im Wesentlichen aus den Komponenten: Netztrafo und Gleichrichter, Regelverstärker, Leistungsstellglied und dem Überstromschutz (Abb. 4.14).

Die Trafoleistung sollte in jedem Fall dazu ausreichen, den gewünschten Gleichstrommaximalwert zu liefern. Seine Sekundärspannung ist um etwa 10 % über die Ausgangsspannung $U_{a_{max}}$ zu legen, um einen ausreichenden Regelbereich zu garantieren. Die Leerlaufgleichspannung am Ladekondensator C_L entspricht dem Scheitelwert der Sekundärspannung des Trafos abzüglich der Durchlassspannung der Gleichrichterbrücke.

$$U_{CL} = U_{sek} - 2U_D \tag{4.14}$$

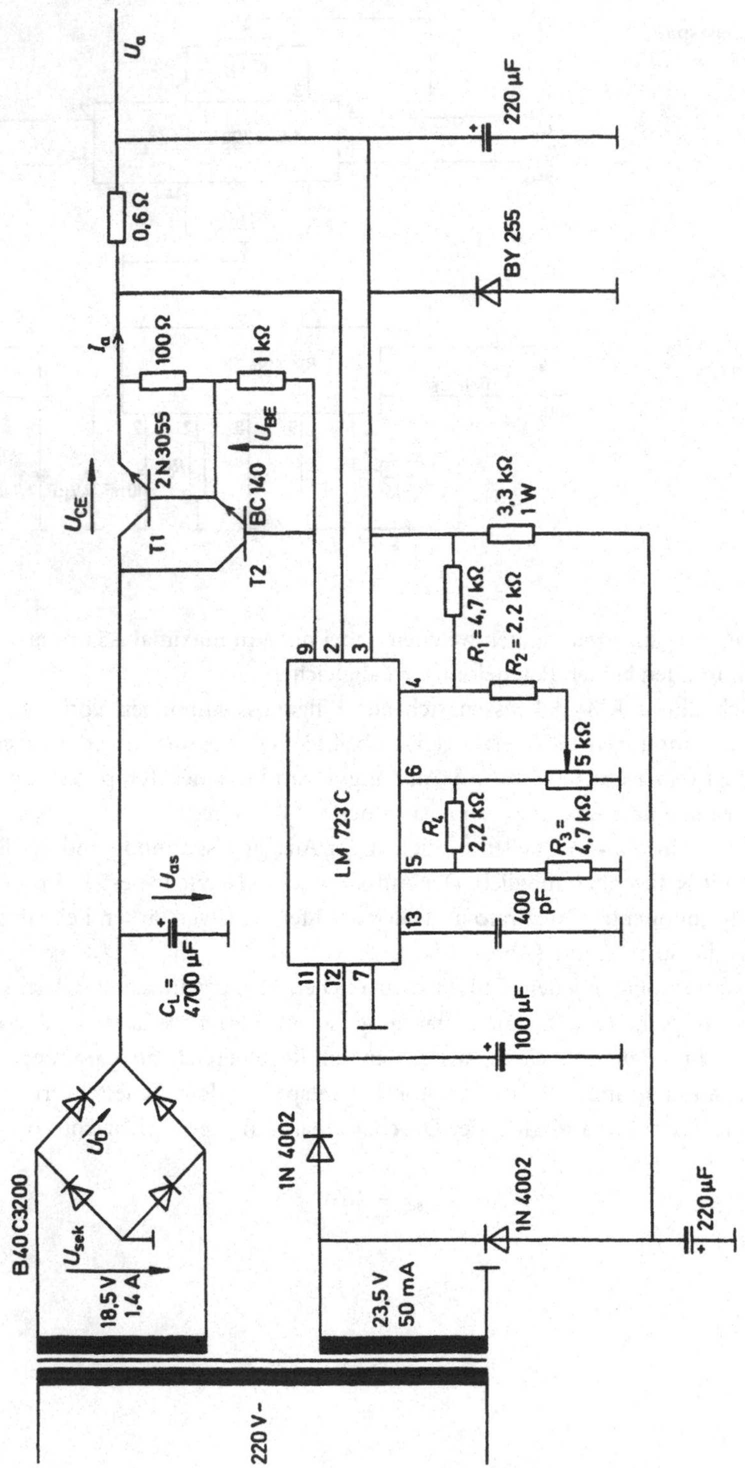

Abb. 4.14 Netzgerät mit LM 723

4.3 Regelung elektrischer Antriebe

In Abschn. 4.3.1 werden die analogtechnischen Aspekte von Regelungen der Antriebstechnik näher beleuchtet. Die Messwerterfassung wurde bereits im Abschn. 4.1 behandelt. Abbildung 4.15 verdeutlicht die Zusammenhänge und zeigt die einzelnen Komponenten eines Regelkreises.

4.3.1 Regler und Strecken

Das Stellglied und der Motor sowie die Arbeitsmaschine werden allgemein als Regelstrecke bezeichnet. Dort ist die Anlage vom Hauptenergiefluss durchsetzt. Aufgabe der Regeltechnik ist es, die teilweise oder ganz unbekannten Parameter einer Regelstrecke zu identifizieren und den/die geeigneten Regler dafür zu finden.

Die gängigen Regler- und Regelstrecken-Typen lassen sich als analogtechnische Anordnung, wie in Tab. 4.1 angegeben, zusammenfassen.

Ein Scheibenläufermotor, wie er in CD-Laufwerken und der Robotik eingesetzt wird, sowie ein fremderregter Gleichstrommotor lassen sich als Verzögerungsglied II. Ordnung (PT_2-Strecke) identifizieren [6].

Mit konstanter Ankerspannung U_A, konstantem magnetischen Fluss Φ und $M_A \gg M_L$ erhält man die Gleichungen

$$U_A = C_1 \cdot \Phi \cdot n(p) + I_A(p) \cdot R_A(1 + pT_A)$$

und

$$M_M(p) = C_2 \cdot \Phi \cdot I_A(p) \approx M_A(p) = 2\pi J \cdot p \cdot n(p)\ .$$

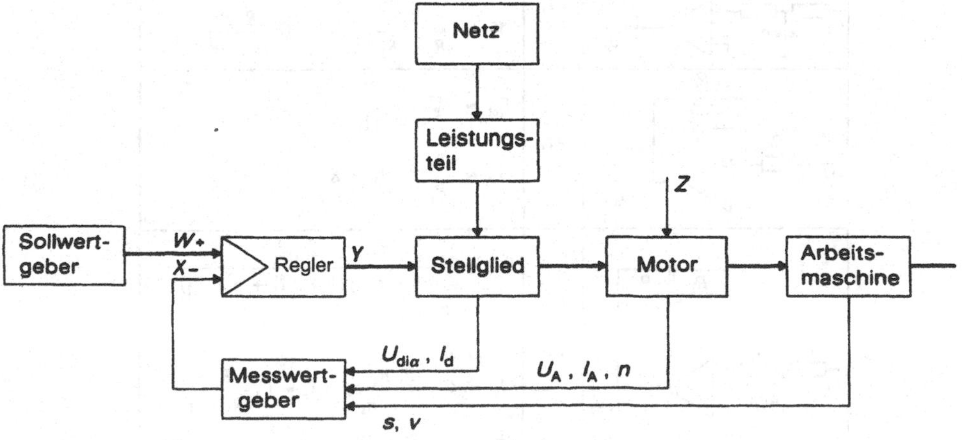

Abb. 4.15 Beispiel einer Antriebsregelung

Tab. 4.1 Analogtechnische Regler- und Strecken-Typen

Schaltung	Typ	Bildfunktion
R_1, R_2, U_e, U_a	P	$F_{(p)} = V_P = \frac{R_2}{R_1}$
R_1, C, U_e, U_a	I	$F_{(p)} = \frac{1}{pT}$ $T = R_1\,C$
R_1, R_2, C, U_e, U_a	PI	$F_{(p)} = V_P\,\frac{1 + p\,T_N}{p\,T_N}$ $V_P = \frac{R_2}{R_1},\quad T_N = R_2\,C,\quad T_I = R_1\,C$
C, R_1, R_2, U_e, U_a	PD	$F_{(p)} = V_p\,(1 + p\,T_V)$ $V_P = \frac{R_2}{R_1},\quad T_V = R_1\,C$
R_1, R_2, R_3, C, U_e, U_a	PD	$F_{(p)} = V_p\,(1 + p\,T_V)$ $V_P = \frac{R_2 + R_3}{R_1},\quad T_V = C\,\frac{R_2\,R_3}{R_2 + R_3}$
C_1, R_1, R_2, C_2, U_e, U_a	PID	$F_{(p)} = V_p\,\frac{(1 + p\,T_N)(1 + p\,T_V)}{p\,T_N}$ $V_P = \frac{R_2}{R_1},\quad T_N = R_2C_2 \gg T_V = R_1\,C_1$
R_1, R_2, R_3, C, U_e, U_a	PT_1	$F_{(p)} = V_P\,\frac{1}{1 + pT_1}$ $V_P = \frac{R_3}{R_1 + R_2},\quad T_1 = C\,\frac{R_1\,R_2}{R_1 + R_2}$
R_1, R_2, C, U_e, U_a	PT_1	$F_{(p)} = V_P\,\frac{1}{1 + pT_1}$ $V_P = \frac{R_2}{R_1},\quad T_1 = R_2\,C$
R_1, R_2, R_3, R_4, C_1, C_2, C_3, U_e, U_a	PT_2	$F_{(p)} = V_P\,\frac{1 + pT_2}{(1 + pT_3)(1 + pT_1 + p^2T_1\,T_2)}$ $V_P = \frac{R_3 + R_4}{R_1 + R_2},\quad T_1 = C_3\,(R_3 + R_4)$ $T_2 = C_2\,\frac{R_3\,R_4}{R_3 + R_4},\quad T_3 = C_1\,\frac{R_1\,R_2}{R_1 + R_2}$ $T_0 = \sqrt{T_1\,T_2},\quad d = \frac{1}{2}\sqrt{\frac{T_1}{T_2}}$

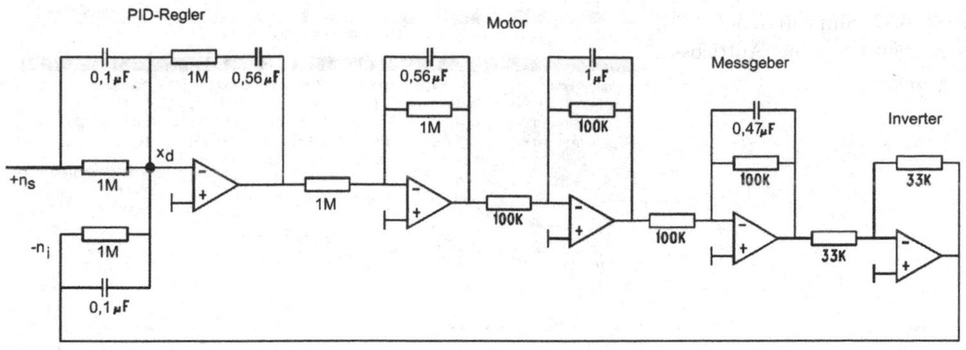

Abb. 4.16 Analogsimulation einer Antriebsregelung mit OPs

Mit $C_1 = 2\,\pi\,C_2$ folgt dann

$$\frac{U_\mathrm{A}}{C_1 \cdot \Phi} = n(p) \cdot \left[1 + p \cdot \frac{J \cdot R_\mathrm{A}}{C_2^2 + \Phi^2}(1 + pT_\mathrm{A})\right]$$

M_A: Beschleunigungsmoment
M_L: Lastmoment
M_M: Motormoment
J: Gesamtträgheitsmoment
n: Drehzahl
I_A: Ankerstrom
C_1, C_2: Motorkonstante

Mit den Zeitkonstanten des Ankerkreises und der Mechanik $T_\mathrm{A} = L_\mathrm{A} / R_\mathrm{A}$ und $T_\mathrm{M} = J \cdot R_\mathrm{A} / (C_2{}^2 \Phi^2)$ erhält man die Übertragungsfunktion einer PT_2-Strecke

$$F(p) = \frac{n(p)}{\frac{U_\mathrm{A}}{C_1 \cdot \Phi}} = \frac{1}{1 + pT_\mathrm{M} + p^2 T_\mathrm{A} T_\mathrm{M}}\,. \tag{4.15}$$

Die meisten Messwertgeber zeigen ebenfalls Tiefpassverhalten (PT_1-Verhalten). Simuliert man nun analogtechnisch mit Operationsverstärkern entsprechend Tab. 4.1 eine solche Regelung der Antriebstechnik unter Verwendung eines PID-Reglers (s. Abschn. 2.2.5), erhält man die in Abb. 4.16 dargestellte Anordnung.

Da mit am Summationspunkt des PID-Reglers die Regeldifferenz entsteht, ist nach dem OP für den Messgeber noch ein invertierender Verstärker notwendig, um das passende Vorzeichen zurückzukoppeln.

Oszillographiert man den Zeitverlauf der Drehzahl n_i für einen Sprung von n_s, erhält man mit der MATLAB Simulink Oberfläche [18] die folgende gut optimierte Sprungantwort für Führungs- und Störverhalten (Abb. 4.17).

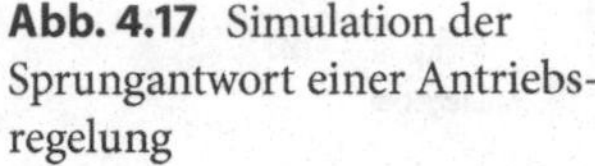

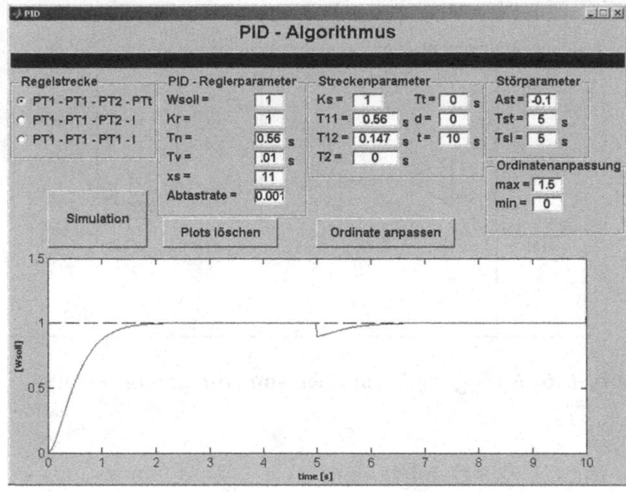

Abb. 4.17 Simulation der Sprungantwort einer Antriebsregelung

4.3.2 Sollwertgeber

Die Vorgabe eines Sollwertes in einer Regelung erfolgt normalerweise nicht sprunghaft. Man benutzt sog. Sollwertgeber bzw. Fahrkurvenrechner, mit denen der gewünschte Sollwert entlang einer Zeitfunktion hochgefahren wird. Damit werden unerwünschte Anregungen des Regelsystems vermieden.

Die einfachste Form einer solchen Funktion ist die Rampe wie sie mit einem Integrierer erreicht werden kann (Abb. 4.18a). Die Sprungfunktion der Eingangsspannung U_e wird über die Funktion

$$U_a = -\frac{1}{T} \int\limits_0^{t=T} U_e \mathrm{d}t - U_e|_{t>T}^{\infty} \tag{4.16}$$

in eine Rampe umgewandelt (Abb. 4.18b). Gibt man beispielsweise einen Spannungssprung von +10 V vor, geht der Verstärker A1 wegen der großen Verstärkung von $K = R_3 / R_1 = 100$ an seine Stellgrenze.

Mit dem Potenziometer kann dann der Spannungsteil U_{Sch} festgelegt werden, mit dem der Integrierer A2 zu integrieren beginnt. Die Integrationszeit lautet:

$$T = R_4 \cdot C \cdot \frac{U_{a_{max}}}{U_{Sch}} = 1{,}5\,\mathrm{s} \cdot \frac{10\,\mathrm{V}}{U_{Sch}}\,.$$

Mit dem Ansteigen der Ausgangsspannung U_a nimmt auch die rückgekoppelte Spannung bis zum Wert $U_a = -U_e$ zu. Dann wird $U_{Sch} = 0$ und die Integration ist beendet. Die Ausgangsspannung U_a bleibt auf dem gerade erreichten Wert stehen.

Mit der Schaltung Abb. 4.19a erhält die Ausgangsspannung mithilfe von zwei Tiefpässen einen sog. Verschliff der Länge T_1 bzw. T_2. Damit werden die Eckpunkte zum Beginn und Ende der Integration vermieden. Mit einem Diodenpaar und zwei Potenziometern kann

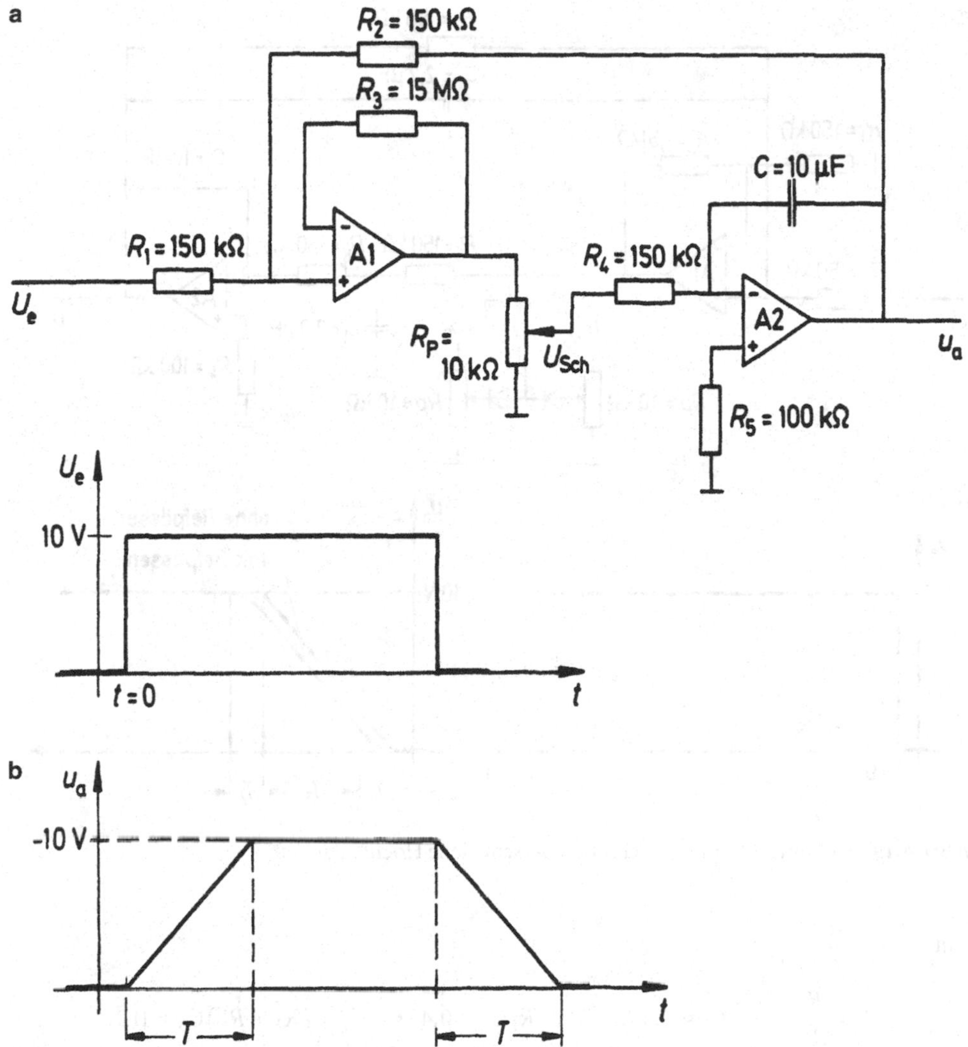

Abb. 4.18 Sollwertgeber ohne Verschliff

die Schaltspannung U_{sch} individuell eingestellt werden und ergibt verschiedene Hochlaufzeiten $T_{He} = T_1 + T_3 + T_2$.

Man erhält für die Ausgangsspannung folgenden Zusammenhang:

$$U_a = U_{Sch} \cdot \left[\frac{t}{2T_3} + \frac{T_1}{4T_3} \left(e^{-2t/T_1} - 1 \right) \right]_0^{T_1+T_3} + \left[U_a(T_1 + T_3) + U_{Sch} \cdot \left(1 - e^{-\frac{t+T_1+T_3}{2T_1+T_3}} \right) \right]_{T_1+T_3}^{\infty} \tag{4.17}$$

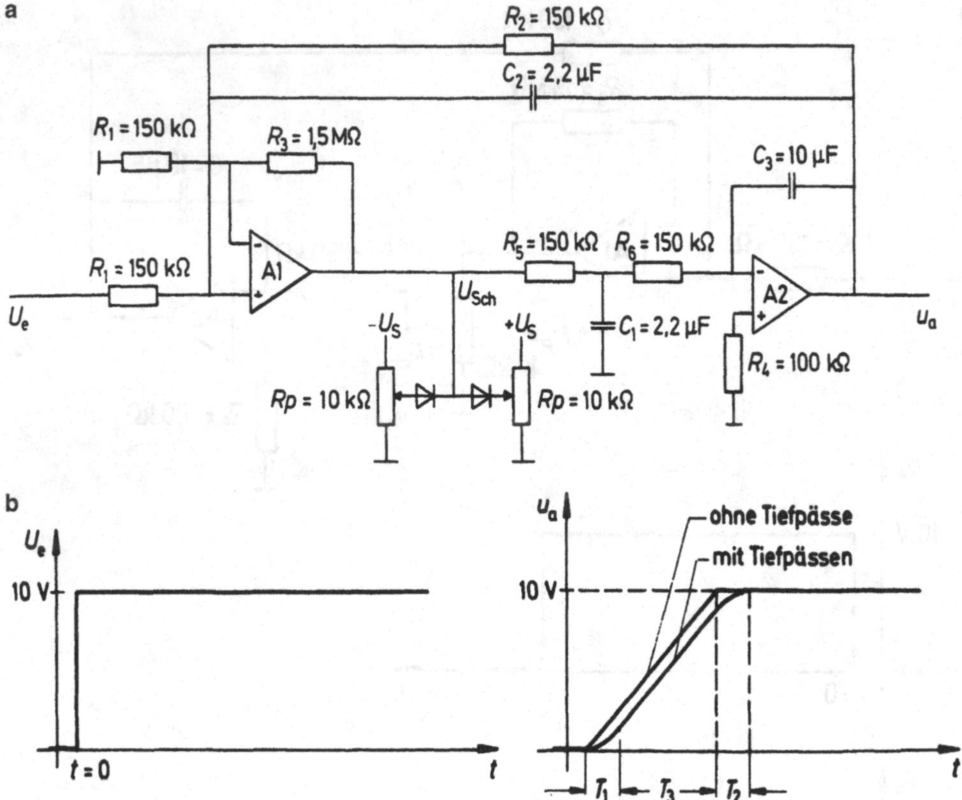

Abb. 4.19 Sollwertgeber mit Verschliff für verschiedene Hochlaufzeiten

mit

$$T_1 = \frac{R_5 \cdot R_6}{R_5 + R_6} \cdot C_1 \approx 0{,}43\,\mathrm{s} \quad T_2 = R_2 C_2 = 0{,}47\,\mathrm{s} \quad T_3 = (R_5 + R_6) C_3 = 11\,\mathrm{s}\,.$$

Noch aufwendigere Schaltungen finden sich in [6]. Solche Fahrkurvenrechner lassen eine variable Verschliffzeit und verschiedene Hochlaufzeiten T_{He} zu, die je nach Betriebsart (Hochlaufen, Halt, Not-Halt) angewählt werden können.

Grundzüge der Digitaltechnik

5

Einen zunehmend wachsenden Bereich der Elektronik bilden die digitalen Schaltkreise. Sie sind an der Miniaturisierung der meisten technischen Geräte und Schaltungen wesentlich beteiligt.

In der Digitaltechnik arbeitet man mit sprunghaften Signalen, die nur die beiden Zustände 0 und 1 (LOW = L und HIGH = H) in einer zweiwertigen Logik annehmen können. Dabei entspricht der hohe Signalpegel dem 1-Signal und der niedrige dem 0-Signal. Eine so festgelegte Zuordnung von Signalpegel und zugehörigem Logiksignal nennt man positive Logik.

Die mathematische Behandlung von logischen Schaltungen erfolgt mithilfe der booleschen Algebra.

5.1 Grundverknüpfungen

Eine nicht weiter zerlegbare logische Verknüpfung von binären Elementen wird Grundverknüpfung genannt. Es gibt drei grundlegende Verknüpfungen in der Schaltalgebra, aus denen sich nahezu alle logischen Schaltungen der Digitaltechnik ableiten lassen (Abb. 5.1).

Zu ihrer und allgemein der eindeutigen Beschreibung nutzt man eine sogenannte Wahrheitstabelle, die sofort die Funktionsweise einer Verknüpfung klar macht.

Wegen der Verwandtschaft der UND-Verknüpfung der booleschen Algebra mit der Multiplikation der Algebra und der Oder-Verknüpfung mit der Addition werden diese Operationen als $a \cdot b$ und $a + b$ geschrieben. Diese Schreibweise ist im Übrigen wesentlich übersichtlicher als jene aus der Mengenlehre entlehnte $a \wedge b$ bzw. $a \vee b$ für die UND- und ODER-Verknüpfung.

P. F. Orlowski, *Praktische Elektronik*, DOI 10.1007/978-3-642-39005-0_5,
© Springer-Verlag Berlin Heidelberg 2013

Abb. 5.1
Grundverknüpfungen und zugehörige Wahrheitstabellen

Negation bzw. NICHT, a nicht

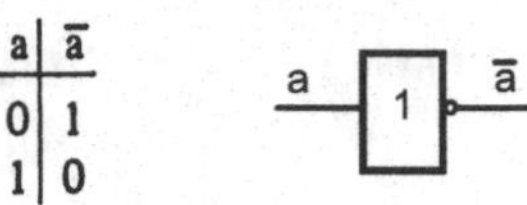

a	ā
0	1
1	0

Konjunktion bzw. UND, a und b

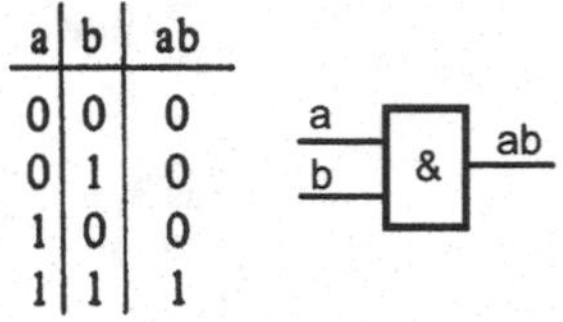

a	b	ab
0	0	0
0	1	0
1	0	0
1	1	1

Disjunktion bzw. ODER, a+b

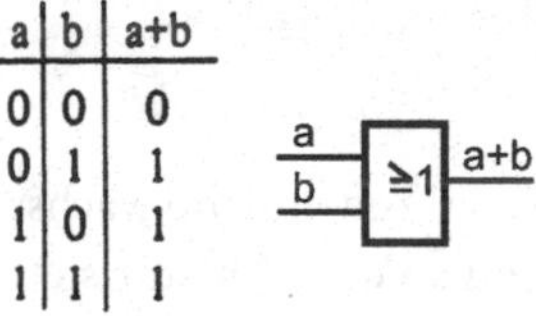

a	b	a+b
0	0	0
0	1	1
1	0	1
1	1	1

5.2 Logische Operationen

Axiome der booleschen Algebra Ähnlich wie in der Algebra gelten auch in der booleschen Algebra bestimmte Sätze, die keiner besonderen Beweise bedürfen (Axiome). Diese sind zur Vereinfachung von Gleichungen der Schaltalgebra unerlässlich.

Kommutativgesetze:

$$a + b = b + a \tag{5.1}$$

$$ab = ba \tag{5.2}$$

Assoziativgesetze:

$$a + (b + c) = (a + b) + c \tag{5.3}$$

$$a(bc) = (ab)c \tag{5.4}$$

Distributivgesetze:

$$a + (bc) = (a + b)(a + c) \tag{5.5}$$

$$a(b + c) = ab + ac \tag{5.6}$$

Existenz der neutralen Elemente:

$$a + 0 = a \tag{5.7}$$

$$a \cdot 1 = a \tag{5.8}$$

Tab. 5.1 Wahrheitstabelle für Gl. 5.16

a	b	ab	$\overline{a \cdot b}$	$\bar{a}$	$\bar{b}$	$\bar{a} + \bar{b}$
0	0	0	1	1	1	1
0	1	0	1	1	0	1
1	0	0	1	0	1	1
1	1	1	0	0	0	0

Existenz des Komplements:

$$a \cdot \bar{a} = 0 \tag{5.9}$$

$$a + \bar{a} = 1 \tag{5.10}$$

Es ist zu sehen, dass es in der booleschen Algebra keine Division oder Subtraktion gibt. Andererseits existiert der Begriff des Komplements (NICHT), dargestellt durch die Überstreichung ¯ nur in der booleschen Algebra.

Gesetze der booleschen Algebra Weitere Gesetzmäßigkeiten, die sich aus den Gln. 5.1 bis 5.10 folgern lassen, sind:

Idempotenzgesetze:

$$a + a = a \tag{5.11}$$

$$aa = a \tag{5.12}$$

Absorptionsgesetze:

$$a + ab = a \tag{5.13}$$

$$a(a + b) = a \tag{5.14}$$

Die Morganschen Gesetze:

$$\overline{a + b} = \bar{a} \cdot \bar{b} \tag{5.15}$$

$$\overline{a \cdot b} = \bar{a} + \bar{b} \tag{5.16}$$

$$a + 1 = 1 \tag{5.17}$$

$$a \cdot 0 = 0 \tag{5.18}$$

$$a + \bar{a}b = a + b \tag{5.19}$$

Mit einer Wahrheitstabelle soll beispielsweise die Gl. 5.16 auf Richtigkeit geprüft werden. Für die Variablen a und b ergeben sich 2^n Kombinationen aus 0 und 1. Mit n = Anzahl der Variablen erhält man 4 Kombinationen. Das Ergebnis stellt Tab. 5.1 dar. Die vierte und siebte Spalte stimmen überein, d. h. Gl. 5.16 ist erfüllt.

Tab. 5.2 Schaltzeichen und Wahrheitstabelle der Äquivalenz

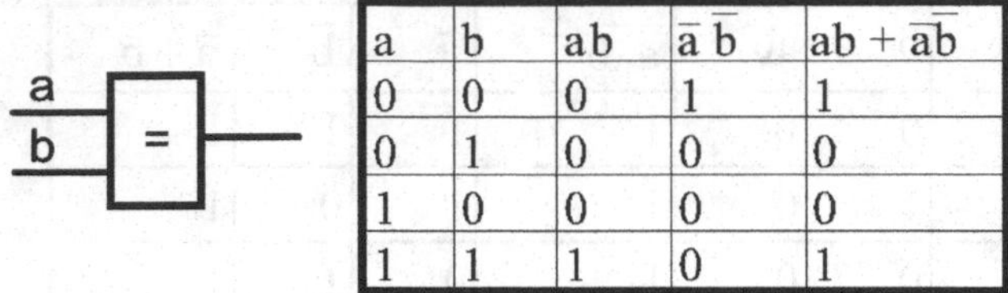

a	b	ab	$\bar{a}\,\bar{b}$	$ab + \overline{ab}$
0	0	0	1	1
0	1	0	0	0
1	0	0	0	0
1	1	1	0	1

Tab. 5.3 Schaltzeichen und Wahrheitstabelle der Antivalenz

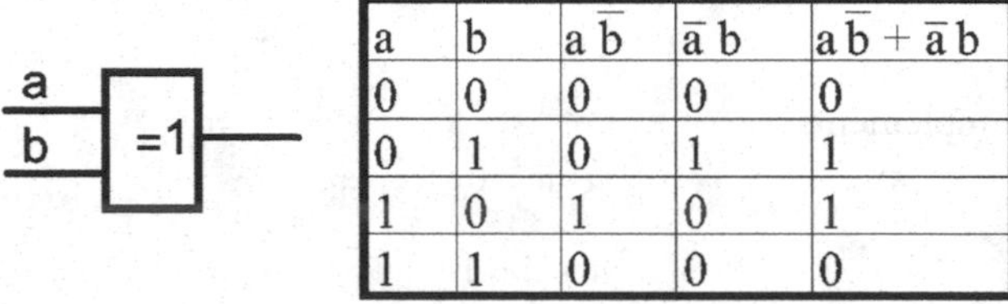

a	b	$a\,\bar{b}$	$\bar{a}\,b$	$a\,\bar{b} + \bar{a}\,b$
0	0	0	0	0
0	1	0	1	1
1	0	1	0	1
1	1	0	0	0

Spezielle Operationen Einige wichtige logische Operationen sind nachfolgend zusammengestellt. Dabei sind die Operationszeichen zum Teil aus der Algebra und Mengenlehre entnommen (Tab. 5.2).

Äquivalenz:

$$a \equiv b = ab + \bar{a}\bar{b}. \tag{5.20}$$

Antivalenz bzw. Exclusiv-Oder (entweder *a* oder *b*) (Tab. 5.3):

$$a \neq b = a\bar{b} + \bar{a}b\ . \tag{5.21}$$

Peircefunktion (NOR):

$$a * b = \overline{a + b}\ . \tag{5.22}$$

Shefferfunktion (NAND)

$$a|b = \overline{ab}\ . \tag{5.23}$$

Oft werden logische Schaltungen aus Kostengründen mit nur einer Schaltkreisfamilie realisiert. Es zeigt sich, dass man sowohl UND- als auch ODER-Funktion durch die NOR- oder NAND-Funktion ersetzen kann.

5.3 Vereinfachung boolescher Funktionen

5.3.1 Funktionen

In Analogie zur Algebra wird eine boolesche Funktion wie folgt beschrieben. Die Zuordnung *f* zwischen einer abhängigen Variablen *y* und unabhängigen Variablen $x_0, x_2, \dots\ x_{n-1}$

wird Funktion genannt, sodass:

$$y = f(x_0, x_2, \ldots x_{n-1}) .$$

So ergeben sich für die drei Grundverknüpfungen die Funktionsgleichungen:

$$\begin{aligned} y &= x && \text{NICHT (NOT)} \\ y &= x_0 \cdot x_1 && \text{UND} \\ y &= x_0 + x_1 && \text{ODER} . \end{aligned}$$

Ausgehend von einer technischen Aufgabenstellung ist das Ziel eine mathematische und damit schaltungstechnische Vereinfachung der booleschen Funktionsgleichung.

Das Ergebnis einer solchen Minimisierung ist im einfachsten Falle ein zweistufiges minimales Netzwerk aus UND- sowie ODER-Gliedern.

5.3.2 Veitch-Diagramm

Das Karnaugh- oder Veitch-Diagramm ist eine gewöhnlich zweidimensionale Darstellung von Funktionstermen und kann zur Vereinfachung boolescher Funktionsgleichungen eingesetzt werden. Üblicherweise werden nicht mehr als vier Variablen in einem Diagramm bearbeitet, damit die Übersicht nicht verloren geht. Die Zuordnungsbemaßung des Veitch-Diagramms wird in der Literatur unterschiedlich vorgenommen. Dabei wird jedem Feld im Veitch-Diagramm genau ein Term der Funktionsgleichung zugeordnet (Abb. 5.2).

Die Anzahl der Felder 2^n wird aus der Anzahl n der unabhängigen Variablen bestimmt. Bei vier Variablen erhält man somit ein Veitch-Diagramm von 16 Feldern. Dort wo die Felder bemaßt sind, existieren die Variablen, wo sie nicht bemaßt sind, existieren sie nicht.

Ein Beispiel soll zeigen, wie man die Terme einer Funktionsgleichung in das Veitch-Diagramm einträgt und dann die Minimisierung herausliest.

Es sei folgende Funktion gegeben:

$$\begin{aligned} y = {} & x_0\bar{x}_1x_2\bar{x}_3 + x_0x_1\bar{x}_2\bar{x}_3 + \bar{x}_0x_1x_2\bar{x}_3 + x_1x_2\bar{x}_3x_3 + x_0x_1x_2x_3 \\ & + x_0\bar{x}_1\bar{x}_2x_3 + x_0\bar{x}_1x_2x_3 + \bar{x}_0\bar{x}_1\bar{x}_2x_3 + \bar{x}_0\bar{x}_1x_2x_3 . \end{aligned}$$

In einer zugehörigen logischen Schaltung nimmt y immer dann den Wert 1 an, wenn einer der Terme dem Wert 1 entspricht. Es ergeben sich 9 Felder mit dem Wert 1, die restlichen Felder haben den Wert 0, falls die obige Funktion vollständig definiert ist.

Man liest jeden Term entsprechend seiner Bemaßung ein. Es ergibt sich für jeden Term genau ein Feld im Schnittpunkt von Zeilen und Spalten, in den der Wert 1 eingetragen wird (Abb. 5.3).

Nun werden 2, 4, 8 oder 16 paarweise benachbarte 1-Felder zu einem Block zusammengefasst. Die Zusammenfassung von benachbarten Feldern entspricht dann der Minimisierung der Terme.

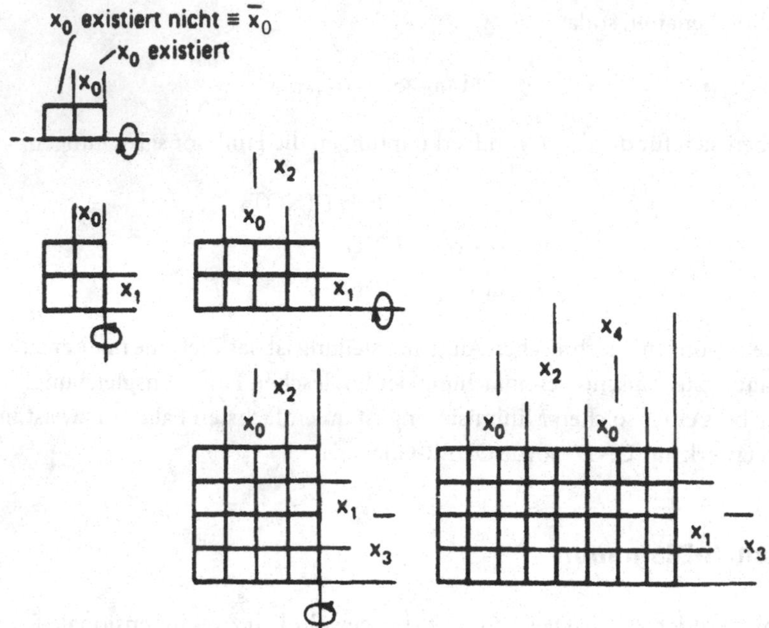

Abb. 5.2 Zur Entstehung von Veitch-Diagrammen

Abb. 5.3 Beispiel für ein Veitch-Diagramm mit vier Variablen

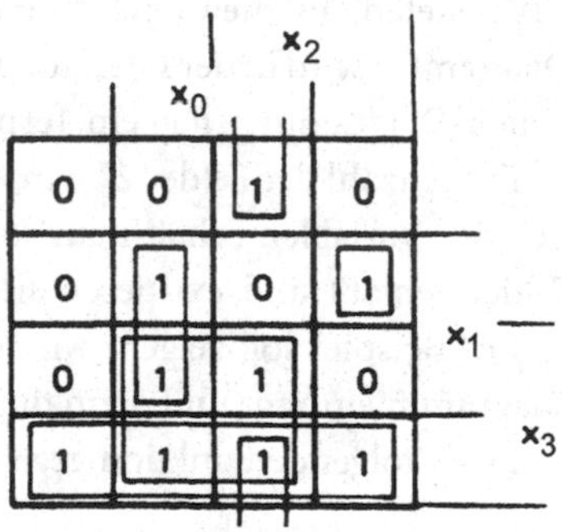

Über die Kanten des Veitch-Diagramms kann dabei ebenfalls zusammengefasst werden.

Die Blocks werden so ausgelesen, dass nur die Variablen eines Terms übrig bleiben, die den betreffenden Block voll überdecken.

Die beiden Vierer-Blocks werden nur noch von zwei Variablen überdeckt, sodass für diese bleibt:

$$x_0 x_3 \quad \text{sowie} \quad \bar{x}_1 x_3 \,.$$

Die beiden Zweier-Blocks werden von drei Variablen überdeckt, sodass:

$$x_0 x_1 \bar{x}_2 \quad \text{sowie} \quad x_0 \bar{x}_1 x_2 \,.$$

Tab. 5.4 Codierung des Dual- und BCD-Codes für eine Dekade

Zahl	Dual-Code (1) x_0	(2) x_1	(4) x_2	(8) x_3	BCD-Code x_0	x_1	x_2	x_3
0	0	0	0	0	0	0	0	0
1	1	0	0	0	1	0	0	0
2	0	1	0	0	0	1	0	0
3	1	1	0	0	1	1	0	0
4	0	0	1	0	0	0	1	0
5	1	0	1	0	1	0	1	0
6	0	1	1	0	0	1	1	0
7	1	1	1	0	1	1	1	0
8	0	0	0	1	0	0	0	1
9	1	0	0	1	1	0	0	1
10	0	1	0	1	*	*	*	*
11	1	1	0	1	*	*	*	*
12	0	0	1	1	*	*	*	*
13	1	0	1	1	*	*	*	*
14	0	1	1	1	*	*	*	*
15	1	1	1	1	*	*	*	*

Mit den übrig bleibenden einzelnen 1-Feldern erhält man schließlich die Minimisierung der Funktion.

$$y = x_0x_3 + \bar{x}_1x_3 + x_0\bar{x}_1x_2 + \bar{x}_0x_1x_2\bar{x}_3 \ .$$

Diese Funktion ist der umfangreicheren nicht minimisierten Funktion gleichwertig.

Am Beispiel des senkrecht stehenden Zweier-Blocks $x_0x_1\bar{x}_2$ aus Abb. 5.3 soll die Funktionsfähigkeit der Zusammenfassung im Veitch-Diagramm bewiesen werden. Die beiden 1-Felder, welche zu diesem Block gehören sind:

$$x_0x_1\bar{x}_2x_3 + x_0x_1\bar{x}_2\bar{x}_3$$

und daraus

analog Gl. 5.6	$x_0x_1\bar{x}_2(x_3 + \bar{x}_3)$
analog Gl. 5.10	$x_0x_1\bar{x}_2 \cdot 1$
analog Gl. 5.8	$x_0x_1\bar{x}_2 \ .$

Das Veitch-Diagramm ist jedoch auch für nicht vollständig definierte Funktionen anwendbar. Sie treten auf, wenn die Funktion unbestimmte Wertekombinationen enthält oder die Wertekombinationen wie beispielsweise in einem Code nicht existieren.

Am Beispiel des BCD-Codes wird der Sachverhalt klar (Tab. 5.4). Ordnet man den vier Variablen x_0 bis x_3 eines Codes die Wertigkeiten 2^0, 2^1, 2^2 und 2^3 zu, also 1, 2, 4 und 8, können mit dieser Codierung die Zahlen 0 bis 15 abgebildet werden. Dieser Code wird als Dual- oder 8421-Code bezeichnet.

Im BCD-Code werden bei gleichen Wertigkeiten jedoch nur die Zahlen von 0 bis 9 abgebildet (eine Dekade). Danach würde man zur nächsten Dekade des Codes übergehen. Daher bleiben in der Codetabelle 6 Positionen unbenutzt. Diese Positionen werden auch als

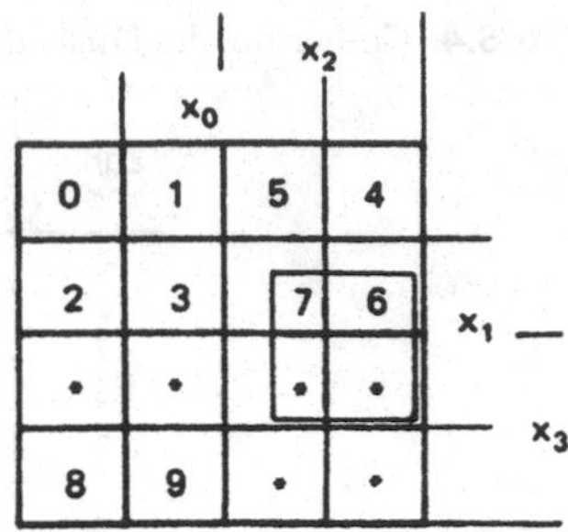

Abb. 5.4 Veitch-Diagramm für den BCD-Code

„dont-care-positions" oder Pseudotetraden bezeichnet. An einem Beispiel lässt sich zeigen, dass man diese 6 Positionen zur Minimisierung einer Funktion nutzen kann.

Es wird der Ausgang eines BCD-Zählers abgefragt. Bei den Zahlen 6 oder 7 soll eine Meldeleuchte ansprechen. Das zugehörige Veitch-Diagramm enthält zur Vereinfachung bereits die Ziffern in den zugehörigen Feldern (Abb. 5.4).

Die Funktion zur Abfrage der Ziffern 6 und 7 lautet:

$$y_{6/7} = \bar{x}_0 x_1 x_2 \bar{x}_3 + x_0 x_1 x_2 \bar{x}_3 \; .$$

Ohne Berücksichtigung der „dont-care-positions" erhält man bei der Minimisierung einen Zweier-Block mit:

$$y_{6/7} = x_1 x_2 \bar{x}_3 \; .$$

Bindet man die „dont-care-positions" mit ein, ergibt sich ein Vierer-Block und es bleibt lediglich noch:

$$y_{6/7} = x_1 x_2 \; .$$

Mithilfe der Codetabelle (Abb. 5.4) lässt sich die Richtigkeit dieser Minimisierung zeigen. Denn nur bei den Zahlen 6 und 7 ist die UND-Verknüpfung $x_1 x_2$ erfüllt.

5.3.3 Minimalform einer Funktion

Ohne die Hilfe einer Wahrheitstabelle lassen sich Funktionen auf dem Weg der booleschen Algebra vereinfachen.

Sucht man beispielsweise die Minimalform der Funktion

$$y = x_0 + x_0 x_1,$$

geht man wie folgt vor:

$$y = x_0 \cdot 1 + x_0 x_1 \quad \text{mit Gl. 5.8}$$

$$y = x_0 (1 + x_1) \quad \text{mit Gl. 5.6}$$

$$y = x_0 \cdot 1 \quad \text{mit Gl. 5.17}$$

$$y = x_0 \quad \text{mit Gl. 5.68} \; .$$

Ein weiteres Beispiel stellt eine digitale Steuerung dar, die ein Stoppsignal nach folgender Funktion ausführen soll. Für diese Funktion ist die Minimalform gesucht.

$$\begin{aligned} y &= x_0\bar{x}_2 + x_0x_1x_2 + \bar{x}_1x_2 + \bar{x}_1\bar{x}_2x_3 \\ &= x_0(\bar{x}_2 + x_1x_2) + \bar{x}_1(x_2 + \bar{x}_2x_3) \quad \text{mit Gl. 5.6} \end{aligned}$$

Zwischenrechnung für die Klammerterme.

$$\begin{aligned} x_2 + \bar{x}_2x_3 &= \overline{\bar{x}_2 + 0} + \overline{x_2 + \bar{x}_3} && \text{mit Gl. 5.15} \\ &= \overline{(\bar{x}_2 + 0) \cdot (x_2 + \bar{x}_3)} && \text{mit Gl. 5.16} \\ &= \overline{\bar{x}_2\bar{x}_3 + 0} && \text{mit Gl. 5.5} \\ &= x_2 + x_3 && \text{mit Gl. 5.15} \end{aligned}$$

Für den zweiten Term folgt:

$$\bar{x}_2 + x_1x_2 = x_1 + \bar{x}_2 \quad \text{mit Gl. 5.19}$$

Die minimisierten Klammerterme in die Ausgangsfunktion eingesetzt ergibt:

$$\begin{aligned} y &= x_0(x_1 + \bar{x}_2) + \bar{x}_1(x_2 + x_3) \\ &= x_0\overline{\bar{x}_1x_2} + \bar{x}_1x_2 + \bar{x}_1x_3 \quad \text{mit Gl. 5.16} \end{aligned}$$

und schließlich:

$$y = x_0 + \bar{x}_1x_2 + \bar{x}_1x_3 \quad \text{mit Gl. 5.19}$$

Die aufgeführten Beispiele zeigen, dass die minimisierten Funktionen stets zu zweistufigen Schaltungen aus UND und ODER führen.

5.3.4 Umcodierer

In Anlagen mit digitalen Schaltungen werden oft mehrere Codierungen gleichzeitig genutzt. Dabei richtet sich die Wahl des entsprechenden Codes nach der jeweiligen Aufgabenstellung. So werden beispielsweise der BCD-Code zur Anzeige von Zählerständen, der 1-aus-10-Code zur Datenübermittlung, der 7-Segment-Code zur Ansteuerung von Anzeigen genutzt.

Umcodierer BCD- in Aiken-Code Zur Umcodierung nutzt man die jeweilige Wahrheitstabelle der Codes. In folgendem Beispiel wird die Codierung auf eine Dekade beschränkt (Tab. 5.5).

Am Eingang der zu entwickelnden Umcodierer-Schaltung liegen zur Zeit t die Zahlen im BCD-Code an. Im nächsten Augenblick $t + 1$ (im nächsten Schritt) ergeben sich daraus die Zahlen am Ausgang der Schaltung im Aiken-Code.

Tab. 5.5 Codierung des BCD-, Aiken- und 1-aus-10-Codes

Ziffer	BCD-Code				Aiken-Code				1-aus-10-Code									
	x_1	x_2	x_3	x_4	x_1	x_2	x_3	x_4	x_1	x_2	x_3	x_4	x_5	x_6	x_7	x_8	x_9	x_{10}
0	0	0	0	0	0	0	0	0	1	0	0	0	0	0	0	0	0	0
1	1	0	0	0	1	0	0	0	0	1	0	0	0	0	0	0	0	0
2	0	1	0	0	0	1	0	0	0	0	1	0	0	0	0	0	0	0
3	1	1	0	0	1	1	0	0	0	0	0	1	0	0	0	0	0	0
4	0	0	1	0	0	0	1	0	0	0	0	0	1	0	0	0	0	0
5	1	0	1	0	1	1	0	1	0	0	0	0	0	1	0	0	0	0
6	0	1	1	0	0	0	1	1	0	0	0	0	0	0	1	0	0	0
7	1	1	1	0	1	0	1	1	0	0	0	0	0	0	0	1	0	0
8	0	0	0	1	0	1	1	1	0	0	0	0	0	0	0	0	1	0
9	1	0	0	1	1	1	1	1	0	0	0	0	0	0	0	0	0	1

Für jede Ausgangsgröße des Aiken-Codes wird nun ein Veitch-Diagramm in Abhängigkeit von den Eingangsgrößen des BCD-Codes gezeichnet. Für die Ausgangsvariable x_1 des Aiken-Codes findet man in der zugehörigen Spalte von Tab. 5.5 insgesamt fünf mal eine Eins. Den „Ort", an dem diese Eins im Veitch-Diagramm eingetragen wird, gibt der links davon stehende BCD-Code an. Unter Verwendung der Pseudotetraden ergibt sich hier ein Achter-Block (Abb. 5.5). Dieser hat die sehr einfache Funktion $x_1{}^{t+1} = x_1{}^t$ und stellt gleichzeitig die Verdrahtungsvorschrift für die Umcodierer-Schaltung dar. In gleicher Weise verfährt man mit den drei übrigen Variablen des Aiken-Codes und erhält aus den Veitch-Diagrammen die Funktionen:

$$x_2{}^{t+1} = (x_1\bar{x}_2x_3 + x_2\bar{x}_3 + x_4)^t$$
$$x_3{}^{t+1} = (\bar{x}_1x_3 + x_2x_3 + x_4)^t$$
$$x_4{}^{t+1} = (x_1\bar{x}_2x_3 + x_2x_3 + x_4)^t\ .$$

Die zugehörige Schaltung aus UND und ODER ist in Abb. 5.6 dargestellt. Dabei kommen einige UND-Verknüpfungen mehrfach vor. So verringert sich der Schaltungsaufwand nochmals.

Ein Umcodierer von Aiken- in BCD-Code lässt sich auf die gleiche Weise erstellen.

Umcodierer Dual- in BCD-Code Wenn man einen 4-stelligen Dual- bzw. Binär-Code in den BCD-Code umwandeln möchte, benötigt man zwei BCD-Dekaden, um die Zahlen 10 bis 15 darstellen zu können. Tabelle 5.6 zeigt die zugehörige Codierung.

Man geht in gleicher Weise wie beim BCD- in Aiken-Umcodierer vor.

Am Eingang der zu entwickelnden Umcodierer-Schaltung liegen zur Zeit t die Zahlen im Dual-Code an. Im nächsten Augenblick $t+1$ (im nächsten Schritt) ergeben sich daraus die Zahlen am Ausgang der Schaltung im BCD-Code.

Für jede Ausgangsgröße des BCD-Codes wird ein Veitch-Diagramm in Abhängigkeit von den Eingangsgrößen des Dual-Codes gezeichnet (Abb. 5.7). Beispielsweise findet man

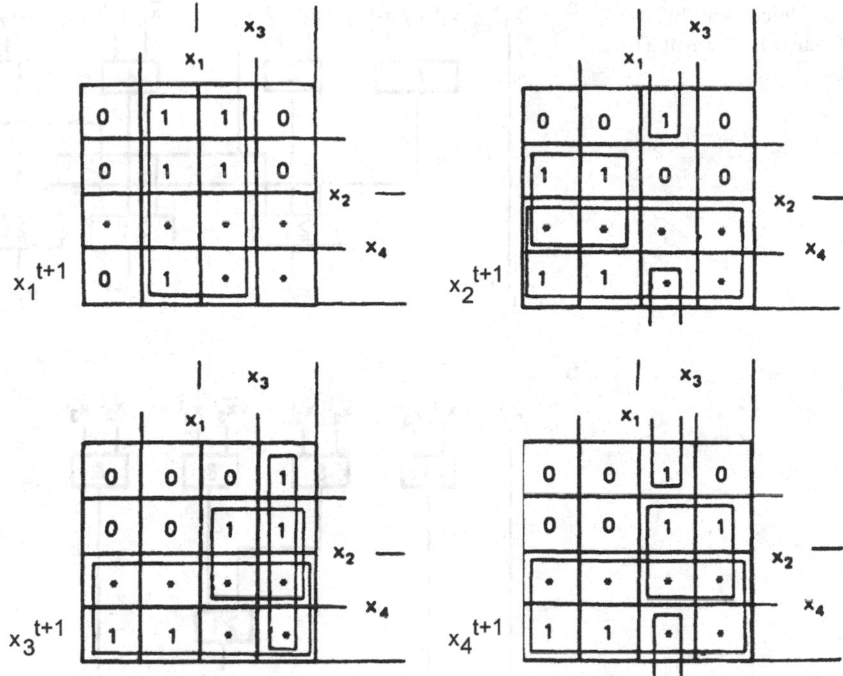

Abb. 5.5 Veitch-Diagramme des Umcodierers BCD- in Aiken-Code

für die Ausgangsvariable x_1 des BCD-Codes in der zugehörigen Spalte von Tab. 5.6 insgesamt acht Einsen. Den „Ort" an dem diese im Veitch-Diagramm eingetragen werden, gibt der jeweils links davon stehende Dual-Code an.

Die sich nach der Bildung von Blocks ergebenden Funktionen stellen gleichzeitig die Verdrahtungsvorschrift für die Umcodierer-Schaltung dar.

Einer

$$x_1{}^{t+1} = x_1{}^{t}$$

$$x_2{}^{t+1} = (x_2\bar{x}_4 + \bar{x}_2 x_3 x_4)^t$$

$$x_3{}^{t+1} = (x_2 x_3 + x_3\bar{x}_4)^t$$

$$x_4{}^{t+1} = (\bar{x}_2\bar{x}_3 x_4)^t$$

Zehner

$$x_1{}^{t+1} = (x_2 x_4 + x_3 x_4)^t\,.$$

Die zugehörige Schaltung aus UND und ODER ist in Abb. 5.8 dargestellt. Die drei letzten Bits der Zehnerdekade liegen auf Masse, da der Umcodierer nur bis zur Zahl 15 läuft.

Umcodierer BCD- in 7-Segment-Code Der CMOS-Schaltkreis 4511 ist ein BCD-7-Segment-Umcodierer. Mit ihm kann der BCD-Code z. B. eines Zählers angezeigt werden.

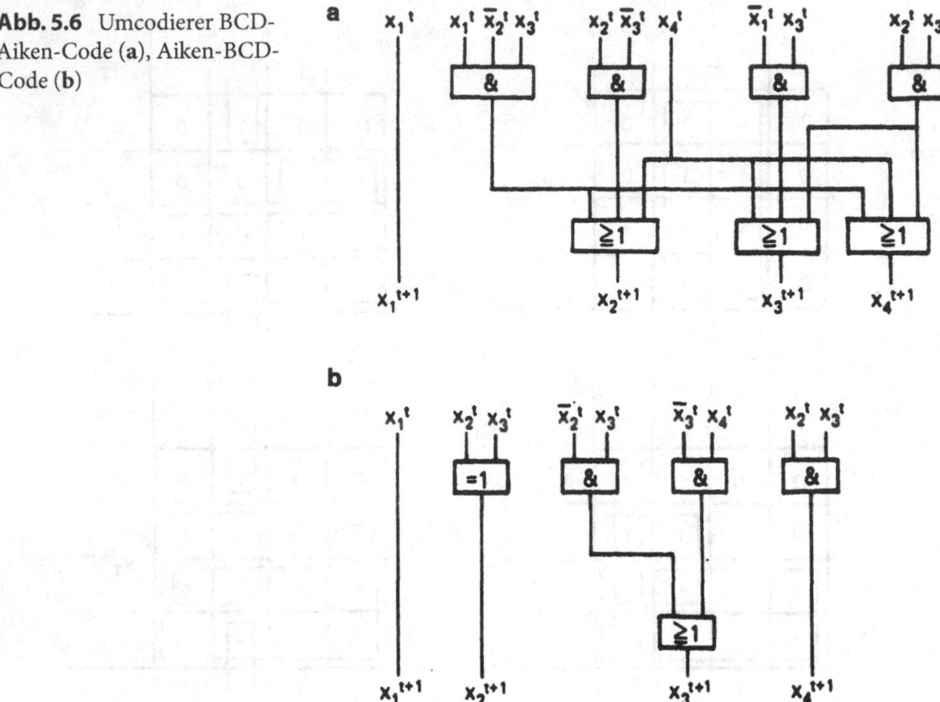

Abb. 5.6 Umcodierer BCD-Aiken-Code (**a**), Aiken-BCD-Code (**b**)

Tab. 5.6 Codierung des Dual- und BCD-Codes für zwei Dekaden

Ziffer	Dual-Code				BCD-Code							
					Einer				Zehner			
	(1) x_1	(2) x_2	(4) x_3	(8) x_4	x_1	x_2	x_3	x_4	x_1	x_2	x_3	x_4
0	0	0	0	0	0	0	0	0	0	0	0	0
1	1	0	0	0	1	0	0	0	0	0	0	0
2	0	1	0	0	0	1	0	0				
3	1	1	0	0	1	1	0	0		.		
4	0	0	1	0	0	0	1	0		.		
5	1	0	1	0	1	0	1	0		.		
6	0	1	1	0	0	1	1	0		.		
7	1	1	1	0	1	1	1	0				
8	0	0	0	1	0	0	0	1				
9	1	0	0	1	1	0	0	1	0	0	0	0
10	0	1	0	1	0	0	0	0	1	0	0	0
11	1	1	0	1	1	0	0	0	1	0	0	0
12	0	0	1	1	0	1	0	0	1	0	0	0
13	1	0	1	1	1	1	0	0	1	0	0	0
14	0	1	1	1	0	0	1	0	1	0	0	0
15	1	1	1	1	1	0	1	0	1	0	0	0

Man kann zeigen, dass seine interne Schaltung ebenfalls mithilfe von Veitch-Diagrammen aufgebaut und minimisiert wurde. Dazu braucht man die Codetabelle und die Zuordnung der LEDs einer 7-Segment-Anzeige (Abb. 5.9 und 5.10).

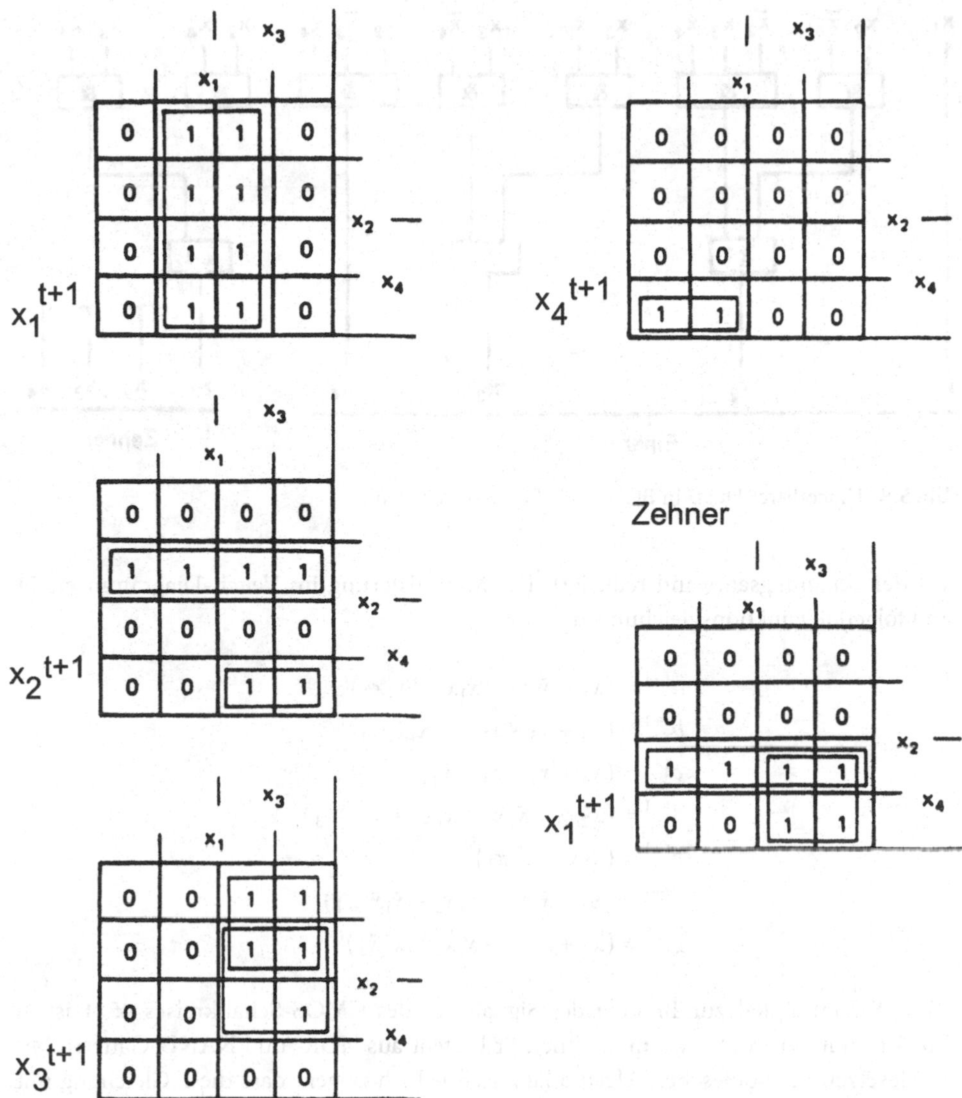

Abb. 5.7 Veitch-Diagramme Dual-BCD-Umcodierer

Man geht in gleicher Weise wie beim Dual-in BCD-Umcodierer vor. Am Eingang der zu entwickelnden Umcodierer-Schaltung liegen die Zahlen im BCD-Code an. Im nächsten Schritt ergeben sich daraus die Signale „*a*" bis „*g*" am Ausgang des Umcodierers. Für jede Ausgangsgröße des 7-Segment-Codes wird ein Veitch-Diagramm in Abhängigkeit von den Eingangsgrößen des BCD-Codes gezeichnet, also insgesamt sieben Diagramme.

Da das Veitch-Diagramm bei der Zusammenfassung oft mehrere gleichwertige Block-Varianten aufweist, lassen sich einige gleiche Terme für die Signale „*a*" bis „*g*" finden. So

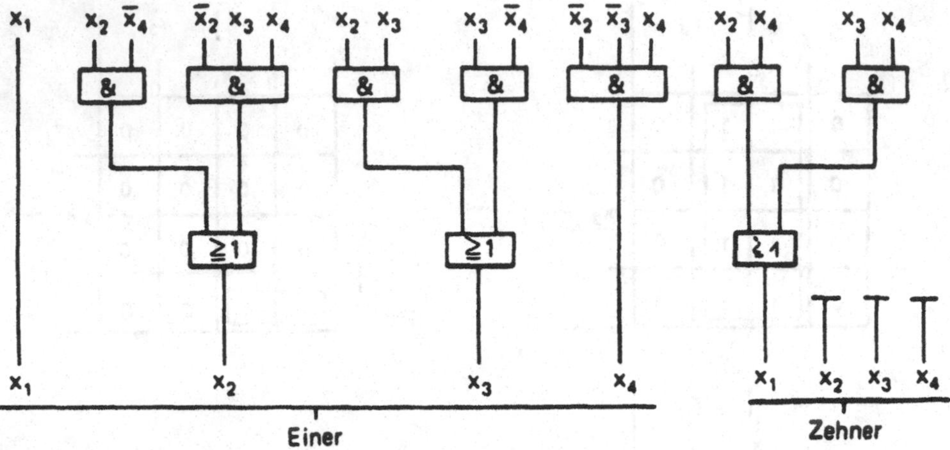

Abb. 5.8 Umcodierer Dual- in BCD-Code für zwei Dekaden

wird der Schaltungsaufwand reduziert. Die Minimisierung im Veitch-Diagramm ergibt dann folgende Funktionsgleichungen.

$$
\begin{aligned}
a^{t+1} &= (x_4 + \bar{x}_1\bar{x}_3 + x_1x_3 + x_1x_2)^t \\
b^{t+1} &= (x_4 + \bar{x}_3 + x_1x_2 + \bar{x}_1\bar{x}_2\bar{x}_4)^t \\
c^{t+1} &= (x_4 + x_3 + x_1 + \bar{x}_2)^t \\
d^{t+1} &= (x_2\bar{x}_3 + \bar{x}_1\bar{x}_3 + \bar{x}_1x_2 + x_1\bar{x}_2x_3)^t \\
e^{t+1} &= (\bar{x}_1x_2 + \bar{x}_1\bar{x}_3)^t \\
f^{t+1} &= (x_4 + \bar{x}_1x_3 + \bar{x}_2x_3 + \bar{x}_1\bar{x}_2\bar{x}_4)^t \\
g^{t+1} &= (x_4 + \bar{x}_2x_3 + \bar{x}_1x_2 + x_2\bar{x}_3)^t
\end{aligned}
$$

Der Schaltungsteil zur Bildung des Signals „e“ des CMOS-Schaltkreises 4511 ist in Abb. 5.10 mit einem „*“ gekennzeichnet. Er besteht aus NOR- und NAND-Gattern. Mit den Gesetzen der booleschen Algebra lässt sich jedoch zeigen, dass diese Gleichung mit der aus dem Veitch-Diagramm ermittelten identisch ist. Es gilt:

$$
\begin{aligned}
&\overline{\overline{x_1 + x_2 + \bar{x}_3} + x_1} \\
&= \overline{\bar{x}_1 \cdot \bar{x}_2 \cdot x_3 + x_1} && \text{mit Gl. 5.15} \\
&= \overline{\bar{x}_1 \cdot \bar{x}_2 \cdot x_3} \cdot \bar{x}_1 && \text{mit Gl. 5.15} \\
&= (x_1 + x_2 + \bar{x}_3) \cdot \bar{x}_1 && \text{mit Gl. 5.16} \\
&= \bar{x}_1x_1 + \bar{x}_1x_2 + \bar{x}_1\bar{x}_3 && \text{mit Gln. 5.6 und 5.9} \\
&= \bar{x}_1x_2 + \bar{x}_1\bar{x}_3
\end{aligned}
$$

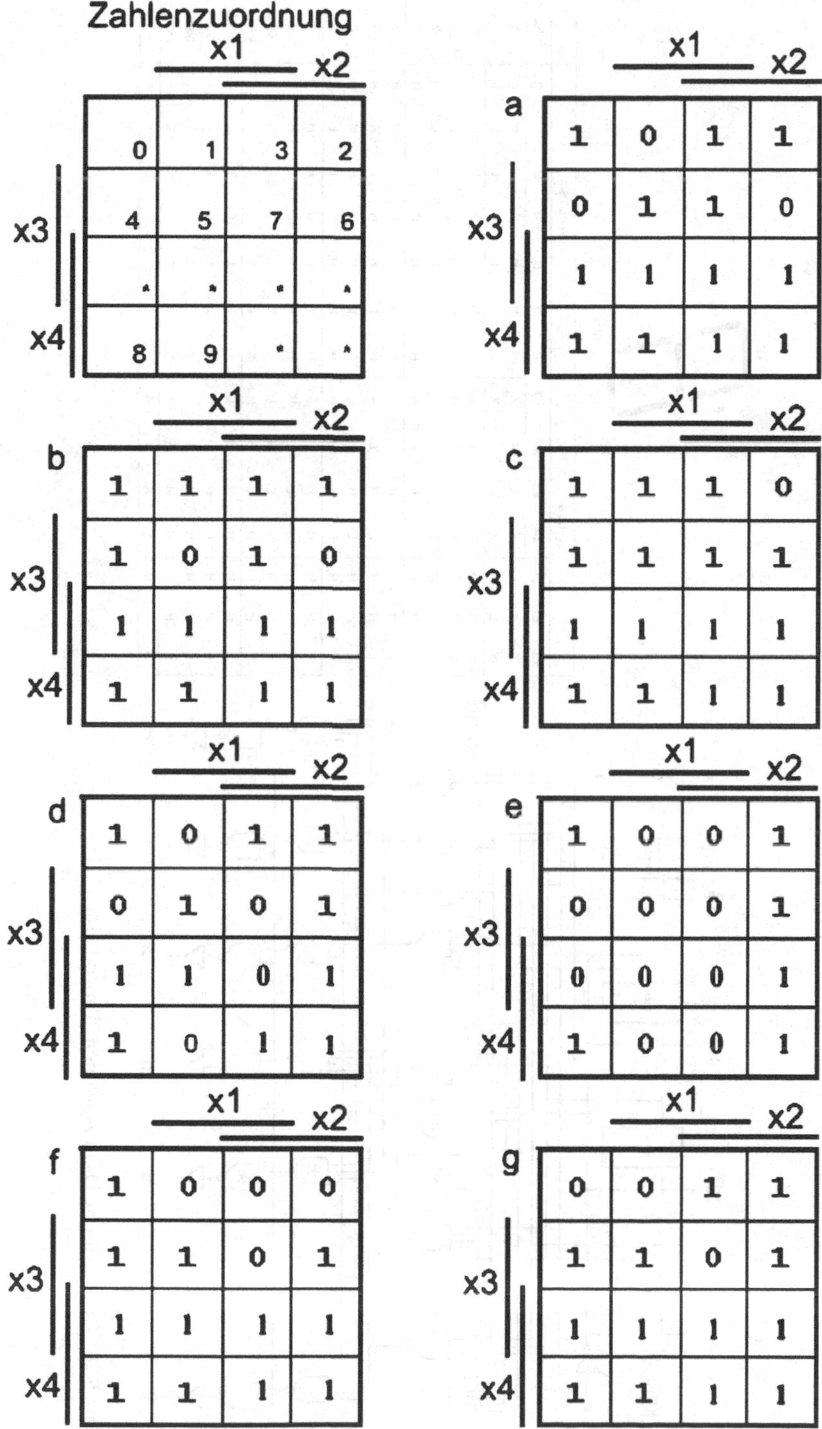

Abb. 5.9 Veitch-Diagramme zum BCD-in 7-Segment-Umcodierer

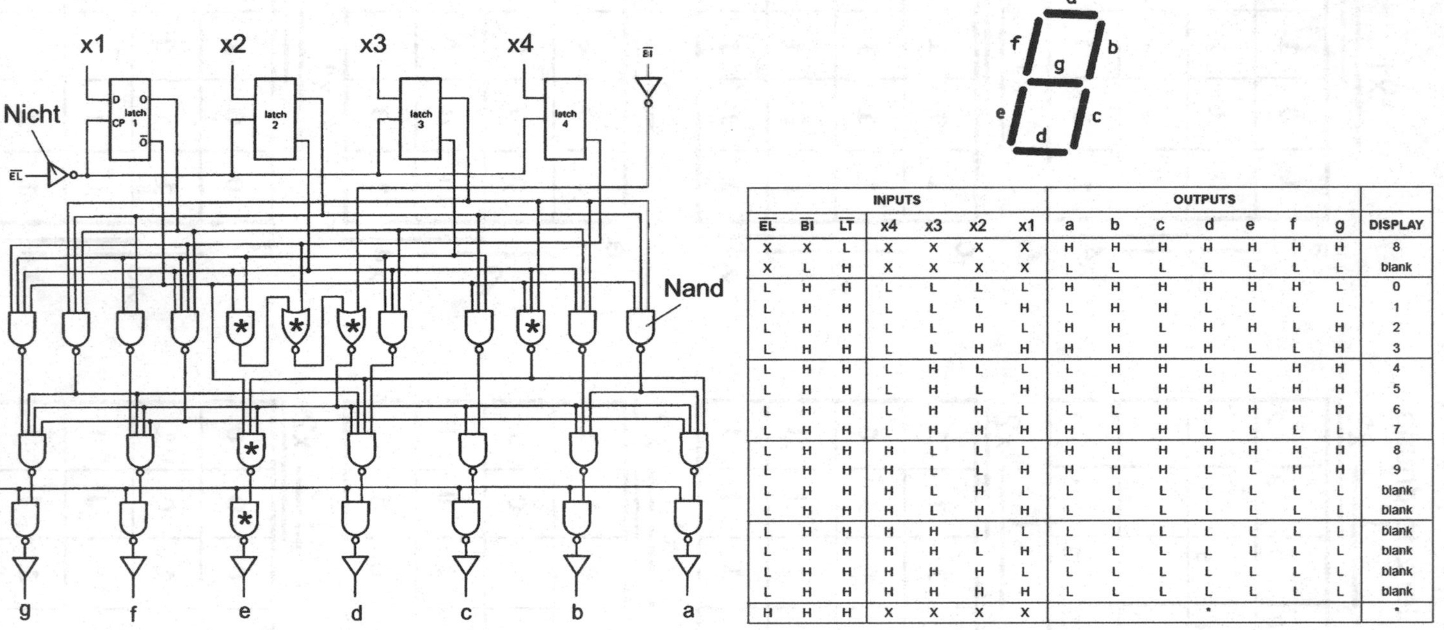

INPUTS							OUTPUTS							
$\overline{EL}$	$\overline{BI}$	$\overline{LT}$	x4	x3	x2	x1	a	b	c	d	e	f	g	DISPLAY
X	X	L	X	X	X	X	H	H	H	H	H	H	H	8
X	L	H	X	X	X	X	L	L	L	L	L	L	L	blank
L	H	H	L	L	L	L	H	H	H	H	H	H	L	0
L	H	H	L	L	L	H	L	H	H	L	L	L	L	1
L	H	H	L	L	H	L	H	H	L	H	H	L	H	2
L	H	H	L	L	H	H	H	H	H	H	L	L	H	3
L	H	H	L	H	L	L	L	H	H	L	L	H	H	4
L	H	H	L	H	L	H	H	L	H	H	L	H	H	5
L	H	H	L	H	H	L	L	L	H	H	H	H	H	6
L	H	H	L	H	H	H	H	H	H	L	L	L	L	7
L	H	H	H	L	L	L	H	H	H	H	H	H	H	8
L	H	H	H	L	L	H	H	H	H	L	L	H	H	9
L	H	H	H	L	H	L	L	L	L	L	L	L	L	blank
L	H	H	H	L	H	H	L	L	L	L	L	L	L	blank
L	H	H	H	H	L	L	L	L	L	L	L	L	L	blank
L	H	H	H	H	L	H	L	L	L	L	L	L	L	blank
L	H	H	H	H	H	L	L	L	L	L	L	L	L	blank
L	H	H	H	H	H	H	L	L	L	L	L	L	L	blank
H	H	H	X	X	X	X				*				*

Abb. 5.10 Daten zum BCD- in 7-Segment-Umcodierer 4511

5.4 Nicht-boolesche Algebra

5.4.1 Schwellwertlogik

Der Entwurf logischer Schaltungen wird im Allgemeinen mit den Verknüpfungsgliedern der booleschen Algebra durchgeführt. Es gibt jedoch eine Reihe von Aufgaben, bei denen Anzahl und Wichtung w der Eingangsvariablen einen Schwellwert erreichen, der über das Ausgangssignal bestimmt. Solche Anwendungen finden sich in der statistischen Informationsverarbeitung oder auch in Geräten der Kommunikationselektronik [19].

Das logische Ausgangssignal eines Schwellwertschaltglieds ergibt sich aus der gewichteten Addition der Eingangssignale bei Überschreiten eines unteren Schwellwerts t_1. Eine so beschaffene Funktion hat die Form:

$$\begin{aligned} y &= 1 \quad \text{für} \quad \sum_{i=1}^{n} w_i x_i \geq t_1 \\ y &= 0 \quad \text{für} \quad \sum_{i=1}^{n} w_i x_i \leq t_2 . \end{aligned} \tag{5.24}$$

Eine andere Schreibweise für den gleichen Zusammenhang lautet mit unterem Schwellwert t_1 und oberen Schwellwert t_2:

$$y = [w_1 x_1 + w_2 x_2 + \ldots + w_n x_n] t_1 : t_2 . \tag{5.25}$$

Abbildung 5.11 veranschaulicht den Sachverhalt am Beispiel einer Waage und einer Analogschaltung.

Ein so definiertes Schaltglied wird immer dann am Ausgang ein 1-Signal erzeugen, wenn die arithmetische Summe der gewichteten Eingangssignale den Schwellwert t_1 erreicht oder überschreitet.

Der Unterschied zur booleschen Algebra soll im Folgenden jeweils durch eine eckige Klammer gekennzeichnet werden.

Neuronale Netze zeigen offensichtlich ein ähnliches Verhalten und können mit Schwellwertlogik nachgebildet werden (Abb. 5.12). Dabei lassen sich hemmende und anregende Synapsen mit dem Vorzeichen der ankommenden Nervenfaser darstellen bzw. bewerten.

Das folgende Beispiel einer gegebenen booleschen Funktion zeigt, um wie viel einfacher die Realisierung einer Schwellwertschaltung im Vergleich zur Logik mit boolescher Algebra ist.

$$y = x_1 x_2 + x_1 x_3 + x_2 x_3 .$$

Es ist sofort zu erkennen, dass man den unteren Schwellwert mit $t_2 = 1$ angeben kann, weil sich bei weniger als zwei 1-Signalen an den Eingängen am Ausgang $y = 0$ ergibt.

Wenn dagegen mindestens zwei 1-Signale an den Eingängen anliegen, geht der Ausgang auf $y = 1$. Der obere Schwellwert ist damit $t_1 = 2$.

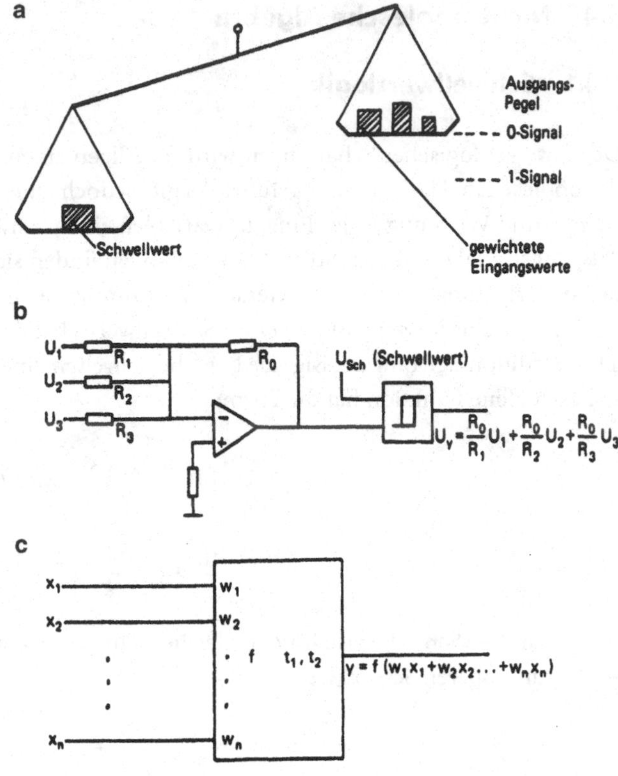

Abb. 5.11 Analogien zur Funktion eines Schwellwertglieds

Da alle Eingänge gleichwertig sind, ergeben sich für die zugehörigen Wichtungen $w_1 = w_2 = w_3 = 1$. Damit lautet die Schwellwertgleichung:

$$y = [w_1x_1 + w_2x_2 + \ldots + w_3x_3]t_1 : t_2$$
$$y = [x_1 + x_2 + x_3]2 : 1 .$$

Die Schaltung stellt eine 2-aus-3-Auswahl dar und ist in der booleschen und in der Schwellwertvariante in Abb. 5.13 dargestellt. Der zugehörige Schaltkreis zur Realisierung in Schwellwertlogik ist das CMOS-Majoritätsgatter 4530.

Es lässt sich leicht ein Beispiel denken, bei dem die gegebene boolesche Verknüpfung nicht durch nur ein Schwellwertschaltglied ersetzt werden kann. In solchen Fällen spricht man von der nichtlinearen Separierbarkeit der booleschen Funktion der Schaltung. Die Prüfung der linearen Separierbarkeit kann mithilfe der von Chow [20] errechneten Parameter vorgenommen werden (Tab. 5.8).

Auch hier soll die Vorgehensweise am Beispiel einer booleschen Funktion y und deren Wahrheitstabelle (Tab. 5.7) dargestellt werden.

$$y = x_1\bar{x}_2 + \bar{x}_2x_3 + \bar{x}_2x_4 + x_1\bar{x}_3x_4$$

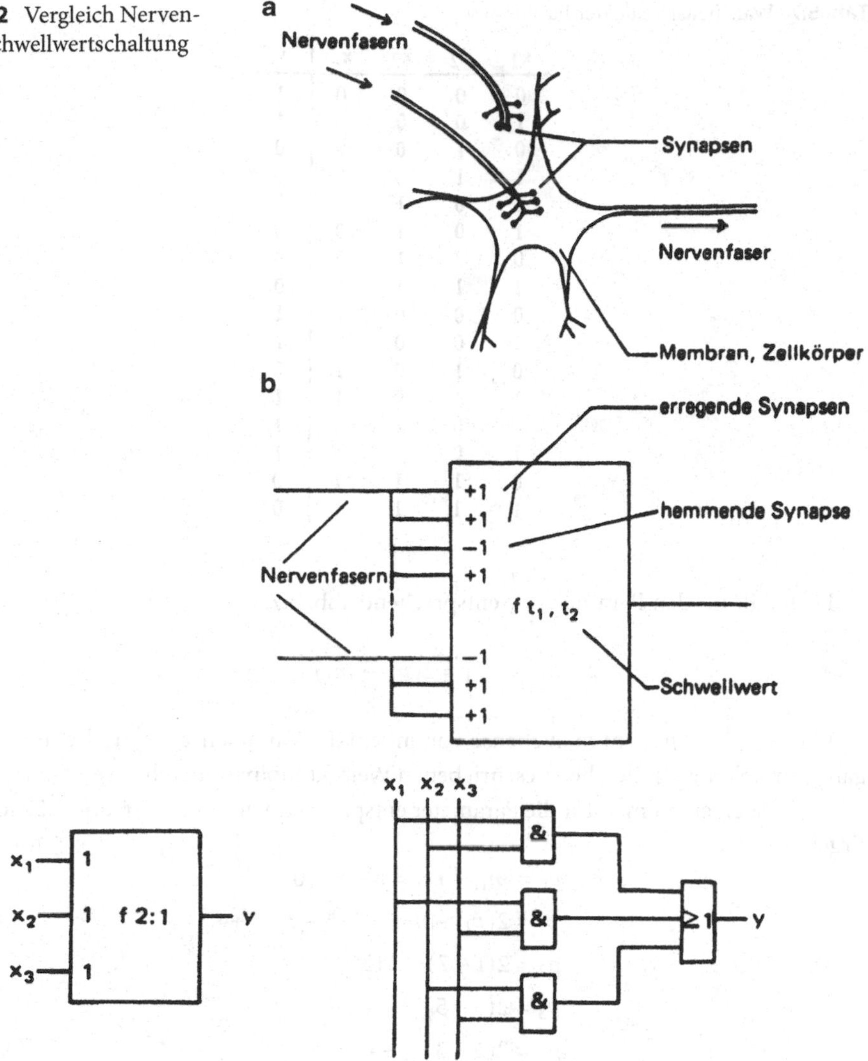

Abb. 5.12 Vergleich Nervenzelle – Schwellwertschaltung

Abb. 5.13 2-aus-3-Auswahl

Für die Prüfung der linearen Separierbarkeit werden folgende Gleichungen definiert. Die Anzahl der Wertekombinationen, für die $y = 1$ ist, soll m_{H} heißen; die Anzahl, für die $y = 0$ ist, soll m_{L} heißen. Dann lautet die Gleichung für den Parameter p_0:

$$p_0 = m_{\mathrm{H}} - m_{\mathrm{L}}\,. \tag{5.26}$$

Es sei m_1 die Anzahl der Wertekombinationen für die $x_1 = 1$ und $y = 1$ ist; und $m_{\bar{1}}$ die Zahl der Wertekombinationen für die $x_1 = 0$ und $y = 1$ ist.

Tab. 5.7 Wahrheitstabelle der Funktion y

x1	x2	x3	x4	y
0	0	0	0	1
1	0	0	0	1
0	1	0	0	0
1	1	0	0	0
0	0	1	0	0
1	0	1	0	1
0	1	1	0	0
1	1	1	0	0
0	0	0	1	1
1	0	0	1	1
0	1	0	1	0
1	1	0	1	1
0	0	1	1	1
1	0	1	1	1
0	1	1	1	0
1	1	1	1	0

Dann gilt für den Parameter p_1 entsprechend Tab. 5.7:

$$p_1 = 2(m_1 - m_{\bar{1}}) \,. \tag{5.27}$$

Für p_2, p_3 und p_4 geht man ebenso vor, indem die Variablen x_2, x_3 und x_4 mit der Ausgangsvariablen y auf die oben beschriebenen Wertekombinationen hin verglichen werden.

Schließlich erhält man für die Parameter entsprechend den Gln. 5.26 und 5.27 folgendes Ergebnis:

$$\begin{aligned} p_0 &= m_H - m_L = 8 - 8 = 0 \\ p_1 &= 2(m_1 - m_{\bar{1}}) = 2(5 - 3) = +4 \\ p_2 &= 2(1 - 7) = -12 \\ p_3 &= 2(3 - 5) = -4 \\ p_4 &= 2(5 - 3) = +4. \end{aligned}$$

Ordnet man den Betrag der errechneten Parameter der Größe nach, ergeben sich die Chow-Parameter $|p|$.

$$\begin{matrix} |p_2| & |p_1| & |p_3| & |p_4| & |p_0| \\ 12 & 4 & 4 & 4 & 0 \end{matrix} \,.$$

Dazu finden sich in Tab. 5.8 die passenden Wichtungsbeträge $|w|$.

$$2 \quad 1 \quad 1 \quad 1 \quad 0 \,.$$

Tab. 5.8 Chow-Parameter und Wichtungen für lineare Separierbarkeit

Anzahl der Variablen	Chow-Parameter |p|						Wichtungen |w|					
3	8	0	0	0			1	0	0	0		
	6	2	2	2			2	1	1	1		
	4	4	4	0			1	1	1	0		
4	16	0	0	0	0		1	0	0	0	0	
	14	2	2	2	2		3	1	1	1	1	
	12	4	4	4	0		2	1	1	1	0	
	10	6	6	2	2		3	2	2	1	1	
	8	8	8	0	0		1	1	1	0	0	
	8	8	4	4	4		2	2	1	1	1	
	6	6	6	6	6			1	1	1	1	
5	32	0	0	0	0	0	1	0	0	0	0	0
	30	2	2	2	2	2	4	1	1	1	1	1
	28	4	4	4	4	0	3	1	1	1	1	0
	26	6	6	6	2	2	5	2	2	2	1	1
	24	8	8	4	4	4	4	2	2	1	1	1
	24	8	8	8	0	0	2	1	1	1	0	0
	22	10	10	6	2	2	5	3	3	2	1	1
	22	10	6	6	6	6	3	2	1	1	1	1
	20	12	12	4	4	0	3	2	2	1	1	0
	20	12	8	8	4	4	4	3	2	2	1	1
	20	8	8	8	8	8	2	1	1	1	1	1
	18	14	14	2	2	2	4	3	3	1	1	1
	18	14	10	6	6	2	5	4	3	2	2	1
	18	10	10	10	6	6	3	2	2	2	1	1
	16	16	16	0	0	0	1	1	1	0	0	0
	16	16	12	4	4	4	3	3	2	1	1	1
	16	16	8	8	8	0	2	2	1	1	1	0
	16	12	12	8	8	4	4	3	3	2	2	1
	14	14	14	6	6	6	2	2	2	1	1	1
	14	14	10	10	10	2	3	3	2	2	2	1
	12	12	12	12	12	0	1	1	1	1	1	0

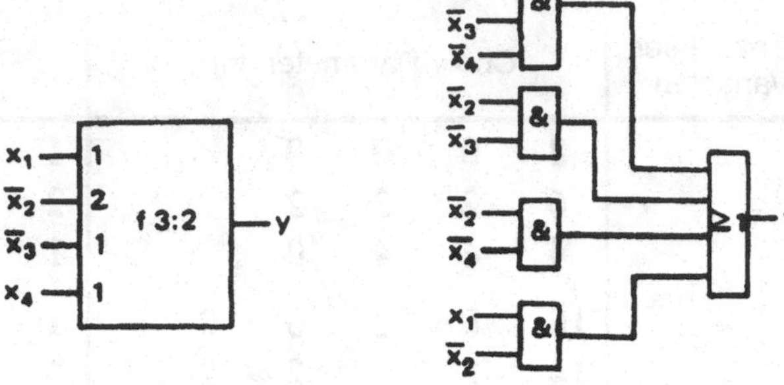

Abb. 5.14 Schwellwertlogik (**a**) und boolesche Schaltung (**b**)

Die zugehörigen Wichtungen w_i, die vor den vier Variablen x_1 bis x_4 stehen, ergeben sich durch hinzufügen der zuvor gefunden Vorzeichen, sodass gilt:

$$\begin{matrix} |p_2| & |p_1| & |p_3| & |p_4| & |p_0| \\ -2 & 1 & -1 & 1 & 0 \end{matrix} .$$

Für Schwellwerte werden mit folgenden Gleichungen bestimmt [19]:

$$\begin{aligned} t_1 &= \frac{1}{2}(\alpha - \beta + 1) \\ t_2 &= \frac{1}{2}(\alpha - \beta - 1) . \end{aligned} \tag{5.28}$$

Darin ist α die Summe der Wichtungen und β die Wichtung von p_0. Man erhält somit:

$$t_1 = \frac{1}{2}(\alpha - \beta + 1) = \frac{1}{2}[(-2 + 1 - 1 + 1) - 0 + 1] = 0$$

$$t_2 = \frac{1}{2}(\alpha - \beta - 1) = \frac{1}{2}[(-2 + 1 - 1 + 1) - 0 - 1] = -1 .$$

Die gesuchte Schwellwertfunktion lautet nun:

$$y = [x_1 - 2x_2 - x_3 + x_4]0 : -1 .$$

Negative Schwellwerte lassen sich mit der Beziehung

$$x_i = 1 - \bar{x}_i \tag{5.29}$$

eliminieren. Eingesetzt in die Funktionsgleichung für y ergibt sich:

$$\begin{aligned} y &= [x_1 - 2(1 - \bar{x}_2) - (1 - \bar{x}_2) + x_4]0 : -1 \\ &= [x_1 + 2\bar{x}_2 + \bar{x}_3 + x_4 - 3]0 : -1 \\ &= [x_1 + 2\bar{x}_2 + \bar{x}_3 + x_4]3 : 2 . \end{aligned}$$

Tab. 5.9 Schwellwertfunktionen und zugehörige boolesche Funktionen

Nr.	Boolesche Funktion	Schwellwertfunktion
1	x_1	$[x_1]$ 1:0
2	x_1x_2	$[x_1+x_2]$ 2:1
3	x_1+x_2	$[x_1+x_2$ 1:0
4	$x_1 \cdot x_2x_3$	$[x_1+x_2+x_3]$ 3:2
5	$x_1+x_2+x_3$	$[x_1+x_2+x_3]$ 1:0
6	$x_1x_2+x_1x_3+x_2x_3$	$[x_1+x_2+x_3]$ 2:1
7	$x_1x_2+x_1x_3$	$[2x_1+x_2+x_3]$ 3:2
8	$x_1+x_2x_3$	$[2x_1+x_2+x_3]$2:1
9	$x_1x_2x_3x_4$	$[x_1+x_2+x_3+x_4]$ 4:3
10	$x_1+x_2+x_3+x_4$	$[x_1+x_2+x_3+x_4]$ 1:0
11	$x_1x_2+x_1x_3+x_1x_4+x_2x_3+x_2x_4+x_3x_4$	$[x_1+x_2+x_3+x_4]$ 2:1
12	$x_1x_2+x_1x_3+x_1x_4+x_2x_3+x_2x_4$	$[2x_1+2x_2+x_3+x_4]$ 3:2
13	$x_1x_2+x_1x_3+x_1x_4+x_2x_3$	$[3x_1+2x_2+2x_3+x_4]$ 4:3
14	$x_1x_2+x_1x_3+x_1x_4+x_2x_3x_4$	$[2x_1+x_2+x_3+x_4]$ 3:2
15	$x_1+x_2x_3+x_2x_4+x_3x_4$	$[2x_1+x_2+x_3+x_4]$ 2:1
16	$x_1+x_2+x_3x_4$	$[2x_1+2x_2+x_3+x_4]$ 2:1
17	$x_1+x_2x_3+x_2x_4$	$[3x_1+2x_2+x_3+x_4]$ 3:2
18	$x_1+x_2x_3x_4$	$[3x_1+x_2+x_3+x_4]$ 3:2
19	$x_1x_2+x_1x_3+x_2x_3x_4$	$[3x_1+2x_2+2x_3+x_4]$ 5:4
20	$x_1x_2+x_1x_3+x_1x_4$	$[3x_1+x_2+x_3+x_4]$ 4:3
21	$x_1x_2+x_1x_3x_4+x_2x_3x_4$	$[2x_1+2x_2+x_3+x_4]$ 4:3
22	$x_1x_2x_3+x_1x_2x_4+x_1x_3x_4+x_2x_3x_4$	$[x_1+x_2+x_3+x_4]$ 3:2
23	$x_1x_2+x_1x_3x_4$	$[3x_1+2x_2+x_3+x_4]$ 5:4
24	$x_1x_2x_3+x_1x_2x_4+x_1x_3x_4$	$[2x_1+x_2+x_3+x_4]$ 4:3
25	$x_1x_2x_3+x_1x_2x_4$	$[2x_1+2x_2+x_3+x_4]$ 5:4

Die gefundene Lösung ist in Abb. 5.14a dargestellt. Zum Vergleich daneben die Funktion y als Schaltung nach der booleschen Algebra (Abb. 5.14b).

Um den Rechenaufwand zur Feststellung der linearen Separierbarkeit sowie der zugehörigen Wichtungen zu reduzieren, sind in [19] zahlreiche Schwellwertfunktionen mit den dazu passenden booleschen Funktionen y angegeben (Tab. 5.9).

5.4.2 Majoritätsschaltglieder

Der digitale Entwurf von Schwellwertbausteinen für beliebige Schwellwerte ist nicht ohne Weiteres möglich. Doch auch mit den bisher bekannten Bausteinen kommt man auf gute Ergebnisse bei der Minimisierung logischer Schaltungen und bei Anwendungen mit gewichteten Signalen wie beispielsweise bei Ablaufsteuerungen in elektronischen Geräten.

Motorola hat 1973 ein erstes Majoritätsgatter vom Typ 4530 entwickelt, dessen Innenschaltung auf der Logik einer 3-aus-5-Auswahl basiert (Abb. 5.15).

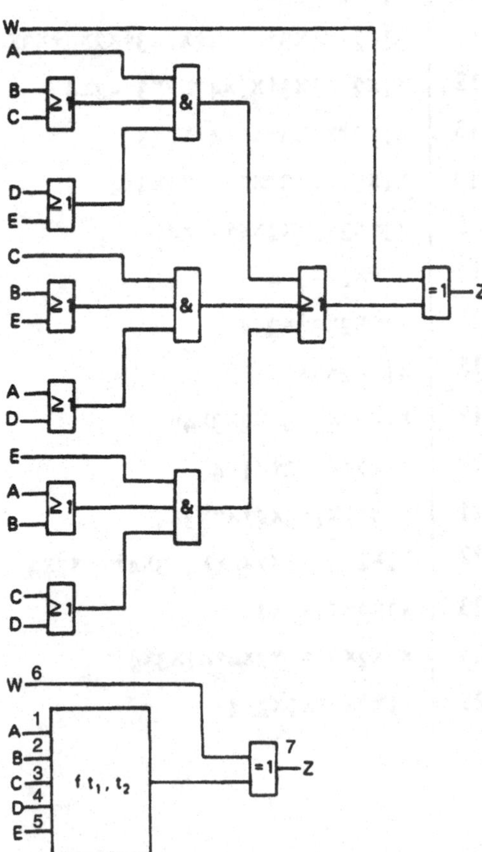

Abb. 5.15 Innenschaltung des Majoritätsgatters 4530

Tab. 5.10 Logische Verknüpfungen mit 4530

Steuereingänge w	x_4	x_5	Funktion der Schaltalgebra	Schnellwert-funktion	Benennung
1	0	0	$x_1x_2x_3$	$[x_1+x_2+x_3]$ 3:2	UND
0	0	0	$\overline{x_1x_2x_3}$	$\overline{[x_1+x_2+x_3]}$ 3:2	NAND
1	1	1	$x_1+x_2+x_3$	$[x_1+x_2+x_3]$ 1:0	ODER
0	1	1	$\overline{x_1+x_2+x_3}$	$\overline{[x_1+x_2+x_3]}$ 1:0	NOR
1	0	1			
1	1	0	$x_1x_2+x_1x_3+x_2x_3$	$[x_1+x_2+x_3]$ 2:1	2 aus 3
0	0	1			
0	1	0	$\overline{x_1x_2+x_1x_3+x_2x_3}$	$\overline{[x_1+x_2+x_3]}$ 2:1	$\overline{\text{2 aus 3}}$
1	-	0	Tabelle 9 Nr. 7		
1	-	0	Tabelle 9 Nr. 11		2 aus 4
1	-	0	Tabelle 9 Nr. 22		3 aus 4

Das Ausgangssignal *y* ist über den Steuereingang W zusätzlich mit einem Exclusiv-Oder verknüpft. Zusammen mit den Eingängen D und E lassen sich so wichtige Grundverknüpfungen der booleschen Algebra mit nur einem CMOS-Schaltkreis erstellen (Tab. 5.10). Auf diese Weise verringert sich der Verdrahtungs- und Schaltungsaufwand logischer Schaltungen erheblich und es wird zusätzlich eine Wichtung der Signale realisiert.

Integrierte Digitalbausteine

6

6.1 Forderungen an Digitalschaltkreise

Alle technisch verwirklichten Schaltkreisfamilien weichen in einer oder mehreren ihrer Eigenschaften vom idealen Schaltkreis ab, dessen Charakteristik die folgende Aufstellung aufzeigt.

Der ideale Schaltkreis

- hat einen hohen Eingangswiderstand und einen niedrigen Ausgangswiderstand,
- hat immer die gleiche Eingangs- und Ausgangsbeschaltung für stets gleiche Verknüpfungsregeln,
- hat sehr kleine Signallaufzeiten vom Eingang zum Ausgang,
- arbeitet mit sehr steilen Signal-Flanken, also mit großer Verarbeitungsgeschwindigkeit, für definiertes 0- und 1-Signal,
- ist rückwirkungsfrei,
- ist störsicher gegen Versorgungsspannungs-, und Temperaturschwankungen,
- hat kleine Abmessungen und damit große Packungsdichte,
- hat nahezu unbegrenzte Lebensdauer,
- ist preisgünstig.

Ziel einer Schaltkreisfamilie muss es somit sein, die systembedingten ungünstigen Eigenschaften auf ein vertretbares Maß zu reduzieren.

P. F. Orlowski, *Praktische Elektronik*, DOI 10.1007/978-3-642-39005-0_6,
© Springer-Verlag Berlin Heidelberg 2013

6.2 Schaltkreisfamilien TTL und CMOS

Bei der TTL-Technik (Transistor-Transistor-Logik) wird die logische Verknüpfung durch einen Multiemitter-Eingangstransistor vorgenommen. Abb. 6.1 zeigt ein NAND-Gatter in dieser Technik.

Wenn mindestens einer der Eingänge auf niedrigem Potenzial liegt, wird der Transistor TE durchgeschaltet. Seine Kollektor-Emitterstrecke verbindet die Basis des Transistors TA niederohmig mit Masse.

Der Transistor TA wird dadurch gesperrt, dass seine Basis-Emitter-Schwellspannung größer ist als das TTL-O-Signal der Eingänge El und E2. Erst wenn beide Eingänge auf 1-Signal liegen, wird die Basis-Emitter-Schwellspannung von TA überschritten. Damit schaltet der Transistor TA durch und das Potenzial am Ausgang A liegt an Masse, was dem O-Signal entspricht.

Bei der CMOS-Technik (Complementary Metal Oxide Semiconductor) wird die logische Verknüpfung durch komplementäre selbsterregende N- und P-Kanal-Transistoren vorgenommen.

Abbildung 6.2 zeigt ein NAND-Gatter mit zwei Eingängen in dieser Technik. Man sieht, dass die P-Transistoren parallel und die N-Transistoren in Reihe geschaltet sind. Wegen des hohen Eingangswiderstandes kann man sich die N- und P-Transistoren als kapazitiv gesteuerte ideale Schalter vorstellen. Es ist entweder Schalter P oder Schalter N geschlossen.

Entsprechend der NAND-Logik zeigt der Ausgang A* nur dann O-Signal, wenn beide Eingänge El und E2 auf 1-Signal liegen. In diesem Fall sind alle P-Transistoren ausgeschaltet und alle N-Transistoren eingeschaltet. Die beiden nachgeschalteten Inverter sind für die logische Funktion des NAND ohne Bedeutung. Sie verbessern jedoch die Flankensteilheit des Ausgangssignals A.

Zur Unterdrückung elektrostatischer Spannungen am Eingang findet sich in den industrietauglichen CMOS-Schaltkreisen je Eingang eine Schutzschaltung (Abb. 6.3). Elektrostatische Spannungen positiver Polarität, die größer sind als die Speisespannung, werden über die Diode D_2 und den Widerstand R_s nach U_s abgeleitet. Negative elektrostatische Spannungen, die größer sind als 0 V, werden über die Diode D_1 und den Widerstand R_s

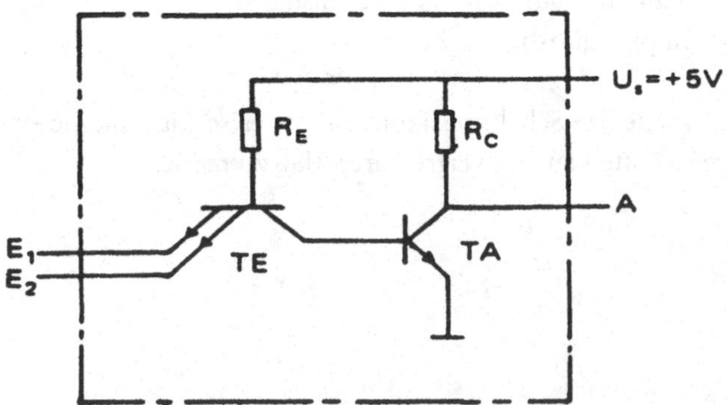

Abb. 6.1 NAND-Gatter in TTL-Technik

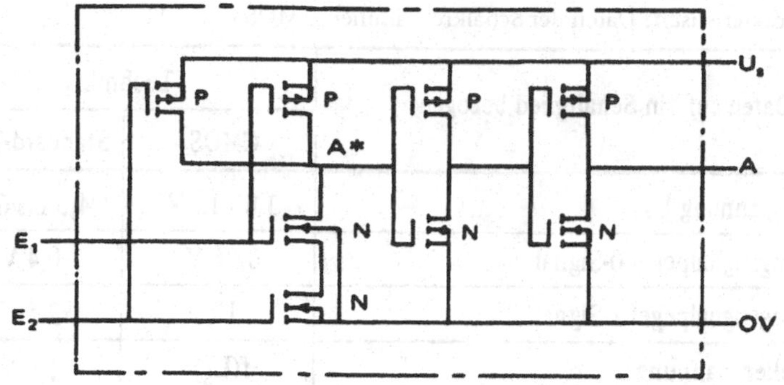

Abb. 6.2 NAND-Gatter in CMOS-Technik

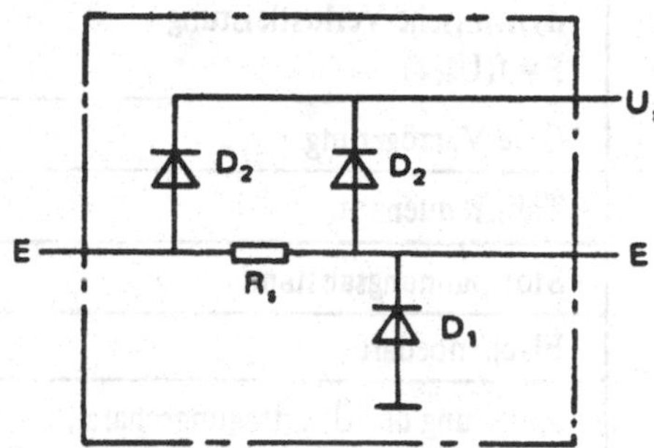

Abb. 6.3 Gate-Schutzbeschaltung von CMOS-Schaltkreisen

nach Masse abgeleitet. So wird der Signalpegel der Eingänge E_1 und E_2 auf 0 V bis U_s begrenzt. Die Schutzdioden sind im Normalbetrieb daher stets gesperrt.

Durch die niedrige Gate-Kapazität von 1,5 bis 5 pF und den kleinen Schutzwiderstand R_s = [200 bis 500] Ω tritt keine relevante Beeinflussung des Frequenzverhaltens auf. Dazu trägt auch die kurze Leitungsführung im Schaltkreis bei.

Im direkten Vergleich kommen die CMOS-Bausteine der Vorstellung vom idealen Schaltkreis deutlich näher als die Bausteine der TTL-Technik, wie die Tab. 6.1 zeigt.

Wie sich zeigt, sind insbesondere die geringe Verlustleistung, der stabile Signalpegel und der größere Speisespannungsbereich, die größere Belastbarkeit und der bessere Störabstand entscheidende Vorteile der CMOS-Technik.

6.3 Handhabung von CMOS-Schaltkreisen

Alle namhaften Schaltkreishersteller produzieren eine große Palette von logischen Schaltungen in CMOS-Technik. Von Computerbauelementen über Mikroprozessoren bis hin zu logischen Standardschaltkreisen; es gibt kaum ein Gebiet der Elektronik, wo nicht die CMOS-Technik oder ihre Abkömmlinge Einzug gehalten haben.

Tab. 6.1 Charakteristische Daten der Schalkreisfamilien CMOS und TTL

Daten auf ein Schaltglied bezogen	Technik	
	CMOS	Standard-TTL
Speisespannung U_S	3 bis 15 V	4,5 bis 6 V
Ausgangssignalpegel 0-Signal	0,05 V	0,4 V
Ausgangssignalpegel 1-Signal	U_S	2,5 V
Schwellenspannung	$f(U_S)$	1,4 V
Ruheverlustleistung	< 0,01 mW	10 mW
dynamische Verlustleistung $P = f(U_S, f)$	< 0,5 mW	10 mW
Gate-Verzögerung	20 ns	10 ns
Taktfrequenz f_C	10 . . . 30 MHz	
Störspannungsabstand	0,4 bis 2,6 V	1,5 V
Flächenbedarf	0,02 mm²	0,5 mm²
Änderung der Übertragungscharakteristik bei – 55 °C und 125 °C	± 1,5 %	± 20 %
Lebensdauer (MTTF)	$1{,}46 \cdot 10^5$ h	
Belastungen (Anzahl der an einen Ausgang ankoppelbaren Eingänge)	50	10
Preis (bei kleinen Stückzahlen)	–,90	–,70

Wesentliche Hersteller von CMOS-Schaltkreisen und deren Codierung auf den Schaltkreisen sind in der folgenden Tab. 6.2 aufgeführt. Bei diesen Herstellern stimmen die inneren vier Ziffern überein und die Schaltkreise sind PIN-kompatibel.

Bauformen Die Standardschaltkreise sind jeweils im sogenannten DIL-Gehäuse (Dual-In-Line) eingebaut. Für diese Gehäusebauformen 14-, 16- oder 24-beiniger Schaltkreise gibt es festgelegte Rastermaße der Anschlüsse zum normierten Einbau in Leiterplatten (Abb. 6.4). Zur Einbaukennung befindet sich eine Kerbe im Gehäuse. Liegt diese von oben gesehen links, befindet sich links unten der Anschluss Nr. 1. Die restliche Nummerierung verläuft entgegen dem Uhrzeigersinn.

Der Masse-Anschluss ist stets rechts unten (d. h. Nr. 8 bei einem 16-beinigen Gehäuse; Nr. 7 beim 14-beinigen). Der Speisespannungsanschluss befindet sich stets links oben (d. h. Nr. 16 bei einem 16-beinigen Gehäuse; Nr. 14 beim 14-beinigen).

Tab. 6.2 Hersteller von CMOS-Schalkreisen

Hersteller	Schaltkreis-Code (4-fach-UND)
Motorola	MC 1 4081 BCD
RCA	CD 4081 BCL
Philips (ehemals Valvo)	HEF 4081 BP
SGS-Thomson	HCF 4081 BC
Toshiba	TC 4081 BP

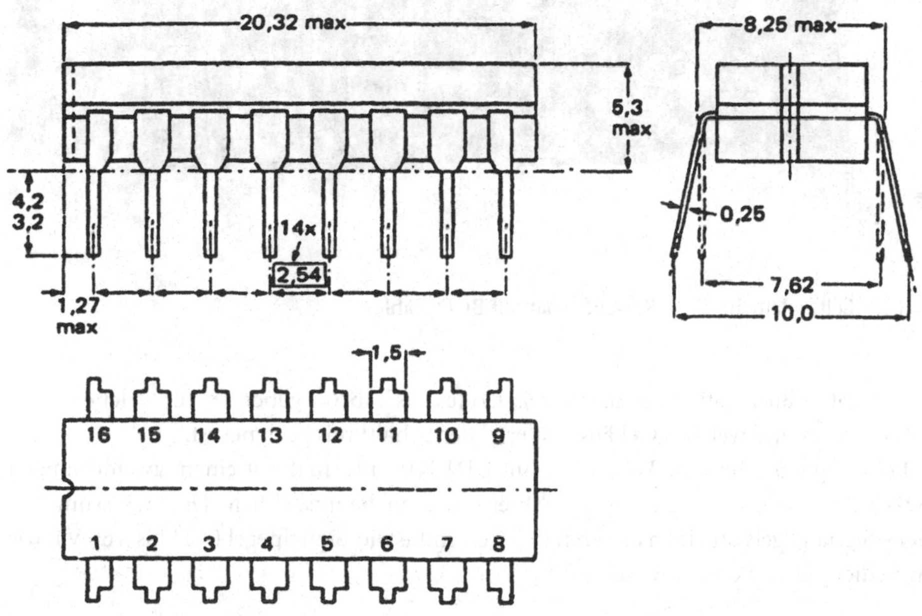

	Plastik-gehäuse	Keramik-gehäuse (Bauart A)	Keramik-gehäuse (Bauart B)
maximal zulässige Betriebstemperatur	– 40 bis + 85 °C	– 40 bis + 85 °C	– 55 bis + 125 °C
Ausfallrate je 1000 Betriebs-stunden bei 15 V und 85 °C	0,1 %	0,03 %	0,004 %

Abb. 6.4 Gehäusebauformen für DIL-Gehäuse

Abb. 6.5 Leiterplatte im DIN-Kartenformat mit BCD-Zähler

Die rechten Buchstaben des Schaltkreis-Codes aus Tab. 6.2 geben an, für welchen Temperaturbereich und welches Gehäusematerial der Schaltkreis geeignet ist.

Abbildung 6.5 zeigt eine Leiterplatte im DIN-Kartenformat mit einem zweidekadigen BCD-Zähler 4510. Die weiteren Schaltkreise dienen hauptsächlich der Anpassung des CMOS-Signalpegels an einen anderen höheren Industrie-Signalpegel (+24 bis +60 V), wie er in Bedienpulten benutzt wird.

Handhabungsregeln für CMOS-Schaltkreise Die Handhabung von CMOS-Schaltkreisen unterliegen bestimmten Grundregeln. Sie sind von den Herstellern vorgegeben sowie aus der industriellen Erfahrung entstanden, um einen sicheren Betrieb zu gewährleisten.

Insbesondere bei Gehäusebauformen der Serie mit dem Endbuchstaben A (für Plastikgehäuse) ist jegliche statische Aufladung zu vermeiden, da derartige Schaltkreise möglicherweise auch ohne Gate-Schutzbeschaltung am Markt sind.

Die wichtigsten Datenblätter der Standard-CMOS-Schaltkreise (Innenschaltung, Grenzwerte, Signalpegel, Normdarstellung, Anschlussbelegung) können von der Homepage des Autors herunter geladen werden: www.prof-orlowski.jimdo.com.

Wichtige Handhabungsregeln sind

- CMOS-Schaltkreise sollen, in der Originalverpackung gelagert, antistatisch werden.
- Nach Entnahme aus der Verpackung sollen die Schaltkreise auf einem elektrisch leitenden Träger, der die Anschlüsse kurzschließt, gehandhabt werden.
- Bei Lötarbeiten an den Schaltkreisen sollen das Lötgerät und die Schaltkreisanschlüsse auf gleichem Potential liegen.
- Die Löttemperatur am Schaltkreisanschluss darf 300 °C und 10 s Lötzeit nicht überschreiten.
- Bei abgeschalteter Speisespannung dürfen keine Signale an den Schaltkreiseingängen liegen.
- Alle unbenutzten Schaltkreiseingänge (offene Eingänge) müssen auf Masse oder Speisespannung gelegt werden.
- Messungen an den Schaltkreisen sollen nur mit Oszillografen erfolgen.

CMOS-Grundschaltungen

7

7.1 Speicher

Für die Speicherung von Informationen steht je nach Anwendungsgebiet eine Reihe von CMOS-Schaltkreisen zur Verfügung.

Die einfachste Art, mit einem Standardschaltkreis eine Information zu speichern, stellt Abb. 7.1 dar. Sobald ein 1-Signal am Eingang *E* des ODER-Gatters anliegt, zeigt der Ausgang *A* ebenfalls 1-Signal. Danach bleibt unabhängig vom Zustand des Eingangssignals der Ausgang *A* permanent auf 1-Signal stehen. Dieser Speicher ist nur durch Abschalten der Speisspannung löschbar.

7.1.1 RS-Flip-Flop

Normalerweise ist es notwendig, einen Speicher im Betrieb über ein logisches Signal zu löschen und setzen zu können. Diese Funktion erhält man beispielsweise beim RS-Flip-Flop. Die Schaltung mit NOR-Gattern ist in Abb. 7.2 dargestellt. Sie wird mit zwei Rückkopplungsschleifen realisiert, die wie in Abb. 7.1 angedeutet, das Speichern ermöglichen.

Zum Verständnis der Schaltung verwendet man die Wahrheitstabelle des Flip-Flops (Tab. 7.1). Dabei werden sowohl die Signale Setzen (s) und Rücksetzen (r) als auch der Ausgang (q) als Variable zur Zeit t betrachtet.

Es ist zu sehen, dass ein Setzsignal $s^t = 1$ den Ausgang im nächsten Augenblick $t + 1$ (im nächsten Schritt) auf $q^{t+1} = 1$ schaltet, wenn gleichzeitig $r^t = 0$ ist. Ebenso bewirkt ein Resetsignal $r^t = 1$ das Rücksetzen des Ausgangs auf $q^{t+1} = 0$, und zwar unabhängig vom Zustand

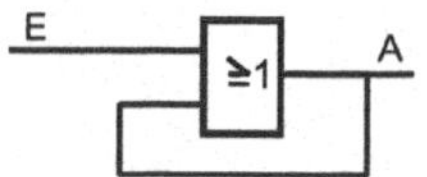

Abb. 7.1 Permanenter Speicher mit ODER-Gatter

P. F. Orlowski, *Praktische Elektronik*, DOI 10.1007/978-3-642-39005-0_7,
© Springer-Verlag Berlin Heidelberg 2013

Abb. 7.2 RS-Flip-Flop mit NOR-Gattern 4001 (reset dominant)

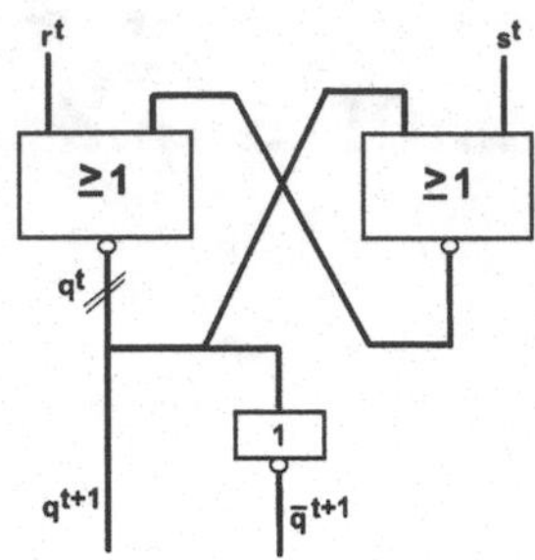

Tab. 7.1 Wahrheitstabelle des RS-Flip-Flops mit NOR-Gattern

r^t	s^t	q^t	q^{t+1}
0	0	0	0
0	1	0	1
1	0	0	0
1	1	0	0
0	0	1	1
0	1	1	1
1	0	1	0
1	1	1	0

q^{t+1} (r^t, s^t)

0	0	0	1	
1	0	0	1	q^t

des Setzeingangs. Es überwiegt somit der Restbefehl, das Flip-Flop ist „reset dominant". Dieser Zustand wird im Gegensatz zu den meisten Literaturangaben bei Ablaufsteuerungen bewusst eingesetzt. Als 4-fach RS-Flip-Flop (set dominant) ist der Schaltkreis verfügbar (Abb. 7.3).

Überträgt man die Wahrheitstabelle in ein Veitch-Diagramm, lässt sich eine Funktionsgleichung des RS-Flip-Flops angeben. Sie lautet:

$$q^{t+1} = \bar{r}^t s^t + \bar{r}^t q^t . \tag{7.1}$$

Abb. 7.3 4-fach RS-Flip-Flop 4043

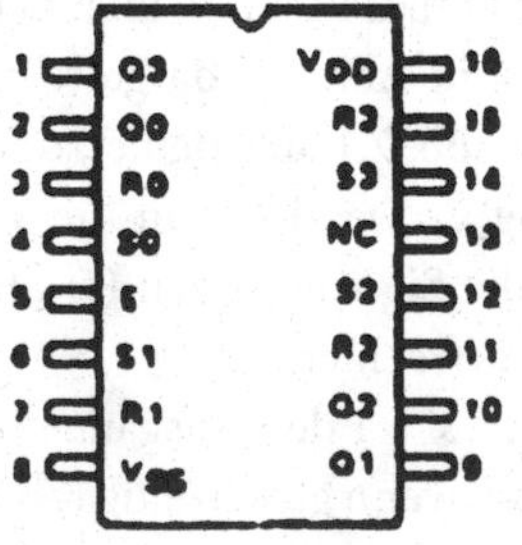

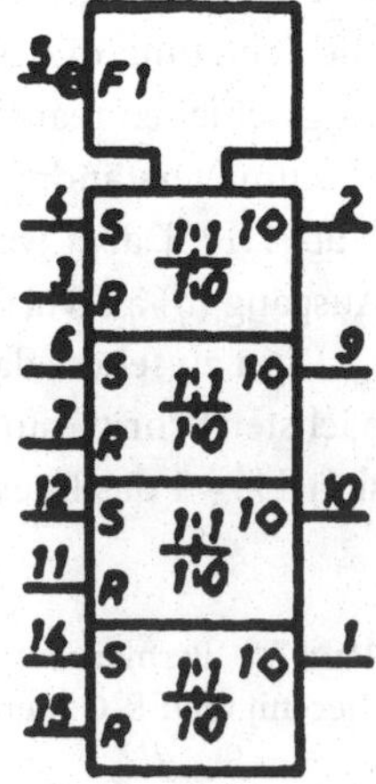

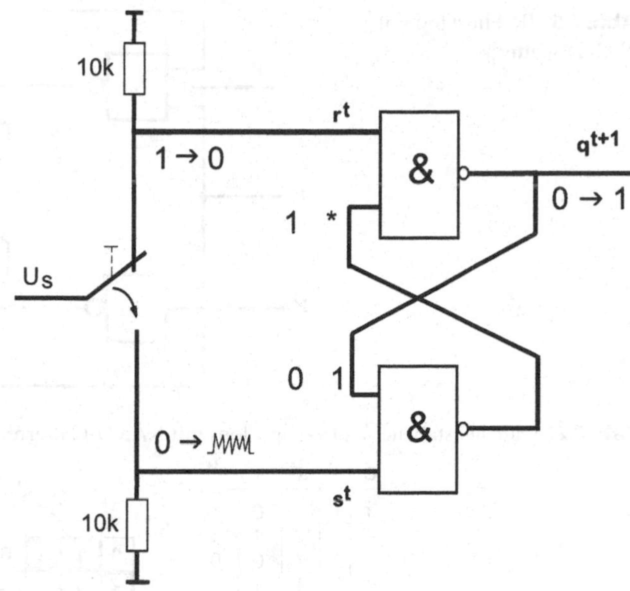

Abb. 7.4 RS-Flip-Flop mit NAND-Gattern 4011

Bei Aufgabenstellungen wie z. B. einer Ablaufsteuerung kann man die Funktionsgleichung des RS-Flip-Flops zur Schaltungsdimensionierung mithilfe der booleschen Algebra verwenden.

Ein RS-Flip-Flop mit NAND-Gattern soll anhand eines Beispiels erläutert werden. Durch mechanisches Schwingen an Kontaktflächen beim Schaltern zwischen 1- und 0-Signal entstehen unerwünschte Impulse, die zur Fehlfunktion von Schaltungen führen können (Kontaktprellen). Das Problem wird mit der folgenden Schaltung gelöst (Abb. 7.4).

Wenn der Schalter betätigt wird und Kontaktprellen entstellt, hat dies keinen Einfluss auf das Ausgangssignal q^{t+1}. Es wechselt nur einmal von 0-Signal nach 1-Signal.

Die beiden Widerstände von je 10 kΩ gewährleisten, dass die Eingänge der NAND-Gatter stets auf festem Potenzial liegen (siehe Handhabungsregeln).

7.1.2 JK-Flip-Flop

Das JK-Flip-Flop ist ein getakteter Speicher, dessen Ausgang q durch eine ansteigende Flanke in Abhängigkeit von den Steuer- bzw. Vorbereitungseingängen J und K beeinflusst wird (Abb. 7.5)

Zum Verständnis der Schaltung verwendet man die Wahrheitstabelle des Flip-Flops (Tab. 7.2). Dabei werden nicht nur die beiden Vorbereitungseingänge J^t und K^t als Eingangsvariable zur Zeit t betrachtet, sondern auch der Ausgang als q^t.

Wie aus er Wahrheitstabelle (untere Zeile) ersichtlich, reagiert das Flip-Flop nur bei ansteigenden Flanken am Eingang C.

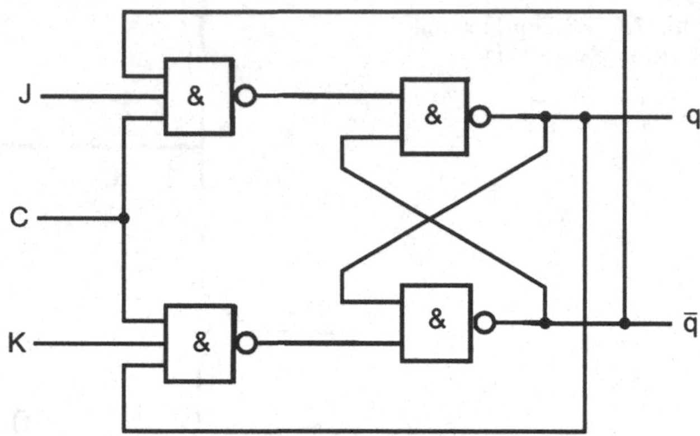

Abb. 7.5 JK-Flip-Flop mit NAND-Gattern

Tab. 7.2 Wahrheitstabelle des JK-Flip-Flops mit NAND-Gattern

C	J^t	K^t	q^t	q^{t+1}
⎍ (steigende Flanke)	1	*	0	1
⎍ (steigende Flanke)	*	0	1	1
⎍ (steigende Flanke)	0	*	0	0
⎍ (steigende Flanke)	*	1	1	0
⎍ (fallende Flanke)	*	*	*	q^t

q^{t+1} (Veitch-Diagramm, J^t, K^t)

0	1	1	0	
1	1	0	0	q^t

Zeigt der Vorbereitungseingang $J^t = 1$, wird unabhängig vom Zustand des Eingangs K^t das Flip-Flop gesetzt (erste Zeile der Wahrheitstabelle Tab. 7.2). Reset erfolgt, wenn der Vorbereitungseingang $K^t = 1$ aufweist, unabhängig vom Zustand des Eingangs J^t (zweite Zeile von unten in der Wahrheitstabelle).

Überträgt man die Wahrheitstabelle in ein Veitch-Diagramm, lässt sich eine Funktionsgleichung des JK-Flip-Flops angeben. Sie lautet:

$$q^{t+1} = J^t \bar{q}^t + \bar{K}^t q^t \, . \qquad (7.2)$$

Bei Aufgaben wie beispielsweise einer Schrittkette bei Verpackungsanlagen kann man die Funktionsgleichung des JK-Flip-Flops zur Schaltungsdimensionierung mithilfe der booleschen Algebra einsetzen.

Als Schaltkreis 4027 ist ein 2-fach JK-Flip-Flop mit übergeordnetem RS-Flip-Flop (set dominant) verfügbar (Abb. 7.6).

7.1.3 D-Flip-Flop

Das D-Flip-Flop ist ebenfalls ein getakteter Speicher, dessen Ausgang q durch eine ansteigende Flanke in Abhängigkeit vom Dateneingang D beeinflusst wird (Abb. 7.7).

Zum Verständnis der Schaltung verwendet man auch hier die Wahrheitstabelle des Flip-Flops (Tab. 7.3). Das am Dateneingang zur Zeit t anliegende Signal D^t wird mit jeder

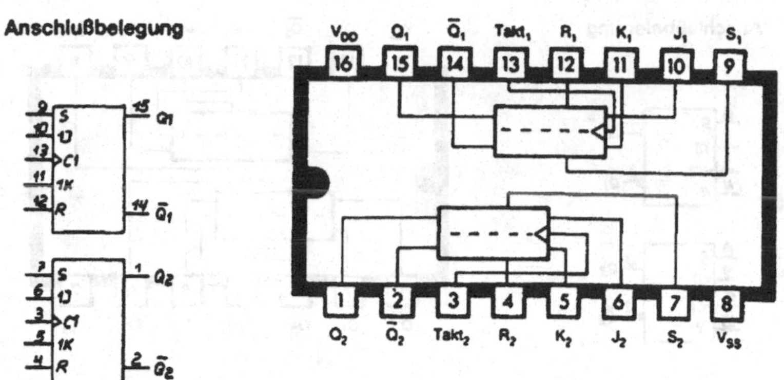

Abb. 7.6 2-fach JK-Flip-Flop 4027

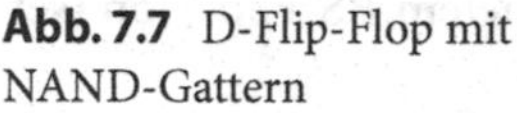

Abb. 7.7 D-Flip-Flop mit NAND-Gattern

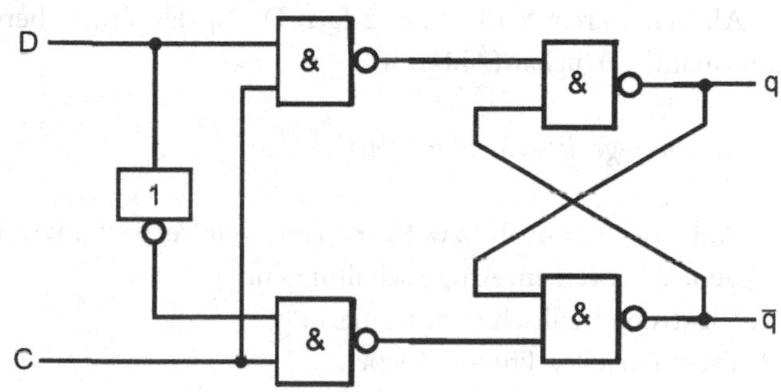

Tab. 7.3 Wahrheitstabelle des D-Flip-Flops mit NAND-Gattern

C	D^t	q^t	q^{t+1}
↑	0	0	0
↑	1	0	1
↑	0	1	0
↑	1	1	1
↓	*	*	q^t

q^{t+1}

		D^t
	0	1
q^t	0	1

positiven Flanke des Eingangs *C* im nächsten Schritt an den Ausgang geschaltet und als q^{t+1} gespeichert.

Wie aus er Wahrheitstabelle (untere Zeile) ersichtlich, reagiert das Flip-Flop nur bei ansteigender Flanken am Eingang *C*.

Überträgt man die Wahrheitstabelle in ein Veitch-Diagramm, lässt sich für das D-Flip-Flop eine einfache Funktionsgleichung angeben mit:

$$q^{t+1} = D^t \,. \tag{7.3}$$

Bei Anwendungen wie beispielsweise einer Positionieraufgabe kann man die Funktionsgleichung des D-Flip-Flops zur Schaltungsdimensionierung mit den Mitteln der booleschen Algebra einsetzen.

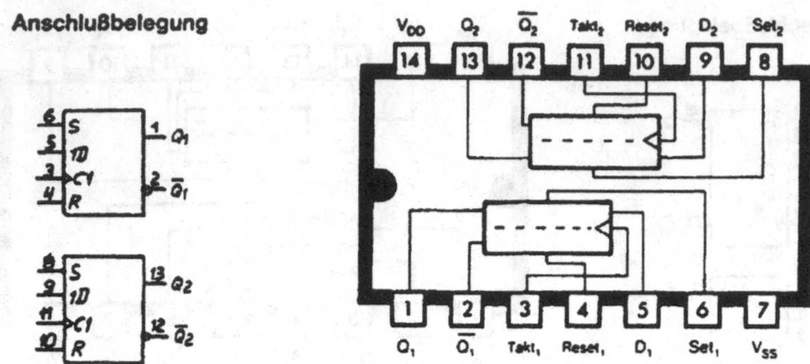

Abb. 7.8 2-fach D-Flip-Flop 4013

Als Schaltkreis 4013 ist ein 2-fach D-Flip-Flop mit übergeordnetem RS-Flip-Flop (set dominant) verfügbar (Abb. 7.8).

Anwendungsgebiete für Flip-Flops

1. Ablaufsteuerungen bzw. Schrittketten in Verpackungsanlagen, Aufzügen, Dosieranlagen, Walzwerken, Ampelschaltungen,
2. Elektrohydraulische Positionierung,
3. Frequenzteiler, Frequenzgeber,
4. Kontakentprellen,
5. Datensynchronisation,
6. Digitalvoltmeter.

7.2 Zähler und Komparatoren

Für die Zählaufgaben in der Digitaltechnik steht ein breites Spektrum von Zählern im Dual- und BCD-Code zur Verfügung, sodass man seit dem Siegeszug der CMOS-Technik Zählerschaltungen nicht mehr aus einzelnen Flip-Flops und einer Steuerlogik zusammensetzt.

7.2.1 BCD-Zähler

Der gebräuchlichste im BCD-Code arbeitende Zähler ist der Schaltkreis 4510. Seine Innenschaltung ist in Abb. 7.9 dargestellt.

Für jedes zu speichernde Bit im BCD-Code ist ein D-Flip-Flop vorhanden. Die logische Abfolge des BCD-Codes wird über die integrierte Steuerlogik aus NOR- und NAND-Gattern realisiert.

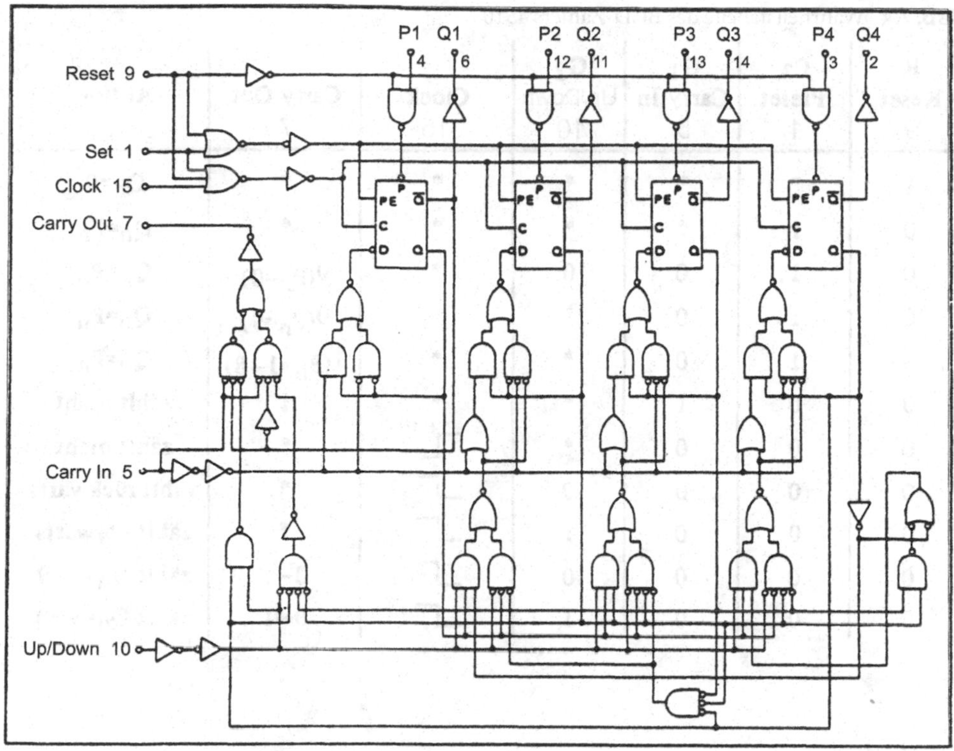

Abb. 7.9 Innenschaltung des BCD-Zählers 4510

Mithilfe der Wahrheitstabelle des Zählers lässt sich seine Funktionsweise erklären (Tab. 7.4).

Signale an den Dateneingängen P_n werden mit den Steuerbefehlen Preset oder Reset an den Ausgängen Q_n gespeichert oder rückgesetzt. Dabei überwiegt der Resetbefehl (siehe in Tab. 7.4 die ersten beiden Zeilen).

Mit einer positiven Flanke am Clock-Eingang und der eingestellten Zählrichtung am Up/Down-Eingang zählt der Zähler in der vorgewählten Richtung, falls keine Setz- oder Rücksetzbefehle anliegen.

Der eigentliche Zählvorgang lässt sich mithilfe der Abb. 7.10 näher erläutern. Dabei soll zwei-dekadig in synchroner Zählweise gezählt werden. Somit erhalten beide Zähler gleichzeitig, also die Einer- und Zehner-Dekade, den Zähltakt Clock.

Damit der Zähler für die Zehner-Dekade nur jedes zehnte Mal angesteuert wird, ist die Logik des Übertrags Ausgangs 7 der Einer-Dekade so beschaffen, dass sie nur jedes zehnte Mal auf O-Signal geht. Wie die Innenschaltung des BCD-Zählers an dieser Stelle zeigt, wird nur dann der Zählimpuls (Clock) zum Zählen weitergeleitet bzw. aktiviert.

Tab. 7.4 Wahrheitstabelle des BCD-Zählers 4510

R Reset 9	C3 Preset 1	G1 Carry In 5	G2 Up/Down 10	Clock 15	Carry Out 7	Aktion
1	*	*	*	*	*	$Q_n=0$
0	1	*	*	*	*	$Q_n=P_n$
0	1	0	0	*	0 ($P_n=0$)	$Q_n=P_n$
0	1	0	1	*	0 ($P_n=9$)	$Q_n=P_n$
0	1	0	*	*	1 ($P_n=1-8$)	$Q_n=P_n$
0	0	1	*	*	1	zählt nicht
0	0	0	*	↓	*	zählt nicht
0	0	0	0	↑	*	zählt rückwärts
0	0	0	1	↑	*	zählt vorwärts
0	0	0	0	↑	0→1	zählt $Q_n=0\to9$
0	0	0	1	↑	0→1	zählt $Q_n=9\to0$

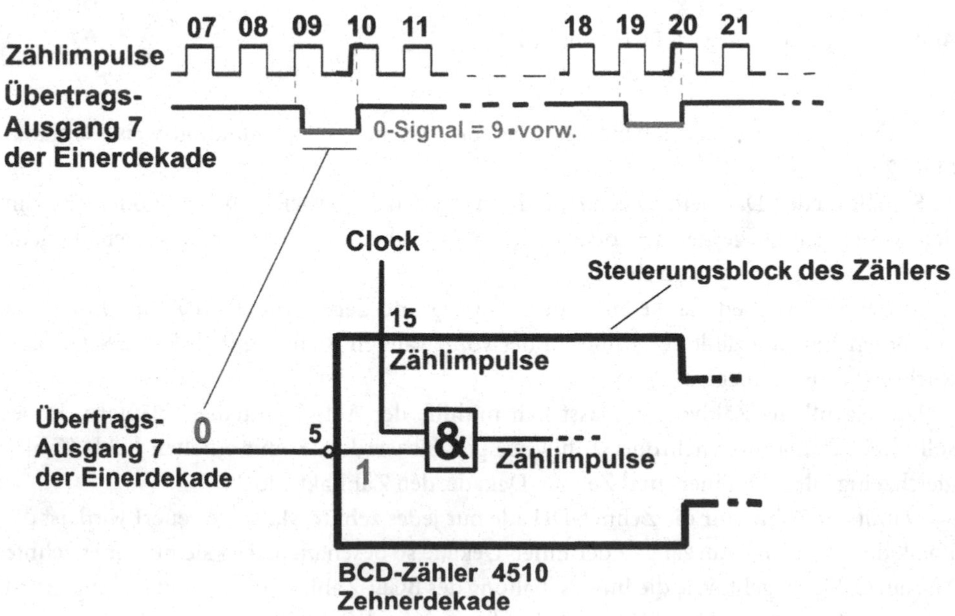

Abb. 7.10 Vorwärtszählen mit Übertrag

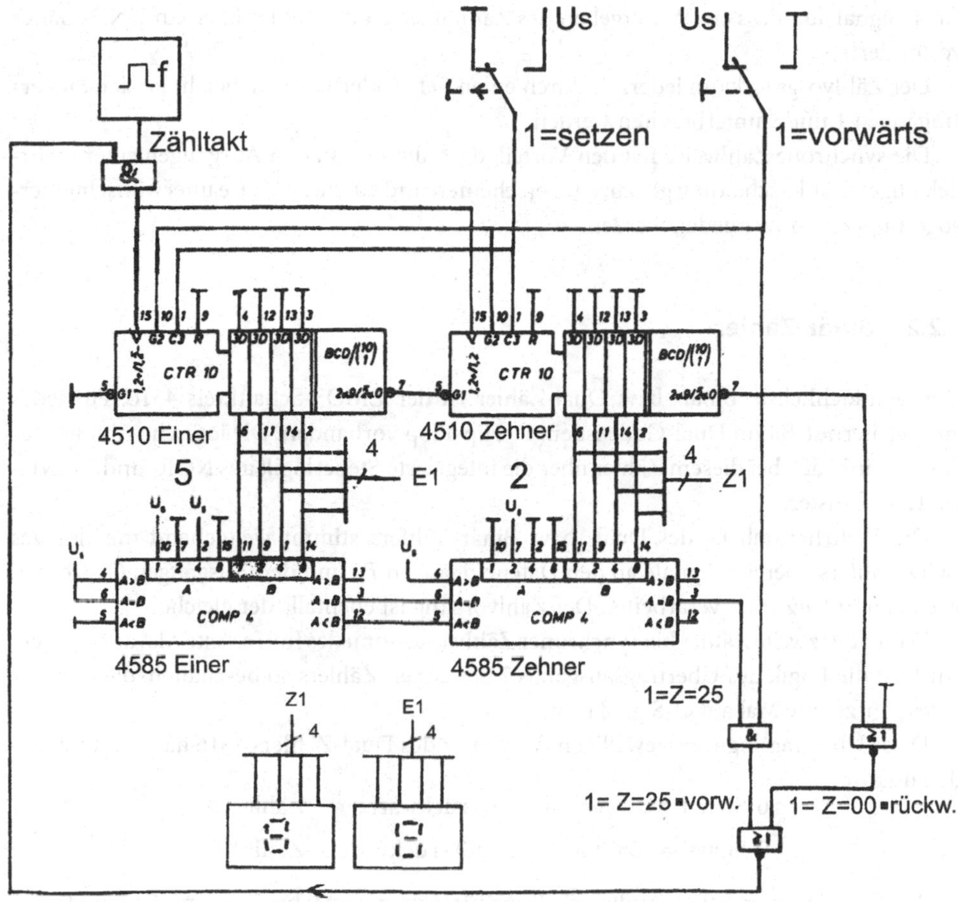

Abb. 7.11 Zwei-dekadiger BCD-Vor-/Rückwärtszähler mit 4510 und 4585

Diese Übertragslogik am jeweiligen Ausgang 7 des Zählers 4510 hat folgende Funktion:

$$0\text{-Signal} = 9 \cdot \text{vorwärts} + 0 \cdot \text{rückwärts} \qquad \text{Einer}$$

$$0\text{-Signal} = 99 \cdot \text{vorwärts} + 00 \cdot \text{rückwärts} \qquad \text{Zehner}\,.$$

Das heißt in der Vorwärts-Zählrichtung wird nach Erreichen der Zahl 09 der Zähltakt für die Zehnerdekade zum ersten Mal freigegeben, sodass sich dann mit dem nächsten Zähltakt 10 ergibt.

Eine zwei-dekadige Zählerschaltung, die auf die beschriebene Weise funktioniert, ist in Abb. 7.11 dargestellt. Damit kann zwischen den Zahlen 00 und 25, also in einem festen Zahlenfenster, beliebig vorwärts und rückwärts gezählt werden.

Die Abfrage der Zahl 25 und damit das Stoppen des Zählvorgangs wird mit zwei Komparatoren vom Typ 4585 realisiert. Wenn der Zählerstand bei 25 angekommen ist, geben sie ein 1-Signal aus, dass ein Weitergeben des Zähltaktes an die Zähler über ein UND-Gatter verhindert.

Der Zählvorgang kann jederzeit durch einen Setz- oder Rücksetzbefehl an den Steuereingängen 1 und 9 unterbrochen werden.

Die synchrone Zählweise hat den Vorteil, dass alle Bits an den Ausgängen einer mehrdekadigen Zählerschaltung gleichzeitig erscheinen und auf diese Weise unerwünschte Verzögerungszeiten vermieden werden.

7.2.2 Binär-Zähler

Der gebräuchlichste Binär- bzw. Dual-Zähler ist der CMOS-Schaltkreis 4516. Für jedes zu speichernde Bit im Dual-Code ist ein D-Flip-Flop vorhanden. Die logische Abfolge des Codes wird auch bei diesem Zähler über die integrierte Steuerlogik aus NOR- und NAND-Gattern realisiert.

Die Wahrheitstabelle des Dual- bzw. Binär-Zählers stimmt weitgehend mit der des BCD-Zählers überein. Signale an den Dateneingängen P_n und den Ausgängen Q_n werden wie beim BCD-Zähler verarbeitet. Der Zählvorgang ist ebenfalls der gleiche.

Damit der zweite Zähler bei synchroner Zählweise nur jedes fünfzehnte Mal angesteuert wird, ist die Logik des Übertragsausgangs 7 des ersten Zählers so beschaffen, dass sie nur jedes fünfzehnte Mal auf O-Signal geht.

Diese Übertragslogik am jeweiligen Ausgang 7 des Dual-Zählers 4516 hat somit folgende Funktion:

$$\text{0-Signal} = 15 \cdot \text{vorwärts} + 0 \cdot \text{rückwärts} \qquad \text{Zähler 1}$$

$$\text{0-Signal} = 255 \cdot \text{vorwärts} + 00 \cdot \text{rückwärts} \qquad \text{Zähler 2} .$$

Am Beispiel einer A/D-Wandlerschaltung für Zahlen von 0 bis 255 wird die Funktionsweise deutlich (Abb. 7.12).

Der D/A-gewandelte Zählerstand wird von der Eingangsspannung U_E solange subtrahiert, bis $U_\mathrm{E} - - U_{DD} = 0$ ist. Dabei lautet die Ausgangsspannung des Differenzverstärkers:

$$U_\mathrm{A} = \frac{R_2}{R_1} \cdot (U_\mathrm{E} - U_\mathrm{D}) .$$

Aus der Polarität von U_A wird mit den beiden Schmitt-Triggern und einem RS-Flip-Flop 4043 die Zählrichtung für die Binär-Zähler ermittelt. Ein Oszillator erzeugt dazu eine Zählfrequenz f_C.

Wenn weder ein Vorwärts- noch Rückwärtszählsignal anliegt, wird über ein NOR-Gatter das Zählen gestoppt. Dies geschieht über den Übertragseingang 5 des ersten Zählers. Wie aus Tab. 7.4 zu entnehmen ist, bewirkt ein 1-Signal am Übertragseingang (Carry In), das der Zähler stoppt.

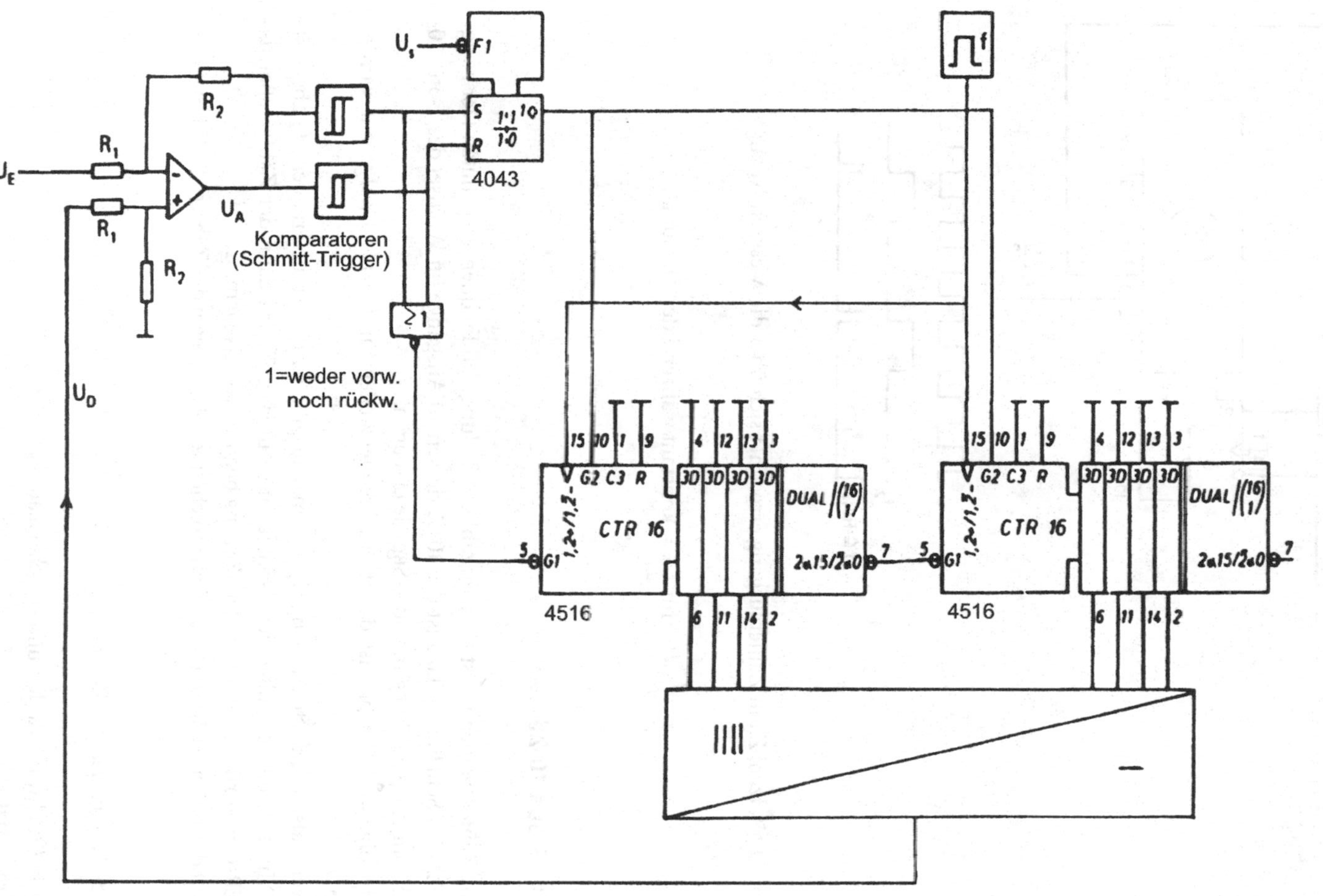

Abb. 7.12 Binär-Vor-/Rückwärtszähler mit 4516 für A/D-Wandler

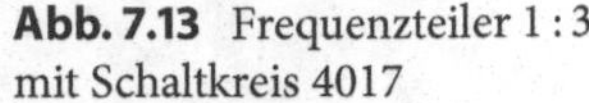

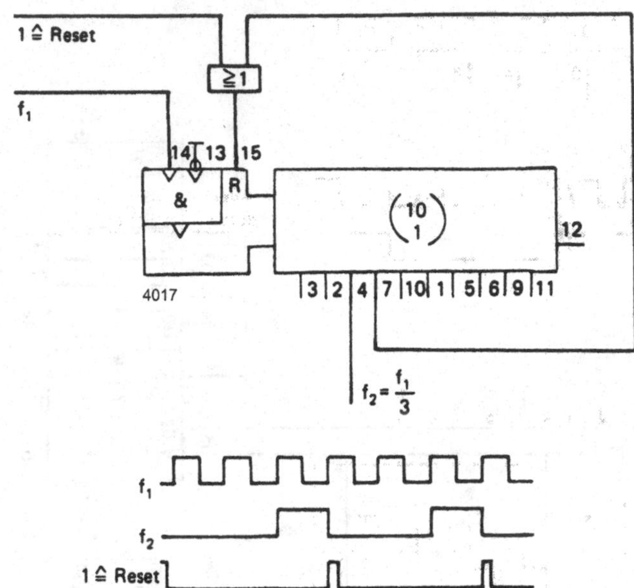

Abb. 7.13 Frequenzteiler 1 : 3 mit Schaltkreis 4017

Die Digitalzahl Z am Zählerausgang errechnet sich über die Messzeit t_M zu:

$$Z = f_C \int_0^{t_M} dt \quad \text{für } U_E = \text{konstant während der Messung} .$$

7.2.3 1-aus-10-Zähler

Solche Zähler werden meist zur ganzzahligen Teilung von Frequenzen genutzt. Der geeignete CMOS-Schaltkreis dazu ist der 4017, dessen 10 Ausgänge im Wechsel des 1-aus-10-Code vom Ausgang 3 beginnend 1-Signale erzeugen.

Im folgenden Beispiel ist damit ein Frequenzteiler für $f_2 = f_1 / 3$ aufgebaut worden (Abb. 7.13).

Wenn also der dritte Ausgang ein 1-Signal ausgibt, wird dort die Frequenz f_2 abgegriffen. Mit dem danach folgenden 1-Signal am Ausgang 7 wird dann der Zähler über das ODER-Gatter rückgesetzt und der Vorgang beginnt vom Neuem.

Auf diese Weise können an den entsprechenden Ausgängen des Zählers 4017 Frequenz-Teilerverhältnisse von 1 : 2 bis 1 : 10 erzeugt werden.

Anwendungsgebiete für Zähler

1. Vor-/Rückwärts zählen und speichern auf Festwert,
2. Frequenzteiler,

3. Digitaler Integrierer und Sollwertgeber in Regelungen,
4. Zählen innerhalb eines Zeitfensters zur Messwertbildung von Drehzahl oder Geschwindigkeit,
5. Zählen durch Vergleich zweier variabler Zählerstände bei Längungs- bzw. Streckgrad-Regelungen,
6. Zähler für A/D- und D/A- Wandler.

7.3 Frequenzteiler, Frequenzverdoppler

Für die Anwendung von Frequenzteilern mit ganzzahligen Teilerverhältnissen eignen sich besonders Zähler und Flip-Flops. Dabei ist zu beachten, dass je nach Schaltung das Pul-Pausenverhältnis nicht immer 1 : 1 ist.

Eine einfache Schaltung zur Teilung von Frequenzen am Ausgang eines BCD-Zählers zeigt Abb. 7.14.

Wie das Impulsdiagramm in Abb. 7.15 zeigt, erscheinen die Bits an den Zählerausgängen (6, 11, 14, 2) entsprechend dem BCD-Code nur jedes zweite Mal, vierte Mal usw. Damit erhält man ein ganzzahliges Teilerverhältnis von $f_1 / 2, f_1 / 4$ usw., wenn man direkt einen der Ausgänge als Frequenz f_2 benutzt.

Für ein variables ganzzahliges Teilerverhältnis kann man zwei BCD-Zähler einsetzen, die über den eingestellten BCD-Code am Dekadenschalter gesteuert werden (Abb. 7.16).

Beim Zählerstand Null erscheint am Übertragsausgang 7 der Einer-Dekade ein 1-Signal. Damit werden die beiden Zähler auf den Dekadenwert N gesetzt. Sofort verschwindet das 1-Signal wieder. Nun zählen die Zähler rückwärts bis auf Null und es erscheint wieder ein 1-Signal am Übertragsausgang 7 der Einer-Dekade. Dieses Ausgangssignal entspricht somit der gewünschten Frequenz $f_2 = f_1 / N$.

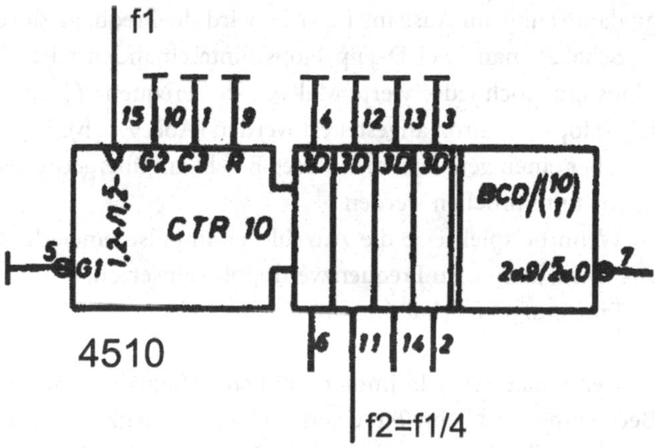

Abb. 7.14 BCD-Zähler als einfacher Frequenzteiler

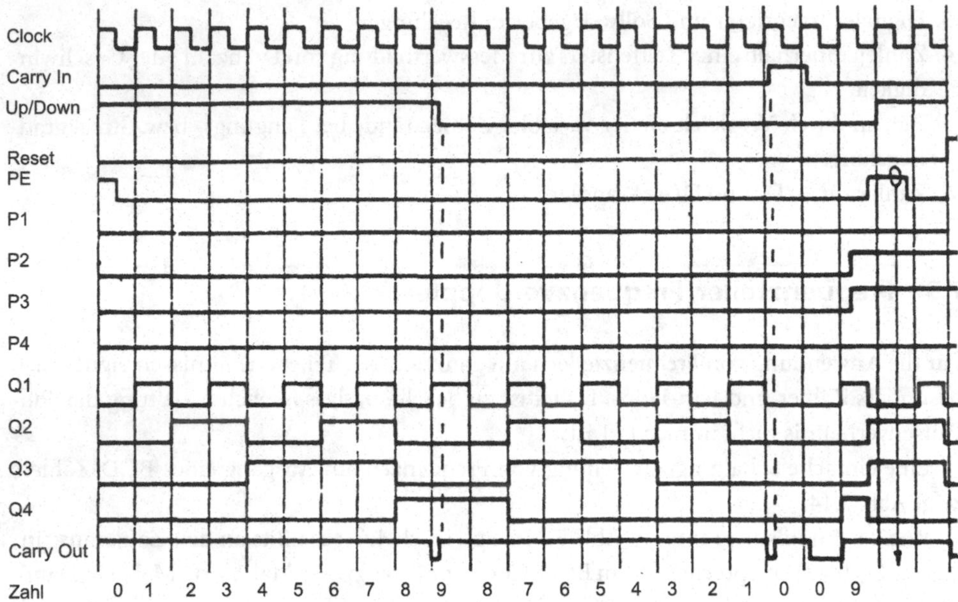

Abb. 7.15 Impulsdiagramm des BCD-Zählers 4510

Das IC mit Widerständen ist notwendig, damit die Eingänge der Zähler bei jeder Stellung der Dekadenschalter auf festem Potenzial liegen (siehe Handhabungsregeln Abschn. 6.3).

Mit einem D-Flip-Flop lässt sich ebenfalls ein einfacher Frequenzteiler realisieren (Abb. 7.17a). Diese Schaltung erzeugt die Frequenz $f_2 = f_1 / 2$.

Mit jeder ansteigenden Flanke der Eingangsfrequenz f_1 wird der jeweilige Zustand des Dateneingangs 1D an den Ausgang q gespeichert. Da nur die ansteigende Flanke eine Signaländerung am Ausgang bewirkt, wird die Frequenz durch zwei geteilt.

Schaltet man zwei D-Flip-Flops hintereinander, wird der Ausgang q des ersten Flip-Flops nur noch jedes vierte Mal von der Frequenz f_1 umgeschaltet. Dabei müssen beide Flip-Flops synchron angesteuert werden (Abb. 7.17b). Es ergibt sich somit $f_2 = f_1 / 4$.

Über einen gemeinsamen Reset-Befehl am übergeordneten RS-Flip-Flop kann die Frequenz unterbrochen werden.

Wenn beispielsweise die Anzahl der Impulse einer digitalen Messwerterfassung nicht ausreicht, kann man Frequenzverdoppler einsetzen.

Eine einfache Schaltung mit einem Exclusiv-ODER (Schaltkreis 4070) ist in Abb. 7.18 dargestellt.

Der Schaltkreis gibt immer dann ein 1-Signal aus, wenn die Eingänge $a \neq b$ sind. Diese Bedingung wird beim 0-1-Übergang der Frequenz f_1 während der Aufladung des Kondensators erfüllt. Hat die Aufladung die 1-Signal-Erkennung des Exclusiv-ODER erreicht, geht die Frequenz f_2 wieder auf 0-Signal.

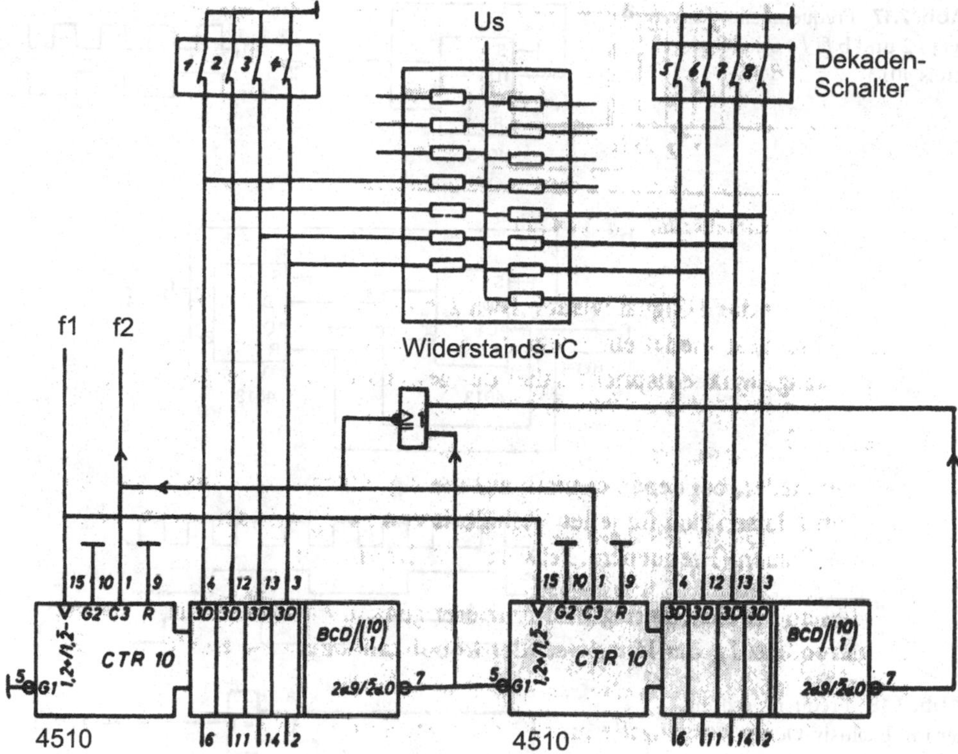

Abb. 7.16 Frequenzteiler mit zweidekadigem BCD-Zähler

Beim Auftreten der 1-0-Flanke von f_1 geht die Frequenz f_2 wieder auf 1-Signal, solange sich der Kondensator entlädt. Ist die 0-Signal-Erkennung des Exclusiv-ODER erreicht, geht f_2 wieder auf 0-Signal zurück.

Die Pulsbreite t_B der Frequenz f_2 ist von der Zeitkonstanten des RC-Gliedes, der Schaltschwelle des Exclusiv-ODER sowie seiner Speisespannung abhängig. Es gilt:

$$t_a \approx 0,78 \cdot RC \pm 54\,\% \quad \text{für } U_S = 10\,\text{V}. \tag{7.4}$$

Mit dem NAND-Schaltkreis 4011 und zwei RC-Gliedern lässt sich ebenfalls ein Frequenzverdoppler aufbauen (Abb. 7.19).

Die Speisespannung hat den Kondensator C_1 zu Beginn bereits aufgeladen, sodass am Eingang c und über den Widerstand R auch am Eingang d des NAND ein 1-Signal anliegt. Damit ist f_2 auf 0-Signal.

Mit der 0-1-Flanke der Frequenz f_1 wird der Eingang d auf 0-Signal gezogen und sofort geht f_2 auf 1-Signal. Der Kondensator $C2$ lädt sich auf. Bei Erreichen der Schaltschwelle des NAND wird der Impulsblock der Frequenz f_2 wieder beendet.

Abb. 7.17 Frequenzteiler für **a** $f_1 / 2$ und **b** $f_1 / 4$ mit Schaltkreis 4013

a

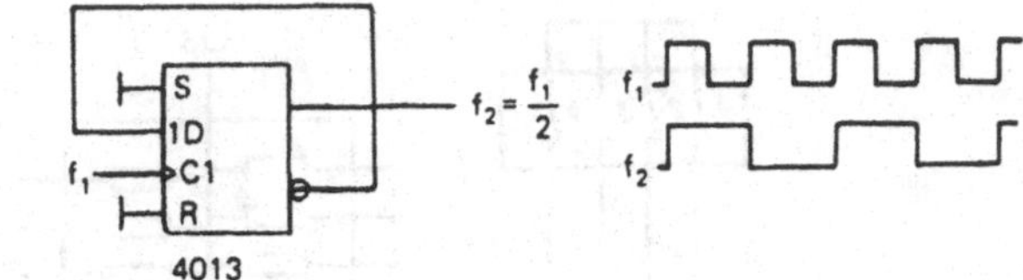

b

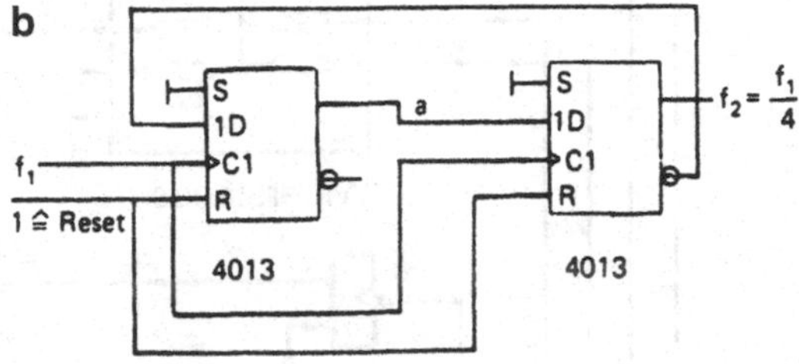

Abb. 7.18 Frequenzverdoppler mit Exclusiv-Oder 4070

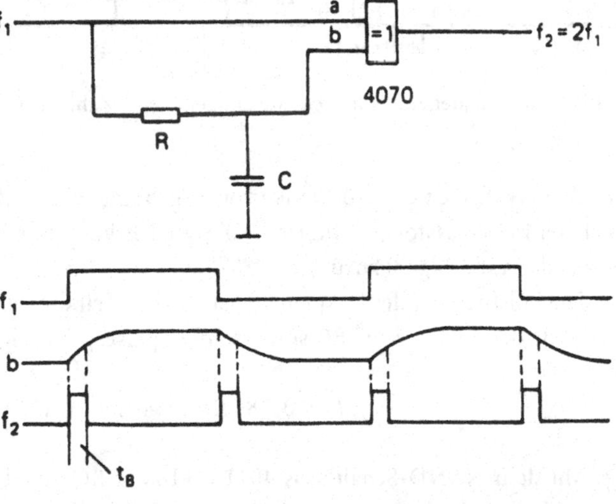

Die gleiche Abfolge ergibt sich bei einer 1-0-Flanke der Frequenz f_1 bezüglich des Eingangs *c*, sodass an dieser Stelle ebenfalls ein Impulsblock von f_2 entsteht.

Voraussetzung für die Funktion der Frequenzverdoppler ist, dass die Lade- und Entladezeitkonstanten der RC-Glieder wesentlich kleiner sind als die Impulsblocks der Eingangsfrequenz f_1.

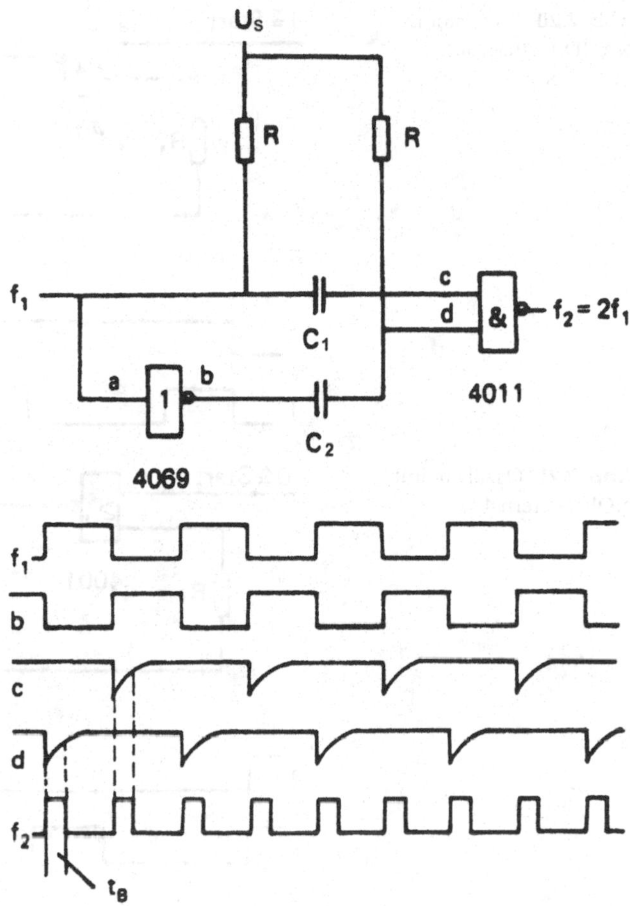

Abb. 7.19 Frequenzverdoppler mit NAND 4011

7.4 Oszillatoren

Konstante Frequenzen, die man in einer industriellen Anlage bei verschiedenen Schaltungskomponenten einsetzt, lassen sich auf verschiede Arten erzeugen. Ein Oszillator mit NAND-Gattern zeigt Abb. 7.20.

Vor dem Starten der Frequenz ist der Kondensator *C* aufgeladen, sodass an Eingang c ein 1-Signal anliegt. Durch ein 1-Signal am Eingang a wird der Oszillator gestartet und der Kondensator beginnt, sich über R_2 zu entladen. Wenn die Schaltschwelle für das 0-Signal am Schaltkreis 4011 erreicht ist, geht der Ausgang b und damit die Frequenz *f* wieder auf 0-Signal.

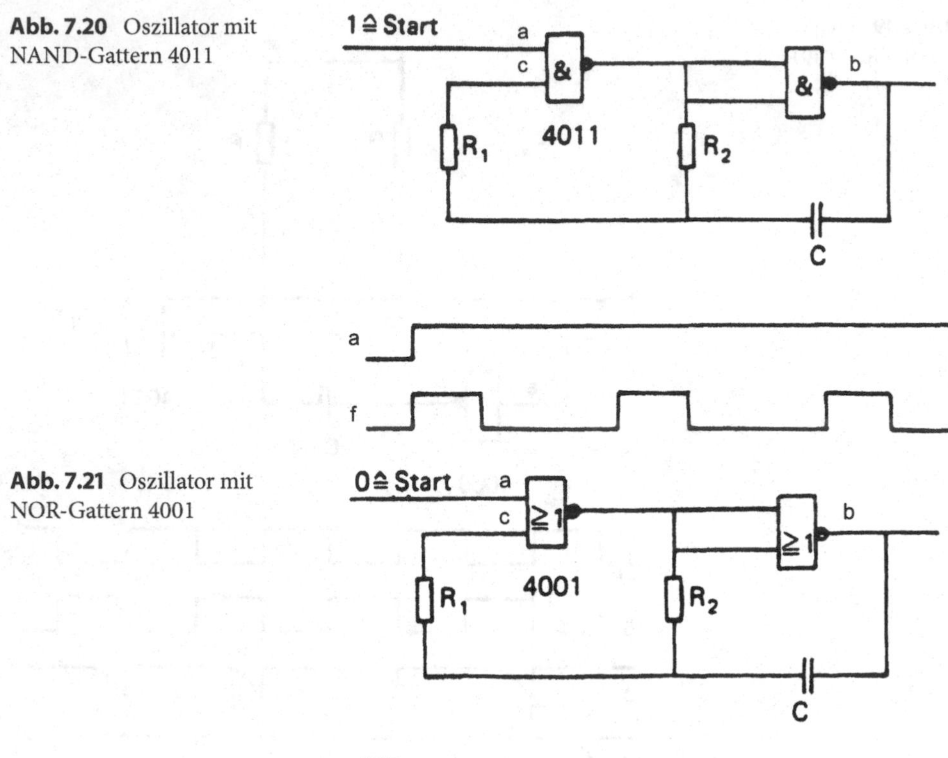

Abb. 7.20 Oszillator mit NAND-Gattern 4011

Abb. 7.21 Oszillator mit NOR-Gattern 4001

Das Pulspausenverhältnis kann über die beiden Widerstände eingestellt werden. In Abb. 7.20 ist es für $R_1 = 2R_2$ dargestellt. Die Frequenz lässt sich entsprechend der Formel

$$f = \frac{0{,}45}{R_2 C} \pm 54\,\% \quad \text{für } U_S = 10\,\text{V} \tag{7.5}$$

einstellen. Für eine übliche Kondensatorenreihe sind in Tab. 7.5 die passenden Widerstände zu einer gewünschten Oszillatorfrequenz dargestellt. Die Toleranz von 54 % ist eine statische Angabe, die Frequenz schwankt also nicht während des Betriebes.

Ein ähnlich arbeitender Oszillator lässt sich mit NOR-Gattern aufbauen. Dabei wird die Frequenz f jedoch mit einem 0-Signal gestartet (Abb. 7.21). Für die Widerstände und die Formel der Frequenz f gilt die gleiche Aussage wie in Abb. 7.20.

Die Schaltung eines Oszillators mit dem Schaltkreis 4093 wurde bereits in Abb. 3.14 kurz aufgezeigt. Die Funktionsweise soll hier nun besprochen werden (Abb. 7.22).

Vor dem Betrieb des Oszillators ist der Kondensator C aufgeladen und Eingang b sowie der Ausgang des NAND liegen auf 1-Signal. Mit dem Startsignal an Eingang a springt der

Tab. 7.5 Oszillatorfrequenz als Funktion von R_2 und C

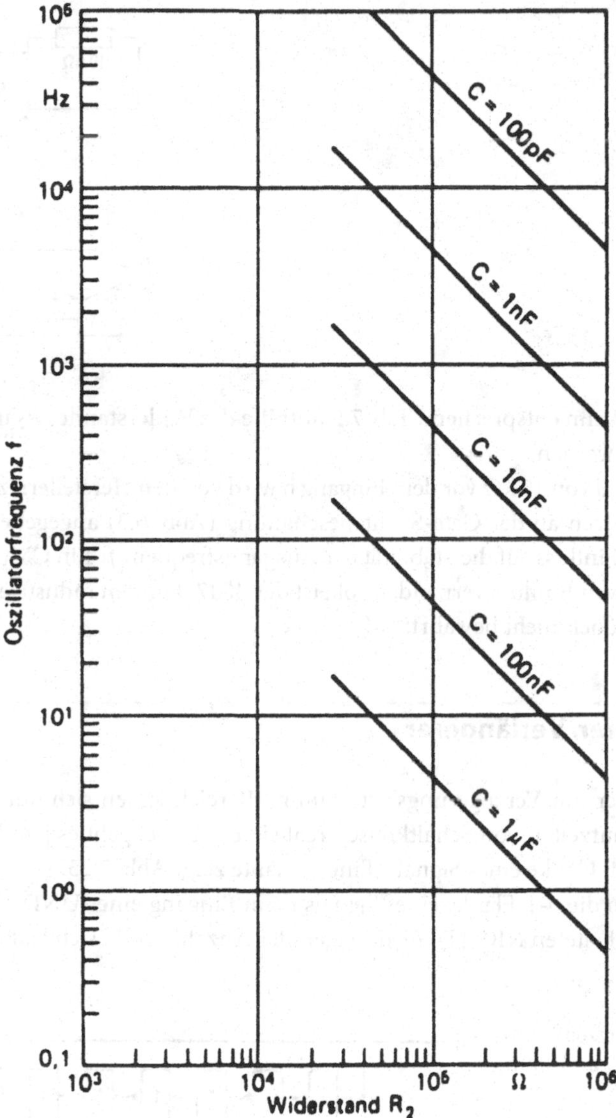

Ausgang sofort auf 0-Signal und der Kondensator beginnt sich zu entladen. Ist die Schaltschwelle des 0-Signals am Eingang b erreicht, schaltet das NAND am Ausgang wieder auf 1-Signal, der Kondensator lädt sich auf. Die Frequenz f entsteht somit durch das Auf- und Entladen des Kondensators C. Es ergibt sich folgende Formel:

$$f = \frac{1{,}1}{R \cdot C} \pm 11\,\% \quad \text{für } U_S = 10\,\text{V}. \tag{7.6}$$

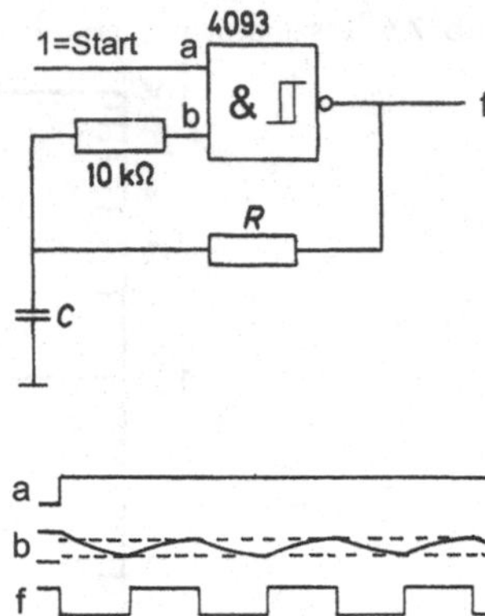

Abb. 7.22 Oszillator mit Schaltkreis 4093

Die Frequenz kann entsprechend Tab. 7.5 mithilfe des Widerstandes R_2 und Kondensators C eingestellt werden.

Der Widerstand von 10 kΩ vor dem Eingang b wird von den Herstellern zum Schutz vor Abschaltstromspitzen an der Gate-Schutzbeschaltung (Abb. 6.3) angegeben. Der Widerstand hat jedoch Einfluss auf die Stabilität der Ausgangsfrequenz f. Ein CMOS-Schaltkreis, der diesen negativen Einfluss vermeiden soll, ist der 4047. Für den industriellen Dauereinsatz hat er sich jedoch nicht bewährt.

7.5 Verzögerer, Verlängerer

Kurzzeitverzögerer mit Verzögerungszeiten im ns-Bereich lassen sich durch die Ausnutzung der Signallaufzeiten von Schaltkreisen realisieren. Dabei geht es jeweils um die Verzögerung der O-1-Flanke eines Signals. Eine Variante zeigt Abb. 7.23.

Verzögert man die 0-1-Flanke eines Signals E am Eingang eines UND-Gatters mithilfe von in Reihe geschalteten NICHT-Gliedern gerader Anzahl, ergibt sich laut Datenblatt eine

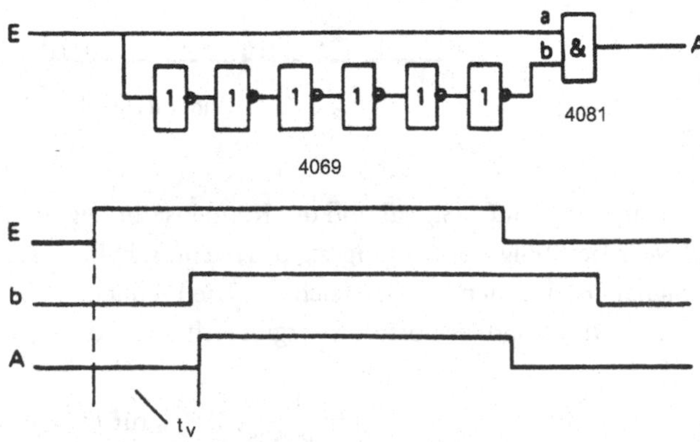

Abb. 7.23 0-1-Kurzzeitverzögerer mit 4069 und 4081

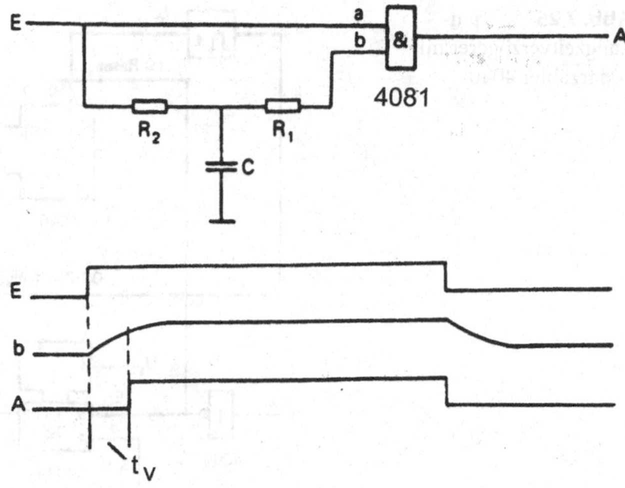

Abb. 7.24 0-1-Langzeitverzögerer mit 4081 und RC-Glied

Verzögerungszeit von:

$$t_v = n \cdot t_{v4069} + t_{4081} \tag{7.7}$$

mit $t_{v4069} = 40$ ns und $t_{v4081} = 65$ ns für $U_s = 10$ V.

Im gezeigten Beispiel beträgt damit die gesamte Verzögerungszeit $t_v = 305$ ns.

0-1-Langzeitverzögerer mit Verzögerungszeiten bis ca. $t_v = 1$ s lassen sich mit einem RC-Glied am Eingang b eines UND-Gatters aufbauen (Abb. 7.24).

Dabei wird die Ladezeitkonstante des RC-Gliedes genutzt. Erst wenn die Aufladung des Kondensators die Schaltschwelle des UND erreicht, wird am Ausgang A ein 1-Signal erzeugt. Die Verzögerungszeit beträgt:

$$t_v = 0{,}78 \cdot R_2 C \pm 54\,\% \quad \text{für } U_S = 10\,\text{V}. \tag{7.8}$$

Für extrem lange Verzögerungszeiten eignet sich der 12-stufige Binärzähler 4040. Eine Schaltungsvariante zeigt Abb. 7.25. Damit sind Verzögerungszeiten von

$$t_v = \frac{2^{n-1}}{f_C} = [1;2047] : f_C\,. \tag{7.9}$$

möglich. Solange das Eingangssignal E auf 0-Signal liegt, wird über den Schaltkreis 4069 Reset am Zählereingang 11 erzeugt und über das RS-Flip-Flop der Ausgang A auf 0-Signal gesetzt. Mit der 0-1-Flanke an E wird der Zählvorgang mit der Frequenz f_C gestartet. Bei Erreichen der abgegriffenen Binärzahl (hier 2^3) wird das Flip-Flop rückgesetzt, sodass Ausgang $A = 1$-Signal annimmt, das entspricht der Verzögerungszeit. Mit dem Verschwinden des Eingangssignals E geht dann auch der Ausgang A wieder auf 0-Signal zurück.

Einige industrielle Anwendungen benötigen eine Signalverlängerung, bei der die 1-0-Flanke hinausgezögert wird. Eine Variante für Zeiten bis ca. $t_v = 1$ s zeigt Abb. 7.26.

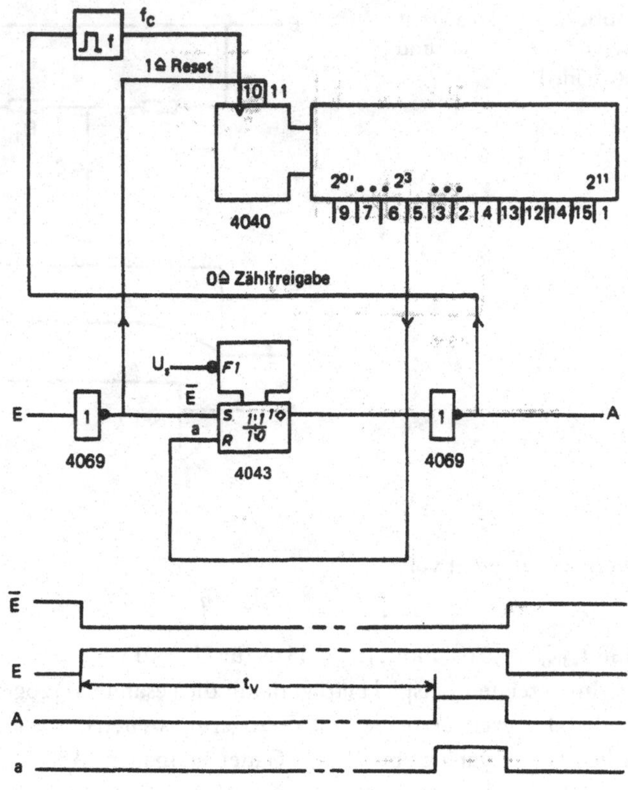

Abb. 7.25 Extrem-Langzeitverzögerer mit Binärzähler 4040

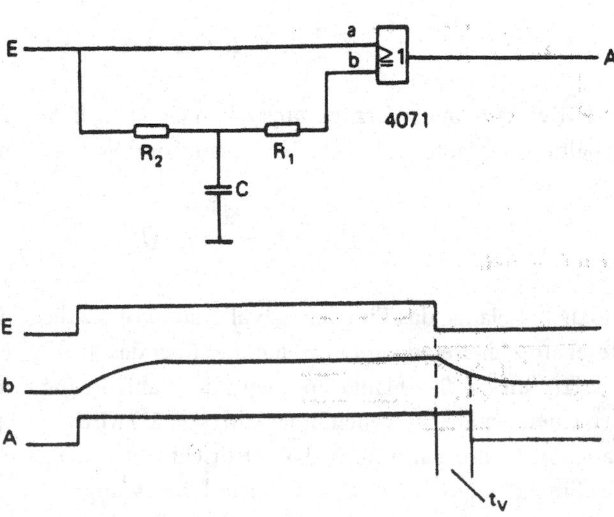

Abb. 7.26 Lanzeitverlängerer mit ODER-Gatter 4071

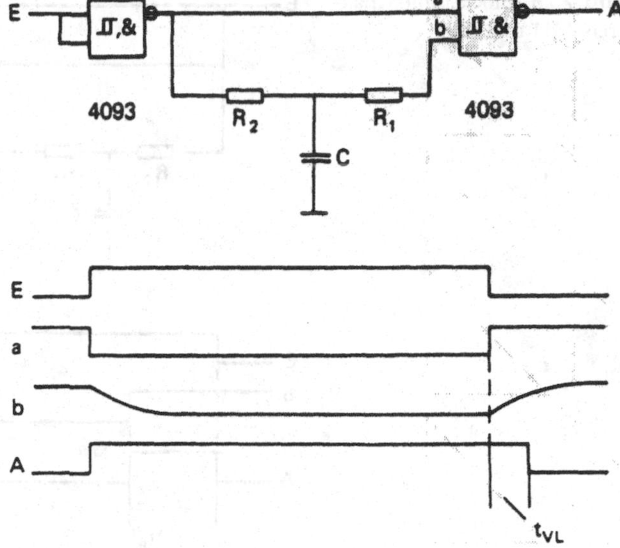

Abb. 7.27 Langzeitverlängerer mit Schaltkreis 4093

Das RC-Glied am Eingang b eines ODER-Gatters sorgt dafür, dass bei Verschwinden des Eingangssignals *E* der Ausgang *A* auf 1-Signal bleibt. Erst wenn die 0-Signal-Schaltschwelle des ODER erreicht wird, geht auch der Ausgang *A* auf 0-Signal zurück.

Die Verlängerungszeit t_{v1} lässt sich ebenfalls mithilfe von Gl. 7.8 einstellen.

Ist man bestrebt, das RC-Glied von anderen CMOS-Schaltungsteilen zu entkoppeln, lässt sich ein Langzeitverlängerer auch mit dem Schaltkreis 4093 aufbauen (Abb. 7.27). Die Funktionsweise der Schaltung ist ähnlich.

7.6 Blocker

Signalblocker werden eingesetzt, wenn ein 1-Signalblock bestimmter Länge zur Ansteuerung einer Logik erforderlich ist.

Eine Blockerschaltung mit UND- sowie NAND-Gatter ist in Abb. 7.28 dargestellt.

Beim Zuschalten der Speisespannung liegt am Eingang b sofort ein 1-Signal an. Mit der 0-1-Flanke des Signals *E* geht dann der Ausgang *A* auf 1-Signal. Gleichzeitig lädt sich nun der Kondensator auf. Bei Erreichen der Schaltschwelle des NAND geht Eingang b und auch Ausgang *A* auf 0-Signal. Die Blockzeit kann wieder mit Gl. 7.8 eingestellt werden.

Abbildung 7.29 zeigt einen Blocker mit Blockabbruch. Dies geschieht, wenn das Eingangssignal *E* sehr kurz ist und die Ladezeitkonstante des RC-Gliedes nicht greift. Damit wird die vorgewählte Blockzeit nicht in jedem Betriebszustand des Eingangs *E* erreicht.

Abhilfe schafft ein Blocker mit einer vom Eingangssignal *E* unabhängigen Blockzeit (Abb. 7.30).

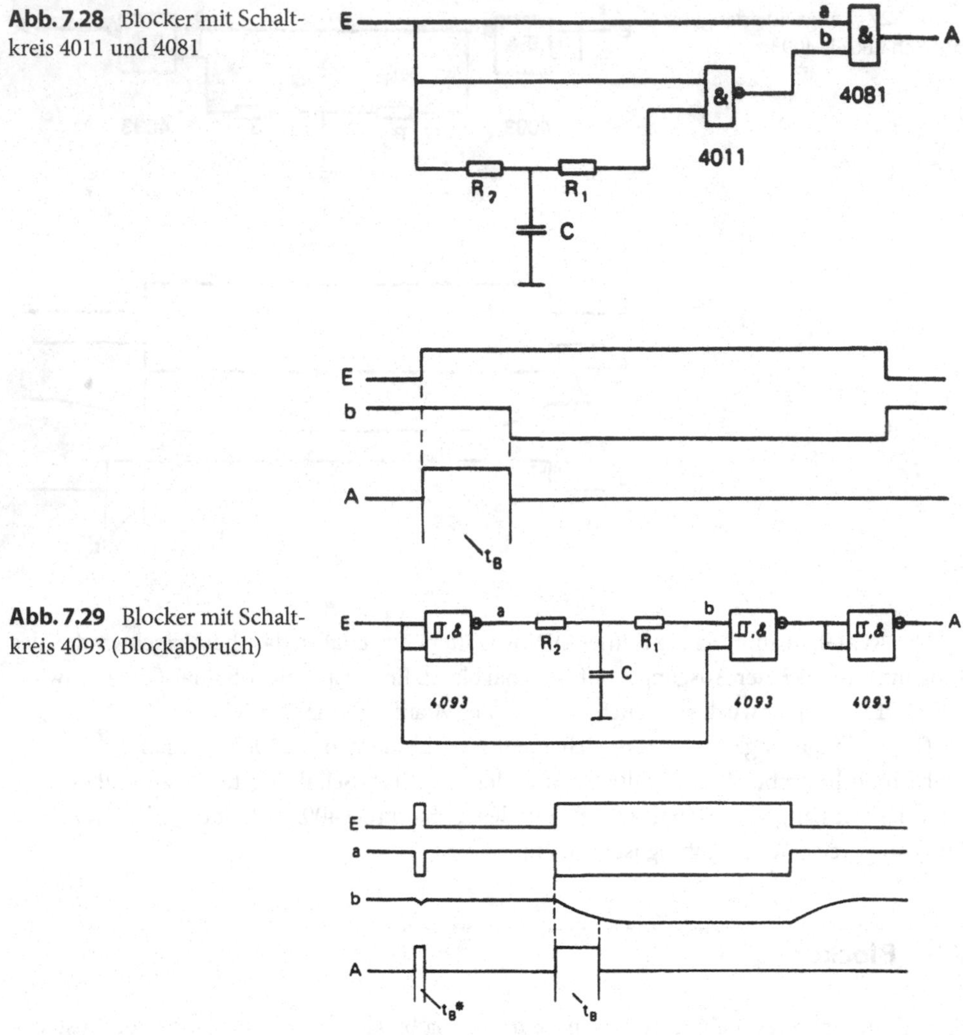

Abb. 7.28 Blocker mit Schaltkreis 4011 und 4081

Abb. 7.29 Blocker mit Schaltkreis 4093 (Blockabbruch)

Dabei sorgt ein vorgeschalteter Kurzzeitblocker mit $t_B^* \approx 800$ ns dafür, dass die Blockzeit am Ausgang *A* unabhängig von der Länge des Eingangssignals *E* erhalten bleibt.

Zur Bestimmung der Blockerzeiten, der Verzögerungszeiten und der Verlängerungszeiten mithilfe von R_2 und *C* dient für alle Zeitglieder die Tab. 7.6. Aus der Tabelle lässt sich auch ersehen, dass die Blockerzeiten den Sekunden-Bereich nicht überschreiten sollten.

Blocker mit extrem langen Blockzeiten, die unabhängig von der Länge des Eingangssignals *E* sind, lassen sich mit einem Binär-Zähler 4040 in Verbindung mit dem RS-Flip-Flop 4043 realisieren (Abb. 7.31).

Die Schaltung braucht mit dem Startsignal einmal den Resetbefehl, sodass der Ausgang *A* auf 0-Signal liegt und der Binärzähler auf Null steht.

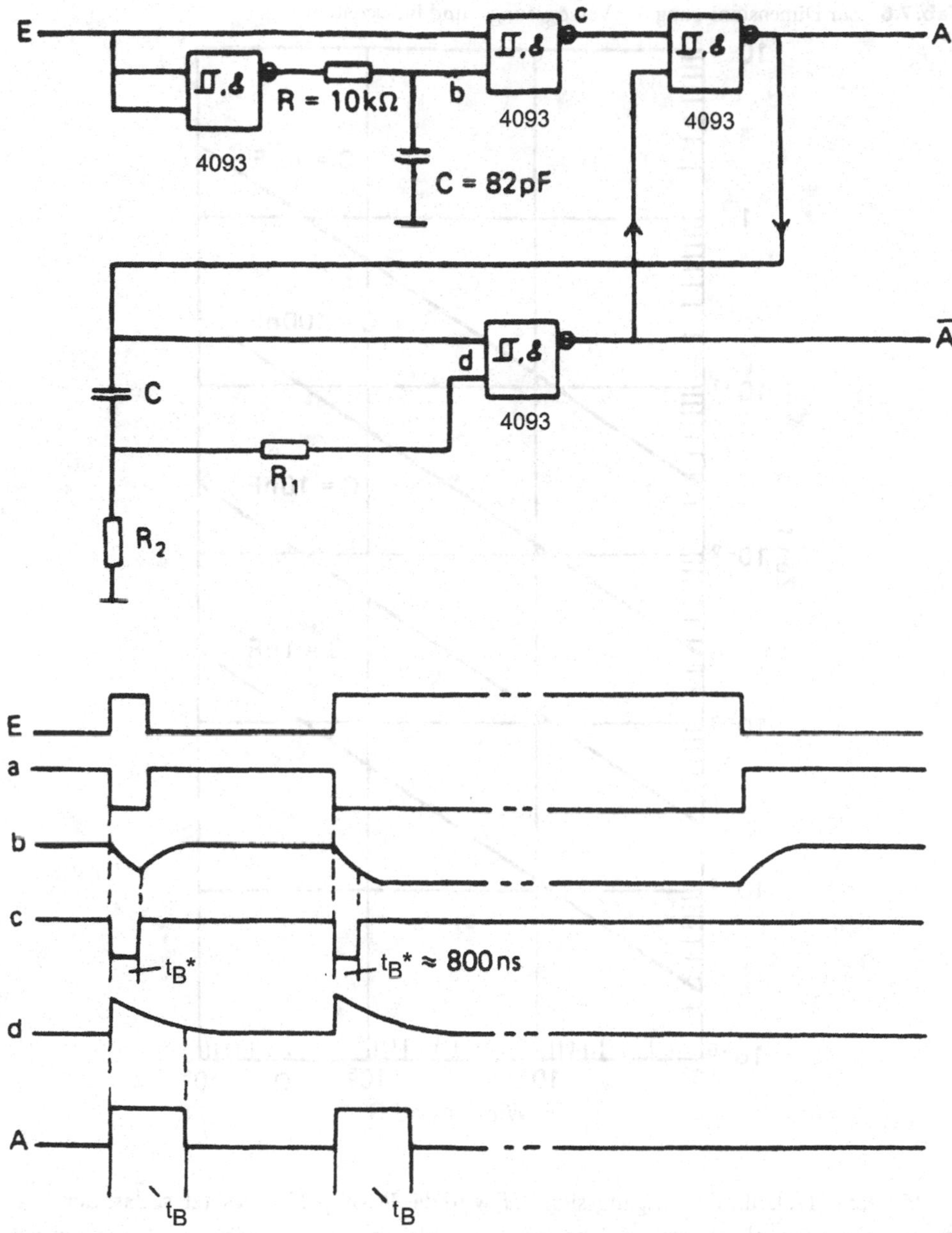

Abb. 7.30 Blocker mit Schaltkreis 4093 (ohne Blockabbruch)

Tab. 7.6 Zur Dimensionierung der Verzögerungs- und Blockzeiten

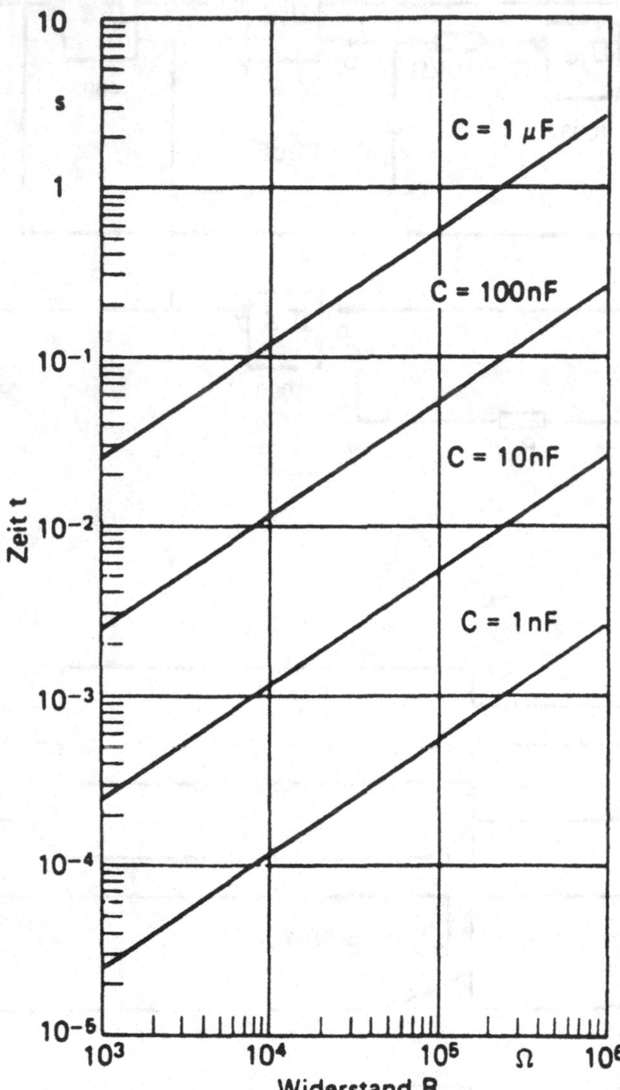

Mit der 0-1-Flanke des Eingangssignals E wird das RS-Flip-Flop gesetzt, sodass der Ausgang A auf 1-Signal geht und gleichzeitig der Zähler freigegeben wird. Bei Erreichen der abgegriffenen Binärzahl (hier 2^5) erzeugt der Zählerausgang einen Resetbefehl am Flip-Flop und der Ausgang A geht wieder auf 0-Signal. Die Blockzeit t_B entspricht der Gl. 7.9 und ist maßgeblich von der konstanten Taktfrequenz f_C abhängig.

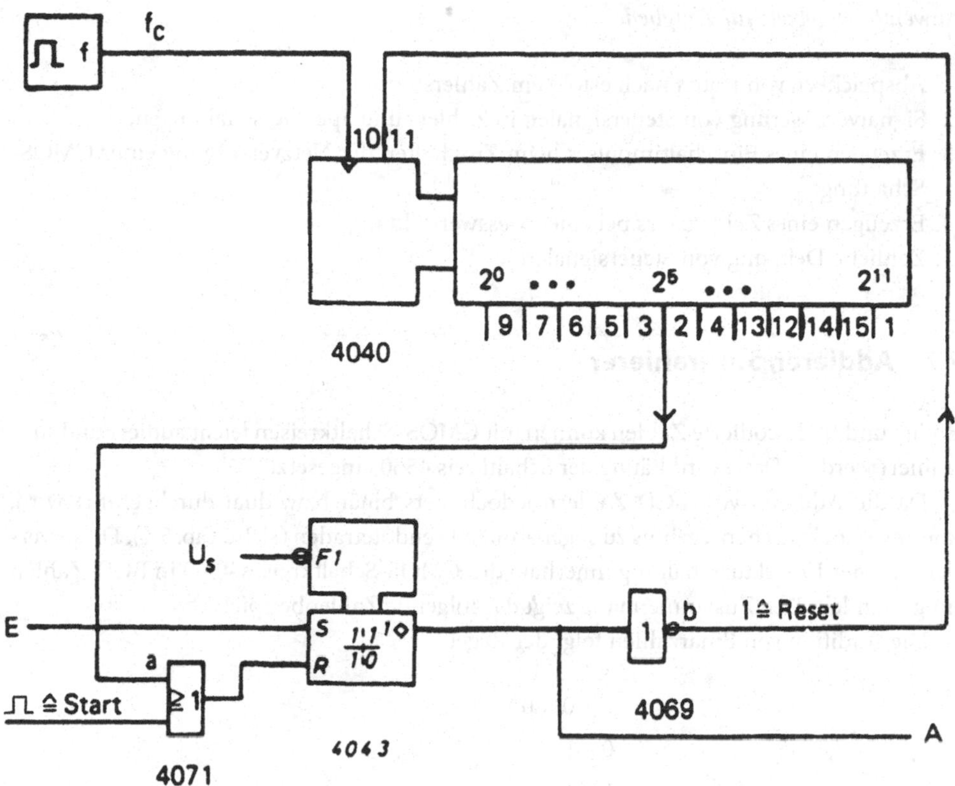

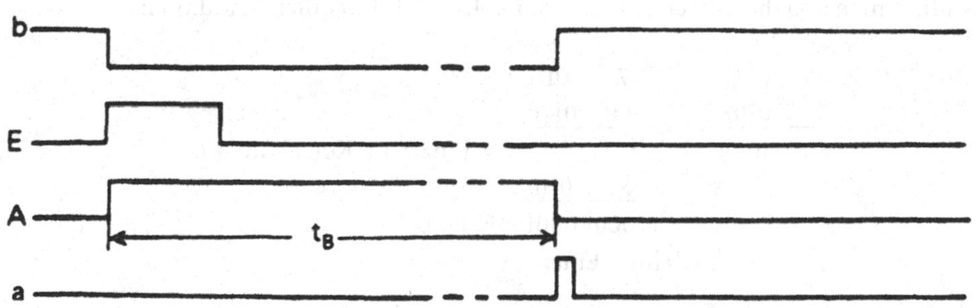

Abb. 7.31 Blocker für extrem lange Blockerzeiten mit Binär-Zähler

Anwendungsgebiete für Zeitglieder

1. Abspeichern von Daten nach erfolgtem Zählerstopp,
2. Signalverzögerung von Steuersignalen in Zähler- und Speicherschaltungen,
3. Erzeugen eines Einschaltimpulses beim Zuschalten der Netzversorgung einer CMOS-Schaltung,
4. Erzeugen eines Zeitfensters bei einer Messwertbildung,
5. Zeitliche Dehnung von Steuersignalen.

7.7 Addierer, Subtrahierer

Binär- und BCD-codierte Zahlen können mit CMOS-Schaltkreisen leicht addiert und subtrahiert werden. Dazu wird häufig der Schaltkreis 4560 eingesetzt.

Da die Addition von BCD-Zählern jedoch stets binär bzw. dual durchgeführt wird, kommt es im Zwischenergebnis zu sogenannten Pseudotetraden (siehe Tab. 5.4). Diese werden in einer Korrekturschaltung innerhalb des CMOS-Schaltkreises 4560 in BCD-Zahlen umgewandelt. Den Zusammenhang zeigt das folgende Zahlenbeispiel.

Die Addition von Binärzahlen folgt der Regel:

$$\begin{aligned} 0+0&=0\\ 0+1&=1\\ 1+0&=1\\ 1+1&=0 \quad \text{ein Übertrag}\,. \end{aligned}$$

Addiert man also die Zahlen 3 + 5 sowie 7 + 4, ergibt die codierte Addition:

$$\begin{array}{ll@{\qquad}rrl} 3: & 0011 & 7: & 0111 & \\ \underline{5:} & \underline{0101} & \underline{4:} & \underline{0100} & \\ 8: & 1000 & & 1011 & = \text{binäre 11, Korrektur } +6 \\ & & \underline{6:} & \underline{0110} & \\ & & & 0001\,0001 & = \text{BCD 11} \\ & & \multicolumn{2}{r}{\text{Zehner Einer}\,.} & \end{array}$$

Es zeigt sich, dass beim Auftreten von Pseudotetraden der jeweils errechnete Wert mit +6 zu korrigieren ist. Das Ergebnis kann dann eine mehrdekadige BCD-Zahl sein (Abb. 7.32).

Die Subtraktion zweier BCD-Zahlen $A - B$ für A positiv und $A \geq B$ lässt sich auf die Addition mit einem Neunerkomplement der Zahl B zurückführen. Das Neunerkomplement der Zahl B ist definiert als:

$$K(B) = (10^n - 1) - B \quad \text{mit } n = \text{Anzahl der Dekaden}\,. \tag{7.10}$$

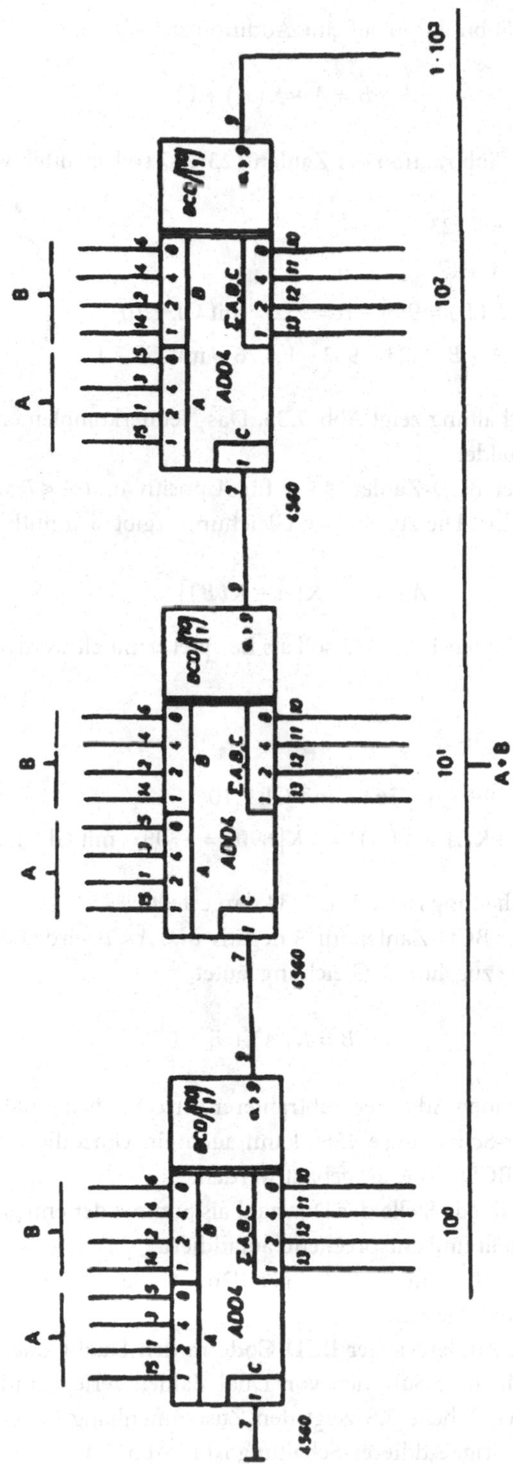

Abb. 7.32 Addition zweier BCD-codierter Zahlen

Damit führt man die Subtraktion auf eine Addition zurück:

$$A - B = A + K(B) + 1\,. \tag{7.11}$$

Ein Beispiel dazu. Die Subtraktion der Zahlen 123 – 47 soll ermittelt werden.

$$\begin{aligned} &A = 123 \\ &B = 47 \\ &K(B) = 999 - B = 952 \quad \text{mit Gl. 7.10} \\ &A - B = 123 + 952 + 1 = 76 \quad \text{mit Gl. 7.11} \end{aligned}$$

Die entsprechende Schaltung zeigt Abb. 7.33. Das Neunerkomplement wird dabei mit dem Schaltkreis 4561 gebildet.

Die Subtraktion zweier BCD-Zahlen $A - B$ für A positiv und $A < B$ wird ebenfalls auf die Addition zurückgeführt. Die zugehörige Gleichung ergibt sich mithilfe des negativen Komplements $-K$:

$$A - B = -K[A + K(B)]\,. \tag{7.12}$$

Die Subtraktion der Zahlen 126 – 435 soll als Beispiel ermittelt werden.

$$\begin{aligned} &A = 126 \\ &B = 435 \\ &K(B) = 999 - B = 564 \quad \text{mit Gl. 7.10} \\ &A - B = -K[A + K(B)] = -K[690] = -309 \quad \text{mit Gl. 7.12} \end{aligned}$$

Die entsprechende Schaltung ist in Abb. 7.34 dargestellt.

Die Subtraktion zweier BCD-Zahlen für A negativ und $A < B$ wird ebenfalls auf die Addition zurückgeführt. Die zugehörige Gleichung lautet:

$$-A + B = K(A) + B + 1. \tag{7.13}$$

Abbildung 7.35 zeigt einen Addierer/Subtrahierer für zuvor genannte Fälle.

Mithilfe der Addierer-Schaltkreise 4560 kann auch ein Umcodierer vom Dual-Code bzw. Binär-Code in den BCD-Code aufgebaut werden.

Zur Umwandlung wird jede Stelle der Dualzahl als Summe der entsprechenden Stellen der BCD-Zahlen dargestellt und entsprechend aufaddiert.

Tabelle 7.7 zeigt dies für einen 11-stelligen Dual-Code. Die zugehörige Addierer-Schaltung ist in Abb. 7.36 dargestellt.

Ebenso lässt sich mit Addierern der BCD-Code in den Dual-Code umwandeln. Dazu werden die BCD-Zahlen in Summen von Dual-Zahlen zerlegt und mit dem Binär-Addierer 4008 aufaddiert. Tabelle 7.8 zeigt den Zusammenhang für einen 4-dekadigen BCD-Code. Die dazugehörige Addierer-Schaltung ist in Abb. 7.37 dargestellt.

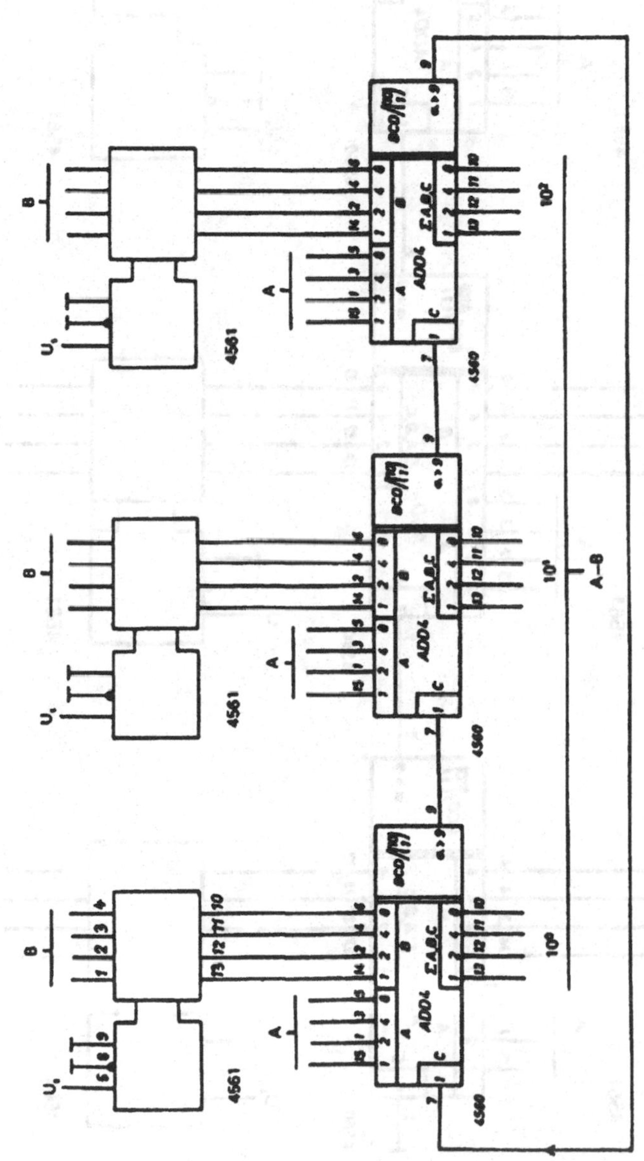

Abb. 7.33 Subtraktion zweier BCD-codierter Zahlen A positiv und $A \geq B$

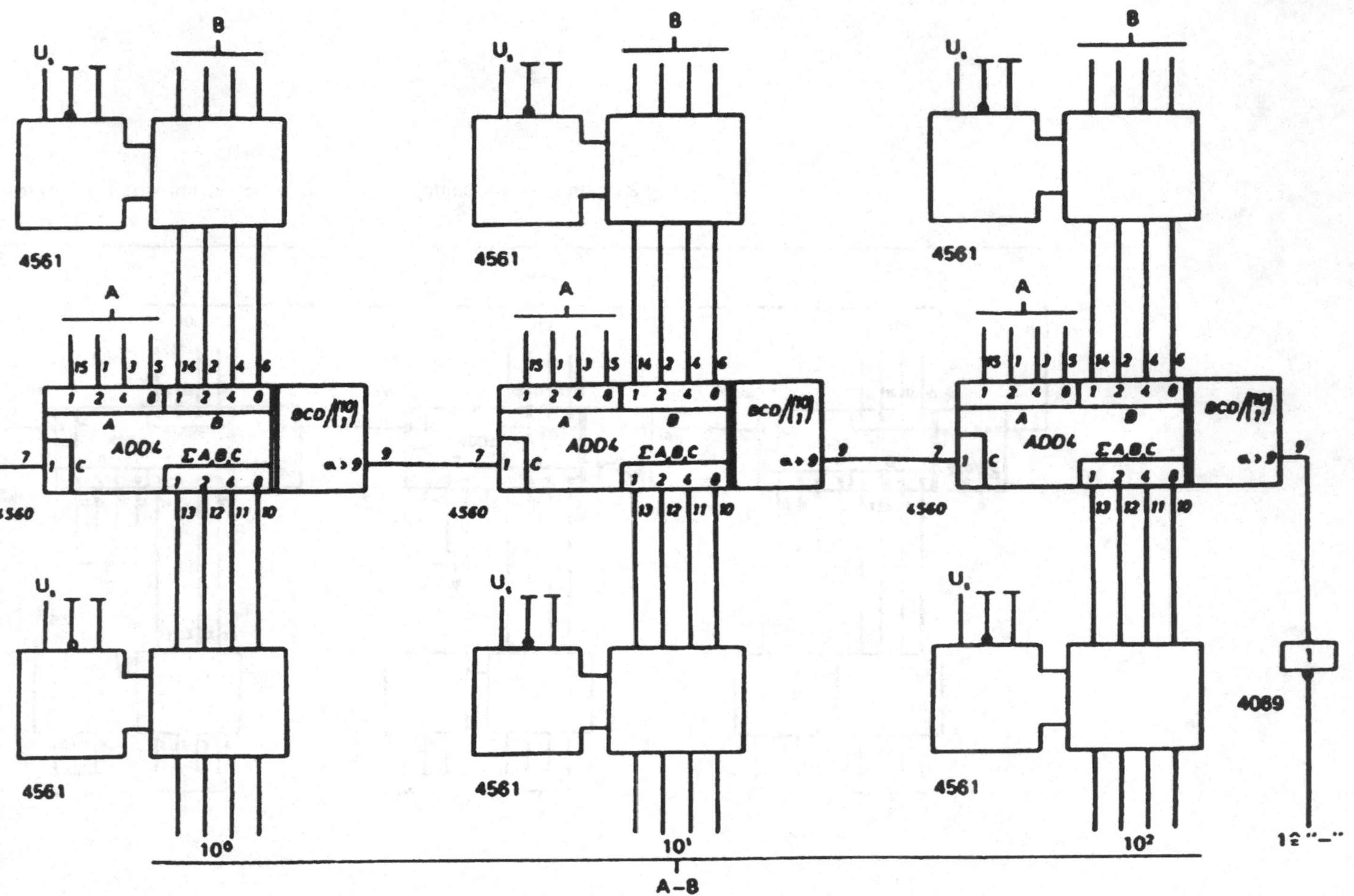

Abb. 7.34 Subtraktion zweier BCD-codierter Zahlen *A* positiv und $A < B$

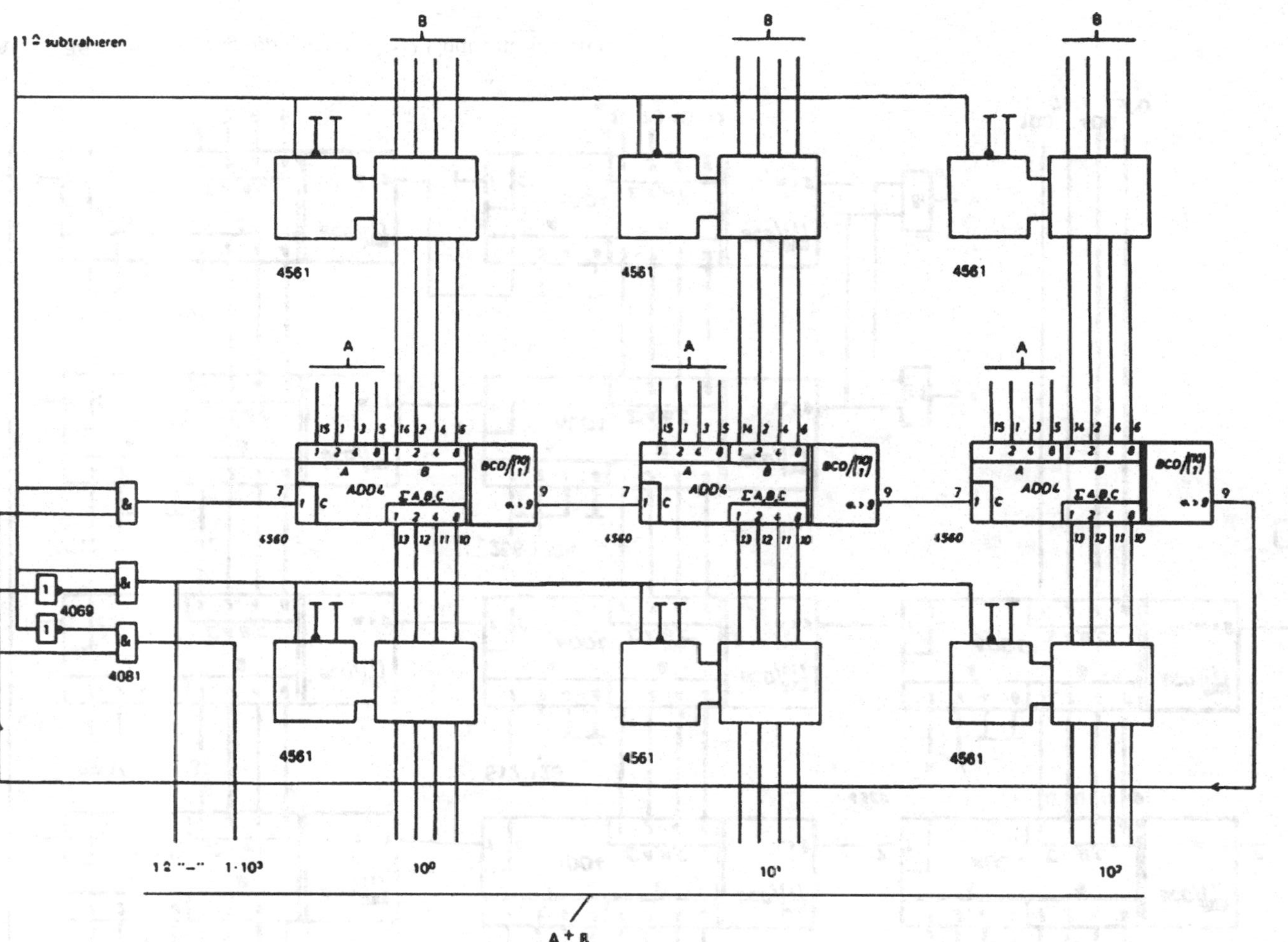

Abb. 7.35 Addierer/Subtrahierer für BCD-codierte Zahlen

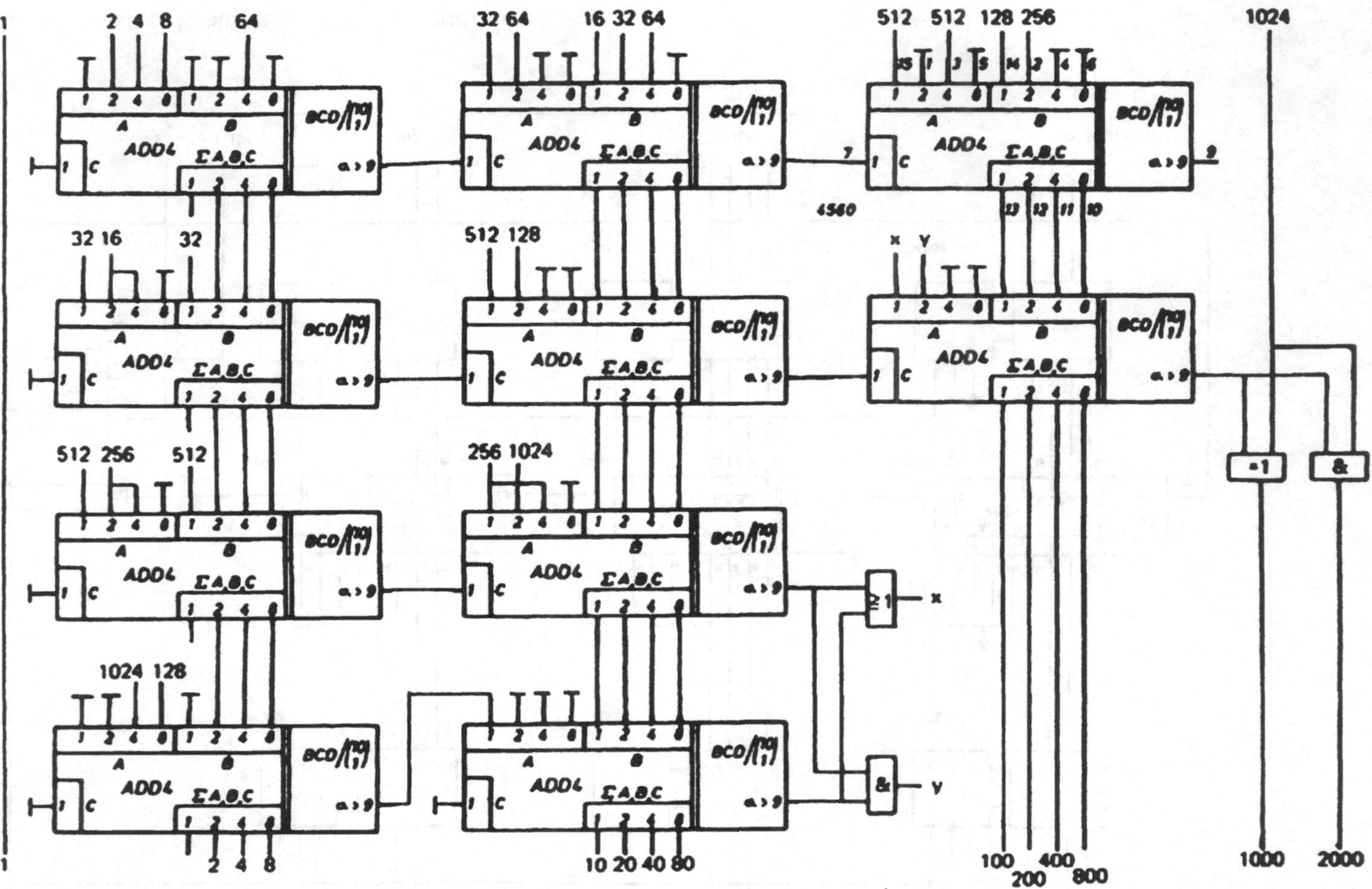

Abb. 7.36 Umcodierung von Dual- in BCD-Code mit Addierern 4560

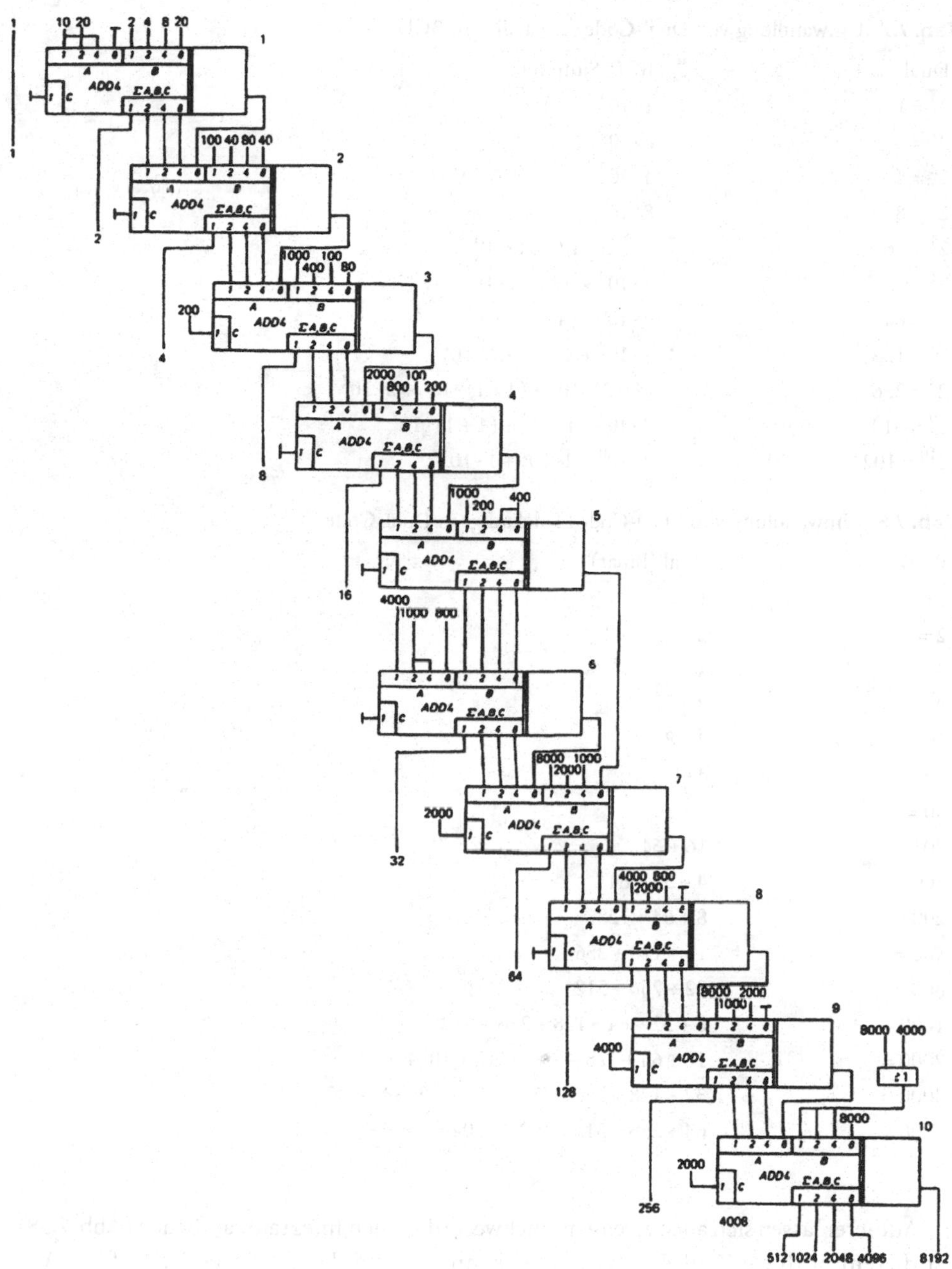

Abb. 7.37 Umcodierung des BCD- in Dual-Code (14-stellig)

Tab. 7.7 Umwandlung von Dual-Code (11-stellig) in BCD-Code

Dual	BCD-Summen
$2^0 = 1$	$1 \cdot 10^0$
$2^1 = 2$	$2 \cdot 10^0$
$2^2 = 4$	$4 \cdot 10^0$
$2^3 = 8$	$8 \cdot 10^0$
$2^4 = 16$	$(4+2) \cdot 10^0 + 1 \cdot 10^1$
$2^5 = 32$	$2 \cdot 10^0 + (2+1) \cdot 10^1$
$2^6 = 64$	$4 \cdot 10^0 + (4+2) \cdot 10^1$
$2^7 = 128$	$8 \cdot 10^0 + 2 \cdot 10^1 + 1 \cdot 10^2$
$2^8 = 256$	$(4+2) \cdot 10^0 + (4+1) \cdot 10^1 + 2 \cdot 10^2$
$2^9 = 512$	$2 \cdot 10^0 + 1 \cdot 10^1 + (4+1) \cdot 10^2$
$2^{10} = 1024$	$4 \cdot 10^0 + 2 \cdot 10^1 + 1 \cdot 10^3$

Tab. 7.8 Umwandlung von BCD-Code (4-dekadig) in Dual-Code

BCD	Dual (Binär)
1 =	1
2 =	2
4 =	4
8 =	8
10 =	2 + 8
20 =	4+16
40 =	8 + 32
80 =	16 + 64
100 =	4 + 32 + 64
200 =	8 + 64 + 128
400 =	16 + 128 + 256
800 =	32 + 256 + 512
1000 =	8 + 32 + 64 + 128 + 256 + 512
2000 =	16 + 64 + 128 + 256 + 512 + 1024
4000 =	32 + 128 + 256 + 512 + 1024 + 2048
8000 =	64 + 256 + 512 + 1024 + 2048 + 4096

Addierer lassen sich auch zu einem stückweise digitalen Integrator aufbauen (Abb. 7.38). Ist diesem noch ein Zähler vorgeschaltet, kann man auf den zeitlichen Verlauf des Ausgangszählerstandes $z(t)$ mit zwei Taktfrequenzen Einfluss nehmen.

Mit jeder 0-1-Flanke der Frequenz f_2 wird die Summe am Addiererausgang um $z(t)$ vergrößert (durch Addieren) oder verkleinert (durch Subtrahieren), also:

$$z(t) = z(0) + \sum_{0}^{t} f_2 \cdot y(t) \cdot \Delta t \,.$$

Abb. 7.38 Digitaler Integrierer und Sollwertgeber

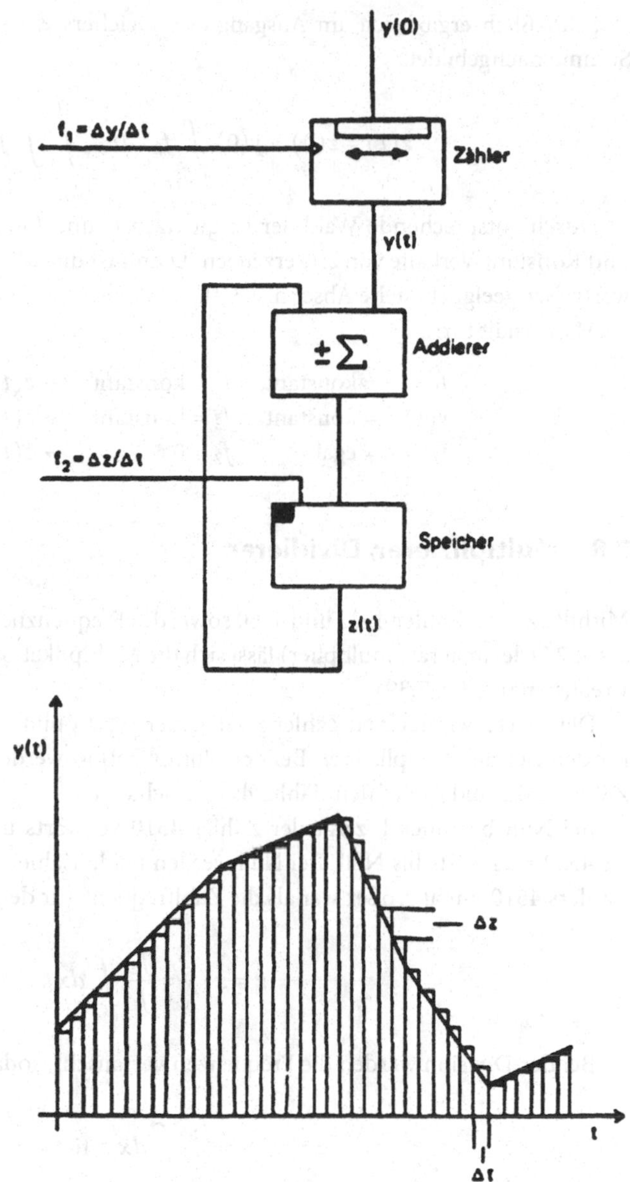

Für den Ausgang des Zählers gilt:

$$y(t) = y(0) + \sum_{0}^{t} f_1 \cdot \Delta t\,.$$

Schließlich ergibt sich am Ausgang des Speichers ein stückweises Doppelintegral als Summe nachgebildet:

$$z(t) = z(0) + y(0) \int_0^t f_2 \cdot dt + \int_0^t \int_0^t f_1 f_2 \cdot dt^2 . \tag{7.14}$$

Durch entsprechende Wahl der Frequenzen f_i und f_2 lassen sich so Parabel-, Linear- und Konstant-Verläufe von $z(t)$ erzeugen. Damit ist diese Schaltung auch als digitaler Sollwertgeber geeignet (siehe Abschn. 4.3.2).

Man erhält für:

$$\begin{array}{lll} f_1 = \text{konstant}, & f_2 = \text{konstant} & \rightarrow z(t) \approx t^2 \\ y(t) = \text{konstant}, & f_2 = \text{konstant} & \rightarrow z(t) \approx t \\ f_1 = \text{egal} & f_2 = 0 & \rightarrow z(t) = \text{konstant} . \end{array}$$

7.8 Multiplizierer, Dividierer

Mithilfe zweier Zähler 4522 und 4560 sowie des Frequenzbetragsmultiplizierer-Schaltkreises 4527 (dezimal rate multiplier) lässt sich die Multiplikation/Division zweier Werte x und y realisieren (Abb. 7.39).

Der Wert x wir in einen Zähler gesetzt. Der Wert y bildet den Bewertungsfaktor (hier 4) für den Betragsmultiplizierer. Bei der Multiplikation werden die Frequenz f_E / 10 auf den Zähler 4522 und f_A auf den Zähler 4510 geschaltet.

Bei Null beginnend, zählt der Zähler 4510 vorwärts und bei x beginnend der Zähler 4522 rückwärts bis Null. Bei Null werden beide Zähler gestoppt. Da die Frequenz des Zählers 4510 y-mal größer war als die Zählfrequenz für den 4522, lautet das Ergebnis:

$$z = x \cdot y = \frac{f_2}{f_1} \int_0^x dx . \tag{7.15}$$

Bei der Division werden die Frequenzen vertauscht, sodass dann gilt:

$$z = x \cdot y = \frac{f_2}{f_1} \int_0^x dx \quad \text{für } x > y . \tag{7.16}$$

Der Frequenzbetragsmultiplizierer-Schaltkreis 4527 (dezimal rate multiplier) lässt sich auch direkt als Multiplizierer einsetzten, wenn eine der beiden Zahlen eine Konstante ist, die zweite Zahl einer Frequenz f_E entspricht.

Abbildung 7.40 zeigt dazu das Beispiel $f_A = 0{,}243 \cdot f_E$. Allgemein gilt für eine dreistufige Ausführung der Schaltung dann:

$$f_A = \left(\frac{N1}{10} + \frac{N2}{100} + \frac{N3}{100} \right) \cdot f_E . \tag{7.17}$$

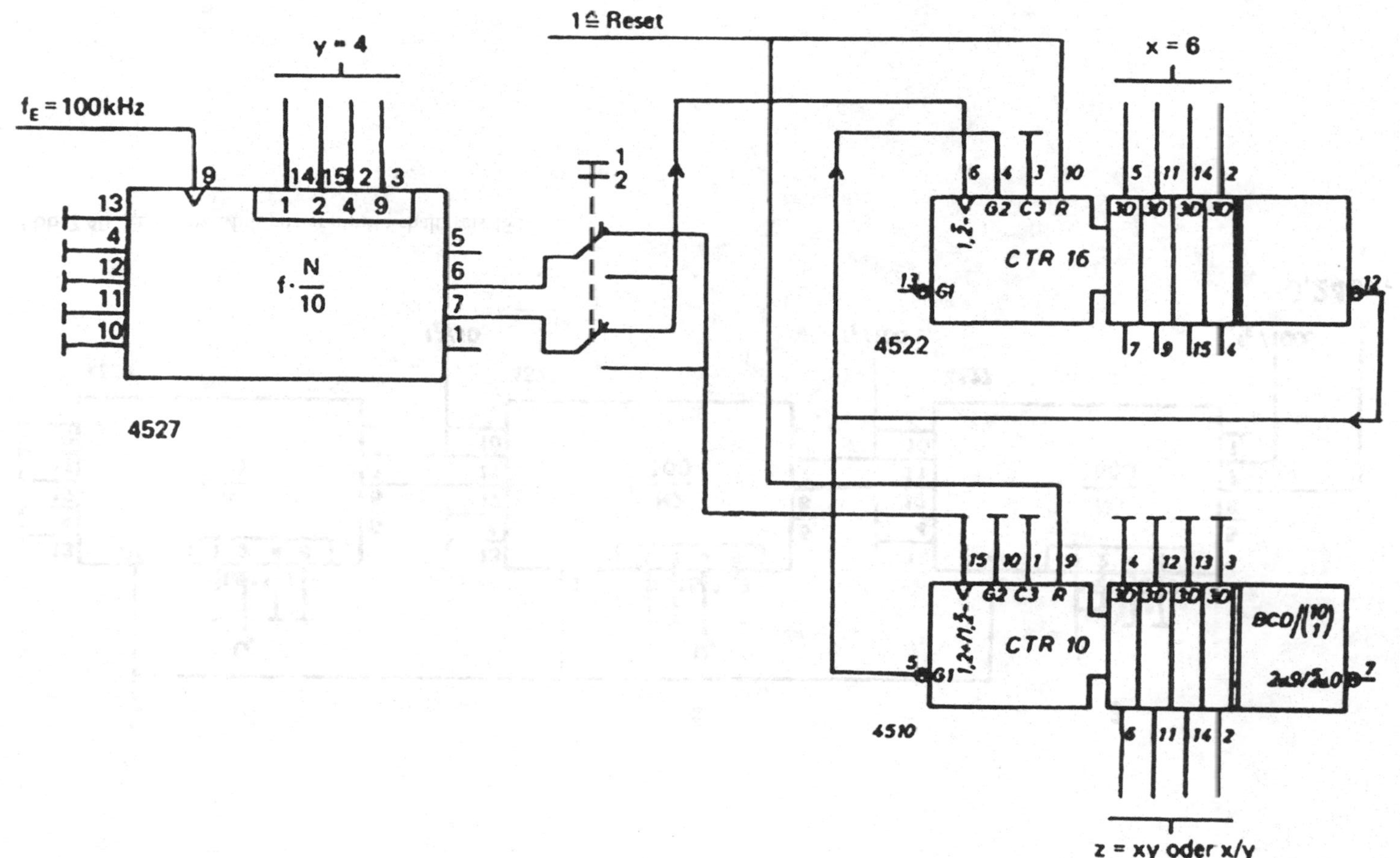

Abb. 7.39 Multiplizierer und Dividierer für 4 Bit

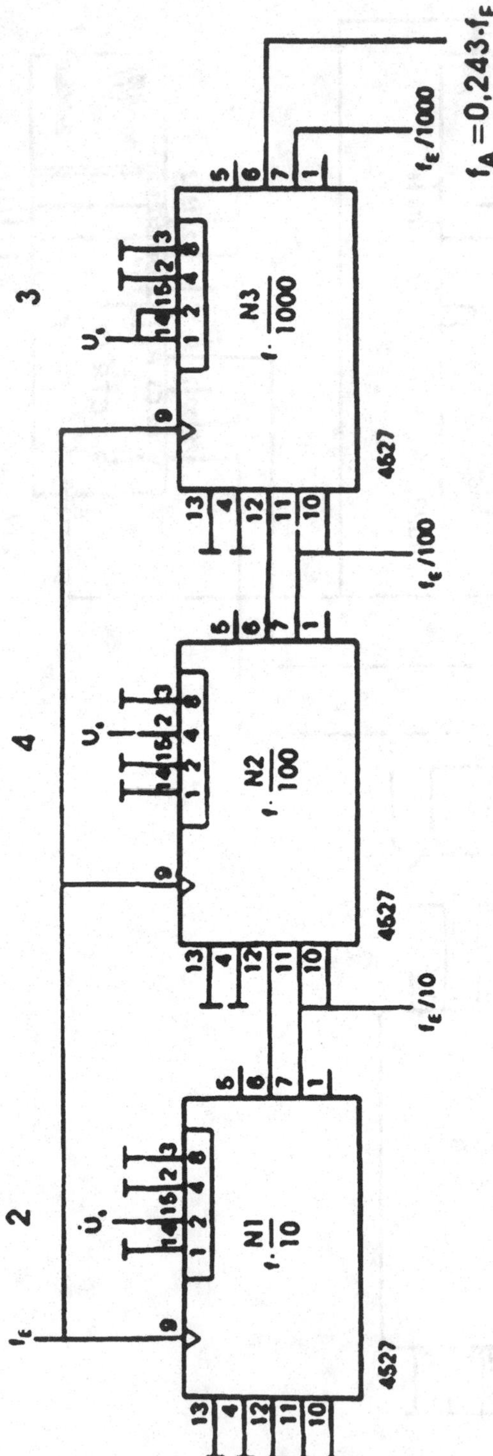

Abb. 7.40 Frequenz-Multiplizierer mit Schaltkreis 4527

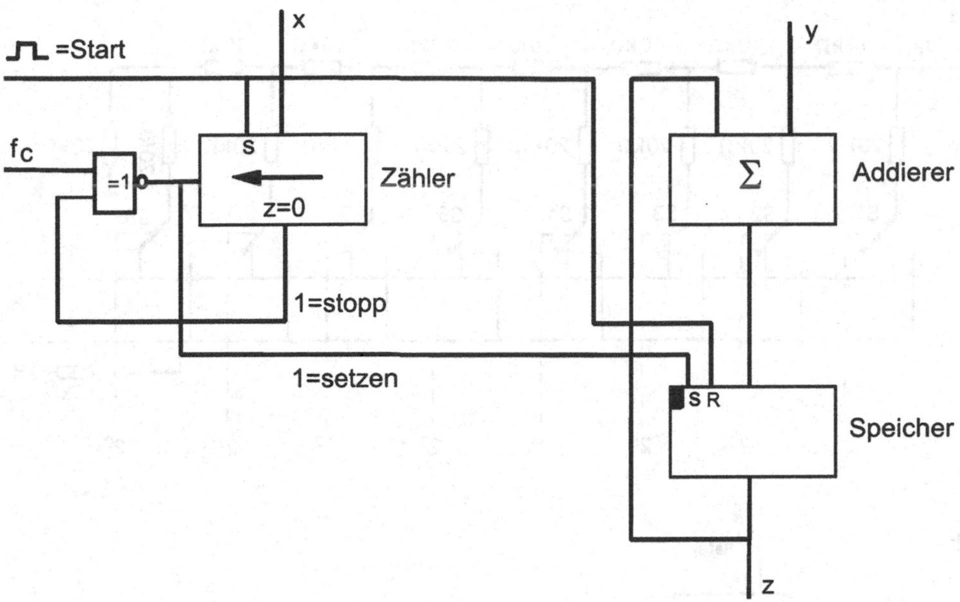

Abb. 7.41 Multiplizierer basierend auf wiederholender Addition

Dabei ist die Ausgangsfrequenz f_A der Mittelwert der Impulsfolge über ein geschlossenes Zeitintervall mit N1 bis N3 als BCD-codierte Zahlen.

Die Multiplikation von zwei Zahlen kann man, wie schon gezeigt, auch durch wiederholende Addition realisieren. Abbildung 7.41 gibt dazu ein Beispiel.

Dann gilt für das Ergebnis:

$$z = x \cdot y = \sum_{i=1}^{x} . \tag{7.18}$$

Die Zahl y ist ein Summand des Addierers, der Speicherinhalt ist der zweite. Mit dem Starimpuls wird der Speicher gelöscht und der Zähler auf die Zahl x gesetzt. Jeder Takt der Frequenz f_C setzt den Speicher auf das Ergebnis z der Addition, während der Zähler gleichzeitig nach Null zählt. Bei einer Ausführung der Schaltung mit 4 Dekaden und $f_C = 1$ MHz beträgt die Rechenzeit (für $x = 9999$) ca. 10 ms.

7.9 Interface-Schaltungen

Interface- oder Schnittstellen-Schaltungen stellen die Verbindung zwischen verschiedenen analogen und digitalen Technologien her. Für die Analogtechnik wurden sie bereits in Abschn. 3.8 behandelt.

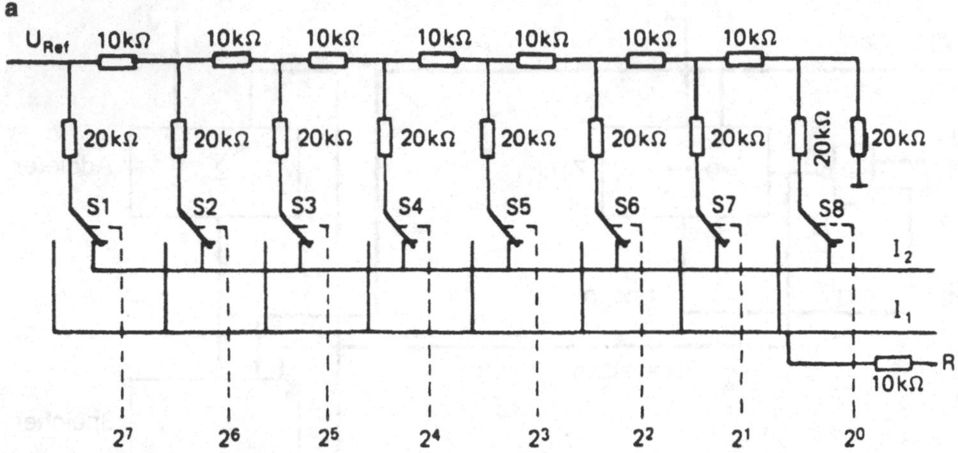

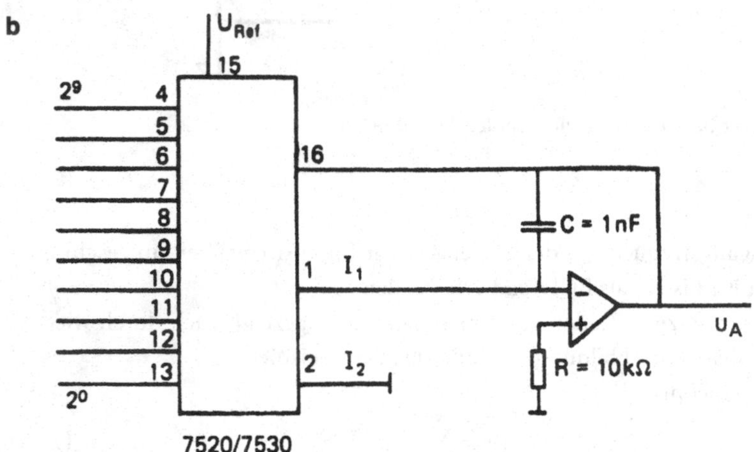

Abb. 7.42 **a** Prinzip des Kettenleiters und **b** 10 Bit D/A-Wandler

D/A- undA/D-Wandler Meist wird bei der D/A-Wandlung das Prinzip des Kettenleiters genutzt. Die angedeuteten CMOS-Analogschalter S1 bis S8 werden dabei durch den jeweiligen Binäreingang des Wandler angesteuert (Abb. 7.42a). Mithilfe einer konstanten Referenzspannung U_{Ref} fließt je nach Schalterstellung die Summer aus den Strömen I_1 und I_2. Für die Wandlung in eine Ausgangsspannung ist noch ein Operationsverstärker notwendig. Die Schaltung mit einem D/A-Wandler 7520 oder 7530 nach diesem Prinzip ist in Abb. 7.42b dargestellt.

Sein Umsetzfehler liegt bei ±1/2 Bit und einer Auflösung von ±4,6 mV.

Hochauflösende D/A-Wandler mit äußerst geringem Linearitäts- und Umsetzfehler sind für den industriellen Einsatz insbesondere in der Regeltechnik wichtig. Als Funktion in

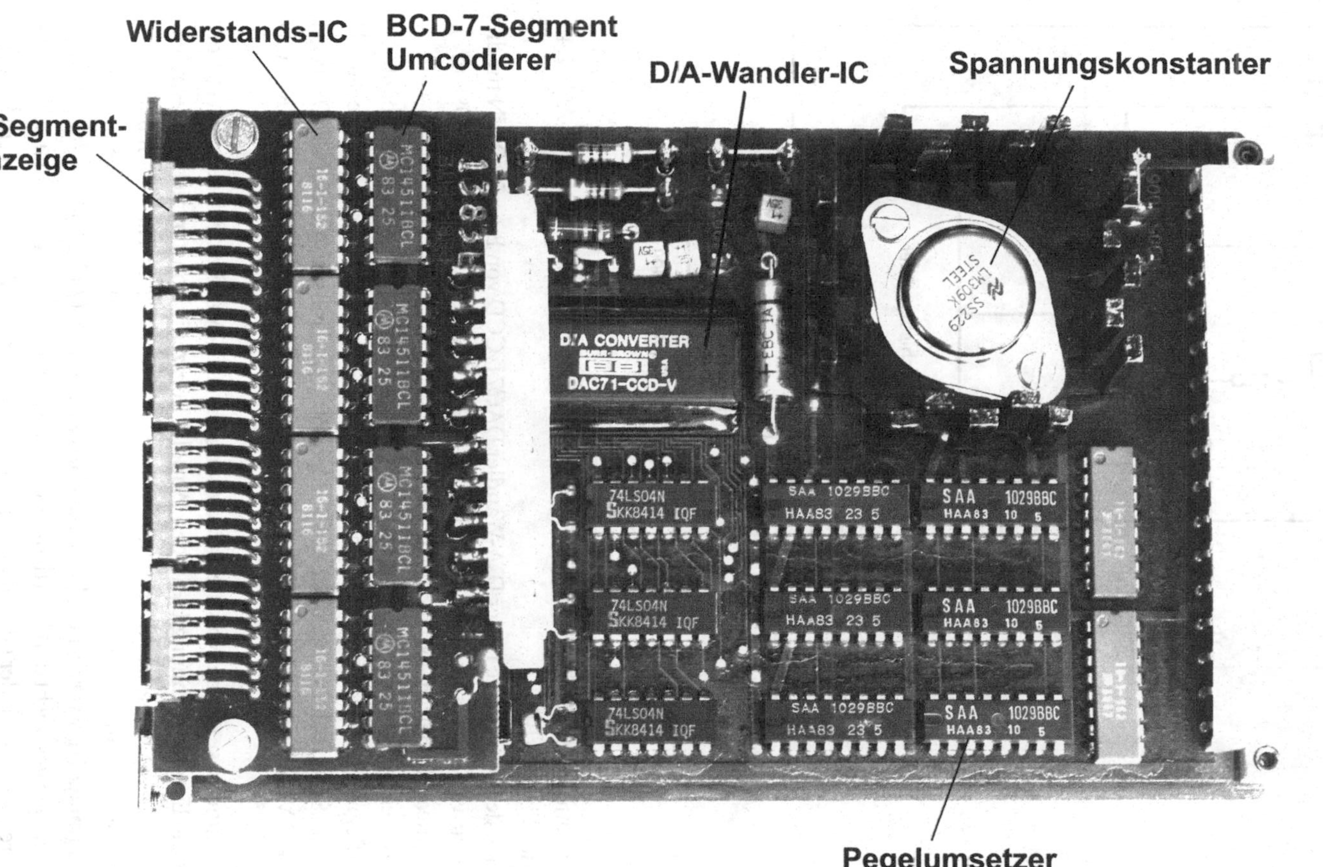

Abb. 7.43 Hochauflösender 16 Bit BCD-D/A-Wandler mit Anzeige (ABB)

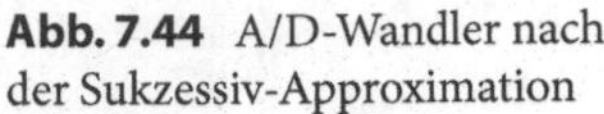

Abb. 7.44 A/D-Wandler nach der Sukzessiv-Approximation

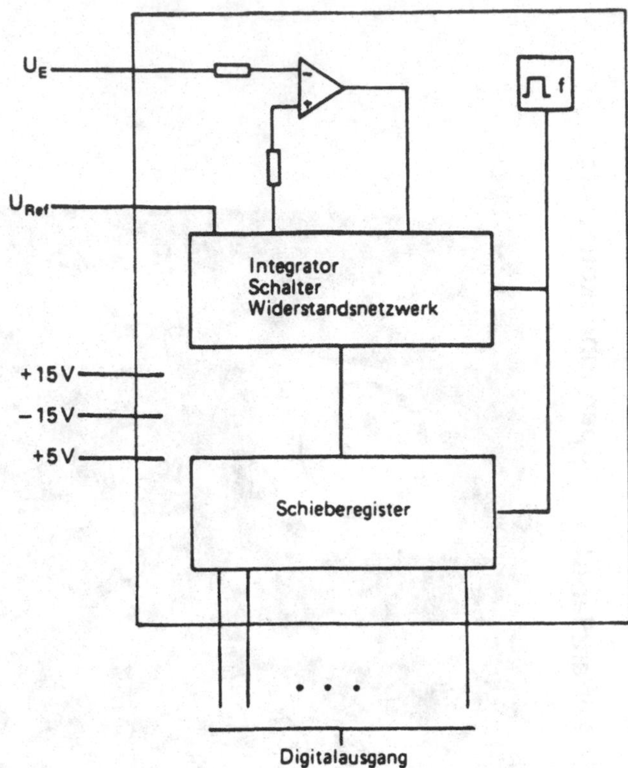

einer Leiterplatte für den Einbau in einem Schaltschrank (nach DIN-41612) zeigt Abb. 7.43 ein Gerät der Firma ABB.

Kernstück der Leiterplatte ist der D/A-Wandler DAC71-CCD von Burr BROWN für die Umcodierung von 4-dekadigen BCD-Zahlen (1–9999) in eine Spannung (1– 9999 mV). Seine Nichtlinearität beträgt lediglich 0,005 %.

Für die Anzeige der Digitalzahlen ist eine 4-dekadige 7-Segment-Anzeige eingebaut, die über vier 7-Segment-Umcodierer 4511 und Widerstands-ICs angesteuert wird. Die Signalpegel (z. B. von Schaltpulten) liegen bei +24 V oder +60 V und müssen auf den CMOS-Pegel (maximal +15 V) angepasst werden. Dies wird mit den Interface-Schaltkreisen SAA1029 realisiert.

Digitalvoltmeter sind eine typische Anwendung für A/D-Wandler. Für den Umsetzvorgang muss die Eingangspannung U_{E} in den Wandler kurzzeitig konstant gehalten werden. Dies wird mit einer Sample-Hold-Schaltung (Abschn. 3.5) realisiert. Nach dem Sukzessiv-Approximations-Verfahren wird die vorgegebene Spannung solange mit der bewerteten Referenzspannung U_{Ref} verglichen, bis beide übereinstimmen (Abb. 7.44).

Die Bewertung geschieht durch fortlaufende Taktung der Schaltung mit einer schaltkreisinternen Frequenz. Nach der Gleichheit von $U_{\mathrm{E}} = U_{\mathrm{Ref}}$ wird das Bitmuster in ein Schieberegister gespeichert.

Tab. 7.9 Externe Pull-up-Widerstände verschiedener TTL-Schaltkreise

	7404	7404H	7404L	7404LS	7404S
R_{Pmin}	390	270	1,5k	820	270
R_{Pmax}	4,7k	4,7k	27k	12k	4,7k

Wenn die Eingangsspannung U_E kontinuierlich verändert werden kann, muss auch die A/D-Wandlung kontinuierlich verlaufen. In diesem Fall wird dem Wandler eine Pulsfolge mit einem Oszillator vorgegeben und nach einer kurzen Verzögerungszeit das jeweilige Bitmuster gespeichert. Abbildung 7.45 zeigt dazu eine Applikation.

Umsetzung Industriepegel in CMOS-Pegel Für die Ansteuerung von CMOS-Schaltkreisen mit dem gebräuchlichen Industriepegel +24 V bieten sich verschiedene Schaltungsvarianten an.

In Abb. 7.46a wird dazu ein Spannungsteiler eingesetzt. Damit die Eingangssignale in die CMOS-Schaltung deren Speisespannung (hier wahlweise +12 V) nicht überschreiten, werden zwei Dioden zur Ableitung von Überspannungen eingesetzt.

Anstelle des Spannungsteilers kann auch eine Zenerdiode eingesetzt werden, deren Zenerspannung etwa dem Speisespannungspegel (hier +12 V) der CMOS-Schaltung entspricht (Abb. 7.46b). Der vorgeschaltete Widerstand von 27 kΩ begrenzt dabei den Strom durch die Zenerdiode auf ca. 1 mA.

Der Schaltkreis SAA1029 eignet sich besonders zur Pegelanpassung. Sein Eingangssignalpegel kann bis zu +60 V betragen (Abb. 7.46c). Über einen Zusatzeingang kann der Signalpegel seines Ausgangs auf Spannungen kleiner als der Eingangspegel frei eingestellt werden, hier auf +12 V.

Umsetzung TTL- in CMOS-Pegel Der Standard-TTL-Signalpegel beträgt +5 V. Mit diesem Pegel können auch CMOS-Schaltkreise betrieben werden (Abb. 7.47a). Dazu werden ein TTL-Schaltkreis (7404) und ein CMOS-Schaltkreis (z. B. 4049) hintereinander geschaltet. Da das 1-Signal des TTL-Ausgangs jedoch kleiner als +5 V ist, wird der Pegel mit einem sog. Pull-up-Widerstand auf den CMOS-Pegel angehoben.

Für den jeweils artspezifischen zulässigen maximalen Ausgangsstrom von TTL-Schaltkreisen gibt Tab. 7.9 die passenden Pull-up-Widerstände an.

Will man den TTL-Pegel von +5 V auf einen höheren CMOS-Pegel anheben, benötigt man TTL-Schaltkreise mit offenem Kollektor (Abb. 7.47b). Die Schaltkreise 7416 oder 7417 sind dazu geeignet.

Operationsverstärker steuert CMOS-Schaltung Üblicherweise liegen die Speisespannungen von Operationsverstärkern bei ±15 V. Steuert man damit direkt einen CMOS-Schaltkreis an, wird mit zwei Dioden der Eingangs-Signalpegel auf die Speisespannung der CMOS-Schaltung begrenzt (Abb. 7.48a).

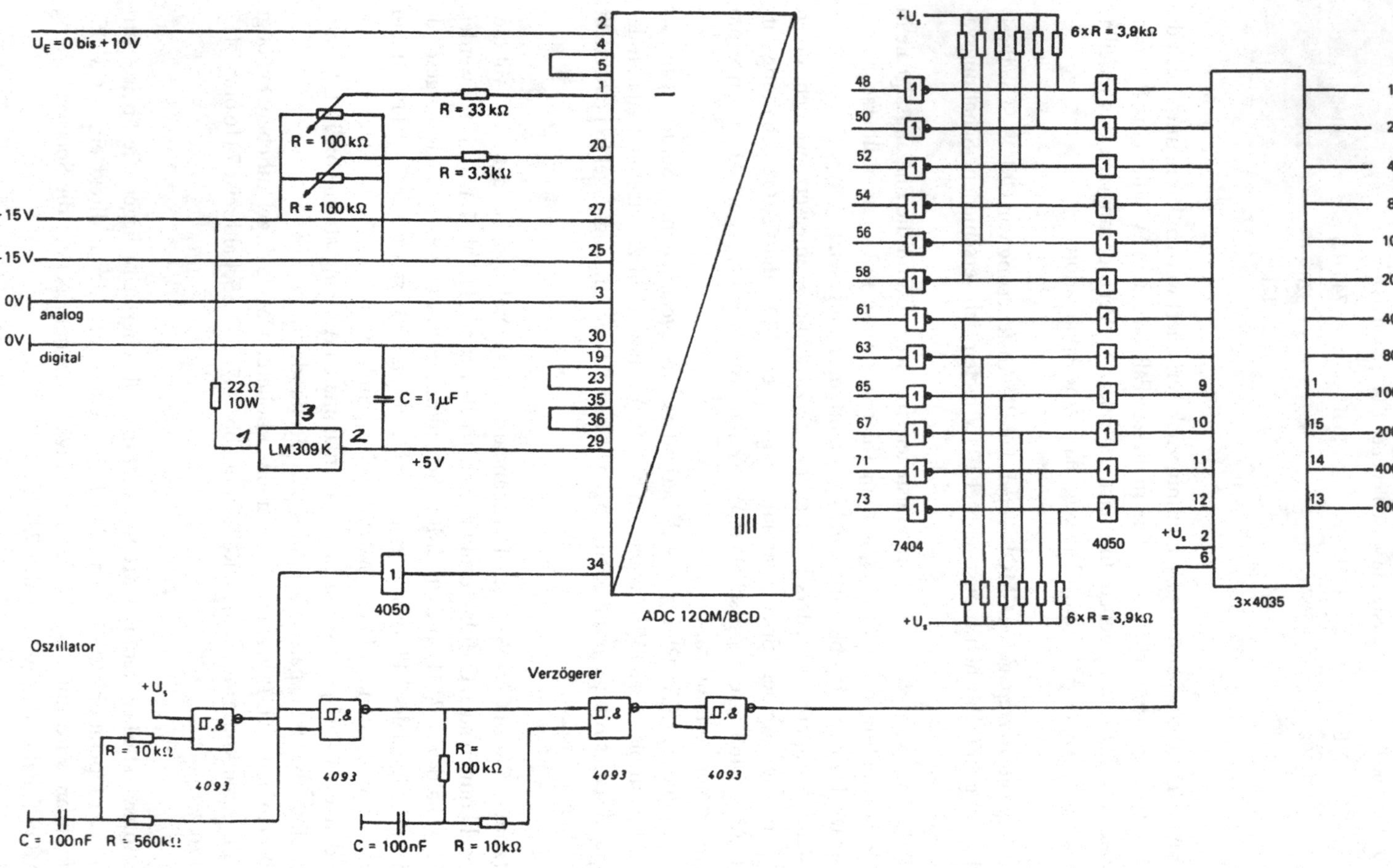

Abb. 7.45 A/D-Wandler mit Speicher 4035 für $U_E = 0\,V$ bis $+10\,V$

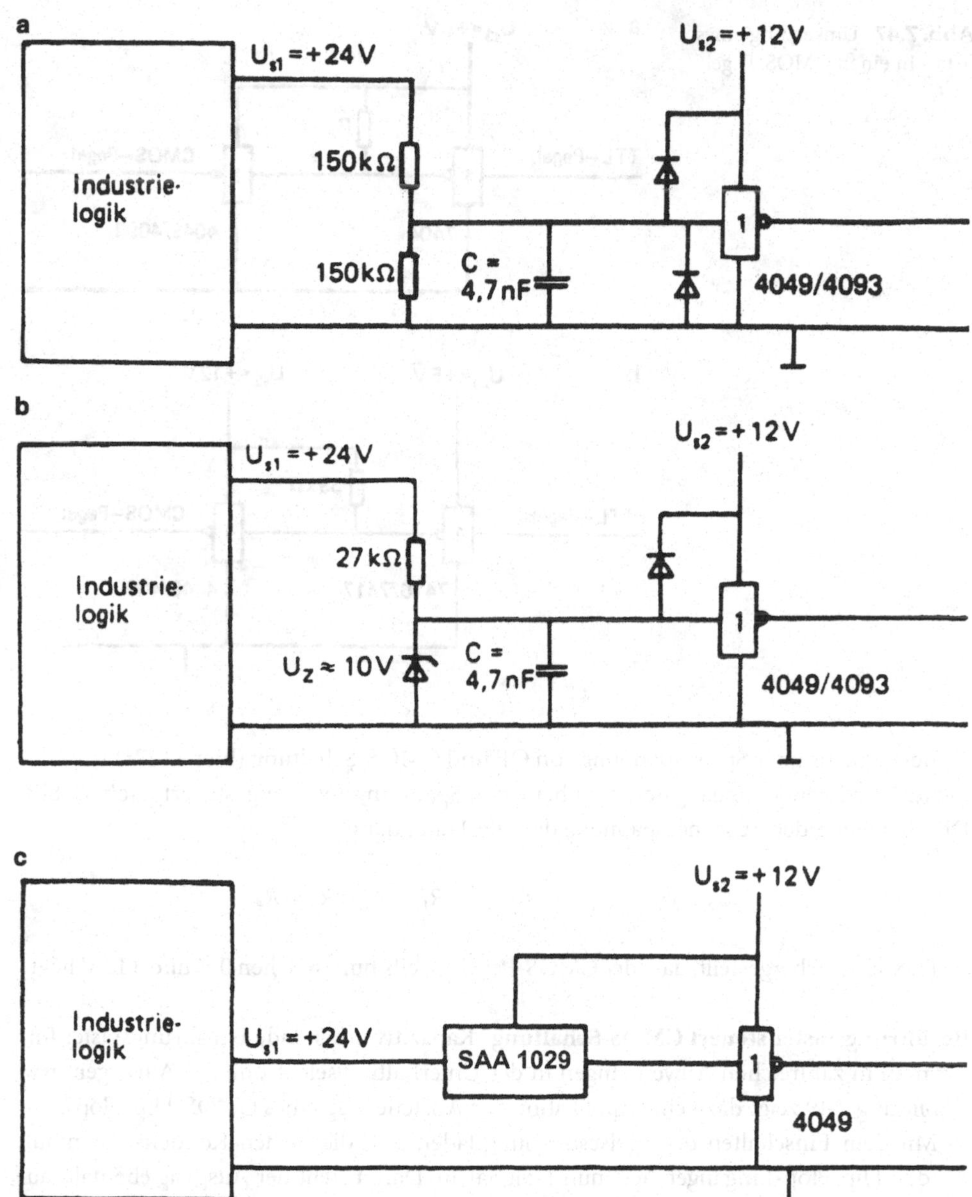

Abb. 7.46 Umsetzung vom Industriepegel in den CMOS-Pegel

Abb. 7.47 Umsetzung eines TTL- in einen CMOS-Pegel

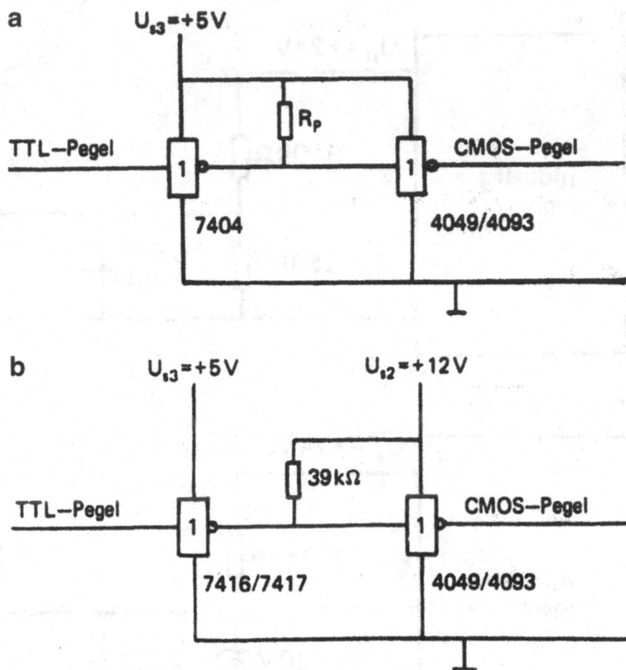

Bei gemeinsamer Speisespannung von OP und CMOS-Schaltung (hier +12 V) wird der nicht invertierende Eingang des OPs über einen Spannungsteiler angesteuert (Abb. 7.48b). Die Gleichung der Ausgangsspannung des OPs lautet dann:

$$U_a = U_{s2} - U_E \qquad \text{für} \qquad R_1 = R_2 = R_3 = R_4$$

Damit ist sichergestellt, dass der CMOS-Pegel jeweils nur zwischen 0 V und +12 V liegt.

Berührungstaster steuert CMOS-Schaltung Kapazitiv arbeitende Berührungstaster findet man in zahlreichen Anwendungen in der Unterhaltungselektronik, in Aufzügen usw. Abbildung 7.49 zeigt dazu eine Applikation zur Ansteuerung eines CMOS-Flip-Flops.

Mit dem Einschalten der Speisespannung laden sich die beiden Kondensatoren auf. An den Flip-Flop-Eingängen liegt nun 1-Signal an. Damit steht der Ausgang ebenfalls auf 1-Signal. Bei Berührung des oberen Schalters überbrückt man den parallel liegenden Kondensator und das Setz-Signal am RS-Flip-Flop geht auf Null. Das Flip-Flop wird nun für die Zeit des Berührens gelöscht.

Impulsgeber steuert CMOS-Schaltung In der digitalen Signalverarbeitung werden häufig Impulsgeber zur Messung eingesetzt. Zur störfreien Übertragung der Impulsfolge und galvanischen Entkopplung ist dann der Einsatz eines Optokopplers das Mittel der Wahl. Abbildung 7.50 zeigt eine passende Schaltungsvariante.

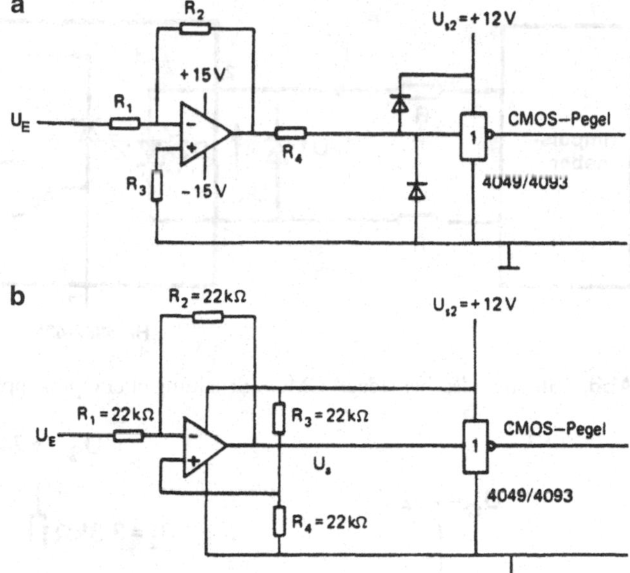

Abb. 7.48 Operationsverstärker steuert CMOS-Schaltung an

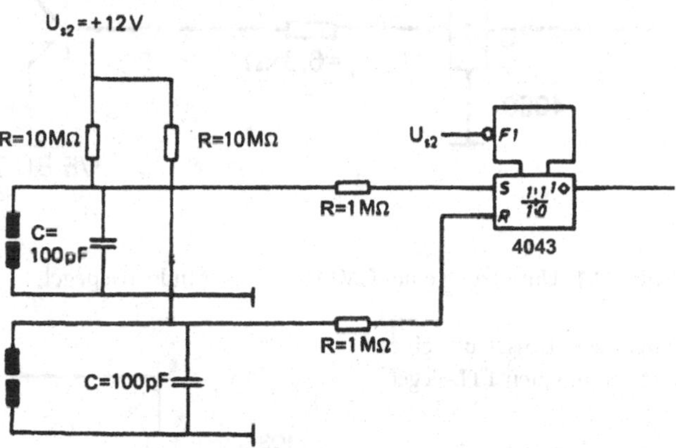

Abb. 7.49 Berührungsschalter steuert RS-Flip-Flop an

Für zwei um 180° versetzte Impulsfolgen am Ausgang des Impulsgebers ergibt sich dann ein positiver oder negativer Strom II an den Dioden D1 und D2. Für $+I_L$ schaltet die Diode D2 durch, öffnet die Basis-Emitter-Strecke des Transistors und legt somit den Eingang des CMOS-Schaltkreises 4049 an Masse (0-Signal). Bei $-I_L$ schaltet die Freilauf-Diode D1 durch und schließt den Stromkreis mit dem Impulsgeber. Gleichzeitig sperrt Diode D2, also auch der Transistor, sodass am Eingang des CMOS-Schaltkreises 1-Signal anliegt.

Der zusätzliche passive Tiefpass mit $R = 6{,}8\,\text{k}\Omega$ und $C = 220\,\text{pF}$ dämpft Frequenzen ab ca. 668 kHz ab. Für die Dimensionierung der Widerstände auf der Zuleitung zum Optokoppler gilt:

$$R = \frac{U_{\text{Geber}} - U_{\text{D}}}{2I_{\text{L}}}.$$

Bei $U_{\text{Geber}} = +24\,\text{V}$, $U_{\text{D}} = 1{,}3\,\text{V}$ und $I_{\text{L}} = 8\,\text{mA}$ ergibt sich für $R \approx 1{,}5\,\text{k}\Omega$.

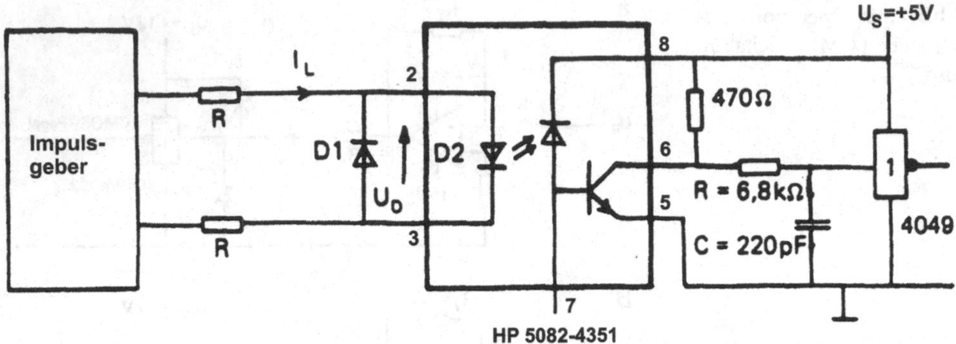

Abb. 7.50 Impulsgeber steuert CMOS-Schaltung über Optokoppler

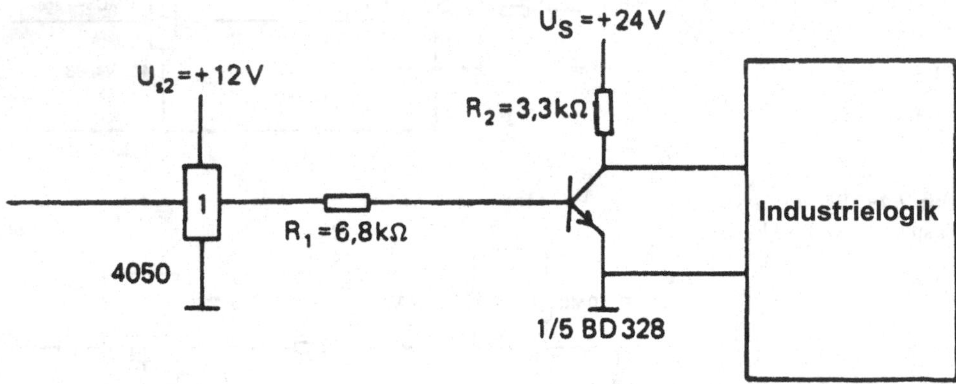

Abb. 7.51 Umsetzung eines CMOS- in einen Industriepegel

Abb. 7.52 Umsetzung eines CMOS- in einen TTL-Pegel

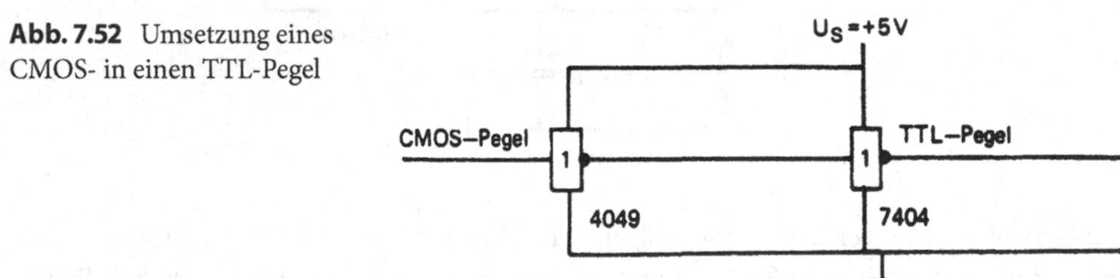

Umsetzung CMOS-Pegel in Industriepegel Mithilfe eines Transistors am Ausgang eines CMOS-Schaltkreises können Industriepegel (hier +24 V) angesteuert werden (Abb. 7.51). Dabei muss der Basisstrom des Transistors kleiner sein als der maximal zulässige Ausgangsstrom des CMOS-Schaltkreises. Für solche Aufgaben verwendet man den Buffer Inverter 4049 oder den Buffer 4050.

Mit den Widerständen von 6,8 kΩ und 3,3 kΩ im Basis- und Kollektorkreis bekommt man für den Darlingtontransistor BD 328 die passende Basis- und Kollektorstrombegrenzung.

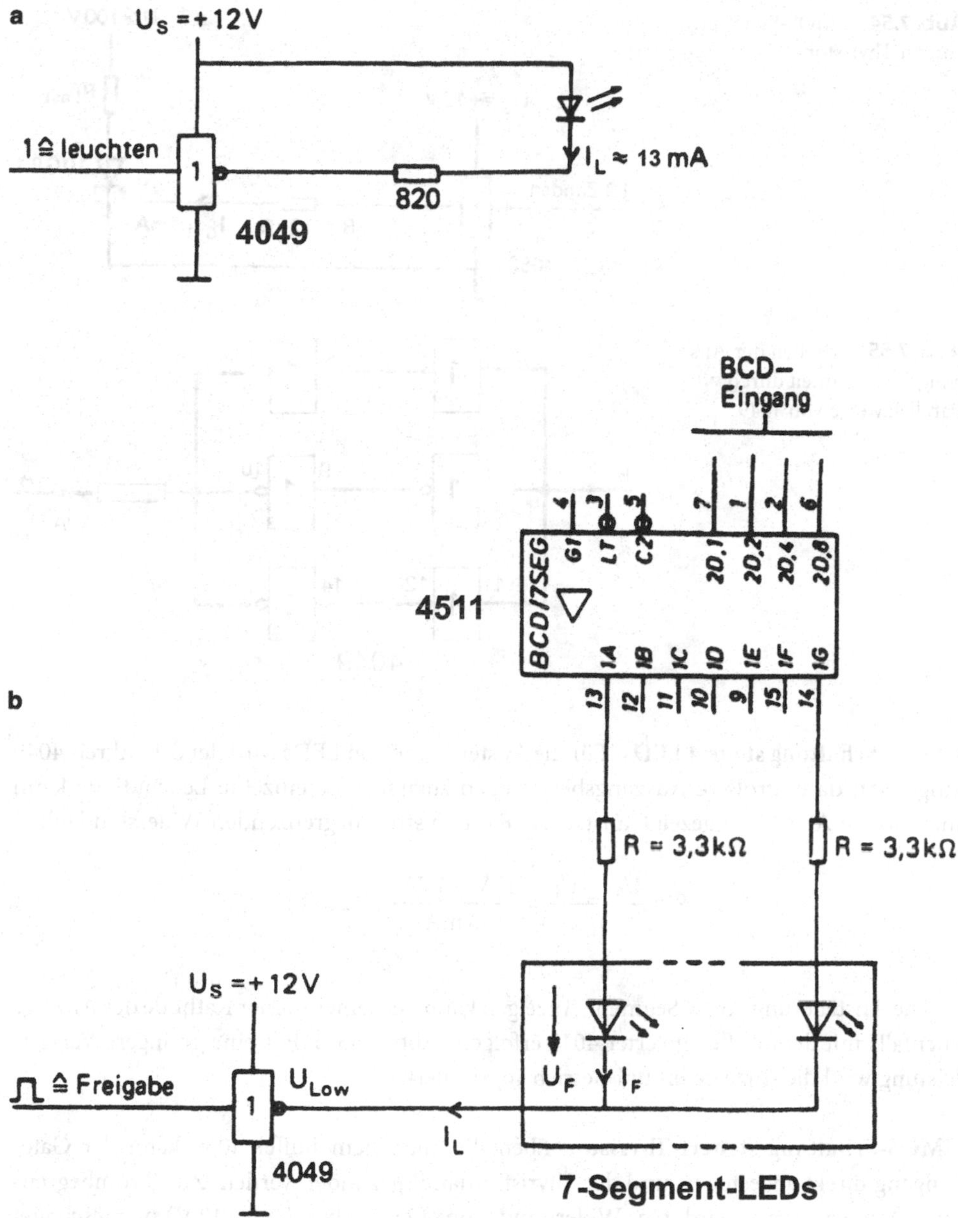

Abb. 7.53 Ansteuerung von LEDs mit CMOS-Schaltkreisen

Umsetzung CMOS- in TTL-Pegel Der Übergang vom CMOS- in den TTL-Pegel kann ohne Zusatzelemente vorgenommen werden (Abb. 7.52). Dabei wird der Buffer Inverter 4049 mit seiner Speisespannung einfach auf +5 V gelegt.

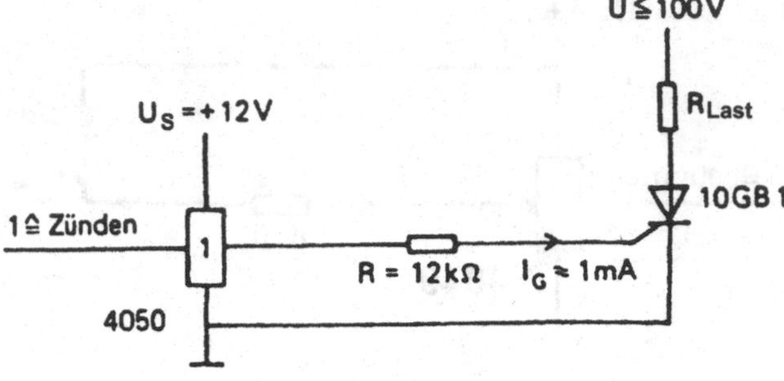

Abb. 7.54 CMOS-Schaltung zündet Thyristor

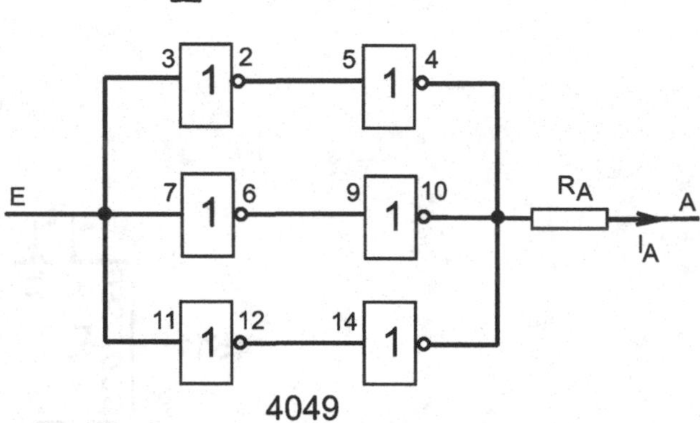

Abb. 7.55 Erhöhen der Ausgangsbelastbarkeit durch Parallelzweige von 4049

CMOS-Schaltung steuert LEDs Für die Ansteuerung von LEDs wird der Schaltkreis 4049 eingesetzt, da er größere Ausgangsbelastungen zulässt. Eine einzelne Leuchtdiode kann man, wie in Abb. 7.53a gezeigt, ansteuern. Für den strombegrenzenden Widerstand gilt:

$$R = \frac{U_{s2} - U_F}{I_L} = \frac{12\,\text{V} - 1{,}7\,\text{V}}{13\,\text{mA}} \approx 820\,\Omega\,.$$

Die Ansteuerung von 7-Segment-Anzeigen kann bei gemeinsamer Kathode der Anzeige ebenfalls mit dem Buffer Inverter 4049 erfolgen (Abb. 7.53b). Für eine geringere Verlustleistung wird die Anzeige im Pulsbetrieb angesteuert.

CMOS-Schaltung steuert Thyristor Ebenfalls mit einem Buffer 4050 kann der Gate-Eingang direkt angesteuert und der Thyristor damit gezündet werden. Zur Strombegrenzung auf ca. 1 mA wird ein Widerstand von 12 kΩ (bei $U_S = +12\,\text{V}$) vorgeschaltet (Abb. 7.54).

Erhöhen der Ausgangsbelastbarkeit Durch das Parallelschalten von Buffer Invertern 4049 kann die Ausgangsbelastbarkeit einer CMOS-Schaltung erhöht werden. Auf diese Weise können Leuchtmelder, Relais oder Ähnliches direkt angesteuert werden (Abb. 7.55). Unter Beibehaltung der Logik von Eingangs- und Ausgangssignal kann mit einem einzigen Schaltkreis 3 mal $I_{A_{max}} = 3{,}5\,\text{mA}$, also 10,5 mA Ausgangsstrom erreicht werden (bei $U_S = +15\,\text{V}$, ohne Kühlkörper).

Die Schaltung wird kurzschlussfest, wenn zusätzlich ein Widerstand R_A am Ausgang des Schaltkreises eingebaut wird. Für diesen gilt:

$$R_A = \frac{U_S}{n \cdot I_{A_{max}}} \approx 1{,}5\,\text{k}\Omega \quad \text{mit} \quad n = \text{Anzahl der Parallelzweige}\,.$$

Spezielle CMOS-Schaltungen 8

Mit den Kenntnissen aus den vorangegangenen Abschnitten sollen hier weitere CMOS-Applikationen aus der industriellen Praxis aufgezeigt werden.

8.1 Richtungserfassung bei Impulsgebern

Die Drehrichtungserfassung von Impulsgebern ist für zahlreiche messtechnische Aufgaben wichtig. Am Impulsgeberausgang liegen u. a. zwei 90°-versetzte Spuren *A* und *B* vor, aus denen die Drehrichtung und ein Zähltakt für nachgeschaltete Zähler ermittelt werden können. Eine Schaltungsvariante mit verschiedenen Logik-Gattern, Zeitgliedern und einem Flip-Flop ist in Abb. 8.1 dargestellt.

Mit einem Starimpuls beim Zuschalten der Speisespannung wird das Flip-Flop auf 1-Signal gesetzt. Die Vorwärtsrichtung des Impulsgebers ist gegeben, wenn die 0–1-Flanken der Spur *A* vor denen der Spur *B* kommen.

Verknüpft man mit einem UND-Gatter das Signal *AB* über einen Verzögerer-Verlängerer mit der Impulsfolge von Spur *B*, erhält man das Setzsignal für die Vorwärtsrichtung. Das Setzsignal für die Rückwärtsrichtung ergibt sich analog dazu durch die Verknüpfung von *AB* mit der Spur *A* über ein UND.

Die Zählrichtung vorwärts bleibt nun solange erhalten wie Spur *A* vor Spur *B* kommt. Ein nachgeschalteter Zähler zählt dann mit den Zählimpulsen vorwärts oder rückwärts eine Impulsfolge ein. Die Zählimpulse werden dabei aus dem invertierten Signal der Spur *B* gebildet.

8.2 Paritätsprüfung

Der sogenannte „parity check" kann bei Binär- bzw- Dual-Codes mithilfe eines Prüfbits erreicht werden. Der Code wird dabei auf paarweise gerad- und ungeradzahlige Bitanzahl

P. F. Orlowski, *Praktische Elektronik*, DOI 10.1007/978-3-642-39005-0_8,
© Springer-Verlag Berlin Heidelberg 2013

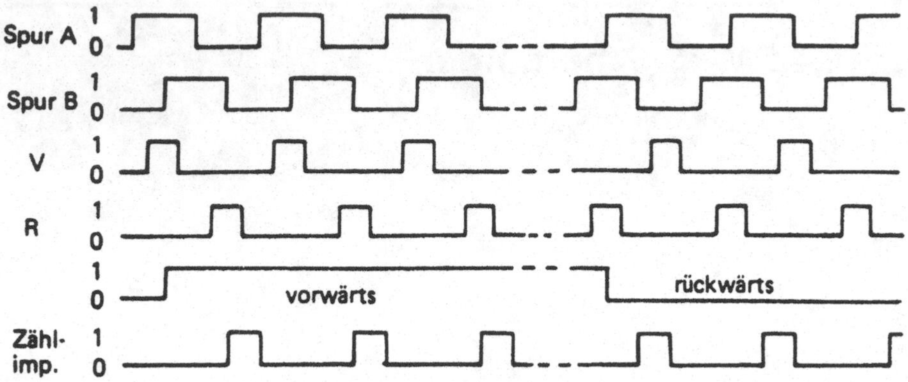

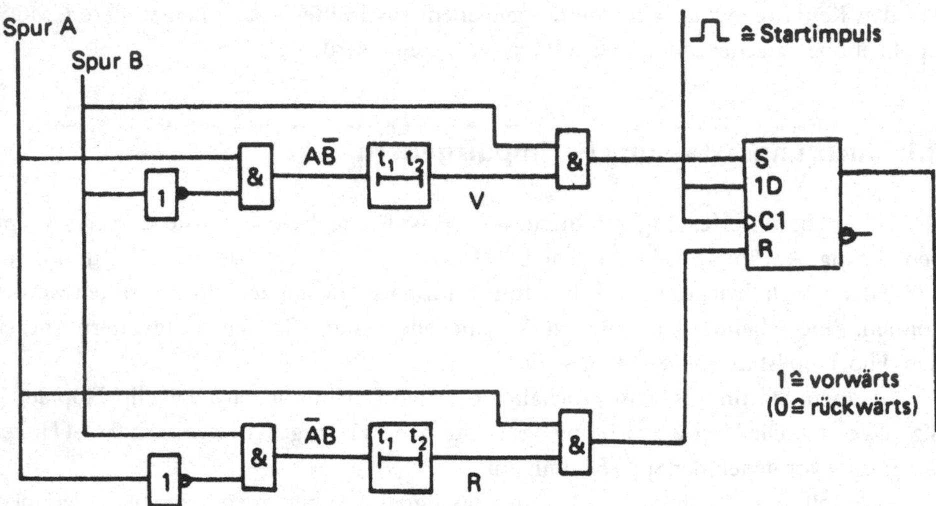

Abb. 8.1 Drehrichtungserfassung von Impulsgebern

abgefragt. Die geradzahlige Abfrage $y(2k)$ ist in Tab. 8.1 für einen 4-stelligen Code aufgeführt.

Die Funktion lautet dann:

$$y(2k) = \bar{x}_0\bar{x}_1\bar{x}_2\bar{x}_3 + x_0x_1\bar{x}_2\bar{x}_3 + x_0\bar{x}_1x_2\bar{x}_3 + \bar{x}_0x_1x_2\bar{x}_3 + x_0\bar{x}_1\bar{x}_2x_3 + \bar{x}_0x_1\bar{x}_2x_3 + \bar{x}_0\bar{x}_1x_2x_3 + x_0x_1x_2x_3 \; .$$

Mithilfe eines Veitch-Diagramms kann man feststellen, dass die Funktion nicht in die Minimalform eines zweistufigen Netzwerkes zu bringen ist. Benutzt man jedoch ein Exclusiv-ODER, erhält man folgende Schaltung, die mit nur einem Schaltkreis 4077 auskommt (Abb. 8.2).

Tab. 8.1 Wahrheitstabelle für die Paritätsprüfung

Zahl	Dual-Code (1) x_0	(2) x_1	(4) x_2	(8) x_3	Parität y(2k)
0	0	0	0	0	1
1	1	0	0	0	0
2	0	1	0	0	0
3	1	1	0	0	1
4	0	0	1	0	0
5	1	0	1	0	1
6	0	1	1	0	1
7	1	1	1	0	0
8	0	0	0	1	0
9	1	0	0	1	1
10	0	1	0	1	1
11	1	1	0	1	0
12	0	0	1	1	1
13	1	0	1	1	0
14	0	1	1	1	0
15	1	1	1	1	1

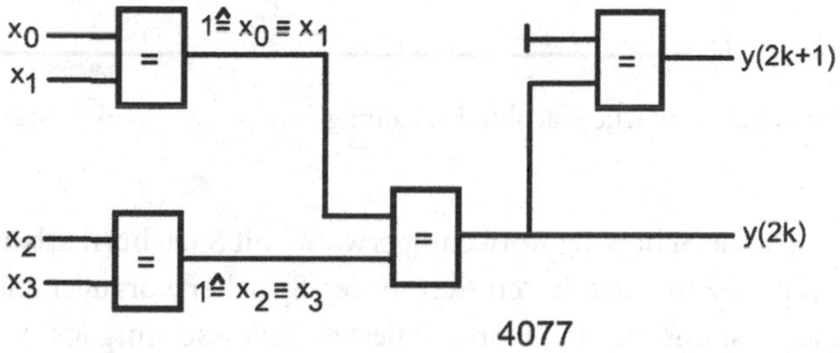

Abb. 8.2 Paritätsprüfung mit Schaltkreis 4077

8.3 Warnblinkschaltung

An unbeschrankten Bahnübergängen oder an Toren werden Warnblinkanlagen eingesetzt, die den Durchgang von Verkehr oder Personen für die Zeit der Querung unterbinden sollen. Eine einfache Variante für ein zeitlich begrenztes Blinken ist in Abb. 8.3 dargestellt.

Wenn ein mit einem Reedkontakt magnetisch ausgelöstes 1-Signal bei einer Richtung des Verkehrs kommt, wird ein RS-Flip-Flop gesetzt. Dies löst das Blinken mit einer Frequenz von ca. 2 Hz aus (hier mit LEDs realisiert) und startet das Verzögerungsglied. Der Reedkontakt bleibt solange auf 1-Signal, bis der Verkehr den Sperrbereich wieder verlassen hat und der Kontakt magnetisch rückgesetzt wird. Dass das RS-Flip-Flop set-dominant ist, kann erst dann der Reset-Befehl wirken und das Blinken beenden.

8.4 Ampelschaltung

Die Schaltzyklen einer Verkehrs-Ampel sind fest eingestellt oder können ferngesteuert werden. In der hier vorgestellten Schaltung sollen die einzelnen Ampelphasen über einen Schalter simuliert werden.

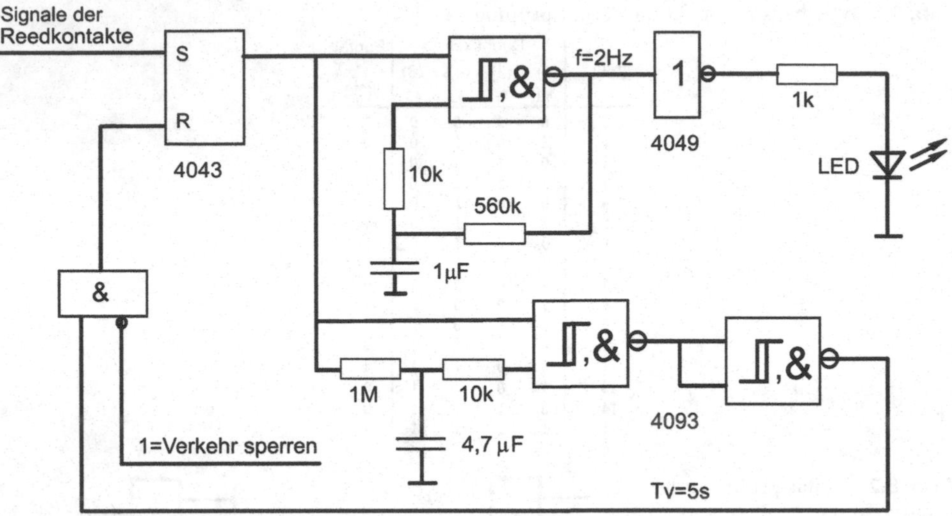

Abb. 8.3 Einfache Warnblinkschaltung

Da die Schaltung notwendigerweise mit Speichern arbeitet, ist zu Beginn ein Einschaltimpuls zum definierten Setzen der Speicher vorzugeben. Von den drei Standard-Flip-Flops ist das JK-Flip-Flop am besten für diese Aufgabe geeignet, weil der Verdrahtungsaufwand sehr gering ist, wie noch gezeigt wird.

Die Vorgehensweise beim Schaltungsentwurf ist folgende:

- Definition der Ampelphasen in einer Wahrheitstabelle,
- Veitch-Diagramme der Ampelphasen und daraus Minimafunktionen erstellen,
- Koeffizientenvergleich der JK-Flip-Flop-Gleichung mit der jeweiligen Minimalfunktion. Ergebnis ist die Verdrahtungsvorschrift für die Flip-Flops.

Die Wahrheitstabelle für die Ampelphasen zur Zeit t und einen Schritt danach zur Zeit $t+1$ sieht für den Mitteleuropäischen Raum wie folgt aus (Tab. 8.2).

Normalerweise müsste für jede Funktion zur Zeit $t+1$ ein Veitch-Diagramm entworfen werden. Da die Grün-Phase jedoch nur kommt, wenn weder Gelb noch Rot ist, kann auf ein Veitch-Diagramm für die Grün-Phase verzichtet werden. Für die beiden verbleibenden Ampelphasen ergeben sich dann (Abb. 8.4).

Unter Ausnutzung der Pseudotetraden lassen sich zwei Zweier- und ein Vierer-Block bilden. Damit lauten die zugehörigen Funktionen für die Ampelphasen Rot und Gelb:

$$R^{t+1} = \bar{R}^t \mathrm{Ge}^t + R^t \bar{\mathrm{Ge}}^t \quad \text{sowie} \quad \mathrm{Ge}^{t+1} = \bar{\mathrm{Ge}}^t = \mathrm{Ge}^t \cdot 0 + \bar{\mathrm{Ge}}^t \cdot 1\,.$$

Tab. 8.2 Wahrheitstabelle von Ampelphasen

R^t	Ge^t	Gr^t	R^{t+1}	Ge^{t+1}	Gr^{t+1}
0	0	0	*	*	*
0	0	1	0	1	0
0	1	0	1	0	0
0	1	1	*	*	*
1	0	0	1	1	0
1	0	1	*	*	*
1	1	0	0	0	1
1	1	1	*	*	*

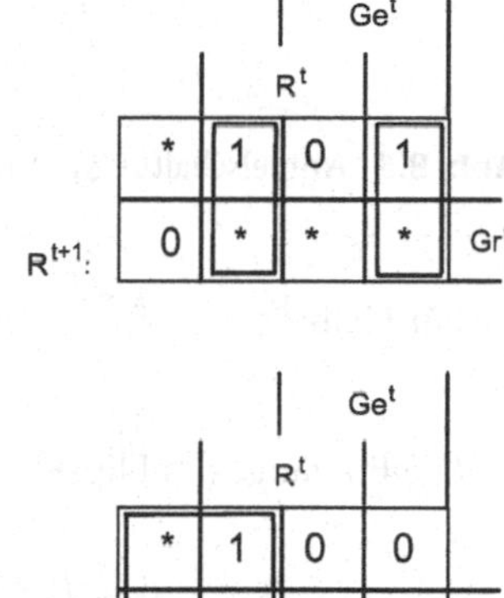

Abb. 8.4 Wahrheitstabellen der Ampelphasen Rot und Gelb

Ordnet man jedem JK-Flip-Flop-Ausgang q^{t+1} den Anschluss an die entsprechende Leuchte der Ampel zu, also

$$q^{t+1} = R^{t+1}(g^t = R^t) \quad \text{sowie} \quad q^{t+1} = \mathrm{Ge}^{t+1}(g^t = \mathrm{Ge}^t)\,.$$

lässt sich für jede Ampelleuchte durch Koeffizientenvergleich mit der Gl. 7.2 des JK Flip-Flops die Verdrahtungsvorschrift ermitteln.

Für Rot:

$$J^t\bar{q}^t + \bar{K}^t q^t = \bar{R}^t\mathrm{Ge}^t + R^t\bar{\mathrm{Ge}}^t\,.$$

Die Eingänge des Flip-Flops für Rot sind dann wie folgt zu verdrahten:

$$J^t = \mathrm{Ge}^t \quad \text{sowie} \quad \bar{K}^t = \bar{\mathrm{Ge}}^t \quad \text{bzw.} \quad K^t = \mathrm{Ge}^t\,.$$

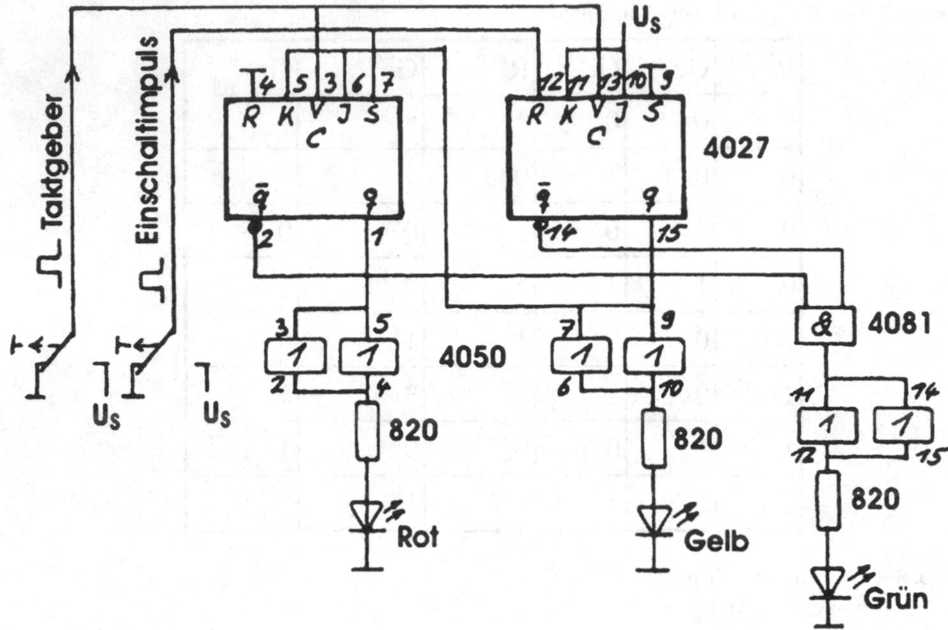

Abb. 8.5 Ampelschaltung mit JK-Flip-Flops 4027

Für Gelb:

$$J^t \bar{q}^t + \bar{K}^t q^t = \mathrm{Ge}^t \cdot 0 + \bar{\mathrm{Ge}}^t \cdot 1 .$$

Die Eingänge des Flip-Flops für Gelb sind dann zu verdrahten wie:

$$J^t = 1 \quad \text{sowie} \quad \bar{K}^t = 0 \quad \text{bzw.} \quad K^t = 1 .$$

Die Schaltung für eine Fahrtrichtung ist in Abb. 8.5 dargestellt. Die normalerweise ferngesteuerte Taktung der Ampelphasen wird hier mit einem Schalter simuliert. Zum definierten Setzen ist ein Einschaltimpuls erforderlich, der die Flip-Flops auf einen Anfangszustand setzt (hier Rot).

8.5 Elektrohydraulische Positionierung

Mithilfe eines Servoventils soll ein Stellkolben einem Verarbeitungsprozess Werkstücke zuführen (Abb. 8.6). Die Positionieraufgabe ist wie folgt definiert:

- Von der Nullage S1 bis zur Position S2 im Schnellgang vorwärts fahren.
- Von Position S2 nach S3 langsam vorwärts fahren, nach Erreichen des Endschalters T2.

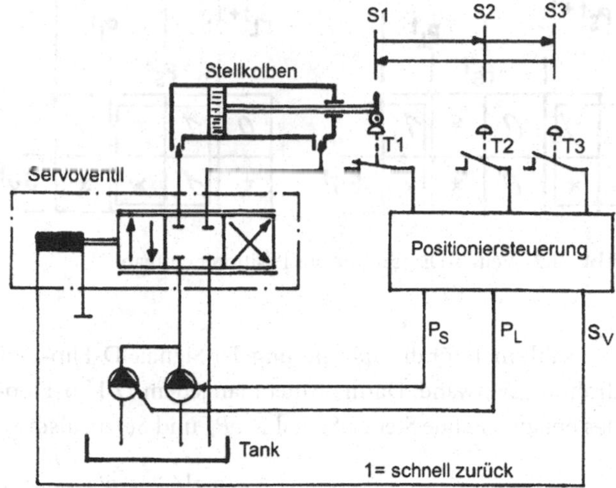

Abb. 8.6 Wirkschaltplan einer elektrohydraulischen Positionierung

Tab. 8.3 Wahrheitstabelle der Positionierungsaufgabe

$P_S{}^t$	$P_L{}^t$	$S_V{}^t$	$P_S{}^{t+1}$	$P_L{}^{t+1}$	$S_V{}^{t+1}$	Betriebszustände
0	0	0	1	0	0	schnell vorwärts
0	0	1	*	*	*	
0	1	0	1	0	1	schnell rückwärts
0	1	1	*	*	*	
1	0	0	0	1	0	langsam vorwärts
1	0	1	0	0	0	Nullage erreicht
1	1	0	*	*	*	
1	1	1	*	*	*	

- Bei Erreichen der Position S3 am Endschalter T3 im Schnellgang rückwärts fahren bis zur Nullage S1.

Die Steuerelemente sind die beiden Pumpen P_S und P_L für den Schnell- und Schleichgang sowie das Servoventil S_V.

Die Vorgehensweise zur Entwicklung der Schaltung erfolgt in gleicher Weise wie bereits in Abschn. 8.4 beschrieben.

Zunächst wird der logische Ablauf der Steuerung zur Zeit t und einen Schritt danach zur Zeit $t + 1$ in einer Wahrheitstabelle betrachtet (Tab. 8.3).

Es sind demnach drei Veitch-Diagramme für die Variablen P_S, P_L und S_V zur Zeit $t + 1$ erforderlich (Abb. 8.7).

Daraus lassen sich jeweils Vierer-Blocks ablesen, deren Funktionen lauten:

$$P_S^{t+1} = \bar{P}_S^t \quad \text{sowie} \quad P_L^{t+1} = P_S^t \quad \text{bzw.} \quad S_V^{t+1} = P_L^t\,.$$

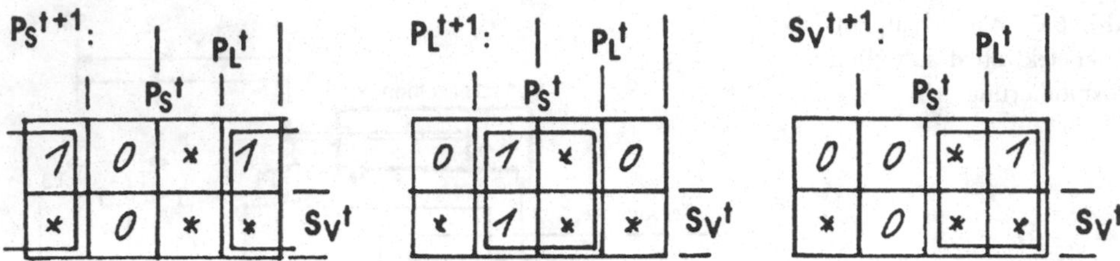

Abb. 8.7 Veitch-Diagramme der Positionieraufgabe

Wählt man für die Speicherung der Signale D-Flip-Flops, ergibt sich der geringste Verdrahtungsaufwand. Dann ordnet man jedem D-Flip-Flop-Ausgang q^{t+1} den Anschluss an das entsprechende Steuer-Signal P_S, P_L und S_V zu, also:

$$q^{t+1} = P_\mathrm{S}^{t+1}(q^t = P_\mathrm{S}^t) \quad \text{sowie}$$
$$q^{t+1} = P_\mathrm{L}^{t+1}(q^t = P_\mathrm{L}^t) \quad \text{und}$$
$$q^{t+1} = S_\mathrm{V}^{t+1}(q^t = S_\mathrm{V}^t)\,.$$

Die Gleichung eines D-Flip-Flops ist sehr einfach (siehe Gl. 8.1):

$$q^{t+1} = 1D^t. \tag{8.1}$$

Durch Koeffizientenvergleich dieser Gleichung mit den gefundenen Funktionen der Steuer-Signale erhält man die Verdrahtungsvorschrift der Flip-Flops. Diese lautet:

$$\begin{array}{llllll} \text{Für } P_\mathrm{S}: & \text{sowie} & \text{für } P_\mathrm{L}: & \text{und} & \text{für } S_\mathrm{V}: \\ 1D^t = \bar{P}_\mathrm{S}^t & \text{sowie} & 1D^t = P_\mathrm{S}^t & \text{und} & 1D^t = P_\mathrm{L}^t\,. \end{array}$$

Die Realisierung der Schaltung ist in Abb. 8.8 dargestellt.

Der Taster T1 stellt die Nullage dar, sodass er ein Dauersignal erzeugt. Das Rücksetzten der Flip-Flops in der Nulllage muss daher mit einem nachgeschalteten Blocker realisiert werden.

Damit beim Zurückfahren im Schnellgang von der Position S3 nach S1 von den Tastern T3 und T2 kein Setzsignal ausgeht, wird ein UND-Gatter eingebaut. Damit werden die Taster bis zum Erreichen der Nullage gesperrt. Dann setzt der Taster T1 die Flip-Flops zurück und der Positioniervorgang kann neu beginnen.

8.6 Ablaufsteuerung

Ablaufsteuerungen bzw. Schrittketten kommen in zahlreichen Industrieanlagen vor; beispielsweise bei Verpackungsanlagen, Dosiereinrichtungen, Werkzeugmaschinen, Aufzügen und Walzwerken.

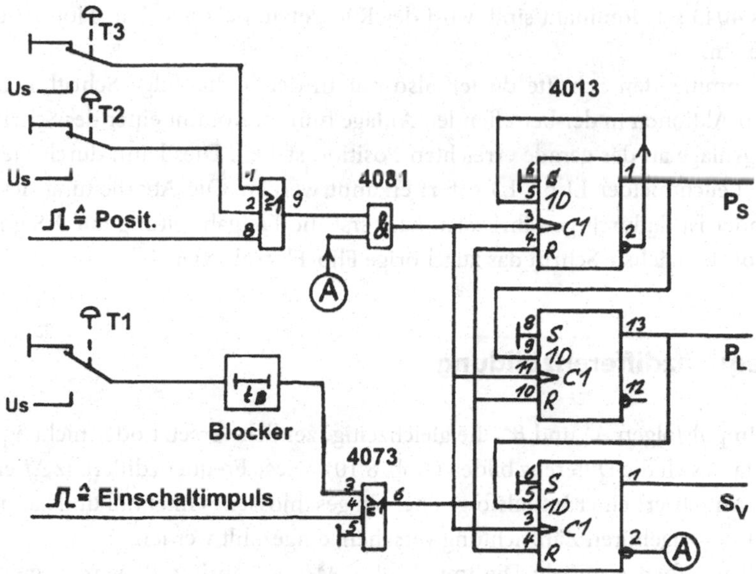

Abb. 8.8 Positionssteuerung eines Stellkolbens mit D-Flip-Flops 4013

Abb. 8.9 Schrittkette mit Schaltkreis 4043 und Anzeige

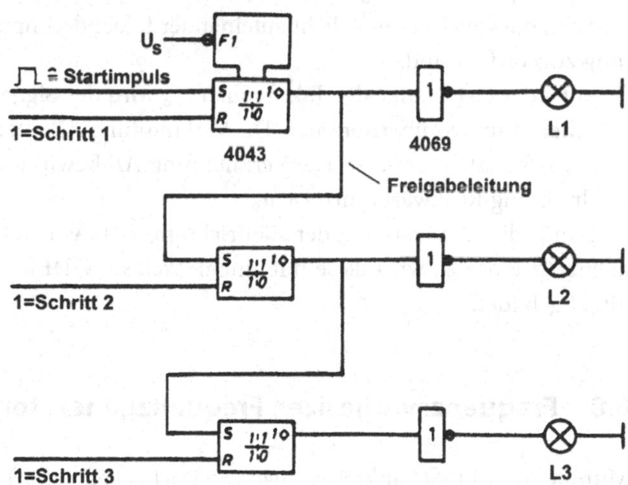

Typisches Merkmal solcher Schaltungen ist es, dass jeder Schritt abgearbeitet sein muss, bevor der nächste freigegeben wird.

Der geringste Verdrahtungsaufwand ergibt sich, wenn man für diese Aufgabe RS-Flip-Flops einsetzt. Eine Schaltungsvariante mit dem Schaltkreis 4043 ist in Abb. 8.9 für drei Schritte dargestellt.

Mit dem Einschaltimpuls, der meist beim Zuschalten der Netzspannung in der ganzen Anlage für 0,5 s zur Verfügung steht, werden die RS-Flip-Flops zurück gesetzt. Da die RS-

Flip-Flops 4043 set-dominant sind, wird der Rücksetzimpuls von Flip-Flop zu Flip-Flop weitergegeben.

Die ankommenden Schritte dürfen also nur in der Reihenfolge Schritt 1, Schritt 2, Schritt 3 zu Aktionen in der betreffenden Anlage führen. Kommt einer der Schritte nicht, bleibt die Anlage an der gerade erreichten Position stehen. Dies kann durch die nachgeschalteten Leuchtmelder LI bis L3 sofort erkannt werden. Die Abarbeitung der Schritte nacheinander ist dadurch gewährleistet, dass erst die Freigabeleitung auf 0-Signal liegen muss, bevor der nächste Schritt das zugehörige Flip-Flop aktiviert.

8.7 Frequenzdifferenzbildung

Aus zwei Impulsfolgen A^* und B^*, die gleichzeitig, zeitlich versetzt oder nicht äquidistant auftreten, lässt sich die Differenz bilden (Abb. 8.10). Diese Frequenzdifferenz Δf entspricht dann dem Mittelwert einer Impulsfolge über ein geschlossenes Intervall und kann in einen Zähler mit der zugehören Zählrichtung versehen, eingezählt werden.

Δf wird wie folgt ermittelt: Die Impulsfolge A^* wird positiv, B^* wird negativ bewertet. Zeitlich überlappte Impulse werden ausgeblendet. Beide Impulsfolgen werden über die D-Flip-Flops S1 und S2 mit einer konstanten Taktfrequenz f_c synchronisiert. Dabei wird erreicht, dass auch zeitlich dicht aufeinander folgende Impulse der zugehörigen Zählrichtung zugeordnet sind.

Mit jeder 0–1-Flanke der Taktfrequenz f_c wird der Signalzustand von A^* und B^* in die Speicher S1 und S2 übernommen. Die Verknüpfung $A\bar{B}$ setzt das nachgeschaltete Flip-Flop S3 auf 1-Signal = vorwärts. Die Verknüpfung $\bar{A}B$ bewirkt an S3 ein Reset-Signal, das der Zählrichtung Rückwärts entspricht.

Damit die Umschaltung der Zählrichtung stets vor der 0–1-Flanke der Differenzfrequenz Δf einsetzt, wird diese mit einem Exclusiv-ODER aus den Impulsfolgen A und B direkt gebildet.

8.8 Frequenzsynthesizer, Frequenzgenerator

Mithilfe des PLL-Schaltkreises 4046 (Phase-Locked-Loop) lässt sich ein Frequenzsynthesizer realisieren (Abb. 8.11). Es handelt sich dabei um eine selektive Frequenzvervielfachung, bei der der PLL-Schaltkreis die phasenstarre Frequenzmultiplikation übernimmt. Es wird im Phasendetektor die Referenzfrequenz f_{Ref} mit der Istfrequenz f_{i} der Regelschleife verglichen und die Differenz über ein externes Tiefpassfilter dem spannungsgesteuerten Oszillator (VCO) zugeführt. Das Ausgangssignal f_{A} ändert sich dann fortlaufend, bis die Phasenlage von f_{i} mit der von f_{Ref} übereinstimmt.

In der dargestellten Schaltungsvariante wird eine dreidekadige Zählerschaltung mit einem fest einstellbaren Multiplikator N eingesetzt, sodass sich schließlich für die Ausgangs-

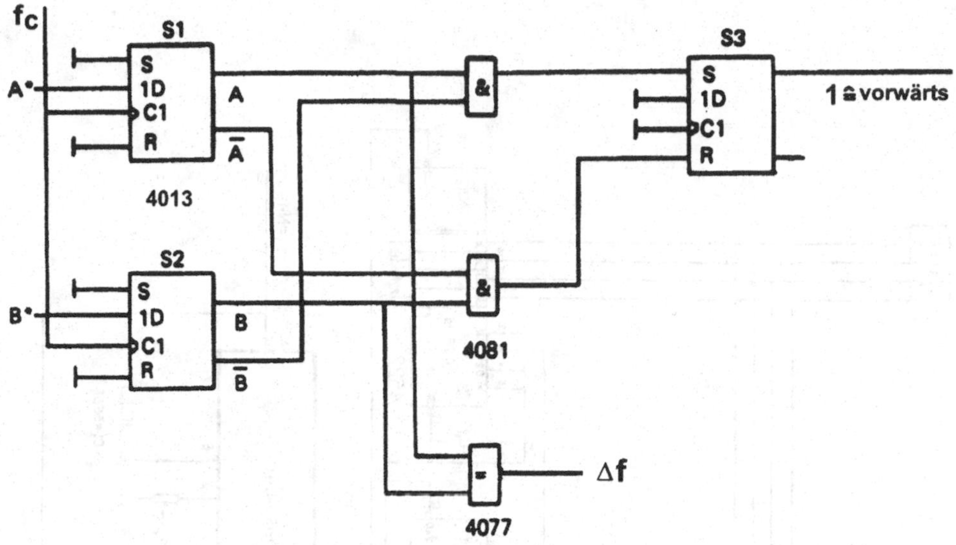

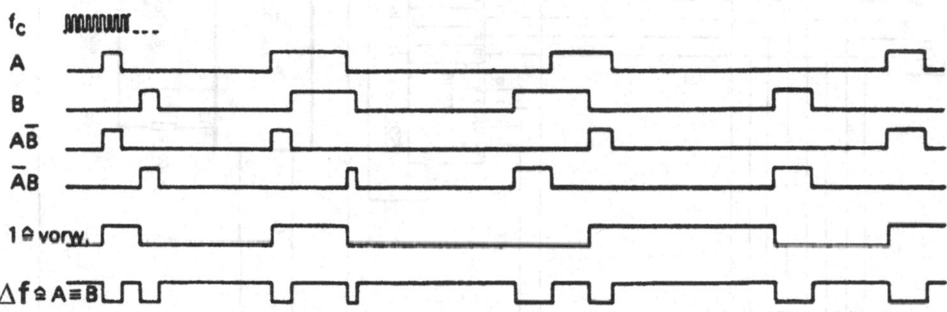

Abb. 8.10 Frequenzdifferenzbildung mit D-Flip-Flops 4013

frequenz ergibt:

$$f_A = N \cdot f_{Ref} \approx \frac{k \cdot \left[\frac{U_{VCO}-1{,}65}{R_1} + \frac{U_{s2}-1{,}35}{R_2}\right]}{(C_1 + 32) \cdot (U_2 + 1{,}6)} \,. \tag{8.2}$$

mit $U = [\mathrm{V}]$, $R = [\mathrm{M\Omega}]$, $C = [\mathrm{pF}]$ erhält man $f_A = [\mathrm{MHz}]$

Der Multiplikator N sollte bei einem Tastverhältnis der Ausgangsfrequenz von 1 : 1 zwischen 3 und 999 liegen. Weitere Informationen enthält das Datenblatt des PLL-Schaltkreises.

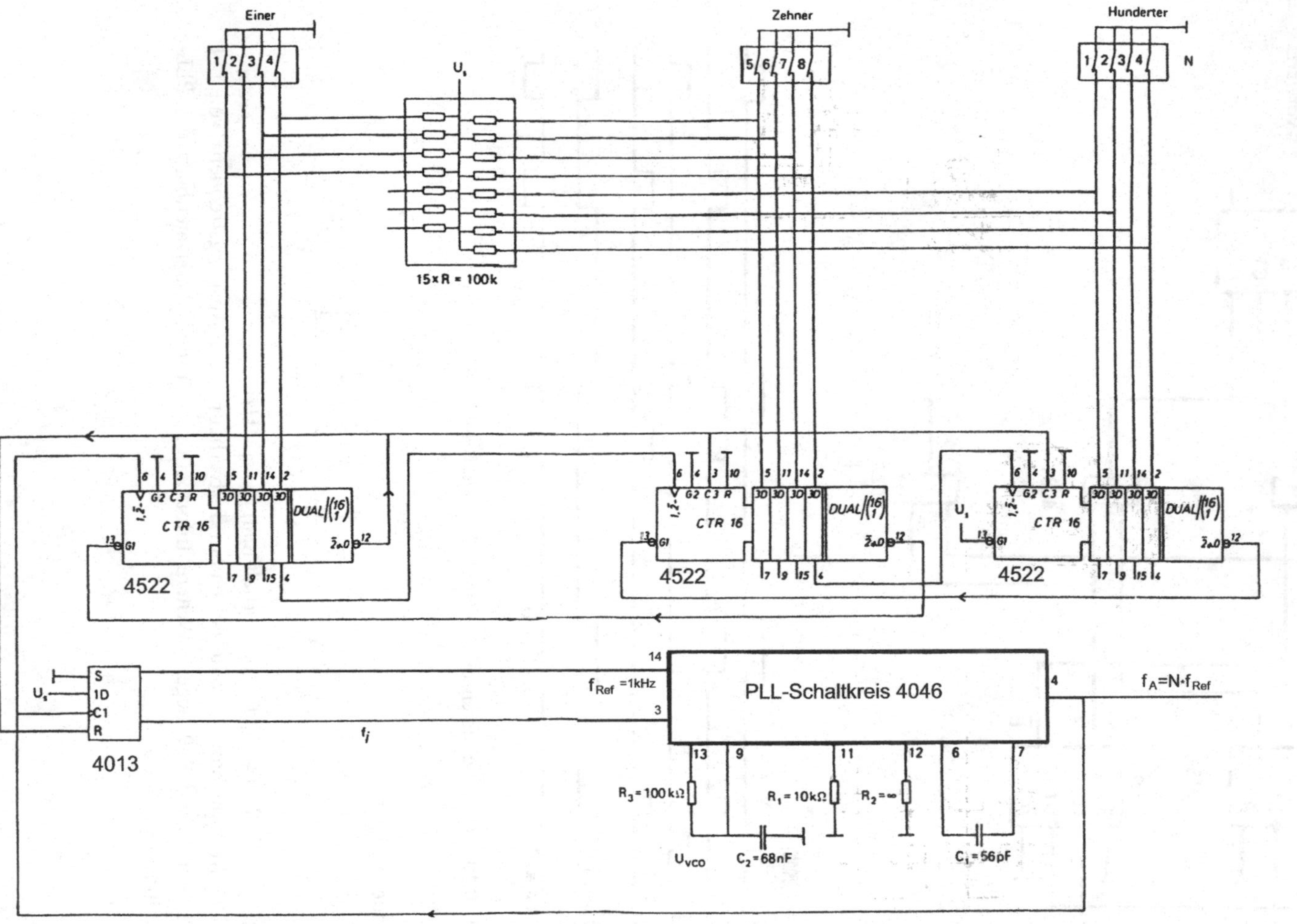

Abb. 8.11 Frequenzsynthesizer mit PLL-Schaltkreis 4046

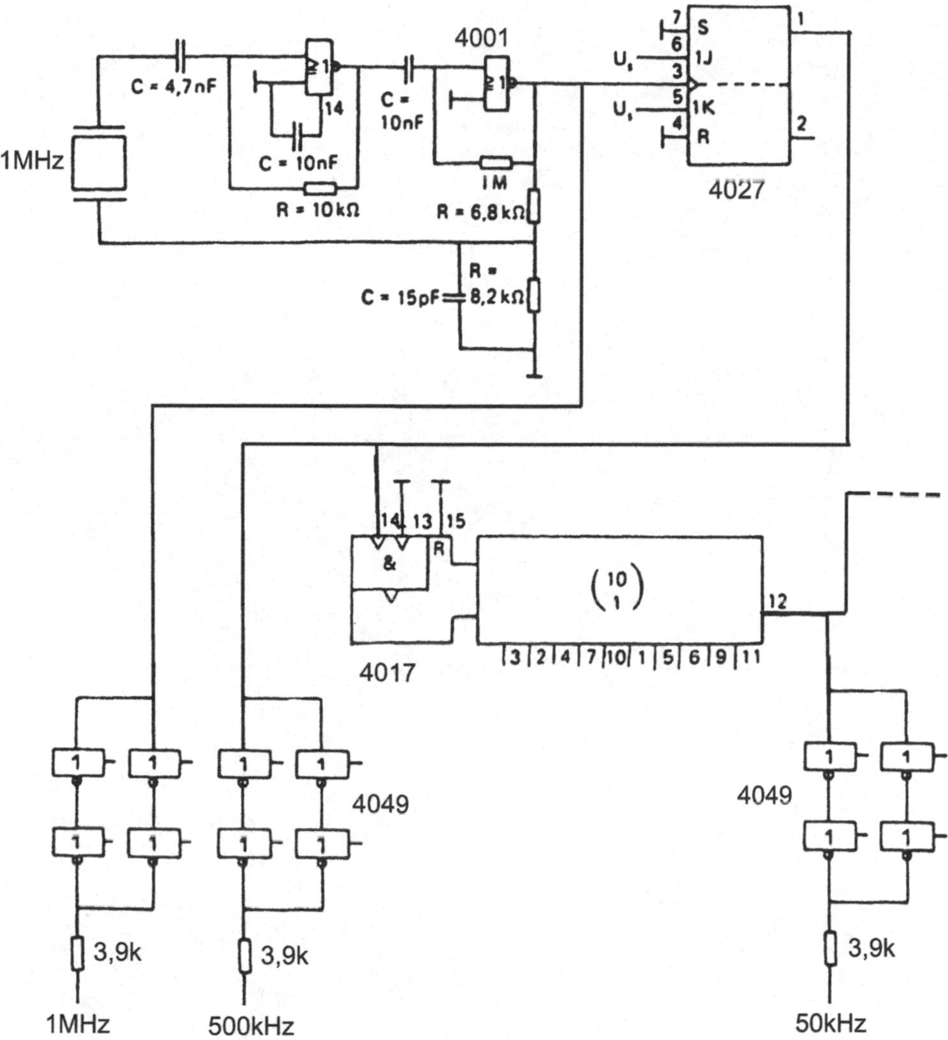

Abb. 8.12 Frequenzgenerator für quarzgenaue Frequenzen

Ein Frequenzgenerator für unterschiedliche exakte Frequenzen lässt sich mithilfe eines Quarzoszillators erstellen (Abb. 8.12). Mit ihm wird eine konstante Frequenz von 1 MHz erzeugt. Dabei sorgt das NOR-Gatter 4001 auch für die erforderliche Flankensteilheit des erzeugten Signals. Das nachgeschaltete Flip-Flop 4027 halbiert die Frequenz. Mit nachfolgenden Teilern 4017 kann die Frequenz jeweils um Faktor zehn weiter herunter geteilt werden – in dieser Schaltung beispielhaft nur einmal von 500 kHz auf 50 kHz.

Digitale Messwerterfassung 9

Während bei der analogen Messwerterfassung jedem physikalischen Wert der Messgröße ein stetiger Spannungswert zugeordnet wird, entspricht das Messergebnis einer digitalten Messwertbildung dem stückweise Vielfachen des Messwertes und wird meist mit Zählvorgängen realisert.

9.1 Längungsmessung von Stoffbahnen

Zur Verbesserung der Kornstruktur von gewalzten Stoffbahnen wird das Walzgut durch eine Richtrolleneinheit geführt und gleichzeitig plastisch verformt. Diese Verformung hat eine Längung der Stoffbahn zur Folge, die sowohl gemessen als auch regeltechnisch verarbeitet werden muss.

Man nennt solche Einrichtungen auch Streckricht- oder Dressieranlagen. Die Längung der abwickelnden Stoffbahn (Coils) wird dabei durch die Geschwindigkeitsdifferenz zwischen zwei S-Rollen realisiert. Mit diesen ist es möglich, unterschiedliche Kräfte F zwischen dem ein- und auslaufseitigen Anlagenteil aufzubauen, nämlich nach der Gleichung:

$$F_2 = F_1 \cdot e^{\mu \cdot (\alpha_1 + \alpha_2)} \quad \text{mit} \quad \alpha_1; \alpha_2 : \text{ Umschlingungswinkel} \,. \tag{9.1}$$

Das Anlagenschema der Streckrichtanlage mit Längungsmessung und -regelung (auch Dressiergradregelung) ist in Abb. 9.1 dargestellt.

Nach Durchführung der Längungsmessung L_i in der Längungsmesseinrichtung erfolgt über einen Längungsregler mit Integralverhalten ein Eingriff auf die Drehzahlregelung des auslaufseitigen Antriebs. So wird die Geschwindigkeitsdifferenz und damit eine vorgewählte Längung erreicht [6].

Die Längung ist wegen des Geltens der Kontinuitätsgleichung definiert als:

$$L_i = \frac{L_a - L_e}{L_e} = \frac{V_a - V_e}{V_e} \,. \tag{9.2}$$

P. F. Orlowski, *Praktische Elektronik*, DOI 10.1007/978-3-642-39005-0_9,
© Springer-Verlag Berlin Heidelberg 2013

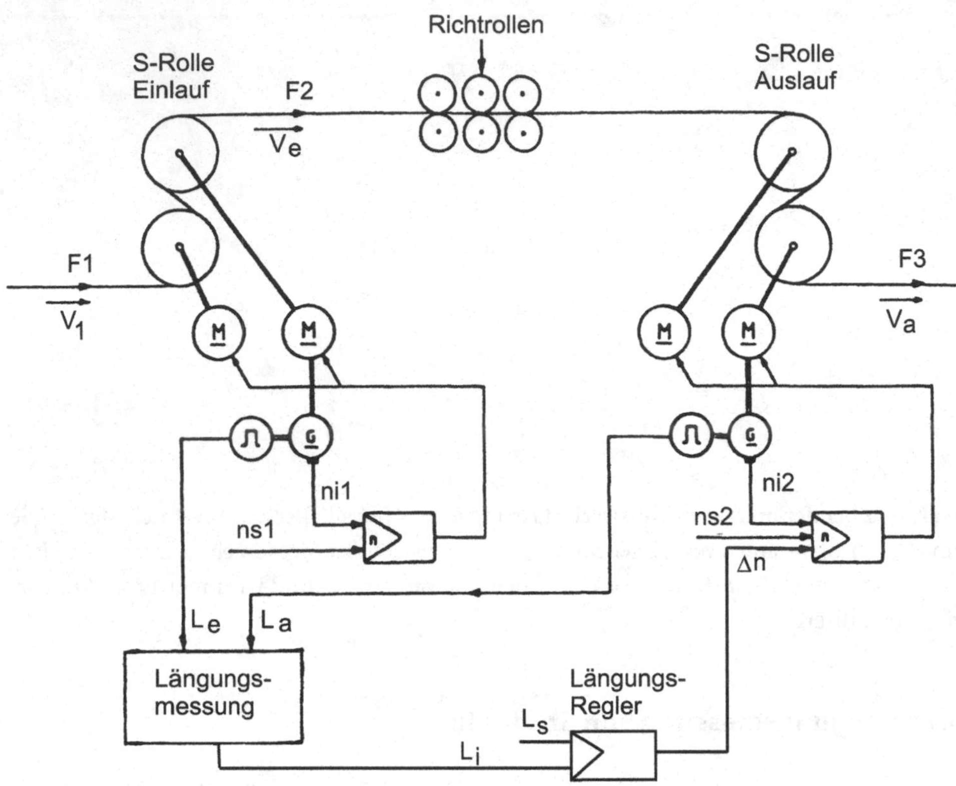

Abb. 9.1 Anlagenschema einer Streckrichtanlage (Dressiergradregelung)

Da die Längung der Stoffbahn nur wenige mm/m beträgt, erfolgt die Messwerterfassung durch Impulsgeber mit einer Auflösung von 5000 Impulsen/Umdrehung. Das Übersichtsschaltbild der Längungsmessung ist in Abb. 9.2 dargestellt.

Der auslaufseitige Zähler zählt mit den zugehörigen Impulsen von Null beginnend vorwärts, während der einlaufseitige Zähler gleichzeitig mit den zugehörigen Impulsen von 5000 beginnend rückwärts zählt.

Kommt der Rückwärtszähler bei Null an, wird der Zählvorgang beider Zähler gestoppt und das Ergebnis des auslaufseitigen Zählers in den Speicher eingelesen.

Eine Längung von beispielsweise $L_i = 10$ hat dann einen Zählerstand von 5010 zur Folge. Dieser Wert wird um 5000 vermindert und dann dem Längungsregler zugeführt. Aus der Regeldifferenz $x_d = L_s - L_i$ wird somit der Eingriff auf den Drehzahlregler des auslaufseitigen Antriebs vorgenommen. Bei $x_d = 0$ ist die gewünschte Längung bzw. der gewünschte Streckgrad erreicht.

Zur Realisierung der Gl. 9.2 für die Längungsmessung lassen sich auch Laser-Geschwindigkeitsmesser einsetzen [24,26]. Sie haben den Vorteil, dass ein eventuelles Bandrutschen

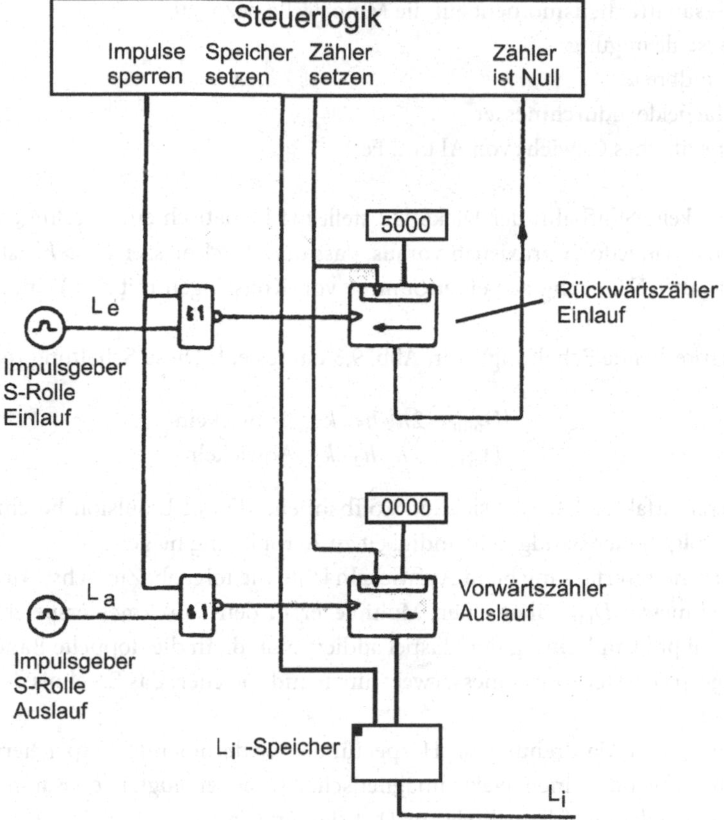

Abb. 9.2 Längungsmesseinrichtung einer Dressiergradregelung

(Schlupf) an den S-Rollen im Gegensatz zu dort montierten Impulsgebern keinen Einfluss auf die Messgenauigkeit hat.

9.2 Durchmessererfassung

Bei der Regelung von Stoffbahnen in Walzprozessen ist die genaue und kontinuierliche Erfassung des Coildurchmessers D_i (Bunddurchmesser) von großer Bedeutung. Der Durchmesser geht in die Momentenregelung einer Walzanlage in der vierten Potenz ein. Beispielsweise gilt für das Beschleunigungsmoment M_a eines Aluminium-Coils, das sich auf einem Stahl-Haspeldorn befindet:

$$M_a = 2\pi J_{ges} \frac{dn}{dt} = 2\pi \left[\frac{b \cdot \pi \cdot \rho_{Al} \cdot (D_i^4 - D_{min}^4)}{32} + \frac{b \cdot \pi \cdot \rho_{Fe} \cdot D_{min}^4}{32} \right] \cdot \frac{dn}{dt}. \quad (9.3)$$

J_{ges}: Gesamtträgheitsmoment auf die Motorwelle bezogen
dv/dt: Beschleunigung
b: Bandbreite
D_{min}: Haspeldorndurchmesser
ρ_{Al}, ρ_{Fe}: spezifisches Gewicht von Al und Fe

Eine gewickelte Stoffbahn der Dicke I12 stellt mathematisch eine Archimedische Spirale dar. Setzt man jedoch praxisnah voraus, dass der Durchmesser $D_i \gg h_2$ ist, lässt sich D_i mit sehr guter Näherung aus einer Summe von Kreisringen mit der Windungszahl n nachbilden.

Eine entsprechende Schaltung ist in Abb. 9.3 dargestellt. Diese Schaltung realisiert die Formel:

$$D_i =< \begin{matrix} D_{min} + 2n \cdot h_2 \cdot k & \text{Aufwickeln} \\ D_{max} - 2n \cdot h_2 \cdot k & \text{Abwickeln} \end{matrix} . \tag{9.4}$$

Der Korrekturfaktor k berücksichtigt Stoffbahnen, die mit Emulsion beschichtet sind und/oder infolge hoher Bandgeschwindigkeit zu Aeroplaning neigen.

Die Durchmessererfassung beim Aufwickeln läuft wie folgt ab. Zunächst wird der Haspeldorndurchmesser D_{min} über einen Multiplexer in den Durchmesserspeicher gesetzt. Jeweils einmal pro Umdrehung der Haspel addiert man dann die doppelte Banddicke $2h_2$ zum zuvor gespeicherten Durchmesserwert hinzu und speichert das Ergebnis der Addition wiederum ab.

Der Setzimpuls je Umdrehung der Haspel für das wiederholende Abspeichern wird mit einem Impulsgeber oder einem elektromagnetischen Geber erzeugt. Die gesamte Schaltung stellt somit einen digitalen Regelkreis zur D_i-Erfassung dar.

9.3 Banddickenmessung

Wie schon im vorangegangenen Abschnitt gezeigt, ist die Banddicke des Walzgutes eine wichtige Systemgröße, insbesondere bei Walzprodukten von hoher Maßgenauigkeit (Folien, Feinbleche). Dabei soll die Banddicke der gewalzten Stoffbahn über die gesamte Bandbreite konstant sein.

Da es bis heute nicht möglich ist, die Banddicke direkt im Walzspalt zu bestimmen, bedient man sich verschiedener Ersatzverfahren:

- Messung des Walzenabstandes an den Walzenzapfen über die Hydraulik-Zylinderposition.
- Errechnen der Banddicke aus der Anstellposition der Walzen und Walzkraft.
- Berührungslose Messung der Banddicke vor und hinter dem Walzspalt zur Bestimmung einer Banddickenänderung.
- Berührungslose Messung der Banddicke durch Laserabstandsmessung.

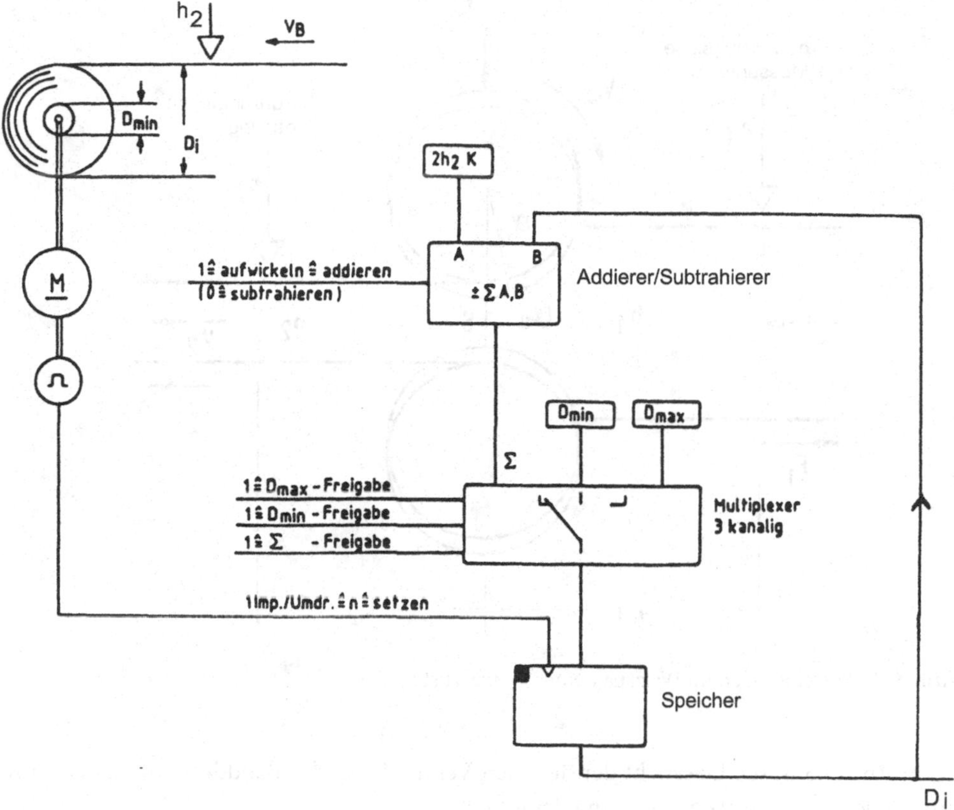

Abb. 9.3 Durchmessererfassung von gewickelten Stoffbahnen

Störgrößen, die die Messung beeinflussen, sind das Feder-Masse-System des Walzgerüstes, die Walzenbiegung in Längsrichtung, die Exzentrizität der Walzen sowie die veränderlichen Haft- und Gleitreibungswinkel α_0 und α_s zwischen Walzgut und Walze (Abb. 9.4).

Durch die Verwendung kapazitiver Sensoren, Wirbelstromverfahren, radiometrischer Messgeräte oder Laserabstandsmessung wird die Banddicke berührungslos und kontinuierlich auch bei schnell laufenden Bändern (Stoffbahnen) mit hoher Messwertauflösung im µm-Bereich gemessen [22, 23, 24].

Beim häufig eingesetzten radiometrischen Messprinzip wird die metallische Stoffbahn von einem Beta-Strahler am Einlauf und Auslauf (also vor und hinter dem Walzspalt) durchstrahlt. Aufgrund der Absorption ergeben sich in den gegenüberliegenden Detektoren die der Banddicke proportionalen Signale h_1 und h_2.

Das Verfahren zur Banddickenregelung beruht auf der indirekten Regelung der Banddicke. Man regelt letztlich die Differenz aus einlaufseitiger und auslaufseitiger Banddicke, also $\Delta h = h_1 - h_2$. Sie wirkt auf die Anstellung der Walzen erhöhend oder vermindernd.

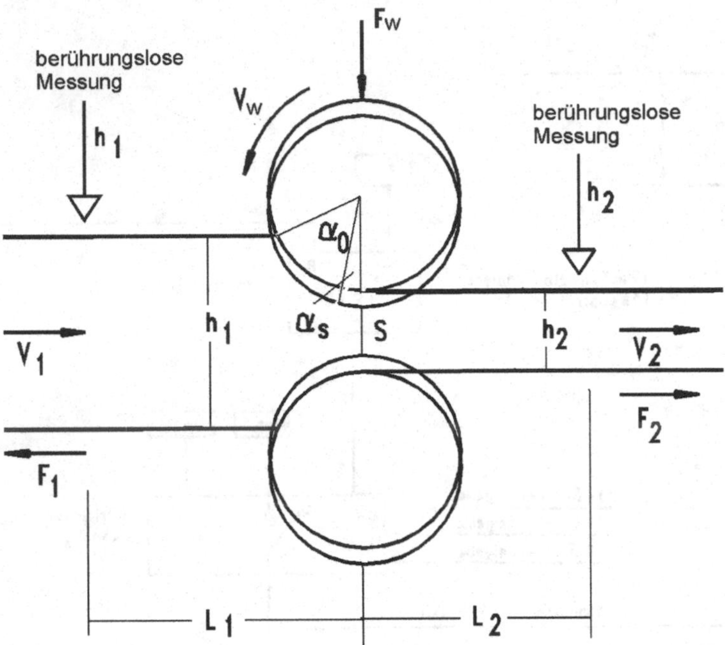

Abb. 9.4 Systemgrößen im Walzspalt eines Walzgerüstes

In Abb. 9.5 ist die Übersicht der digitalen Verarbeitung der Banddickenmesswerte für eine Regelung der Walzenanstellung dargestellt.

Auch hier gilt die Kontinuitätsgleichung, nach der eine Dickenabnahme des Bandes eine Geschwindigkeitszunahme von V_1 nach V_2 zur Folge hat, vorausgesetzt die Breite der Stoffbahn ist konstant. Es gilt also:

$$V_1 \cdot h_1 = V_2 \cdot h_2 \,. \tag{9.5}$$

Stellt man diese Kontinuitätsgleichung um nach

$$\frac{V_1}{V_2} \cdot h_1 - h_2 = 0 \,.$$

und bezieht die Substitution $V_1 / V_2 \cdot \Delta h_1$ ein, kann auf

$$\mathrm{St}(V) = \frac{V_1}{V_2} \cdot (h_1 + \Delta h_1) - h_2 = \text{konstant} \tag{9.6}$$

geregelt werden.

Nachteil der indirekten Banddickenmessung ist die Totzeit, die sich aus dem Abstand der Messwertaufnehmer und der Bandgeschwindigkeit ergibt. Es gilt:

$$T_\mathrm{t} \approx 2 \cdot \frac{L_1 + L_2}{V_1 + V_2} \,. \tag{9.7}$$

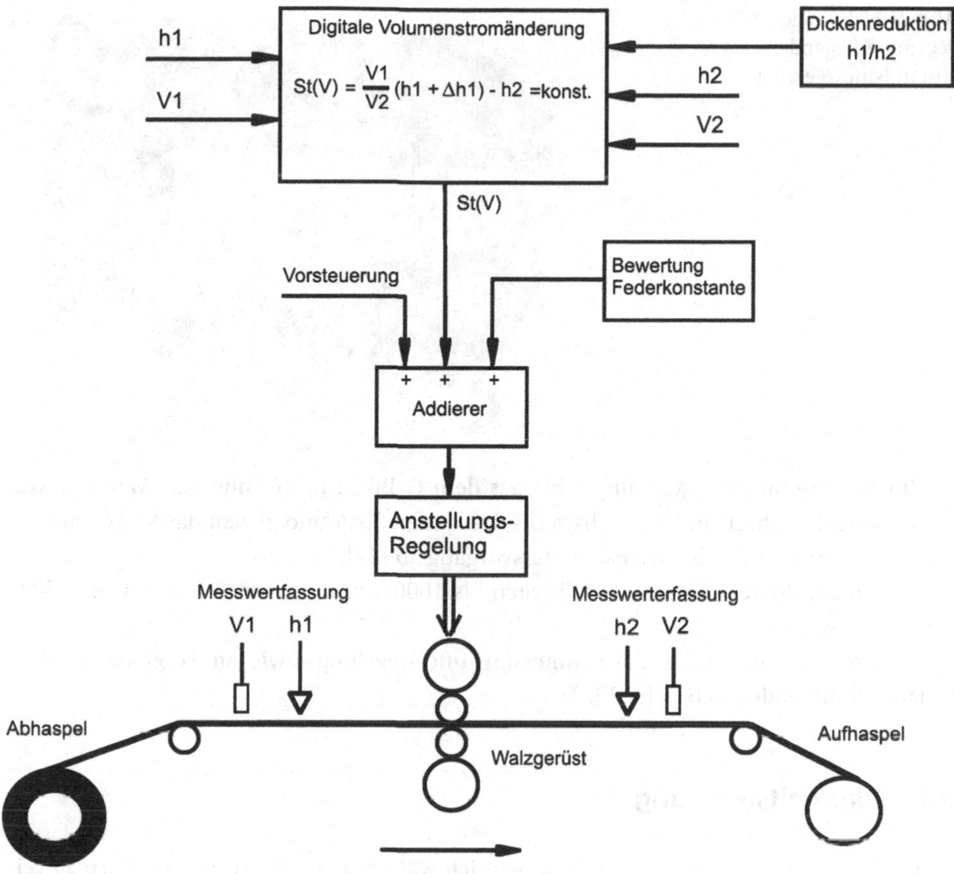

Abb. 9.5 Verarbeitung der Banddickenmesswerte in Anstellungsregelung

Bei einem Abstand von $L_1 + L_2 = 1$ m ergeben sich je nach Bandgeschwindigkeit Totzeiten von $T_t \approx 26$ ms bei ca. 38 m/s bis zu $T_t \approx 180$ ms bei ca. 5,5 m/s Bandgeschwindigkeit. In der zugehörigen Banddickenregelung machen sich somit kleine Bandgeschwindigkeiten negativ bemerkbar und sind möglichst beim Walzprozess zu vermeiden.

Die berührungslose Messung der Banddicke durch Laserabstandmessung mithilfe eines sogenannten C-Bügels erzeugt keine Totzeit (Abb. 9.6). Dabei wird der feststehende Abstand M der Bügelschenkel mit dem Abstand der gegenüberliegenden Lasermessgeräte und deren Abstandswerte L_1 und L_2 verglichen. Es gilt somit für die dann errechnete Banddicke h:

$$h = M - (L_1 + L_2)\,. \tag{9.8}$$

Dieser Wert greift dann direkt in die Anstellregelung (Abb. 9.5) ein.

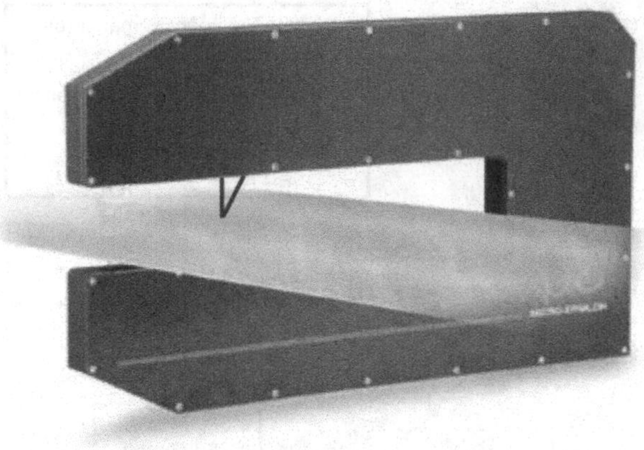

Abb. 9.6 C-Bügel mit gegenüberliegenden Laserabstandsmessgeräten

Zur Kalibrierung der Messung fährt aus dem C-Bügel nach Ende des Walzprozesses und dem Coilwechsel ein Vergleichswerkstück in den Spalt und gleicht das Messsystem in wenigen Sekunden für den nächsten Messvorgang ab [24].

Mit diesem System können Bandbreiten bis 1000 mm bei einer Messrate von 20 kHz vermessen werden.

Weitere Hinweise zur Banddickenmessung und -regelung sowie zur Regelung der Walzenanstellung finden sich in [6, 22, 23, 25].

9.4 Planheitsmessung

Beim Kaltwalzen von Bandmaterial können sich während des Walzprozesses Formabweichungen als Welligkeit des Bandes sowie ungleiche Längungs- und Stauchprozesse im Materialgefüge einstellen. Diese ungleiche plastische Verformung des Bandes über die Bandbreite wird als Planheitsfehler bezeichnet. Daher ist die Planheitsmessung und -regelung ein wichtiger Indikator für die Produktqualität des gesamten Walzprozesses.

Für die Planheitsmessung werden an Kaltwalzwerken und Bandbehandlungsanlagen vorwiegend Messrollen eingesetzt, die als Umlenkrollen ausgebildet sind. Sie werden in Breiten von 550 mm bis 2400 mm und Durchmessern von 160 mm bis 700 m gefertigt [26, 27].

Man unterscheidet drei Messrollentypen:

- Rollen mit radialem Einbau der Messwertgeber für sehr hohe Messempfindlichkeit z. B. für Folienwalzprozesse
- Rollen mit axialem Messgebereinbau mit geschlossener Oberfläche für das Walzen von Aluminium, Kupfer, Messing und Stahl
- Messrollen für einen erhöhten Temperaturbereich größer 300 °C

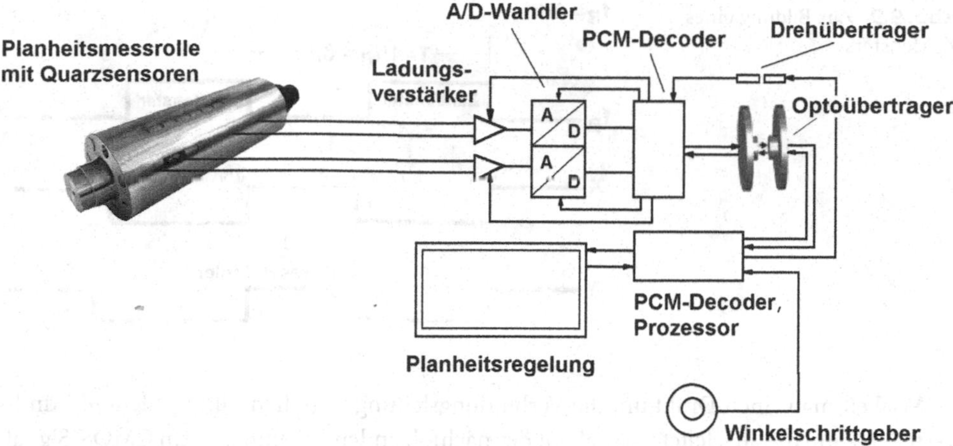

Abb. 9.7 Planheitsmessung

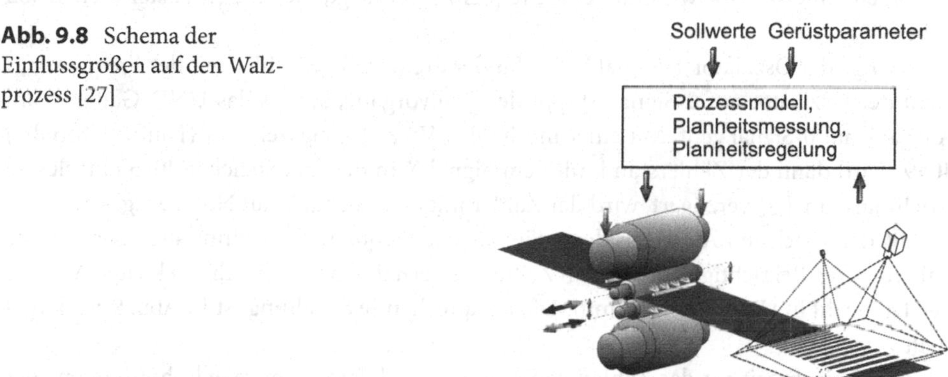

Abb. 9.8 Schema der Einflussgrößen auf den Walzprozess [27]

Mithilfe von Quarzkraftsensoren in der Planheitsmessrolle werden Veränderungen in der Bandlängsspannung erfasst und optoelektronisch übertragen (Abb. 9.7). Die Signale werden abgetastet, d. h. durch Puls-Codierte-Modulation (PCM) quantisiert und codiert, um dann zur Beeinflussung der Bandstruktur einer Planheitsregelung zugeführt zu werden.

Diese Regelung greift auf andere Regelungen des Walzprozesses korrigierend ein, um Planheitsfehler zu minimieren. Die Eingriffe können die Walzenbiegung, Schräglage der Walzen, Verschiebung der Walzen, Exzentrizität der Walzen und auch die Temperaturbeeinflussung der Walzen betreffen (Abb. 9.8).

9.5 Drehzahl- und Geschwindigkeitsmessung

Die Messung der Drehzahl bzw. Geschwindigkeit an einem Kfz beruht in den folgenden Schaltungsvarianten auf der Erfassung von Impulsen/Umdrehungen, die innerhalb eines Zeitfensters gezählt werden.

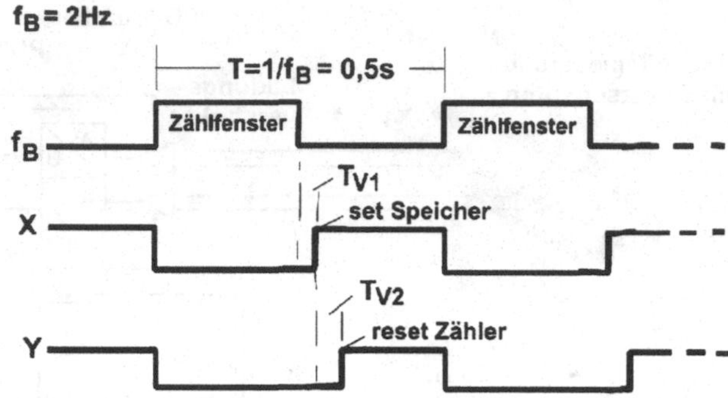

Abb. 9.9 Zur Bildung eines Zeitfensters

Wickelt man einen Draht um die Verbindungsleitung zwischen Zündspule und Zündverteiler, kann das abgeleitete Signal mit der nachfolgenden Schaltung in ein CMOS-Signal der Frequenz f_A umgeformt werden.

Mit einem Oszillator wird nun eine Frequenz f_B erzeugt, die als Zeitfenster dienen soll (Abb. 9.9).

Solange der Oszillator 1-Signal hat, zählt der dreidekadige Zähler mit der Frequenz f_A. Geht der Oszillator auf 0-Signal, stoppt der Zählvorgang, sodass das UND-Gatter A am Ausgang auf 0-Signal geht. Mit einer minimalen Verzögerungszeit T_{V1} (Laufzeit von drei 4049) wird dann der Zählerstand mit dem Signal X in die drei Speicher 4035 eingelesen. Nochmals um T_{V2} verzögert, wird der Zähler mit dem Signal Y auf Null rückgesetzt.

Mit dem nächsten Auftreten des 1-Signals der Frequenz f_B beginnt auch der nächste Zählvorgang. Bei richtig angepasstem Zeitfenster, erhält man so eine dreidekadige Anzeige der Drehzahl in Umdrehungen/min. Die entsprechende Schaltung ist in Abb. 9.10 dargestellt.

Eine Freigabezeit für das Zählen von ca. 0,25 s und damit eine Wiederholfrequenz der Drehzahlmessung von $f_B = 2$ Hz reicht für das menschliche Auge als quasi kontinuierliche Anzeige aus.

Die digitale Geschwindigkeitsmessung an einem Kfz soll hier mithilfe eines Impulsgebers erfolgen. Dieser am Getriebeausgang angekoppelte Geber liefert bei konstantem Reifendurchmesser und entsprechend angepasstem Zeitfenster ein der Geschwindigkeit des Kfz proportionales Signal. Dieses wird in der gleichen Schaltung wie bei der Drehzahlmessung gezählt, abgespeichert und als Wert in km/h angezeigt (siehe Abb. 9.9 und 9.10).

Zur einmaligen Einstellung der Schaltung muss das Kfz auf einer Messrolle mit konstanter vorgegebener Geschwindigkeit gefahren werden, damit das Zeitfenster in Verbindung mit den ankommenden Impulsen auf die richtige Geschwindigkeit eingestellt wird.

Die Messung der Geschwindigkeit von bewegten Stoffbahnen in Walzwerken erfolgt heute berührungslos und nutzt dabei optische Verfahren. Diese haben den Vorteil, dass keine Verschleißteile zum Einsatz kommen und die Messmethode für nahezu alle Oberflächen geeignet ist. Ein gängiges Verfahren basiert auf der Kombination einer Lichtquelle in Verbindung mit einem optischen Sensor nach dem sogenannten Ortsfilterverfahren (Abb. 9.11).

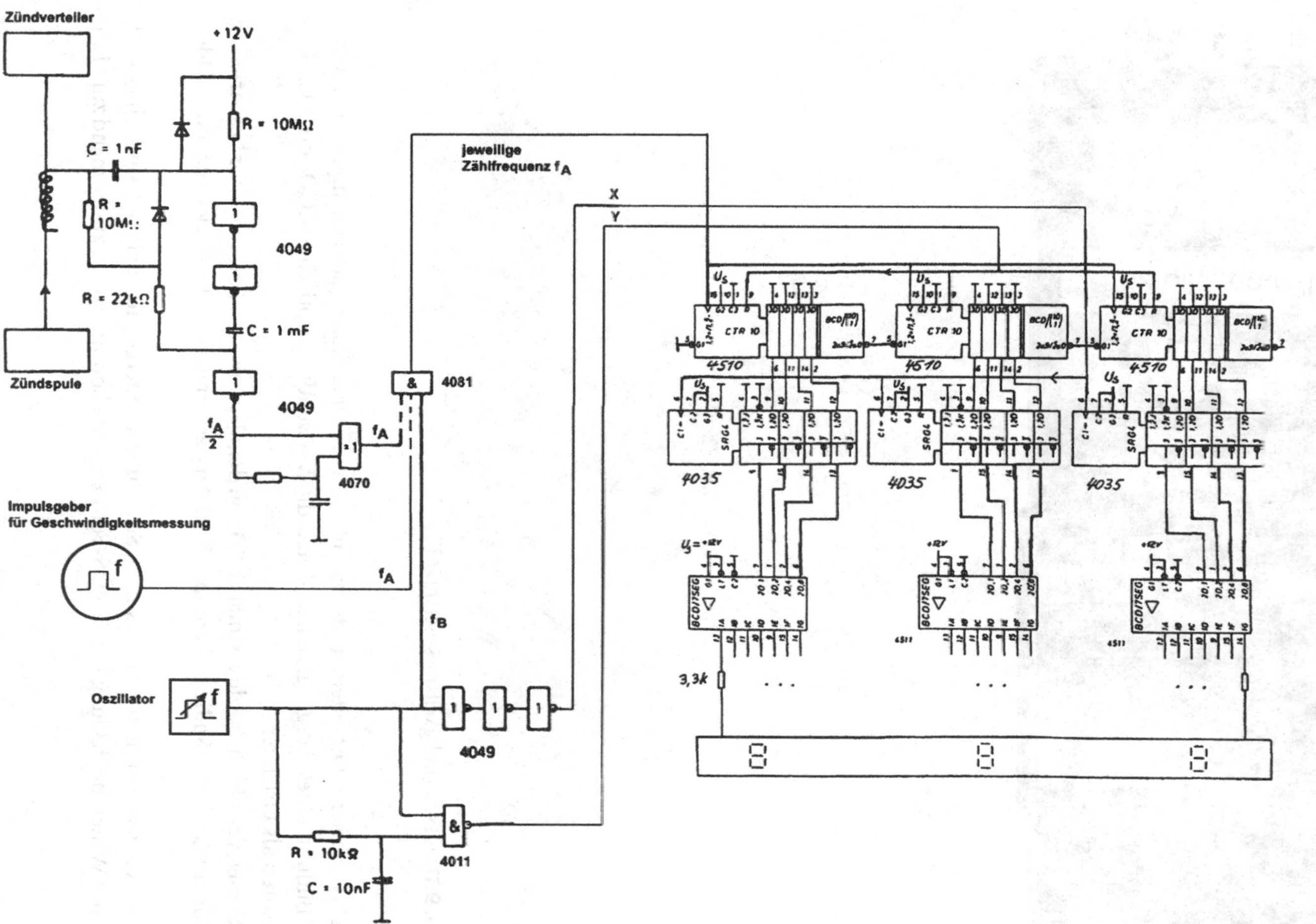

Abb. 9.10 Drehzahl- und Geschwindigkeitsmessung am Kfz

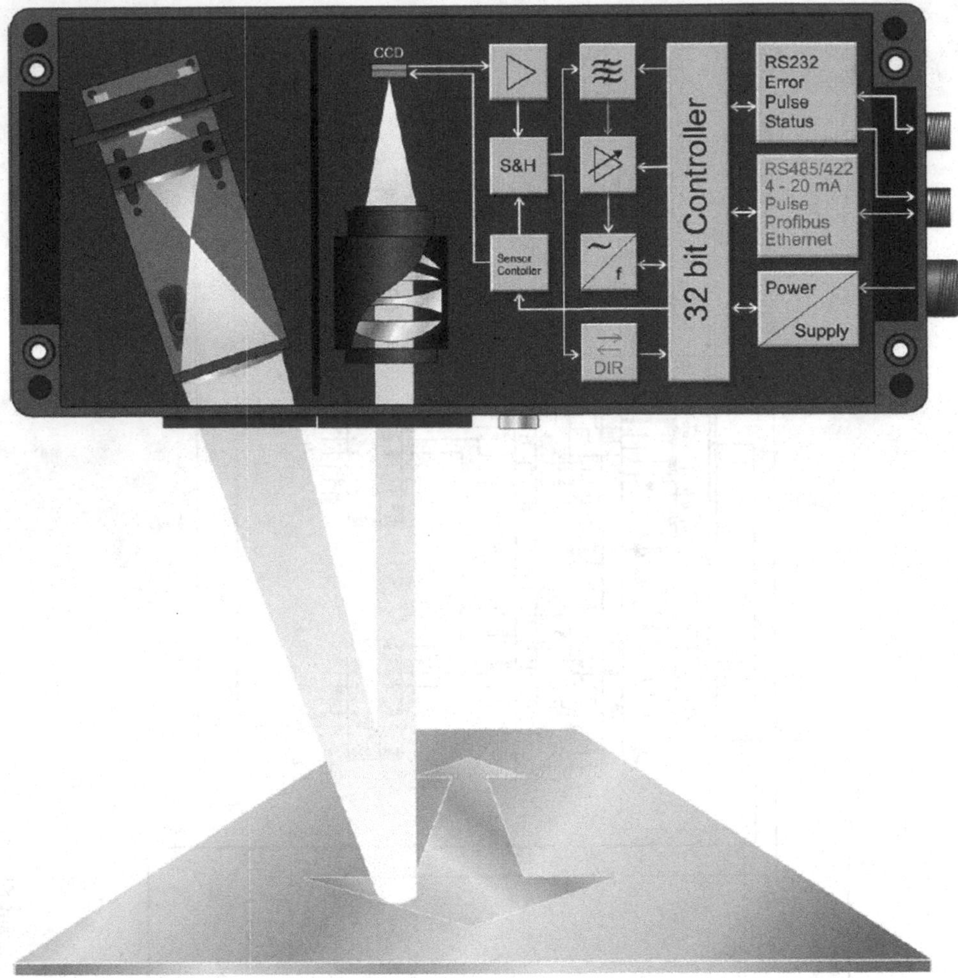

Abb. 9.11 Geschwindigkeitsmessgerät [26]

Das optische Ortsfilterverfahren nutzt die Filterwirkung gitterförmiger Strukturen zur Bildung eines Ausgangssignals durch die Verwendung optischer CCD- oder CMOS-Sensoren als Ortsfilter.

Dieses Verfahren wurde erstmals 1963 von dem japanischen Forscher Ator beschrieben. Seitdem wurde es ständig weiterentwickelt. An der Universität Rostock entstand die Idee, Halbleiterbildsensoren für die Ortsfilterung zu verwenden [30]. Dabei wurden vorrangig CCD-Zeilensensoren, wie sie aus Fax-, Scan- und Kopiergeräten bekannt sind, eingesetzt. Mit der Weiterentwicklung von CMOS-Fotosensoren kommen diese zunehmend zum Einsatz.

Durch ein Objektiv wird das bewegte Walzgut (oder ein anderes bewegtes Objekt) auf dem CCD-Sensor abgebildet. Dabei wirkt dieser als optisches Gitter (als nicht bildgebend). Zur Beleuchtung nutzt man eine LED-Lichtquelle mit bekanntem Spektrum und kann so auch Fremdlichteinflüsse ausschließen.

Aufgrund der Gittermodulation ergibt sich bei Bewegung des Walzgutes eine Ortsfrequenz, die proportional der Geschwindigkeit ist. Die Berechnung erfolgt im Vergleich zu bildverarbeitenden Verfahren (z. B. Korrelation) bedeutend schneller, da anstatt einer 2-D-Rechnung zwei 1-D-Rechnungen realisiert werden. Der Geschwindigkeitsbereich und die Genauigkeit der Messung sind dabei vom eingesetzten Sensor abhängig.

Über die Auswertung der Geschwindigkeit können auch Durchflüsse in Rohren und die resultierenden Kräfte bestimmt werden. Eine weitere industriell genutzte Anwendung ist die Längenmessung von Stoffbahnen (Bleche, Tapeten, Kabel, Garn, Goldfäden).

9.6 Weg-, Winkel-, Positionsmessung

Für die Erfassung von Wegen, Winkeln und Positionen gibt es zahlreiche Methoden, von denen hier die wichtigsten aufgezeigt werden. Die einschlägigen Hersteller solcher Geber sind: Bomatec, Heidenhain, Hübner, Sick-Stegmann und TWK.

Potentiometer Die Messung eines Weges bis in den lm-Bereich lässt sich sehr einfach mit einem Stabpotentiometer realisieren, dessen Abgriff entlang der Positionierungseinrichtung mitbewegt wird. Nach der Spannungsteilerregel ist dann die abgegriffene Spannung proportional dem Abstand (bezogen auf einen Nullpunkt). Die Auflösung solcher Messeinrichtungen liegt bei ca. 0,01 mm.

Induktive Wegaufnehmer Induktive Wegaufnehmer basieren häufig auf dem Prinzip des linear variablen Differenzial-Transformators. Dabei wird eine Primärspule an eine konstante Wechselspannung angeschlossen. Durch die Bewegung eines magnetischen Kerns entlang des zu erfassenden Weges wird dann in der Sekundärspule eine Spannung induziert, aus der durch digitale Aufbereitung die Position abgeleitet werden kann. Abbildung 9.12 zeigt die Signalaufbereitung und Digitalisierung mit CAN-Bus (siehe Abschn. 11.1). Der Messbereich solcher Aufnehmer reicht von 1 mm bis ca. 400 mm bei einer Messwertauflösung von 0,01 mm.

Magnetostriktive Wegaufnehmer Die Deformation, insbesondere die von ferromagnetischen Körpern infolge eines angelegten magnetischen Feldes, bezeichnet man als Magnetostriktion. Die quantenmechanischen Ursachen werden in [31] näher beschrieben.

Bei den magnetostriktiven Wegaufnehmern erfolgt die Verbindung mit dem Messobjekt durch seitliche Führung eines Magneten. Die Messung arbeitet nach dem Prinzip der Laufzeitmessung zwischen zwei Punkten eines Wellenleiters. Ein Punkt stellt den beweglichen Magneten dar, der andere ist der Nullpunkt (Anschlag). Die Laufzeit eines ausgesandten

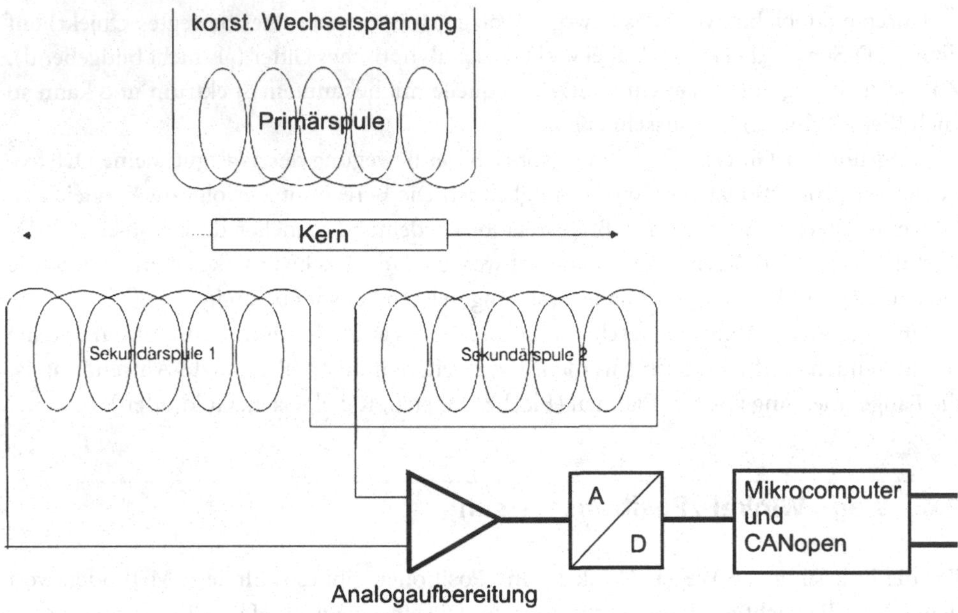

Abb. 9.12 Übersichtschaltbild einer induktiven Wegerfassung

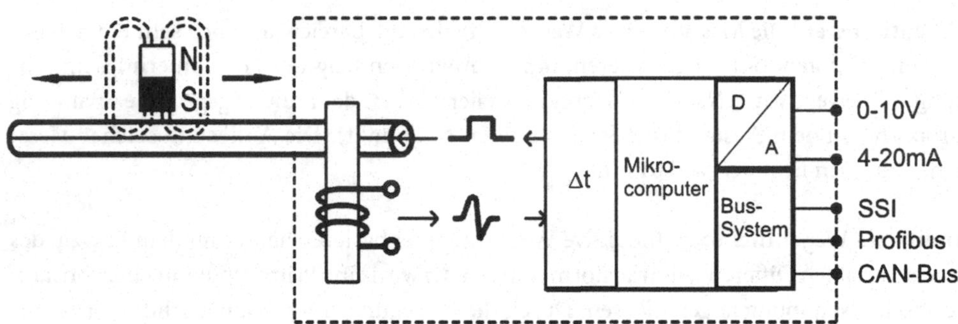

Abb. 9.13 Übersichtsschaltbild einer magnetostriktiven Wegerfassung

Impulses ist der Strecke zwischen diesen Punkten direkt proportional. Die Auswerteelektronik gibt dann den streckenproportionalen Wert als Spannung, Strom oder CANopen aus (Abb. 9.13).

Magnetostriktive Aufnehmer in Stabform sind für Messhübe von 25 mm bis ca. 7500 mm verfügbar (Abb. 9.14). Neben der Positionsmessung liefern einige Geräte ein zusätzliches Geschwindigkeitssignal.

Kapazitive Wegerfassung Kapazitive Sensoren basieren auf dem Prinzip des idealen Plattenkondensators. Es besagt, dass eine Abstandverschiebung der Kondensatorplatten eine

Abb. 9.14 Magnetorestriktiver Wegaufnehmer der Firma TWK

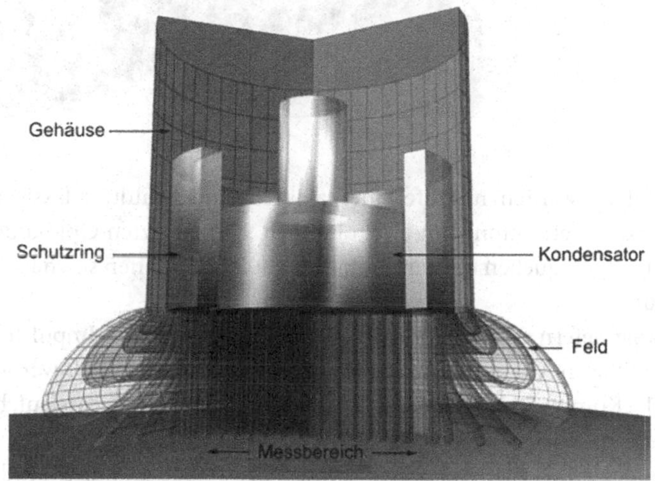

Abb. 9.15 Prinzip der kapazitiven Abstandsmessung [24]

Änderung der Gesamtkapazität zur Folge hat. Eine Änderung des Plattenabstands ist demnach proportional der Kapazitätsänderung.

Durchfließt ein konstanter Wechselstrom den Sensorkondensator, ist die Amplitude der Wechselspannung am Sensor dem Abstand der Kondensatorelektroden proportional (Abb. 9.15).

Diese Messmethode kann Abstände von 200 µm bis 10 mm detektieren. Dabei beträgt die Messwertauflösung ca. 0,02 µm bei einer Linearität der Messung von ca. 2 µm. Typische Anwendungen finden sich bei Positions- und Verschleißmessungen, Messung von Spalt, Verschiebung und Rundheit.

Inkrementalgeber Bei der kontinuierlichen Erfassung von Wegen und Positionen mit Inkrementalgebern (Impulsgeber, Drehgeber) wird aus der translatorischen Bewegung eines Objektes oder einer Stoffbahn eine Impulsfolge erzeugt, die digital ausgewertet wird. In Abschn. 9.1 wurde bereits ein Beispiel für die Messung der Längung eines Bandes mithilfe von zwei Inkrementalgebern beschrieben.

Abb. 9.16 Inkrementalgeber der Firma Sick-Stegmann als Schnittmodell [32]

Die Impulsfolgen werden mithilfe einer abwechselnd lichtdurchlässigen Glas- oder Kunststoffscheibe in Verbindung mit zwei räumlich 90° versetzten Optokopplern und gegenüberliegenden Lichtquellen erzeugt. Abbildung 9.16 zeigt einen solchen Geber in einer Schnittdarstellung.

Standardmäßig liefern die Geber die in Abb. 9.17 dargestellten Impulsfolgen. Aus der Reihenfolge der Spuren A und B kann auch die Drehrichtung ermittelt werden (vergleiche mit Abschn. 8.1). Kommt Spur A vor Spur B, entspricht dies z. B. Rechtslauf, bei Spur B vor Spur A dann Linkslauf.

Mit den heutigen Inkrementalgebern können bis 10.000 Impulse/Umdrehungen erreicht werden. Zur Wegbestimmung mit Inkrementalgebern ist allerdings eine Referenzmarke erforderlich, von der beginnend die Impulsfolge in einen Zähler gezählt wird. Dabei wird die Anzahl der Impulse als Längenmaßstab bzw. Weg in einem Zähler abgebildet.

Nachteilig ist, dass bei Spannungsausfall während der Bewegung des Gebers die augenblickliche Weginformation verloren geht.

Absolutwertgeber Solche Drehgeber werden zur Winkel- oder Wegmessung beispielsweise an Werkzeugmaschinen, Handhabungsautomaten, Aufzügen, Drehbühnen, Papiermaschinen, Strangpressen und Walzwerken eingesetzt. Dabei ist jedem Winkel bzw. jedem Längen- oder Lagewert ein codierter Zahlenwert zugeordnet. Ein Spannungsausfall hat auf die Messung keinen Einfluss, da die Position und damit der zugehörige Zahlenwert in jedem Betriebszustand zur Verfügung stehen.

Soll eine 360° Drehung (Single-Turn) codiert und zur Winkelmessung eingesetzt werden, benutzt man sogenannte Code-Scheiben (Abb. 9.18). Die Codierung erfolgt meist im Gray-Code oder Binär-Code und wird optoelektronisch ausgewertet. Mit steigender Auflösung nimmt die Anzahl der Bits und damit der Leitungen zu, sodass die Datenübertragung sinnvoller mit einem seriellen Bussystem (meist SSI, oder RS485) erfolgt. Messwertauf-

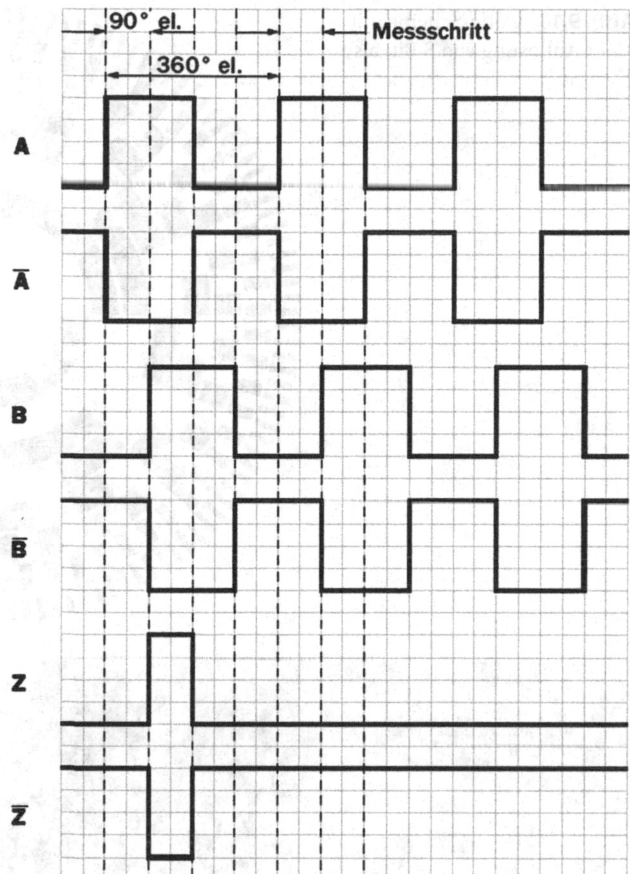

Abb. 9.17 Impulsfolgen am Ausgang eines Inkrementalgebers

lösungen von 24 Bit, 2^{24} also 2 = 16.777.216 über den gesamten Messbereich sind dann problemlos möglich.

Multi-Turn Drehgeber besitzen mehrere Code-Scheiben, die mechanisch gekoppelt sind. Sie können die Rotation über mehrere Umdrehungen als Weg bzw. Position darstellen. Abbildung 9.19 zeigt einen Absolutgeber der Firma Bomatec mit Codier-Scheibe und Auswertelektronik [34].

Optoelektronische Abtastung Optoelektronische Abtastsysteme basieren auf dem Durchlicht- oder Auflichtverfahren. Bei der Durchlichtabtastung befinden sich die Lichtquelle auf der einen Seite des Maßstabes und die fotoelektrischen Abtastelemente auf der anderen. Das Auflichtverfahren hingegen nutzt das Reflexionsverhalten des Maßstabes [35]. Dabei befinden sich die fotoelektrischen Abtastelemente auf der gleichen Seite wie die Lichtquelle (Abb. 9.20).

Das Licht der LED durchstrahlt ein Abtastgitter, fällt auf den Maßstab und wird vom Maßstabgitter reflektiert. Das reflektierte Licht gelangt nochmals durch das Abtastgitter

Abb. 9.18 Code-Scheibe mit einer Auflösung von 8 Bit, also $2^8 = 256$

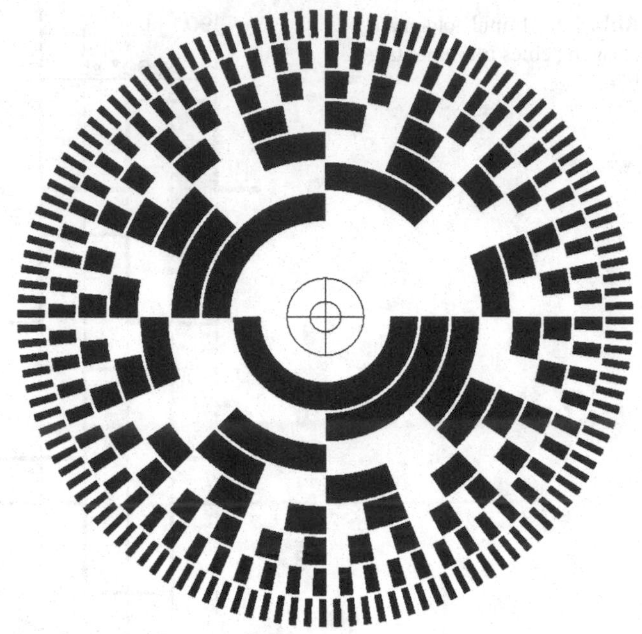

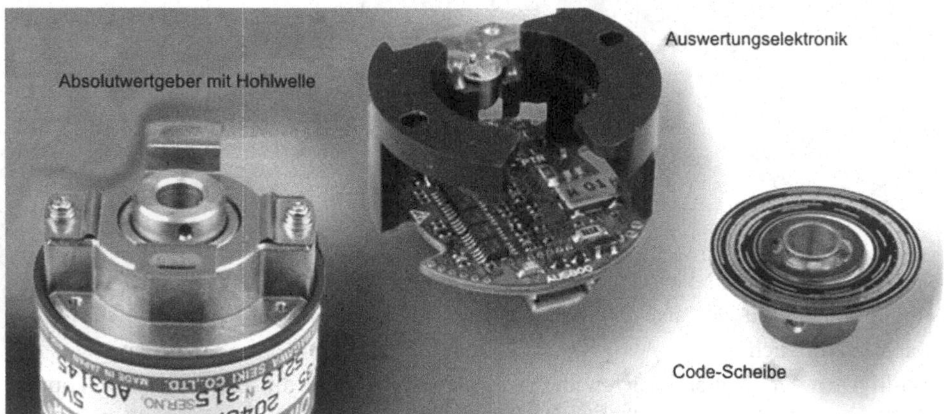

Abb. 9.19 Absolutgeber von Bomatec

und fällt auf ein Optoarray. Das Abtastgitter unterscheidet sich in der Gitterkonstante von dem Maßstabgitter und ist gegenüber dem Maßstabgitter verdreht angeordnet. Durch die Verdrehung der Gitter zueinander werden Moire-Streifen erzeugt, die sich bei Relativbewegung der Gitter über das Optoarray bewegen. Die Empfängerfelder des Optoarray sind geometrisch so angeordnet, dass in den einzelnen Feldern phasenverschobene Signale detektiert werden. In einem Signalaufbereitungsasic werden die Signale schließlich verarbeitet und können analog oder digital ausgegeben werden.

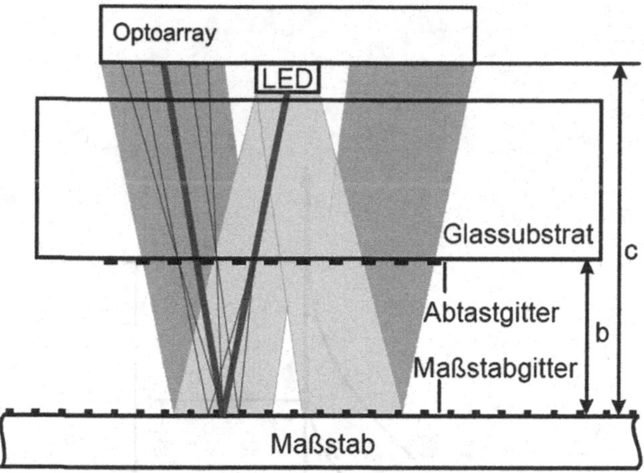

Abb. 9.20 Optoelektronische Abtastung mit Auflichtverfahren

9.7 Fahrkurvenrechner

In Abschn. 4.3.2 wurde bereits eine analogtechnische Variante zur Nachbildung einer Sollwertfunktion besprochen. Für das schwingungsfreie Anfahren und Bremsen von Antrieben in Anlagen, bei denen Material, Stoffbahnen oder Menschen bewegt werden, setzt man gewöhnlich sinusförmige Funktionen oder Fahrkurven ein. Dazu gehören Aufzüge, Förderanlagen, Bahnen usw.

Bei einer Fahrkurve als Sollwertfunktion in einer Regelung beginnt der Anfahrvorgang mit einer Parabel und geht dann nach der Verschliffzeit T_{ve} in eine Gerade über. Vor dem Erreichen des gewünschten Sollwertes wird dann die Parabel, jedoch jetzt mit negativer Steigung, an die Gerade bis zur Hochlaufzeit T_{He} angefügt (Abb. 9.21).

Für die Bremsvorgänge sind z. B. in der Walzwerkstechnik drei Zeiten vorgesehen, der Normal-Halt in der Zeit T_H, der Schnell-Halt mit T_{SH} und für Gefahrenzustände der Not-Halt mit der Zeit T_{NH}.

Jeder Halt-Befehl muss aus jedem Kurvenpunkt heraus stets mit der zugehörigen Parabel verschliffen werden, um unerwünschte Schwingungen der Systemgrößen zu vermeiden.

Gleichzeitig wird in solchen Anlagen der zugehörige Beschleunigungswert dv/dt zur Regelung des Beschleunigungsmoments benötigt [6].

Prinzipiell lässt sich ein Fahrkurvenrechner mit zwei Zählern und einer entsprechenden Steuerlogik aufbauen (Abb. 9.22). Dabei wird ein Zähler mit der konstanten Frequenz f_1 angesteuert. Sein Zählerstand nimmt demzufolge beim Hochzählen linear zu und beim Rückwärtszählen linear ab. Somit stellt dieser Zählerwert die Beschleunigung dv/dt dar.

Wandelt man den Wert des dv/dt-Zählers in eine Frequenz f_2 um und steuert damit einen zweiten Zähler an, ergibt sich bei einem linear steigenden Zählerstand Z_1 die linear steigende Frequenz f_2 und damit ein parabelförmig steigender Zählerwert Z_2. Dieser entspricht dann dem Geschwindigkeitswert v.

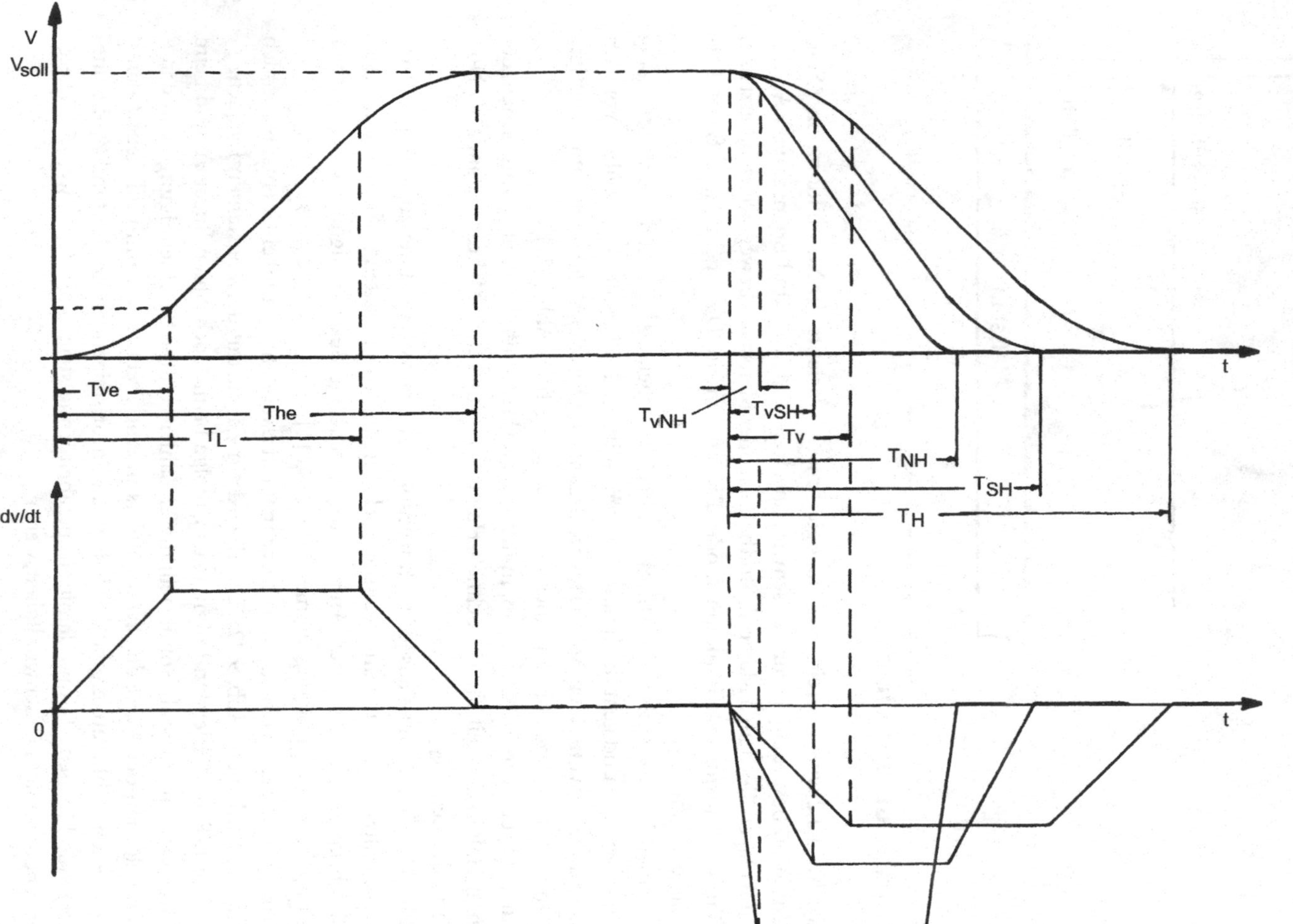

Abb. 9.21 Fahrkurvenfunktionen

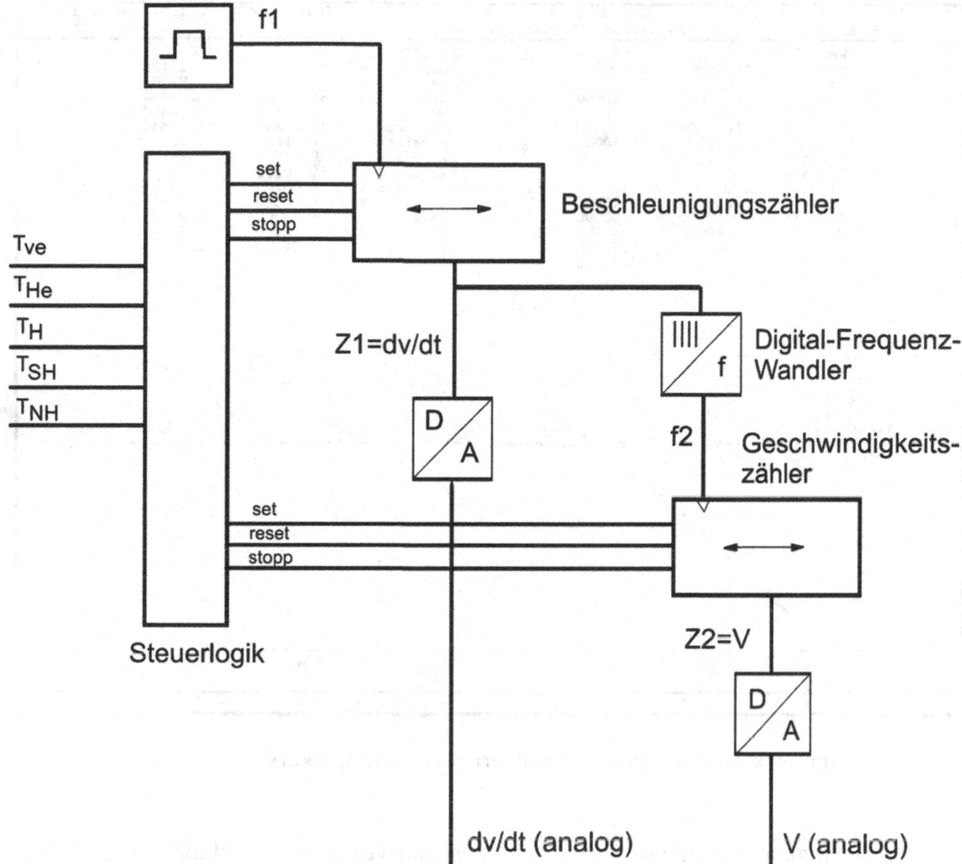

Abb. 9.22 Übersichtsschaltbild eines Fahrkurvenrechners

Nach dem Erreichen der Verschliffzeit T_{ve} wird dann der Beschleunigungszähler angehalten, sodass die Frequenz f_2 = konstant wird. Damit steigt der Zählerstand des Geschwindigkeitszählers jetzt linear an.

Nach Erreichen der Zeit T_L zählt der *dv*/*dt*-Zähler rückwärts auf Null, sodass damit f_2 linear abnimmt, was eine negative Parabel am Ausgang des Geschwindigkeitszählers zur Folge hat. Schließlich wird beim Wert V_{soll} der Geschwindigkeitszähler gestoppt und die gewünschte Fahrkurve für einen Hochlauf bis T_{He} ist nachgebildet.

Die Zählerstände für *dv*/*dt* und *V* werden D/A-gewandelt und stehen für die verschiedenen Regelsysteme zu Verfügung. Die Variante auf einem Einplatinencomputer realisiert die Schaltung von Abb. 9.22 mithilfe eines Mikrorechners und ist in [13] näher beschrieben.

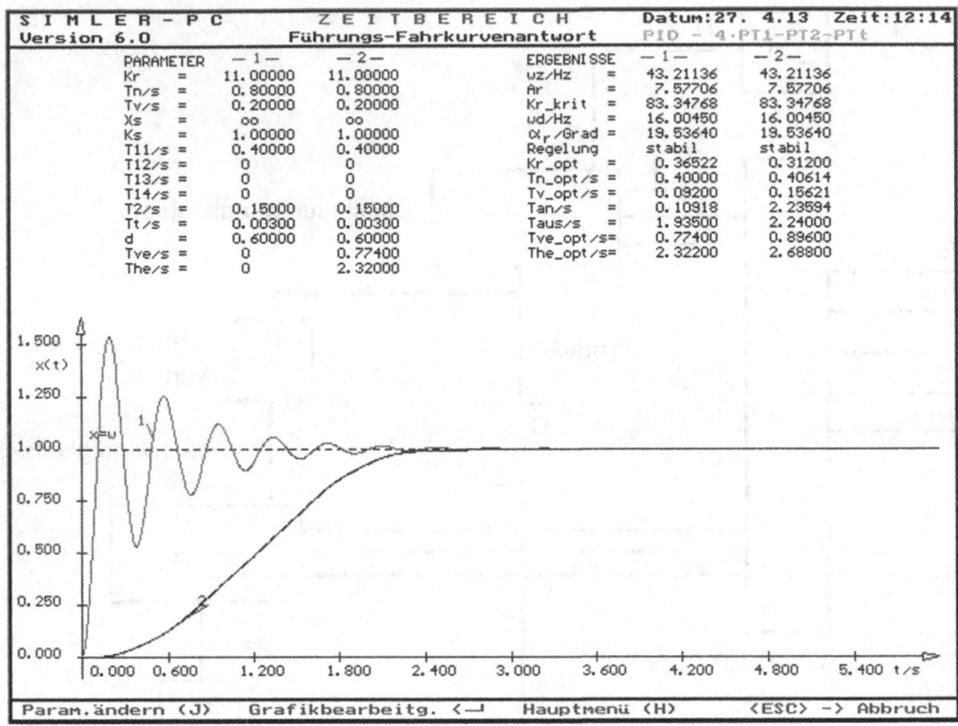

Abb. 9.23 Simulation einer Regelung mit Sollwertsprung und Fahrkurve

Der schwingungsdämpfende Einfluss einer Fahrkurve auf eine Regelung ist in Abb. 9.23 dargestellt. Mithilfe des Simulationsprogramms SIMLER-PC lässt sich zeigen, wie eine Regelung aus PID-Regler und einer Strecke dritter Ordnung ohne und mit Verwendung einer Fahrkurve reagiert [36].

SPS-Automatisierung 10

Besonders kundenspezifische oder technisch bedingte Änderungen während der Prüf- und Inbetriebnahmephase einer Anlage lassen sich, anders als bei einer konventionellen Hardware, kurzfristig und konstengünstig mit speicherprogrammierbarer Steuerung (SPS) umsetzen.

Ohne profunde Kenntnisse der Digitaltechnik lassen sich jedoch Konzepte mit SPS nicht realisieren.

10.1 SPS-Grundlagen

In elektrotechnischen und maschinenbautechnischen Berufszweigen sowie in den entsprechenden Studiengängen an Hochschulen ist mit dem Fachgebiet der Automatisierungstechnik die Steuerung und Regelung mit SPS eng verknüpft.

Die Handhabung solcher Systeme bedarf entsprechender Grundlagen und festgelegter Normen.

10.1.1 Datentypen und Operationen

Die SPS-Programmierung ist nach DIN EN 61131-3 bzw. IEC 61131-3 genormt. Zur Lösung von Steuerungsaufgaben werden Software-Bausteine wie Operanden für Eingänge, Ausgänge, Zähler, Zeitglieder, boolesche Verknüpfungen und Marker genutzt, die durch ein Programm zu einem Gesamtkonzept zusammengefügt werden.

Für die Programmierung gibt es festgelegte Datentypen und einen Befehlssatz, um logische, mathematische und andere Operationen durchzuführen. Die Tab. 10.1 und 10.2 geben dazu einen Überblick für die sehr verbreitete Programmiersprache STEP7.

P. F. Orlowski, *Praktische Elektronik*, DOI 10.1007/978-3-642-39005-0_10,
© Springer-Verlag Berlin Heidelberg 2013

Tab. 10.1 Datentypen in STEP7

Typ	Beschreibung	Größe	Schreibweise bzw. Wert
BOOL	boolesche Variable	1 Bit	False (0) True (1)
BYTE	Bitfolge Hex-Zahlen	8 Bit	B#16#0 bis B#16#FF
WORD	Bitfolge	16 Bit	Dual von 0 bis 2^{16} Hex von W#16#0 bis W#16#FFFF BCD von 0 bis 999
DWORD	Bitfolge	32 Bit	Dual von 0 bis 2^{32} Hex von DW#16#0 bis DW#16#FFFF FFFF
CHAR	ASCII-Zeichen	8 Bit	beispielsweise „A"
INT	ganze Zahl mit Vorzeichen	16 Bit	−32768 bis +32768
DINT	ganze Zahl mit Vorzeichen	32 Bit	−2.147.483.648 bis +2.147.483.648
REAL	reelle Zahl	32 Bit	156,235 oder 1,568 E+04
S5TIME	Zeitdauer im S5 T#-Format in 10 ms-Schritten	16 Bit	beispielsweise. S5 T#0H_0M_0S_10MS
TIME	Zeitdauer im IEC-Format	32 Bit	beispielsweise −T#24D_20H_31M_23S_648MS
TIMEOF DAY	Uhrzeit (Tageszeit)	32 Bit	beispielsweise TOD#24D_20H-30M_10S_43MS
DATE	IEC-Datum in Schritten von	16 Bit	beispielsweise D#2013-27-05
ARRAY	Feld bzw. Gruppierung gleichen Datentyps		beispielweise für Messwerte ARRAY [1 … 3] OF INT;
STRUCT	Gruppierung von beliebig kombinierten Datentypen (Beispiel)		STRUCT Temperatur: INT; Druck: REAL;
FB	Funktionsblock		Übergabe von Instanzdaten

10.1.2 Hardware

Marktrelevante Hersteller bzw. Vertreiber industrieller SPS-Konzepte sind die Firmen ABB (z. B. mit AC500) Möller (z. B. mit easyControl EC4-200) und Siemens (z. B. mit Simatic S7-300) [39]. Abbildung 10.1 zeigt beispielhaft das SPS-System AC500 mit CPU, verschiedenen Modulen und Kommunikationsgeräten.

Mit solchen Geräten und der zugehörigen Programmierung lassen sich umfangreiche Steuerungs- und auch Regelkonzepte auf praktisch allen Gebieten der Automatisierungstechnik realisieren.

Tab. 10.2 Befehlssatz in STEP7

Funktionsart	Befehl
binäre Verknüpfungen	U; UN; O; ON; X; XN; =
zusammengesetzte Verknüpfungen	U(; UN(; O(; ON(; X(; XN(;)
Speicherfunktionen	R; S
Flankenauswertung	FN; FP
Zeiten	FR; L; LC; R; SI; SV; SE; SS; SA
Zähler	FR; L; LC; R; S; ZV; ZR
Veränderung des VKE	NOT; SET; CLR; SAVE
Sprungfunktionen	SPA; SPL; SPB; SPBN; SPBB; SPBNB; SPBI; SPBIN; SPO; SPS; SPZ; SPN; SPP; SPM; SPPZ; SPMZ; SPU; LOOP
Programmsteuerungsoperationen	BE; BEB; BEA; CALL; CC; UC
Datenbausteinoperationen	AUF; TDB; L DBLG; L DBNO; L DILG; L DINO
Lade- und Transferfunktionen	L; LAR1; LAR2; T; TAR; TAR1; TAR2
Akkumulatorfunktionen	TAK; PUSH; POP; ENT; LEAVE; INC; DEC; +AR1; +AR2; BLD; NOP 0; NOP 1; TAW; TAD
Vergleichsfunktionen	= = ; ; < ; > ; <= ; >=
Digitale Verknüpfungen	UW; OW; XOW; UD; OD; XOD
Schiebefunktionen	SSI; SSD; SLW; SRW; SLD; SRD; RLD; RRD; RLDA; RRDA
Umwandlungsfunktionen	BTI; ITB; BTD; ITD; DTB; DTR; INVI; IND; NEGI; NEGD; NEGR; TAW; TAD; RND; TRUNC; RND+; RND-
Arithmetische Funktionen	+; +I; +D; +R; –I; –D; –R; *I; *D; *R;/I;/D;/R; MOD
Numerische Funktionen	ABS; SQR; SQRT; EXP; LN; SIN; COS; TAN; ASIN; ACOS; ATAN

Alle gängigen Schnittstellenformate werden zur Kommunikation mit den Leit- und Antriebsebenen von diesen Systemen genutzt (siehe Abschn 11.1).

Einen Ausschnitt aus den technischen Daten zweier SPS-Systeme von ABB und Siemens zeigt Tab. 10.3.

10.1.3 Darstellung, Programmierung

Die *sprachliche* Systembeschreibung erfolgt grafisch durch den Kontaktplan (KOP), durch die Darstellung mit Funktionsbausteinen (FBS) bzw. dem Funktionsplan (FUP) und durch die textliche Programmierung als Anweisungsliste (AWL) oder Strukturtext (ST). Abbildung 10.2 zeigt ein Beispiel für die verschiedenen Darstellungsformen [8, 9].

Abb. 10.1 SPS-System AC500 von ABB

Tab. 10.3 Datenblattausschnitt SPS-Systeme (ohne Systemvergleich)

Beschreibung	AC500 PM572	Simatic S7-300
Versorgungsspannung	24 V DC	24 V DC
Arbeitsspeicher CPU	128 kB	32 kB (CPU 312 C)
Zykluszeit/Anweisung	0,06 µs	0,2 µs
Zykluszeit/Gleitkomma	1,2 µs	6 µs
Digitaleingänge	320	256
Digitalausgänge	240	256
Analogeingänge	160	64
Analogausgänge	160	64
Schnittstellen	RS232, CANopen ...	RS232, CANopen ...
Zentrale E/A-Module	max. 10	max. 8
Dezentrale E/A-Module	max. 31	–
Programmiersprachen	KOP/FUP/AWL	KOP/FUP/AWL
Programmierpaket		STEP7

SPS-Programme werden mithilfe einer Software auf PC erstellt und nach der Funktionsprüfung auf die SPS übertragen. Das Programmiersystem STEP7 von Siemens ist sehr weit verbreitet und wird hier auch verwendet. Außerdem gibt es die Software CoDeSys nach der IEC 1131-Norm.

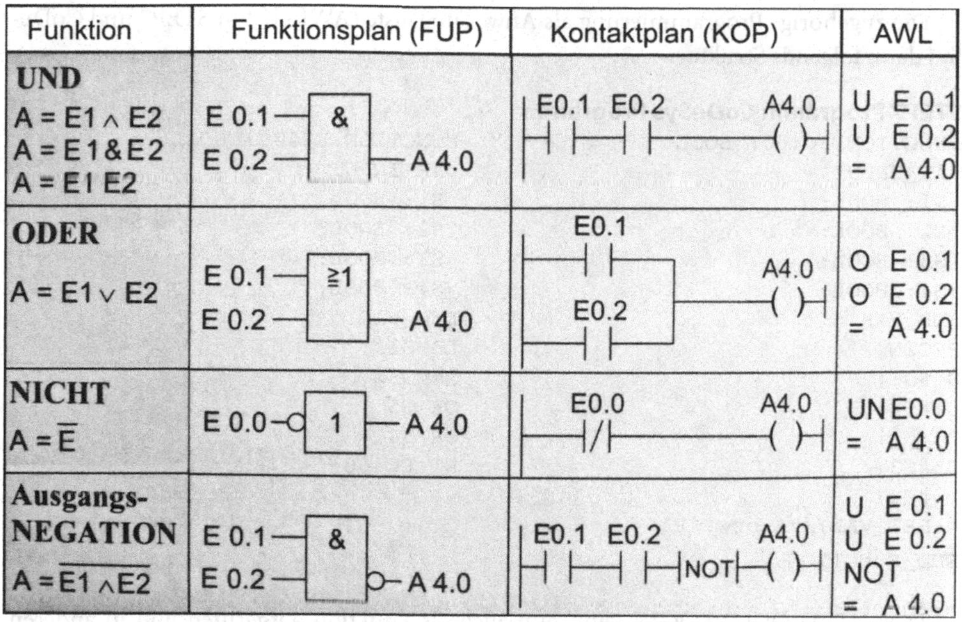

Funktion	Funktionsplan (FUP)	Kontaktplan (KOP)	AWL
UND A = E1 ∧ E2 A = E1&E2 A = E1 E2	E 0.1, E 0.2 → & → A 4.0	E0.1 E0.2 A4.0	U E 0.1 U E 0.2 = A 4.0
ODER A = E1 ∨ E2	E 0.1, E 0.2 → ≥1 → A 4.0	E0.1 E0.2 A4.0	O E 0.1 O E 0.2 = A 4.0
NICHT A = $\overline{E}$	E 0.0 → 1 → A 4.0	E0.0 A4.0	UN E0.0 = A 4.0
Ausgangs-NEGATION A = $\overline{E1 \wedge E2}$	E 0.1, E 0.2 → & → A 4.0	E0.1 E0.2 NOT A4.0	U E 0.1 U E 0.2 NOT = A 4.0

Abb. 10.2 Darstellungsformen von Grundverknüpfungen mit SPS

In der Praxis gibt es jedoch nicht mehr die strikte Trennung zwischen PC und SPS, sondern es existieren meist Mischformen der verschiedensten softwarebasierten Systemen. So ist die objektorientierte Programmierung, wie man sie bei Hochsprachen wie C++ kennt, auch bei der Programmierung mit SPS gebräuchlich [40].

Die Unterschiede in der Programmierung mit STEP7 und CoDeSys zeigt das folgende Beispiel auf.

Eine logische Verknüpfung mit der Funktion

$$A = S1 + S2 + S3 + S4$$

hat den Funktionsplan (FUP) entsprechend Abb. 10.3.

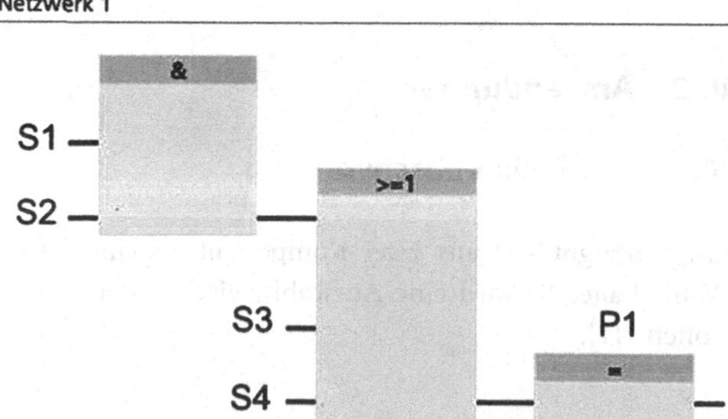

Abb. 10.3 Funktionsplan (FUP)

Die zugehörige Programmierung als Anweisungsliste (AWL) hat in STEP7 und CoDeSys dann folgende Struktur:

STEP7 Programm CoDeSys Programm

```
FUNCTION FC400: BOOL
VAR_INPUT
 S1: BOOL;
 S2: BOOL;
 S3: BOOL;
 S4: BOOL;
END_VAR
BEGIN
U #S1;
U #S2;
O ;
O #S3;
O #S4;
= RET_VAL;//A bzw. P1
END_FUNCTION
```

```
FUNCTION FC400: BOOL
VAR_INPUT
 S1: BOOL;
 S2: BOOL;
 S3: BOOL;
 S4: BOOL;
END_VAR
LD S1
AND S2
OR S3
OR S4
ST FC400
```

Diese UND-ODER-LOGIK kann nun auch als Funktion aufgerufen und in anderen Schaltungsteilen mehrfach verwendet werden.

Aufruf der Funktion in STEP7

```
ORGANIZATION:_BLOCK
VAR_TEMP
...//Standardeingaben
END_VAR
BEGIN
CALL FC400 (
S1 : = E0.1,
S2 : = E0.2,
S3 : = E0.3,
S4 : = E0.4,
RET_VAL : = A4.0);
END_ORGANIZATION_BLOCK
```

Aufruf der Funktion in CoDeSys

```
PROGRAMM PLCPRG
VAR
... (* Standards *)
END_VAR
LD %IXO.1
FC400 %IXO.2, %IXO.3, %IXO.4
ST %QX4.0
```

10.2 Anwendungen

10.2.1 Einfacher Mischvorgang

Ein Schüttgut soll aus zwei Komponenten gemischt werden (Abb. 10.4). Mit einem Wahlschalter S2 wird eine Auswahl zwischen den zwei verschiedenen Schüttgütern getroffen [41].

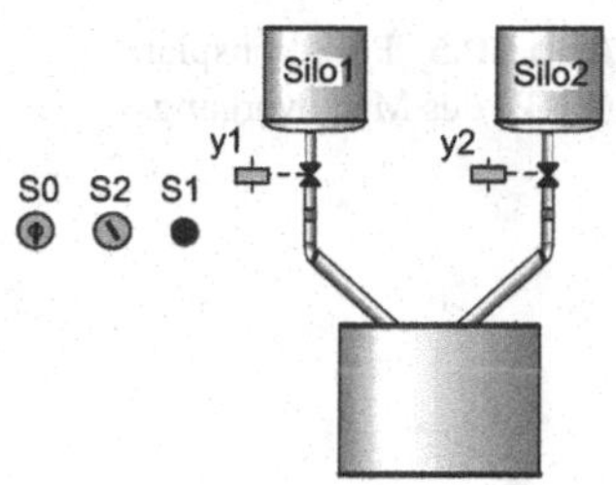

Abb. 10.4 Einfacher Mischvorgang aus zwei Komponenten

Tab. 10.4 Wahrheitstabelle der Schütz-Ansteuerung

S1	S2	S3	y1	y2
0	0	0	*	*
0	0	1	0	0
0	1	0	0	0
0	1	1	0	0
1	0	0	0	0
1	0	1	1	0
1	1	0	0	0
1	1	1	0	1

Steht *S*2 auf 0-Signal, gelangt das Schüttgut von Silo1 in den Mischbehälter, wenn gleichzeitig der Taster *S*1 betätigt wird. Schüttgut aus Silo2 gelangt mit der Schalterstellung *S*2 auf 1-Signal in den Mischbehälter, bei gleichzeitigem Betätigen von *S*1. Mit dem Schalter *S*0 wird der Mischvorgang abgeschaltet.

Die zugehörige Wahrheitstabelle für die Ansteuerung der Schütze *y*1 und *y*2, die die Ventile betätigen, hat demnach die Eingangsvariablen *S*0, *S*1 und *S*2 und ist in Tab. 10.4 dargestellt.

Aus dem Funktionsplan (FUP) ist zu erkennen, dass man die Schalterstellungen als RS-Flip-Flop-Funktion realisiert (Abb. 10.5).

10.2.2 Automatische Stern-Dreieck-Schaltung

Bei schwachen Drehstrom-Netzen und mit Rücksicht auf die einschlägigen Bestimmungen der Elektroversorgungsunternehmen muss der Anlaufstrom größerer Asynchronmotoren begrenzt werden.

Dies kann durch eine Stern-Dreieck-Schaltung geschehen. In Abb. 10.6 ist eine automatische Stern-Dreieck-Schützschaltung mit Wirkschalt- und Stromlaufplan dargestellt. Dabei wird das Moment und der Strom beim Anfahren auf 1/3 reduziert [15]. Mit dem Taster *S*1 wird der Motor zunächst eine begrenzte Zeit (am Zeitrelais Z eingestellt) in Stern-Schaltung angefahren. Danach geht die Schützschaltung automatisch auf die Dreieck-Schaltung über. Mit Taster SO kann der Motor jederzeit angehalten werden.

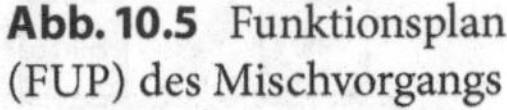

Abb. 10.5 Funktionsplan (FUP) des Mischvorgangs

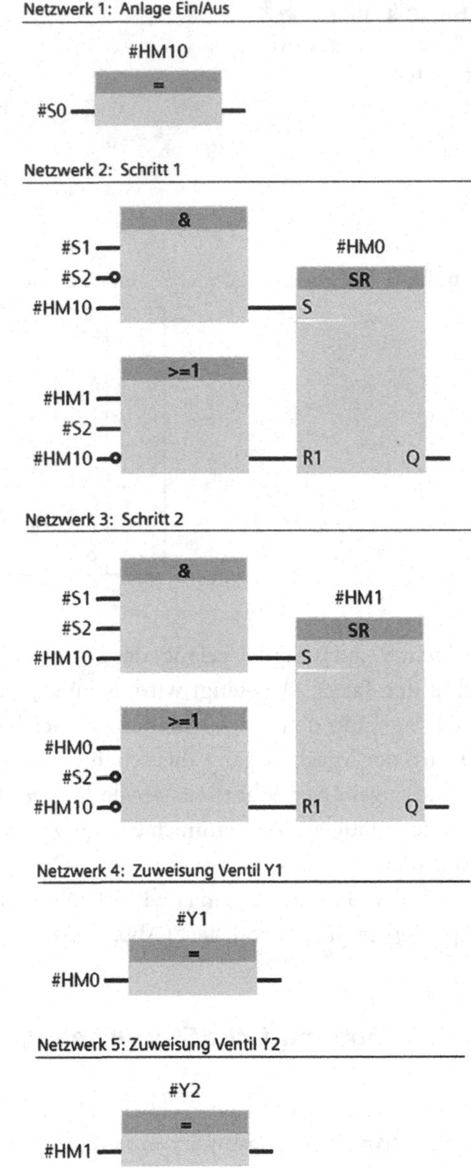

Die Deklaration der Variablen und Symbole ist in Tab. 10.5 und der FUP der Schaltung in Abb. 10.7 dargestellt.

Eine andere Variante des FUP der Stern-Dreieck-Schaltung zeigt Abb. 10.8.

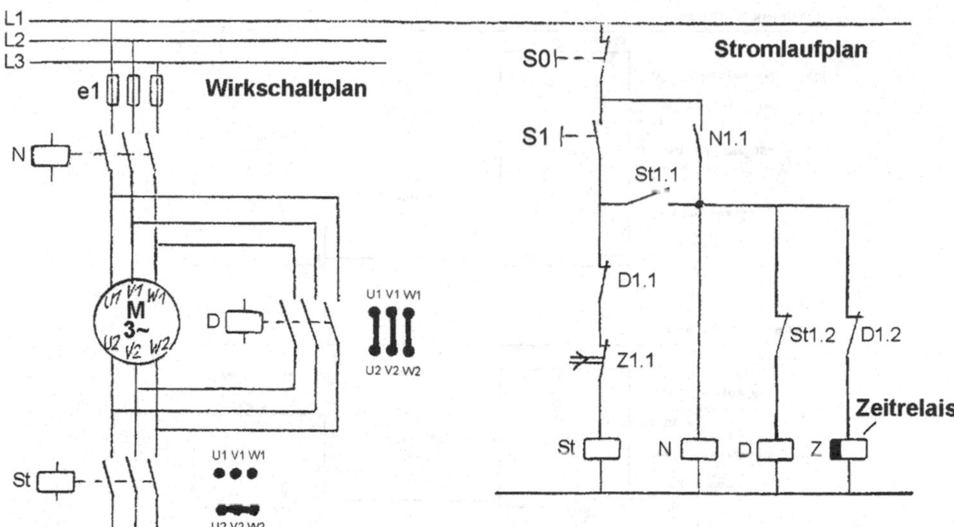

Abb. 10.6 Wirkschalt- und Stromlaufplan der Stern-Dreieck-Schütz-Schaltung

Tab. 10.5 Datentypen und Symbole

Symbol	Adresse	Datentyp	Kommentar
K1_Netz **(N)**	A 4.0	BOOL	K1_Netz
K2_Stern **(ST)**	A 4.1	BOOL	K2_Stern
K3_Dreieck **(D)**	A 4.2	BOOL	K3_Dreieck
S0_Anlage_AUS	E 0.0	BOOL	S0_Anlage_AUS
S1_Anlage_EIN	E 0.1	BOOL	S1_Anlage_EIN
Stern-Dreieck-Anlauf	FC 1	FC 1	
Überstromauslöser	E 0.2	BOOL	Überstromauslöser
Umschaltzeit S_D	T 1	TIMER	Umschaltzeit Stern nach Dreieck
Wartezeit D nach S	T 2	TIMER	Wartezeit nach Stern AUS ==> Dreieck EIN

10.2.3 Torsteuerung

Ein Werktor soll automatisch betätigt werden. Zwei Endlagenschalter geben die Endpositionen wieder und eine Sicherheitskontaktleiste sorgt für den Personenschutz. Der Antrieb über einen Drehstrommotor wird über die beiden Schütze K1 und K2 angesteuert (Abb. 10.9) [42].

Die Anlage wird über die Taster *S0* (E0.0)/*S1* (E0.1) ein- bzw. ausgeschaltet. Der Ein-Zustand wird mit der Meldeleuchte H0 (A5.0) signalisiert.

Im Automatikbetrieb *S3* (E0.3) EIN, läuft das Tor in die mit den Tastern *S4* (E0.4) und *S5* (E0.5) vorgewählte Richtung bis in die zugehörige Endlage.

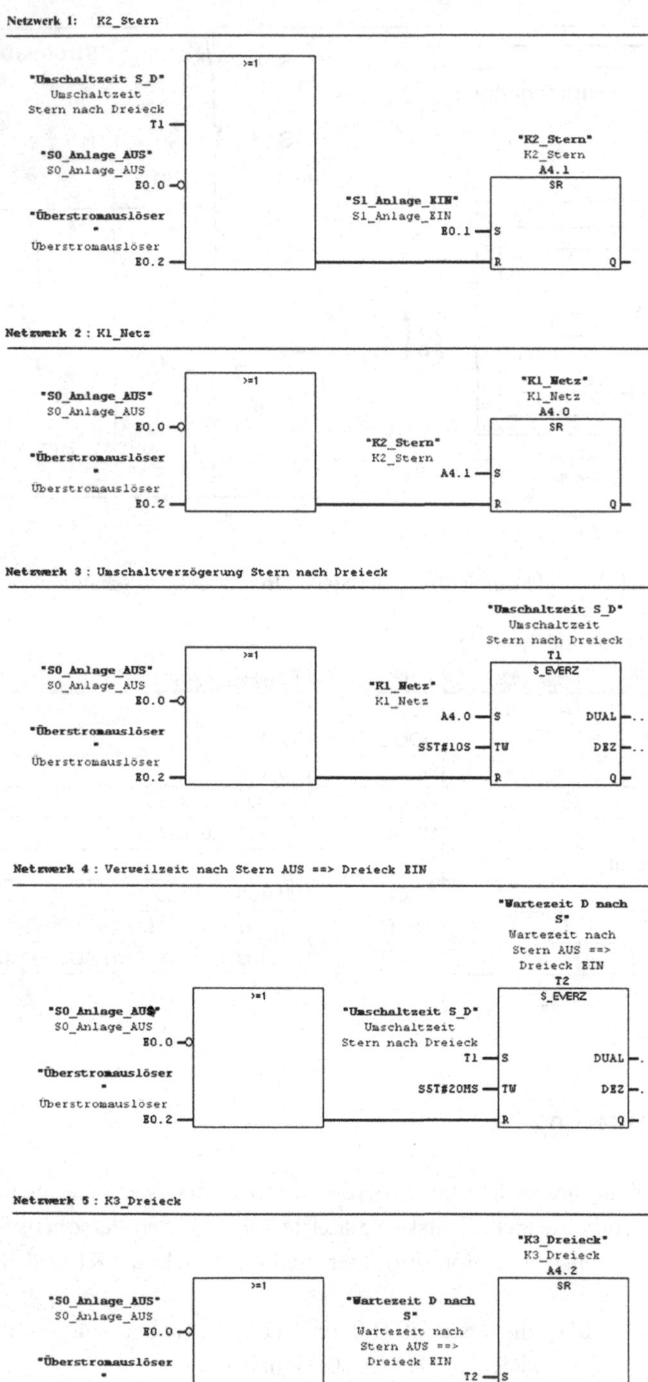

Abb. 10.7 Funktionsplan (FUP) der Stern-Dreieck-Schaltung [42]

Netzwerk 1:

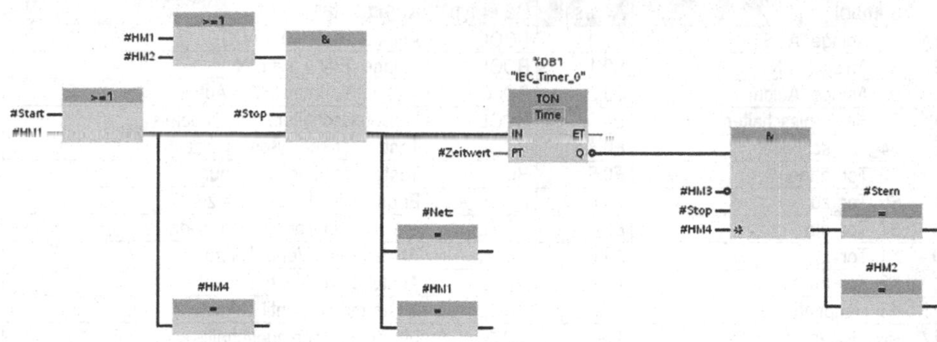

Netzwerk 2:

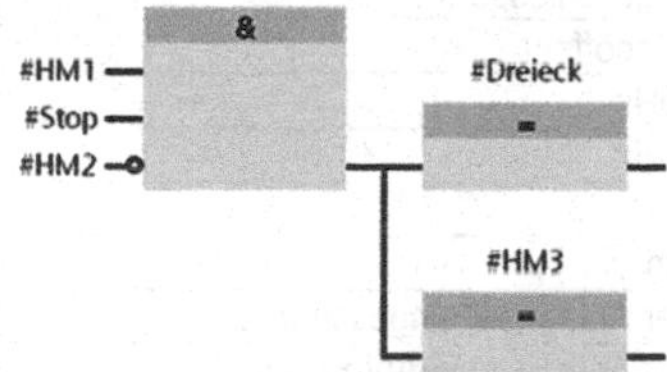

Abb. 10.8 FUP einer Stern-Dreieck-Schaltung nach [41]

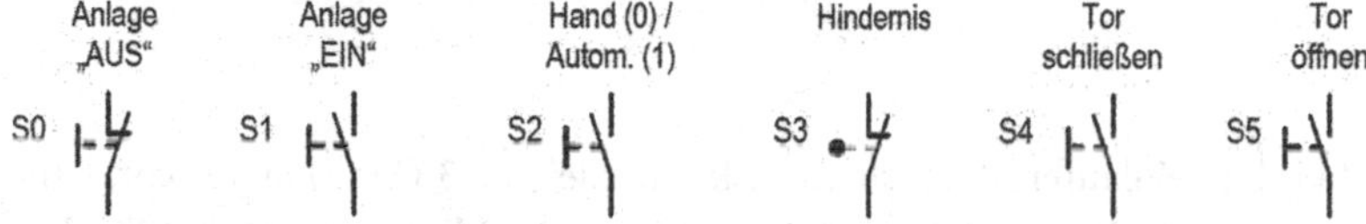

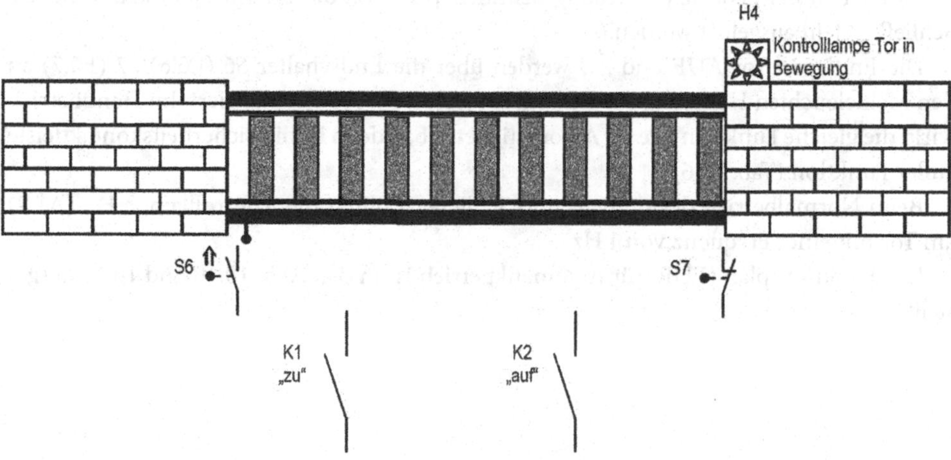

Abb. 10.9 Prinzipaufbau der Torsteuerung

Tab. 10.6 Symbol-, Adress- und Datentyp-Zuordnung

	Symbol	Adresse	Datentyp	Kommentar
1	S0_Anlage_AUS	E0.0	BOOL	Anlage „AUS" / 0 = AUS
2	S1_Anlage_EIN	E0.1	BOOL	Anlage „EIN" / 1 = EIN
3	S2_Anlage_Autom	E0.2	BOOL	Anlage Automatik / 1 = Autom.
4	S3_Hindernisschalter	E0.3	BOOL	Hindernisschalter / 0 = Hindernis
5	S4_Tor_schließen	E0.4	BOOL	Taster Tor schließen / 1 = zu
6	S5_Tor_öffnen	E0.5	BOOL	Taster Tor öffnen / 1 = auf
7	S6_Tor_zu	E0.6	BOOL	Endschalter Tor zu / 0 = zu
8	S7_Tor_auf	E0.7	BOOL	Endschalter Tor auf / 0 = offen
9	K1_Tor_zu	A4.0	BOOL	Ansteuerung Ventil Tor zu
10	K2_Tor_auf	A4.1	BOOL	Ansteuerung Ventil Tor auf
11	K3_Hauptluft	A4.2	BOOL	Ansteuerung Ventil Luftzufuhr
12	H0_ML_Anlage_EIN	A5.0	BOOL	ML Anlage ist eingeschaltet
13	H1_ML_Anlage_Auto	A5.1	BOOL	ML Anlage ist im Automatikbetrieb
14	H2_Blinkleuchte_TOR	A5.2	BOOL	Blinklampe TOR in Bewegung
15	H3_ML_Tor_zu	A5.3	BOOL	ML Tor ist geschlossen
16	H4_ML_Tor_auf	A5.4	BOOL	ML Tor ist geöffnet
17	HM_1Hz	M100.5	BOOL	Blinktakt 5Hz
18	HM_5Hz	M100.1	BOOL	Blinktakt 1Hz
19	Immer low	M0.0	BOOL	Immer low
20	Immer high	M0.1	BOOL	Immer high
21	HM_Anlage_EIN	M0.2	BOOL	Hilfsmerker Anlage ist eingeschaltet
22	HM_Anlage_Auto	M0.3	BOOL	Hilfsmerker Anlage ist in Automatik
23	HM_Tor_Bewegung_zu	M0.4	BOOL	Hilfsmerker Tor läuft zu
24	HM_Tor_Bewegung_auf	M0.5	BOOL	Hilfsmerker Tor läuft auf
25	HM_Tor_AUF_Hindernis	M0.6	BOOL	HM Tor läuft auf nach Hindernis erkan

Wenn bei dem Zulaufen die Sicherheitskontaktleiste *S*3 (E0.3) anspricht, läuft das Tor sofort wieder auf, die Kontrolllampe H2 (A5.2) am Tor blinkt dann mit 5 Hz, bis sich das Tor wieder in der geöffneten Stellung befindet. Während dieser Zeit kann kein erneuter Schließ-Befehl ausgelöst werden.

Die Endlagen Tor AUF und ZU werden über die Endschalter *S*6 (E0.6)/*S*7 (E0.7) an den Meldeleuchten H3 (A5.3) für ZU und H4 (A5.4) für AUF signalisiert. Im Handbetrieb wirkt die gleiche Funktion wie im Automatikbetrieb, jedoch ist die Sicherheitskontaktleiste außer Funktion (Tab. 10.6).

Beim Normalbetrieb des Öffnens und Schließern blinkt die Kontrolllampe H2 (A5.2) am Tor mit einer Frequenz von 1 Hz.

Der Funktionsplan (FUP) für Automatikbetrieb ist in den Abb. 10.10 und 10.11 dargestellt.

Netzwerk 1: Hilfmarker Tor 1 läuft auf

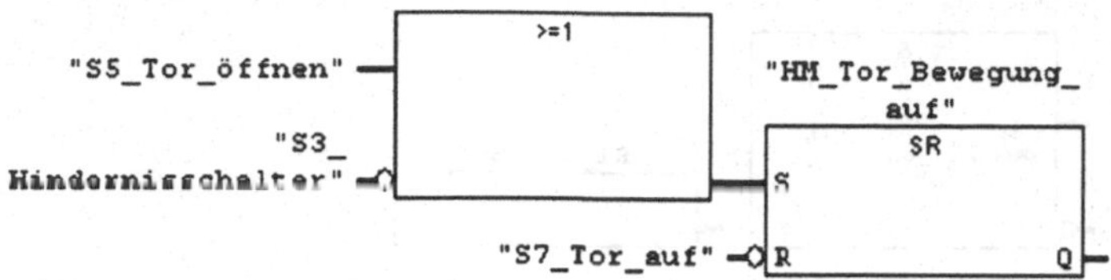

Netzwerk 2 : Hilfsmerker Tor läuft zu

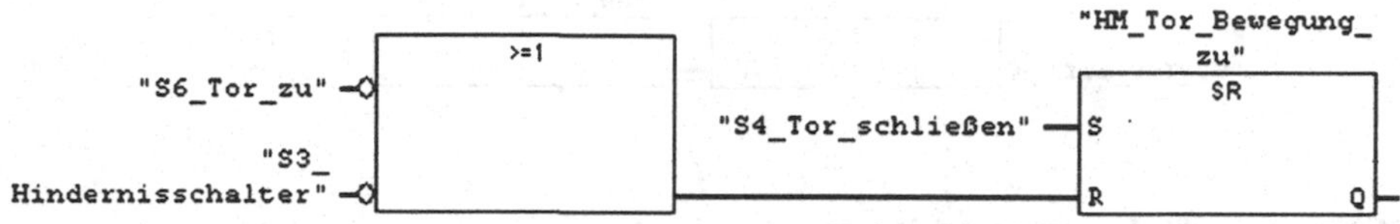

Netzwerk 3 : HM Tor läuft auf nach Hindernis erkannt

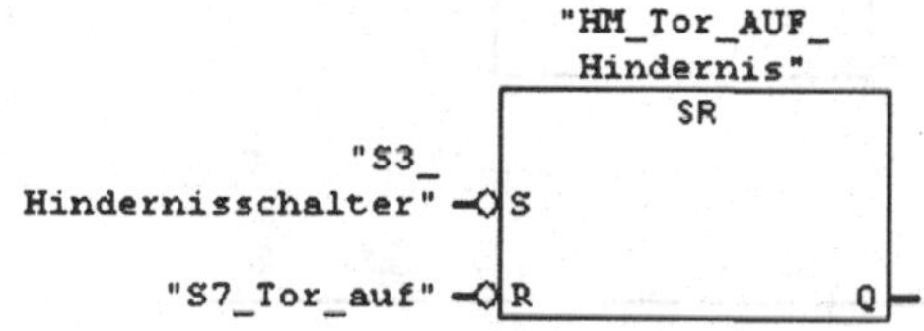

Netzwerk 4 : Ansteuerung Tor auf

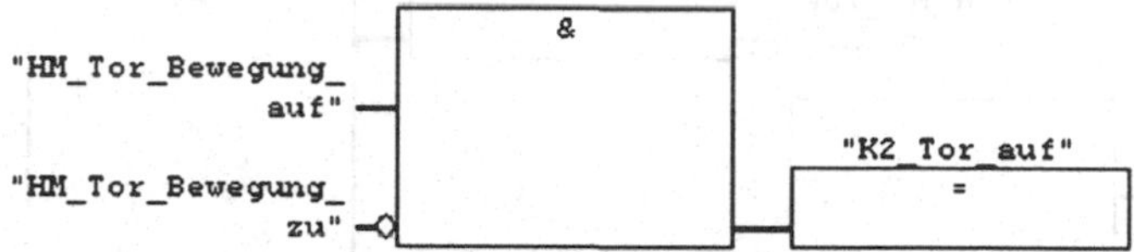

Abb. 10.10 FUP der Torsteuerung (Teil 1)

10.2.4 Ampelsteuerung

Ein Fußgängerüberweg soll mit einer Ampelanlage versehen werden. Die Funktionsweise wurde bereits für eine Hardware-Lösung in CMOS-Technik im Abschn. 8.4 erklärt.

Am Tage wird der reguläre Zyklus gefahren. Durch den Schalter am Eingang 0.0 wird für Nachtbetrieb ein Blinkvorgang eingestellt, der die Straßenbenutzer auf einen Fußgängerübergang hinweisen soll [42]. Um für den Zähler einen Takt zu erhalten rufen wir über STEP7, SIMATIC S7 300 die Hardware-Konfiguration auf. Über die aufgerufene CPU wird das Register Zyklus/Taktmerker geöffnet, der Taktmerker aktiviert und das MB 100 zugeordnet, danach gespeichert und übertragen.

Netzwerk 5 : Ansteuerung Tor zu

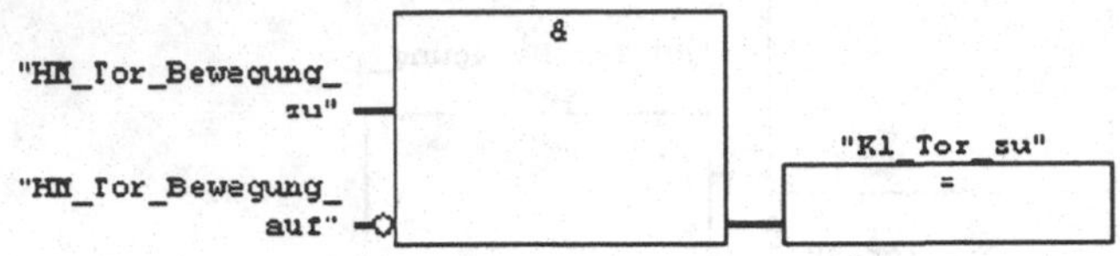

Netzwerk 6 : ML Tor ist geöffnet

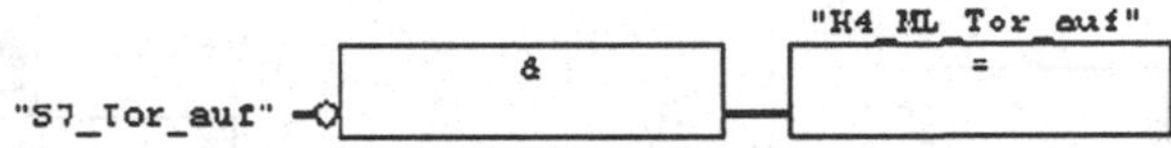

Netzwerk 7 : ML Tor ist geschlossen

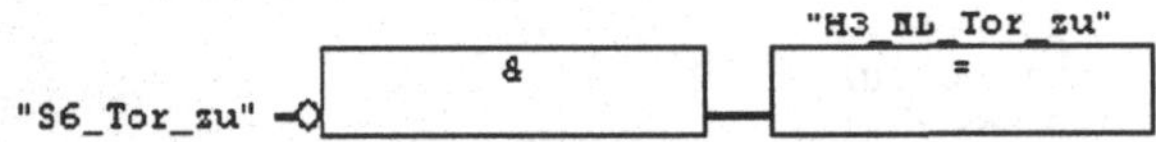

Netzwerk 8 : Blinklampe TOR in Bewegung

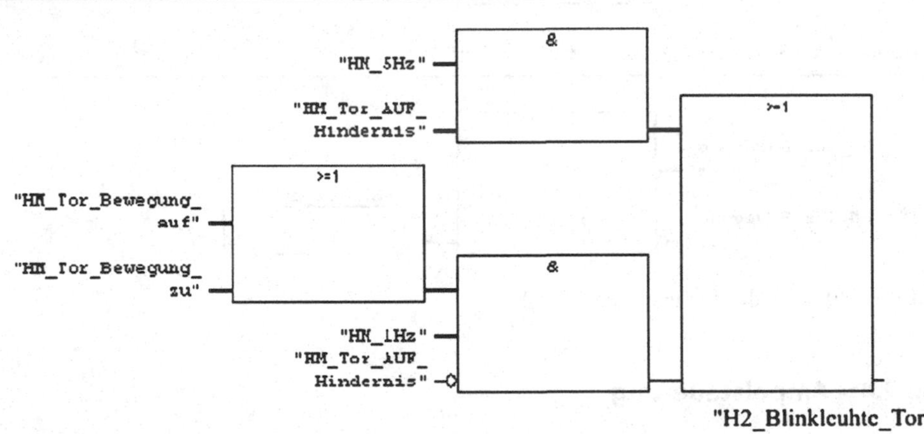

Abb. 10.11 FUP der Torsteuerung (Teil 2)

Da das Taktmerkerbyte Frequenzen von 0.5 Hz im Bit 7 bis 10 Hz im Bit 0 anbietet, wird in dieser Anwendung die Frequenz von 1 Hz also das Bit 5 ausgewählt.

Nachdem der Zähler zu zählen begonnen hat, müssen entsprechend der Logik für die Ampelphasen die verschiedenen Leuchten (Rot, Gelb, Grün) angesteuert werden. Der

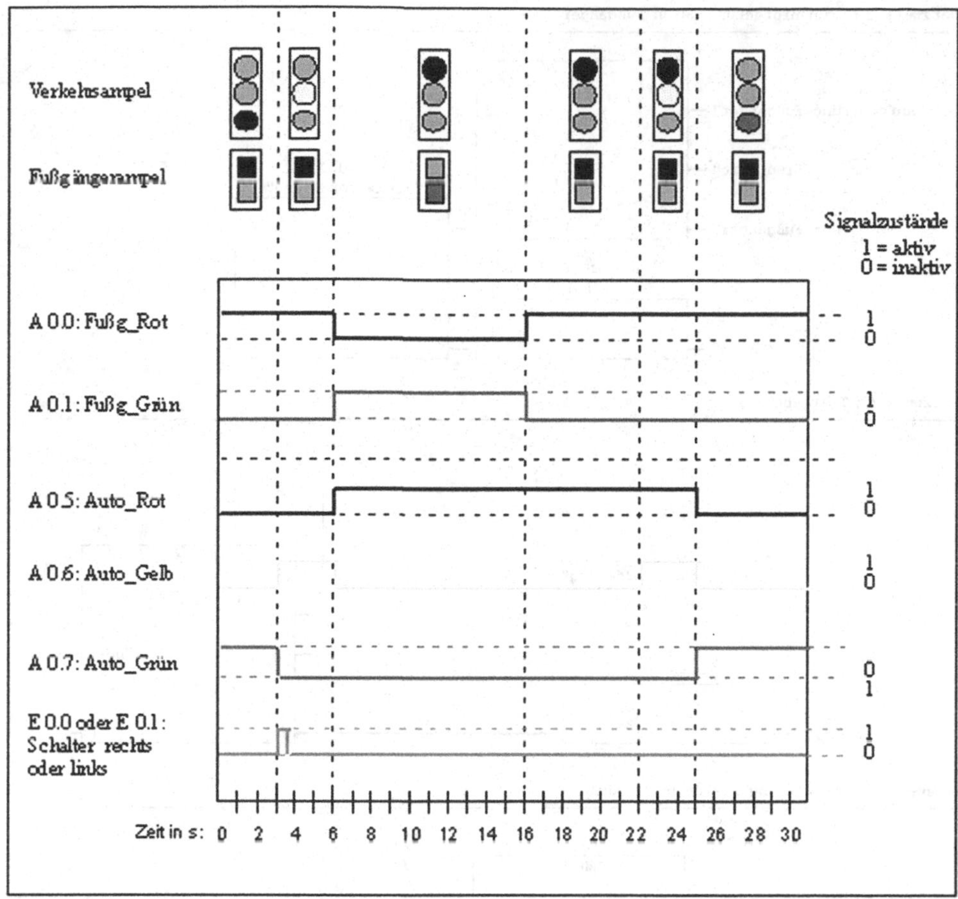

Abb. 10.12 Ablaufplan der Ampelphasen

Ablaufplan der einzelnen Ampelphasen für die Fußgänger- und Verkehrsampel ist in Abb. 10.12 dargestellt.

Die Festlegung der Symbolik, Adressen, Datentypen und zugehörigen Kommentare zur Programmierung zeigt die folgende Tab. 10.7.

In den Abb. 10.13 und 10.14 ist der Funktionsplan (FUP) zur Steuerung der Ampelphasen für den Fußgängerüberweg und den querenden Autoverkehr dargestellt.

Weitere Varianten zum Thema Ampelsteuerung finden sich in [9] und [41].

Netzwerk 1 : Grünanforderung durch Fußgänger

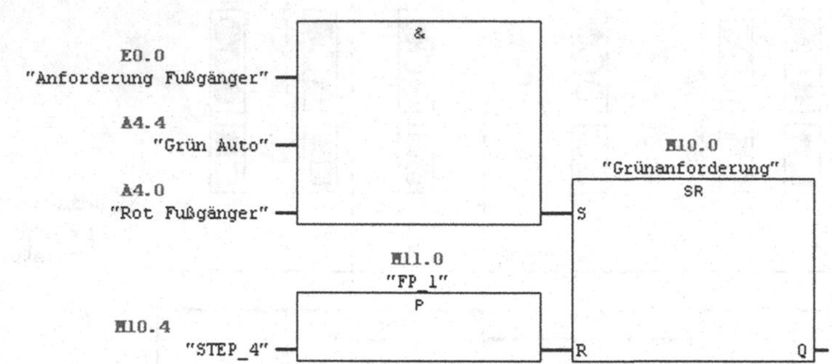

Netzwerk 2 : Taktgeber

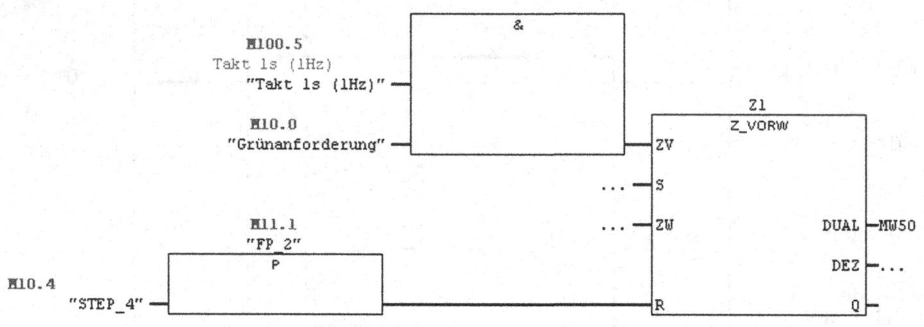

Netzwerk 3 : Verzögerung bis Gelb für Auto

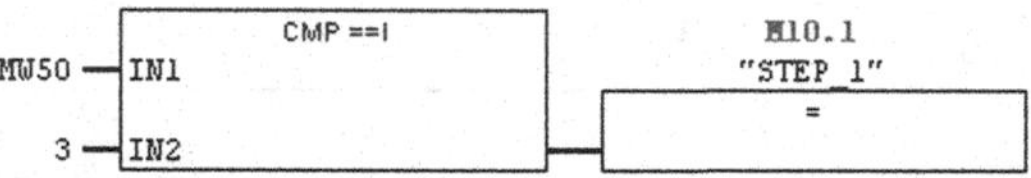

Netzwerk 4 : Fußgänger Grünphase

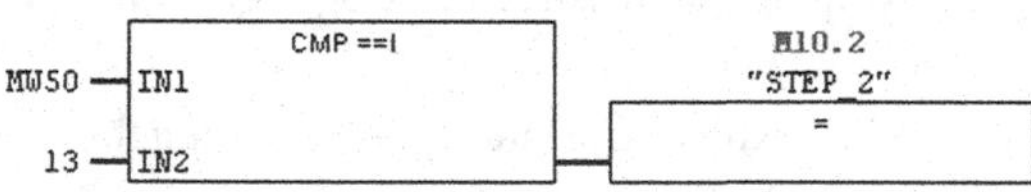

Abb. 10.13 FUP der Ampelsteuerung (Teil 1)

Netzwerk 5: Verzögerung bis Gelb/Rot für Auto

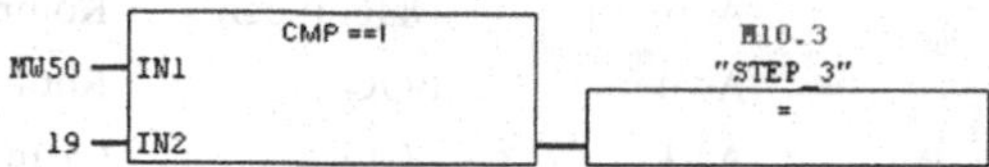

Netzwerk 6: Verzögerung bis Grün für Auto

CMP ==I
MW50
IN1
22
IN2
M10.4
"STEP_4"
=

Netzwerk 7: Grün Auto

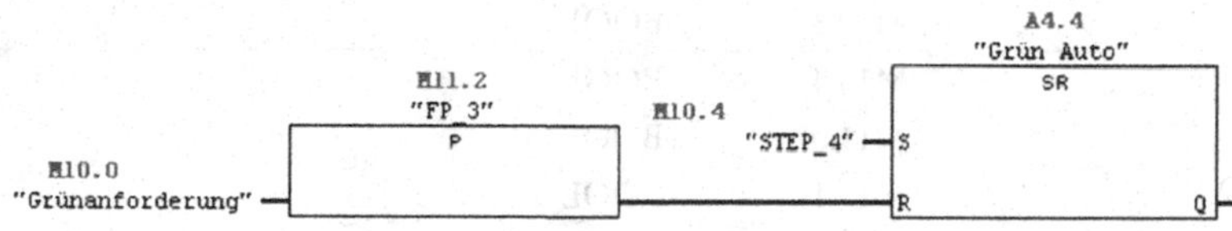

Netzwerk 8: Gelb Auto

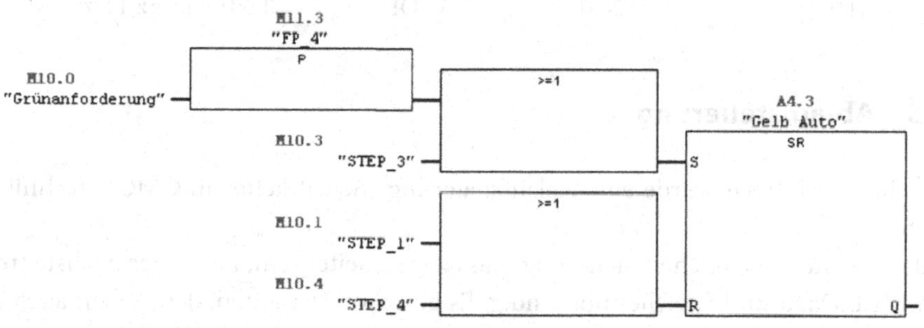

Netzwerk 9: Rot Auto

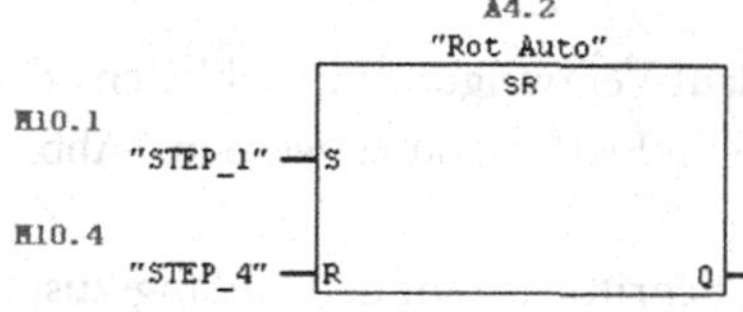

Netzwerk 10: Grün Fußgänger

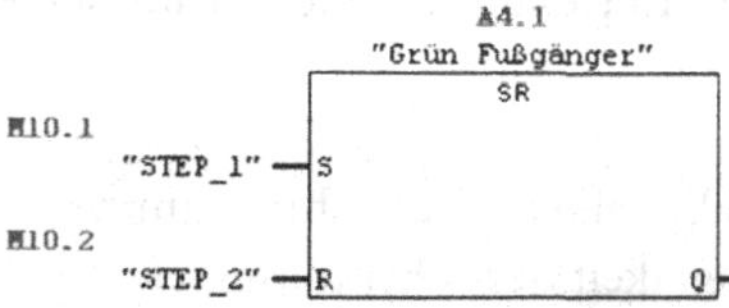

Abb. 10.14 FUP der Ampelsteuerung (Teil 2)

Tab. 10.7 Symbole, Adressen und Datentypen zur Ampelsteuerung

Symbole	Adressen	Datentypen	Kommentare
ROT_Fussgaenger	A4.0	BOOL	Rot für Fußgänger
GRUEN_Fussgaenger	A4.1	BOOL	Grün für Fußgänger
ROT_Auto	A4.2	BOOL	Rot für Pkw
GELB_Auto	A4.3	BOOL	Gelb für Pkw
GRUEN_Auto	A4.4	BOOL	Grün für Pkw
Anforderung Fussgaenger	E0.0	BOOL	Anforderung Fußgänger
Gruenanforderung	M10.0	BOOL	
STEP_1	M10.1	BOOL	
STEP_2	M10.2	BOOL	
STEP_3	M10.3	BOOL	
STEP_4	M10.4	BOOL	
FP_1	M11.0	BOOL	
FP_2	M11.1	BOOL	
FP_3	M11.2	BOOL	
FP_4	M11.3	BOOL	
Takt 1 s (1 Hz)	M100.5	BOOL	Taktfrequenz 1 Hz

10.2.5 Ablaufsteuerung

Bereits in Abschn. 8.6 wurde eine Ablaufsteuerung (Schrittkette) in CMOS-Technik besprochen.

Jeder Schritt einer solchen Steuerung muss abgearbeitet sein, bevor der nächste freigegeben wird. Dazu sind Speicher notwendig. Es gibt zwei Varianten, den Ablauf auch über Leuchtmelder darzustellen. Entweder zeigen die Leuchten nacheinander, Schritt für Schritt an, oder nach jedem Schritt wird der vorhergehende Speicher wieder gelöscht bzw. der zugehörige Leuchtmelder ausgeschaltet.

Für einfache gleichartige Abläufe ohne Ablauf-Verzweigungen, -Schleifen oder -Sprünge kann auch der Standard-Ablaufkettenbaustein FB15 benutzt werden (Abb. 10.15 und Tab. 10.8).

Mit einem RESET-Befehl wird die interne Schrittkette auf den Anfangszustand gesetzt. Es gibt jedoch keine Befehlsausgabe für jeden Schritt, sondern nur die Ausgabe einer Schrittnummer am Ausgang SR als INTEGER-Zahl.

Für eine Schrittkette mit dem Einsatz des FB15 trennt man die 2 Arbeitsbereiche einer Schrittkette auf in:

- Kontrolle der Übergangsbedingungen und Erzeugen einer Schrittnummer
- Ansteuerung der Ausgabebefehle in Abhängigkeit der Schrittnummer

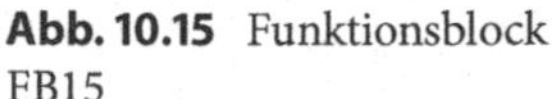
Abb. 10.15 Funktionsblock FB15

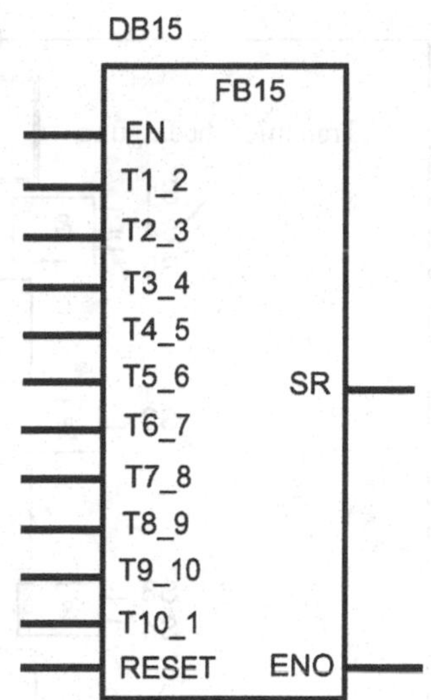

Tab. 10.8 Deklaration des Schrittkettenbausteins FB15

FB 15 Netzwerk 1

Adresse	Deklaration	Name	Typ	Anfangswert	Kommer
0.0	in	T1_2	BOOL	FALSE	
0.1	in	T2_3	BOOL	FALSE	
0.2	in	T3_4	BOOL	FALSE	
0.3	in	T4_5	BOOL	FALSE	
0.4	in	T5_6	BOOL	FALSE	
0.5	in	T6_7	BOOL	FALSE	
0.6	in	T7_8	BOOL	FALSE	
0.7	in	T8_9	BOOL	FALSE	
1.0	in	T9_10	BOOL	FALSE	
1.1	in	T10_1	BOOL	FALSE	
1.2	in	RESET	BOOL	FALSE	
2.0	out	Schritt	INT	1	
	in_out				
4.0	stat	SR01	BOOL	TRUE	
4.1	stat	SR02	BOOL	FALSE	
4.2	stat	SR03	BOOL	FALSE	
4.3	stat	SR04	BOOL	FALSE	
4.4	stat	SR05	BOOL	FALSE	
4.5	stat	SR06	BOOL	FALSE	
4.6	stat	SR07	BOOL	FALSE	
4.7	stat	SR08	BOOL	FALSE	
5.0	stat	SR09	BOOL	FALSE	
5.1	stat	SR10	BOOL	FALSE	
	temp				

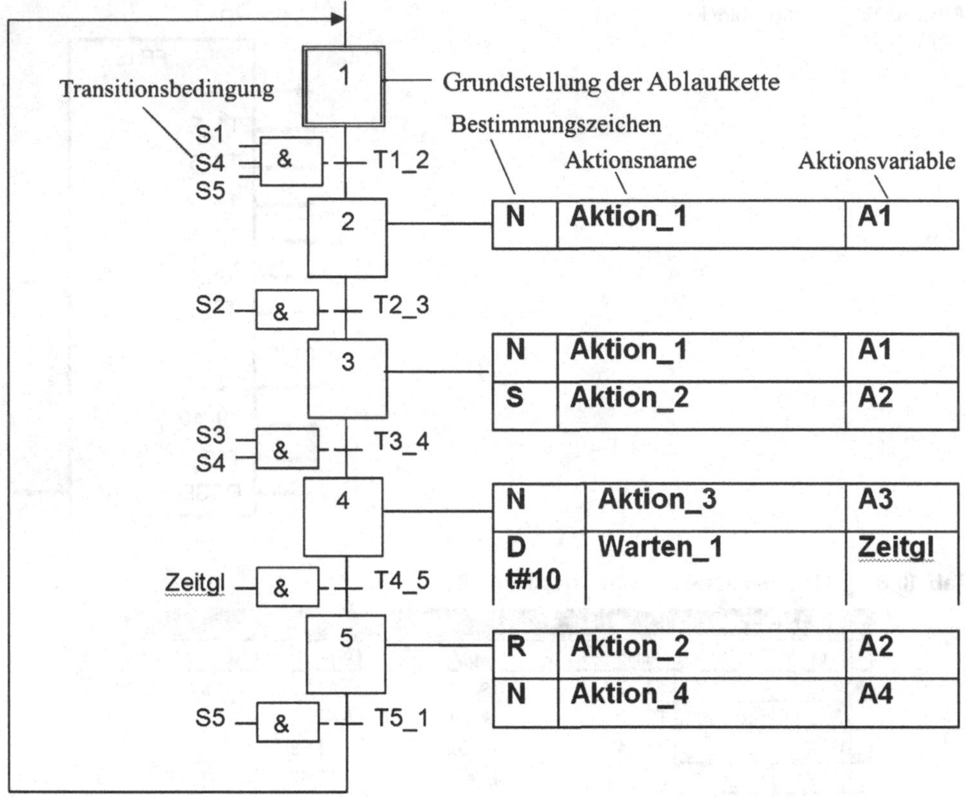

Abb. 10.16 Prinzipdarstellung einer Schrittkette

Auf diese Weise kann man das Umsetzen der Übergangsbedingungen in eine Schrittnummer mittels des Bausteins FB15 realisieren.

Der Baustein FB15 wird im OB1 aufgerufen und dort mit den Transitionsbedingungen beschaltet. Er hat die Aufgabe, die Transitionsbedingungen zu verarbeiten, d. h. die aktuelle Schrittnummer auszugeben. Die zugehörige Variable muss im OB1 deklariert werden (z. B. OB_SRNR).

Eine Schrittkette besteht also nun aus zwei Bausteinen, die im OB1 aufgerufen werden:

- FB15: Hier wird der Schrittkettenablauf realisiert, d. h. immer wenn eine Transitionsbedingung erfüllt ist, wird die Variable Schrittnummer erhöht.
- FC1: Hier werden die Aktionen festgelegt über Vergleicher, d. h. wenn beispielsweise die Schrittnummer 3 anliegt, dann wird z. B. eine Leuchte aktiviert, bei Schrittnummer 4 z. B. ein Motor für Linkslauf aktiviert usw.

Prinzipiell hat eine Schrittkette dann die in Abb. 10.16 dargestellte Form, wenn nach dem letzten Schritt wieder auf die Anfangstellung gegangen werden soll.

Abb. 10.17 FUP einer Schrittkette bei Verwendung des FB15 in STEP7

Netzwerk 1: Schritt 1

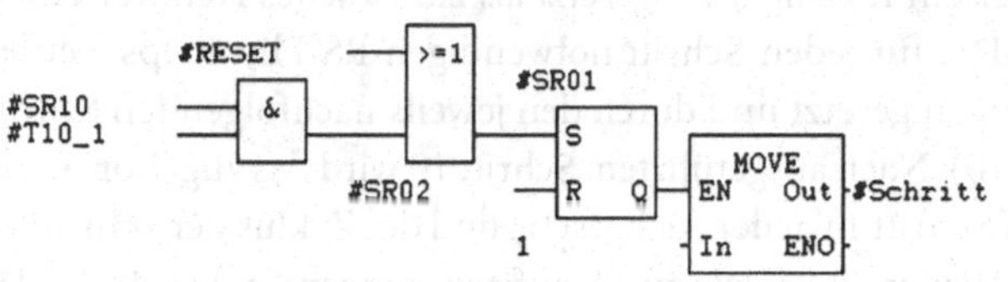

Netzwerk 2: Schritt 2

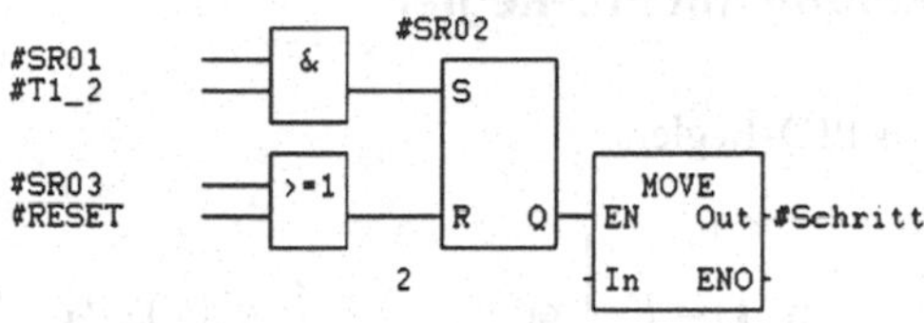

Netzwerk 3: Schritt 3

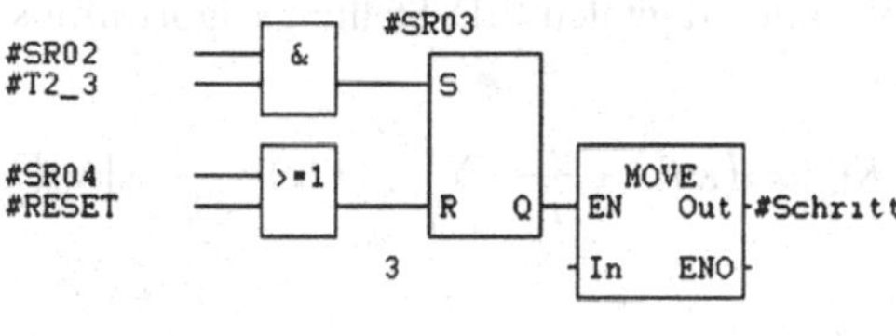

Netzwerkt 10: Schrit 10

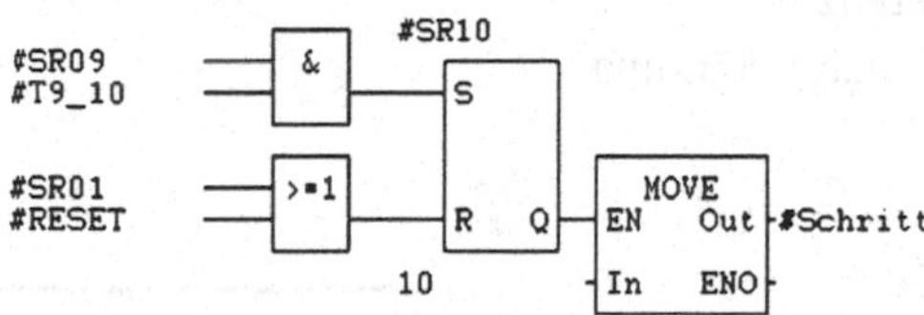

Die Realisierung einer solchen Schrittkette mit zyklischem Ablauf, also dem Restart nach dem letzten Schritt, ist in Abb. 10.17 dargestellt. Die Schaltung bzw. Programmierung der Schritte 2 bis 9 sehen gleich aus.

Dabei muss die Transitionsbedingung von 1 nach 2 um ein ODER im OB1 bei der Beschaltung von FB15 ergänzt werden. Der erste Eingang dieses ODER ist z. B. ein START-Taster, der zweite Eingang ist ein Startmerker, sodass beim nächsten Durchlauf wegen des gesetzten Startmerkers gleich in Schritt 2 übergeleitet wird. Der Startmerker wird im OB1 über ein RS-Flip-Flop gesetzt als zusätzliches Netzwerk im OB1.

Die für jeden Schritt notwendigen RS-Flip-Flops werden durch die Transitionsbedingungen gesetzt und durch den jeweils nachfolgenden Schritt wieder rückgesetzt (SR01 bis SR10). Nach ausgeführtem Schritt 10 wird das zugehörige Flip-Flop durch den Rücksprung auf Schritt 1 wieder rückgesetzt und der Zyklus der Schrittkette kann von Neuem beginnen.

Weitere Beispiele zu Ablaufsteuerungen finden sich in [8, 9 und 41].

10.2.6 Regelung mit PID-Regler

Die Gl. 2.41 des PID-Reglers

$$y(t) = K_{\mathrm{R}} \left[x_{\mathrm{d}}(t) + \frac{1}{T_{\mathrm{N}}} \int_0^t x_{\mathrm{d}}(\tau) \cdot d\tau + T_{\mathrm{V}} \frac{dx_{\mathrm{d}}(t)}{dt} \right]$$

geht in den folgenden digitalen PID-Stellungsalgorithmus über [6]:

$$y(kT_z) = K_{\mathrm{R}} \left\{ x_{\mathrm{d}}(kT_z) + \frac{T_z}{T_{\mathrm{N}}} \cdot \sum_{i=0}^{k} x_{\mathrm{d}}(iT_z) + \frac{T_{\mathrm{V}}}{T_z} \cdot [x_{\mathrm{d}}(kT_z) - x_{\mathrm{d}}(kT_z - 1)] \right\} . \tag{10.1}$$

Darin sind:

k: Laufindex
T_z: Zeit für eine Rechenoperation bzw. Abtastzeit
T_{N}: Nachstell- bzw. Integrationszeitkonstante
T_{V}: Vorhalt- bzw. Differenziationszeitkonstante
y: Stellgröße
x_{d}: Regeldifferenz
K_{R}: Proportionalverstärkung

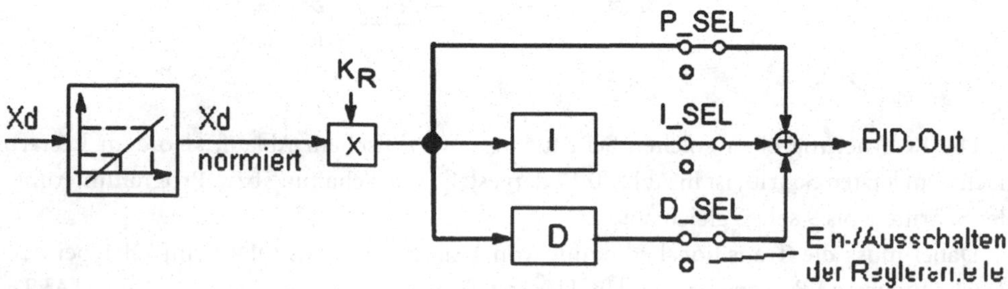

Abb. 10.18 PID-Regler als Summenverzweigung

Tab. 10.9 Deklaration des Reglerbausteins FB70

FB 70 (PID)
PID-Regler

Eingangsparameter		
Name	Typ	Bereich/ Vorbel.
EIN	BOOL	
SW	REAL	0..100.0
IW	REAL	0..100.0
KP	REAL	1.0
TN	REAL	1.0
TV	REAL	1.0
Tz	REAL	0.1
P_SEL	BOOL	
I_SEL	BOOL	
D_SEL	BOOL	

Ausgangsparameter		
Name	Typ	Bereich/ Vorbel.
STG	REAL	0..100.0

Der Algorithmus lässt sich aus den drei Zweigen Proportionalanteil, Integralanteil und Differenzialanteil mit der gemeinsamen Reglerverstärkung K_R darstellen (Abb. 10.18).

Durch Zu- und Abschalten einzelner Zweige können auch der PI-, PD- oder der P-Regler realisiert werden.

Der PID-Stellungsalgorithmus steht als Baustein FB70 zur Verfügung. Die Deklaration der Variablen ist in Tab. 10.9 dargestellt.

Die Programmierung in STEP7 sieht wie folgt aus:

Quelltext

```
FUNCTION_BLOCK FB70 (*PID*)
(* xd(kTz)=XD xd(kTz-1)=XD1 *)
VAR_INPUT                              VAR_OUTPUT          VAR_TEMP
  EIN: BOOL;                             STG: REAL;          EK: REAL;
  P_SEL, I_SEL, D_SEL: BOOL;           END_VAR               STGI: REAL;
  W, X: REAL;                          VAR                   STGD: REAL;
  KR: REAL:=1.0; TN: REAL:=1.0;          EK1: REAL;        END_VAR
  TV: REAL:=1.0; TZ: REAL:=1.0;          ESUM: REAL;
END_VAR                                END_VAR
IF EIN = FALSE THEN (*Programmierung des FB70*)
  STG:=0.0; XD1:=0.0; XDSUM:=0.0;
  RETURN;
END_IF;
STG:=0.0; XD:=KR*(W - X); XDSUM:=XDSUM + XD;
STGI:=XDSUM*TZ/TN; STGD:=TV/TZ*(XD - XD1); XD1:=XD;
IF P_SEL=TRUE THEN STG:=STG+EK; END_IF;
IF I_SEL=TRUE THEN STG:=STG+STGI; END_IF;
IF D_SEL=TRUE THEN ST:=STG+STD; END_IF;
IF STG<0.0 THEN STG:=0.0
  ELSIF STG>100.0 THEN STG:=100.0;
END_IF;
END_FUNCTION_BLOCK
```

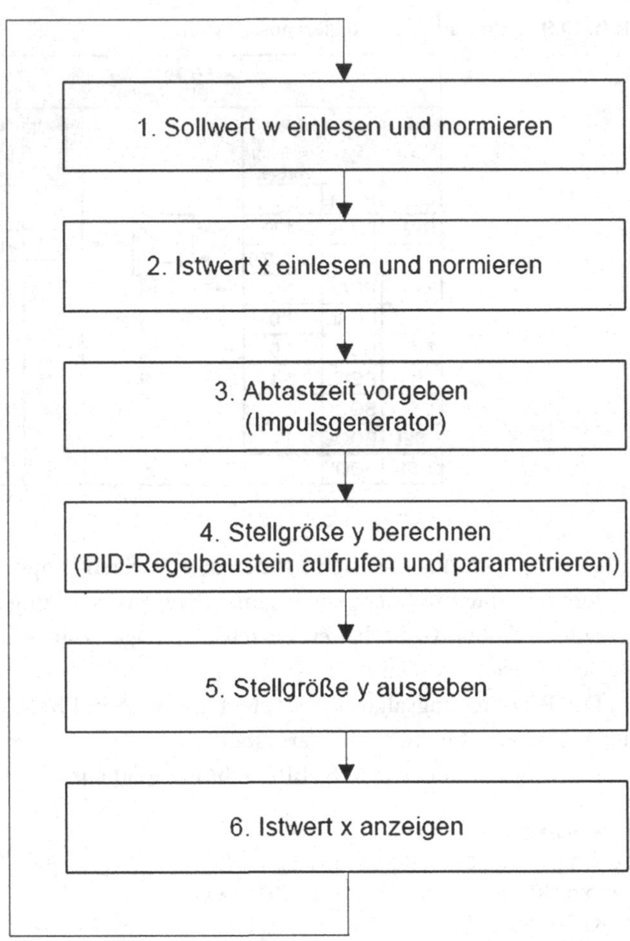

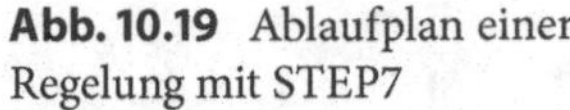
Abb. 10.19 Ablaufplan einer Regelung mit STEP7

Der Ablaufplan zur Realisierung einer Regelung in STEP7 ist im folgenden Diagramm dargestellt (Abb. 10.19).

Mit dem Funktionsbaustein FB50 wird der im BCD-Code vorliegende Sollwert (Führungsgröße w) eingelesen und auf das Datenformat REAL normiert. Der Istwert (Regelgröße x) kann mit dem Funktionsbaustein FB48 eingelesen und die Stellgröße y mit dem Funktionsbaustein FB49 ausgegeben werden.

Eine Simulation, bei der der Reglerbaustein FB70 auf eine Strecke dritter Ordnung wirkt, soll den Einfluss der Abtastzeit T_z auf die Sprungantwort des Regelkreises zeigen (Abb. 10.20).

Die Regelstrecke wird dabei durch drei aktive Tiefpässe mit den Zeitkonstanten $T_{11} = 0{,}1$ s, $T_{12} = 0{,}022$ s und $T_{13} = 0{,}01$ s entsprechend Abb. 2.35 und Gl. 2.56 dargestellt. Der PID-Regler nach Abb. 2.22 und Gl. 2.38 wird so eingestellt, dass $T_N = T_{11}$ und $T_V = T_{12}$ sind, d. h. die Bedingung $T_N \gg T_V$ erfüllt wird. Die Reglerverstärkung wird auf

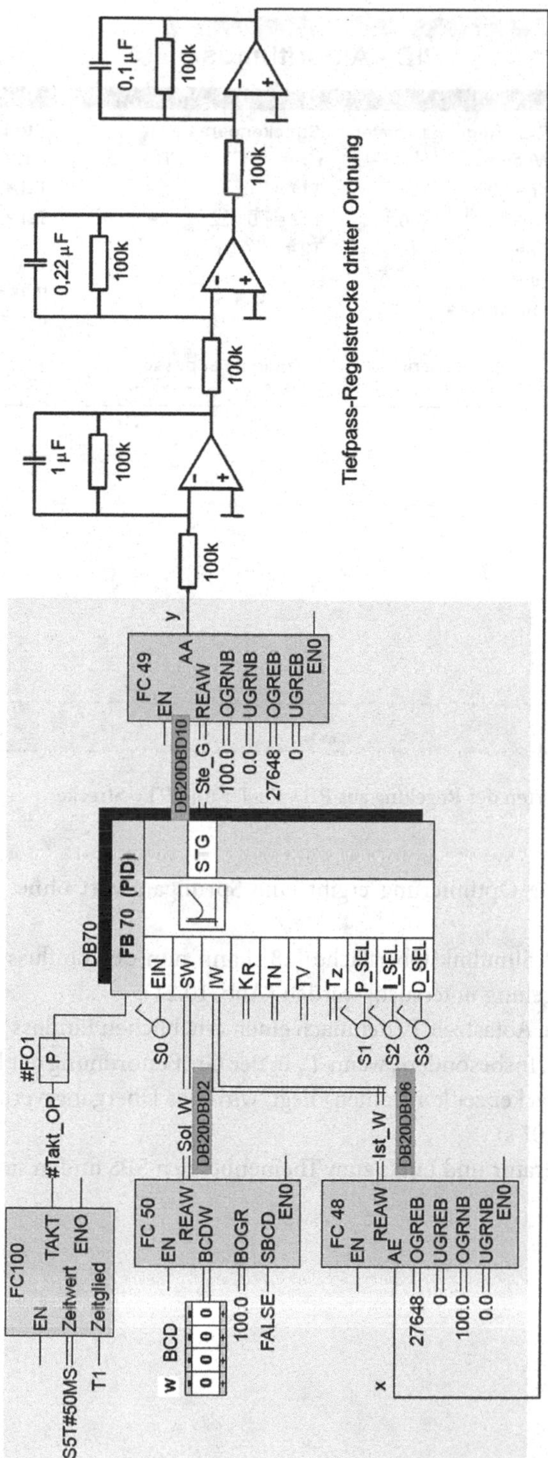

Abb. 10.20 FUP des PID-Reglers mit FB70 und Strecke dritter Ordnung

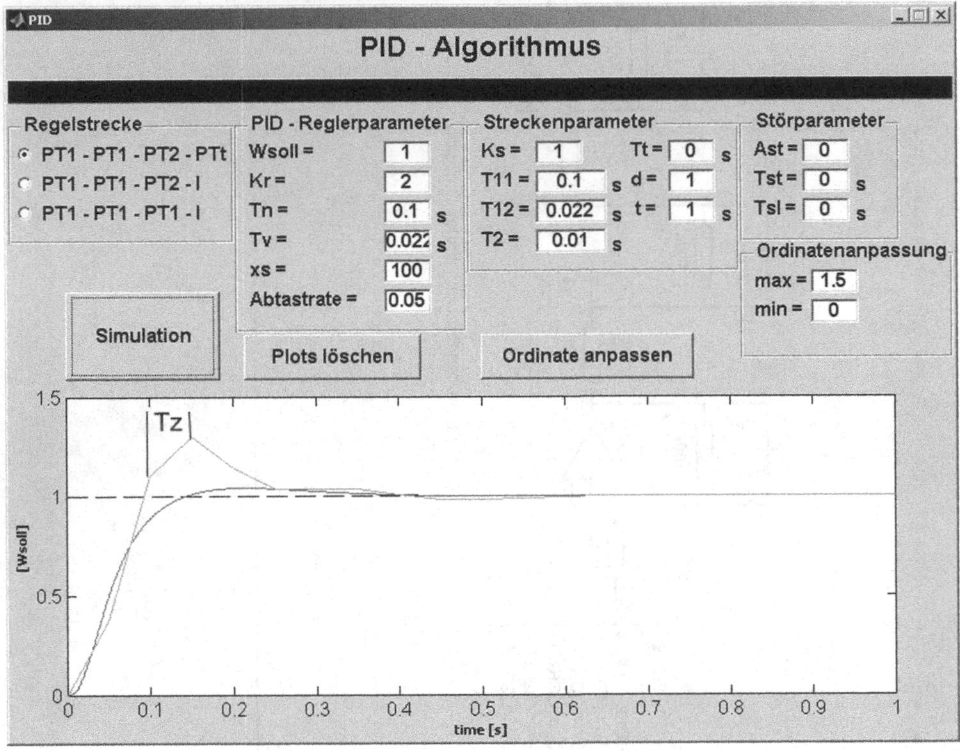

Abb. 10.21 Sprungantworten der Regelung aus PID-Regler und PT_3-Strecke

$K_R = 2$ eingestellt. Diese Optimierung ergibt eine Sprungantwort ohne größeres Überschwingen [6].

Mit einer MATLAB Simulink Oberfläche [18] kann nun der Einfluss von T_z auf die Sprungantwort der Regelung untersucht werden (Abb. 10.21).

Es zeigt sich, dass die Abtastzeit T_z demnach einen erheblichen Einfluss auf die Güte der gesamten Regelung hat. Insbesondere, wenn T_z in der Größenordnung der beteiligten Prozesszeitkonstanten (Streckenzeitkonstanten) liegt, wird das Übergangsverhalten erheblich gestört (hier bei $T_z = 0{,}05$ s).

Weiterführende Literatur und Links zum Themenbereich SPS finden sich unter [41, 44, 45].

Anhang 11

11.1 Schnittstellen- und Bussysteme

Die verschiedensten Pegelumsetzer wurden in den Abschn. 3.8 und 7.9 bereits beschrieben. Die wesentlichen Übertragungsformen von Signalen und Daten sowie deren Pegel werden hier nochmals ergänzend dargestellt.

Analoge Schnittstellen In der Analogtechnik ist die Information als Spannung oder Strom eingeprägt. Es gibt industriell genutzt die drei folgenden Pegelvarianten:

$$0\,\text{V bis } +10\,\text{V}$$
$$-10\,\text{V bis } +10\,\text{V}$$
$$0(4)\,\text{mA bis } 20\,\text{mA}\,.$$

RS232, RS422, RS485 Serielle Schnittstellen RS232 ist ein Standard für eine bei Computern oft vorhandene serielle Schnittstelle, die in den 1960er-Jahren von einem US-amerikanischen Standardisierungskomitee eingeführt wurde.

Die Signalleitung übertragen folgende Pegel:

$$+3\,\text{V bis } +15\,\text{V } (+12\,\text{V üblich) aktiver Zustand}$$
$$-3\,\text{V bis } -15\,\text{V } (-12\,\text{V üblich) inaktiver Zustand}\,.$$

Die angegebenen Spannungen beziehen sich auf die Empfänger (Eingänge). Bei den Sendern (Ausgänge) muss die Spannung mindestens +5 V bzw. −5 V an einer Last von 3 … 7 kΩ betragen, um genügend Störabstand zu gewährleisten.

Die Norm RS232 beschreibt die serielle Verbindung zwischen einem Datenendgerät (DTE) und einer Daten-Übertragungseinrichtung (DCE) mit ihren elektrischen und mechanischen Eigenschaften. Obwohl die Norm lediglich diesen Verbindungstyp definiert, hat sich die RS232-Schnittstelle als genereller Standard für serielle Datenübertragungen

P. F. Orlowski, *Praktische Elektronik*, DOI 10.1007/978-3-642-39005-0_11,

© Springer-Verlag Berlin Heidelberg 2013

über kurze Distanzen etabliert. DTE und DCE unterscheiden sich grundsätzlich in der Belegung ihrer Steckverbinder.

PCs, Drucker, Plotter oder der Main Port eines Terminals sind mit einer DTE-Belegung ausgestattet, während Modems und Drucker-Ports von Terminals DCE-Belegungen aufweisen. Die RS232-Norm definiert als Standard-Steckverbindung einen 25-poligen SUB-D-Stecker.

Die erzielbare Entfernung zwischen zwei RS232-Geräten ist wie bei allen seriellen Übertragungsverfahren vom verwendeten Kabel und der Baudrate abhängig. Als Richtmaß sollte bei einer Übertragungsrate von 9600 Baud eine Distanz von 15 bis 30 Metern nicht überschritten werden.

RS232-Schnittstellen besitzen eine Vielzahl von Handshake-Leitungen, die jedoch in Ihrer Gesamtheit lediglich zur Verbindung eines Modems mit einem Datenendgerät benötigt werden. Der weitaus häufigere Fall der Verbindung zweier Datenendgeräte miteinander lässt sich in der Regel mit einer reduzierten Anzahl von Handshake-Leitungen ohne Probleme realisieren. Nicht benötigte Handshake-Eingänge werden einfach durch Verbindung mit den eigenen Handshake-Ausgängen auf Freigabepegel gelegt.

Im Gegensatz zur RS232 arbeitet die RS423 jedoch lediglich mit Ausgangspegeln von ±4 … 6 Volt, während die Empfängerbausteine, die baugleich mit RS422-Empfängern sind, noch Pegel von ±200 mV als gültiges Signal erkennen müssen.

Die RS423 ist zur Übertragung von Daten mit einer Geschwindigkeit von bis zu 100 kBaud und über eine Entfernung von bis zu 1200 Metern geeignet. Maximal 10 Empfänger dürfen gleichzeitig mit einem Sender verbunden werden. RS423-Schnittstellen sind in der Praxis eher selten anzutreffen, da die mit gleichem Aufwand verbundene RS422-Schnittstelle gegenüber RS423-Verbindungen den Vorteil der deutlich höheren Übertragungssicherheit bietet.

Die RS485-Schnittstelle stellt eine Erweiterung der RS422-Definition dar. Während die RS422 lediglich den unidirektionalen Anschluss von bis zu 10 Empfängern an einen Sendebaustein zulässt, ist die RS485 als bidirektionales Bussystem mit bis zu 32 Teilnehmern konzipiert. Physikalisch unterscheiden sich beide Schnittstellen nur unwesentlich.

Da mehrere Sender auf einer gemeinsamen Leitung arbeiten, muß durch ein Protokoll sichergestellt werden, dass zu jedem Zeitpunkt maximal ein Datensender aktiv ist. Alle anderen Sender müssen sich zu dieser Zeit in hochohmigem Zustand befinden. Die Aktivierung der Senderbausteine kann, durch Schalten einer Handshake-Leitung oder Datenfluss gesteuert, automatisch erfolgen. Eine Terminierung des Kabels ist bei RS422-Leitungen nur bei hohen Baudraten und großen Kabellängen, bei RS485-Verbindungen dagegen grundsätzlich nötig. Obwohl für große Entfernungen bestimmt, zwischen denen Potenzialverschiebungen unvermeidbar sind, schreibt die Norm für keine der beiden Schnittstellen eine galvanische Trennung vor.

Da die Empfängerbausteine empfindlich auf Verschiebung des Massepotenzials reagieren, ist für zuverlässige Installationen eine galvanische Trennung unbedingt empfehlenswert. Bei der Installation muss auf korrekte Polung der Aderpaare geachtet werden, da eine falsche Polung zur Invertierung der Daten- und Handshake-Signale führt.

RS422- und RS485-Schnittstellen sind für die serielle Hochgeschwindigkeits-Datenübertragung über große Entfernungen entwickelt worden und finden im industriellen Bereich zunehmend Verbreitung. Die seriellen Daten werden ohne Massebezug als Spannungsdifferenz zwischen zwei korrespondierenden Leitungen übertragen. Für jedes zu übertragende Signal existiert ein Aderpaar, das aus einer invertierten und einer nicht invertierten Signalleitung besteht. Die invertierte Leitung wird in der Regel durch den Index „A" oder „–" gekennzeichnet, während die nicht invertierte Leitung mit „B" oder „+" bezeichnet wird.

Der Empfänger wertet lediglich die Differenz zwischen beiden Leitungen aus, sodass Gleichtakt-Störungen auf der Übertragungsleitung nicht zu einer Verfälschung des Nutzsignals führen. Durch die Verwendung von abgeschirmtem, paarig verdrilltem Level-5-Kabel lassen sich Datenübertragungen über Distanzen von bis zu 1200 Metern bei einer Geschwindigkeit von bis zu 100.000 Baud realisieren. RS422-Sender stellen unter Last Ausgangspegel von ±2 Volt zwischen den beiden Ausgängen zur Verfügung; die Empfängerbausteine erkennen Pegel von ±200 mV noch als gültiges Signal.

USB Serielle Schnittstelle USB erlaubt es einem Gerät, Daten mit 1,5 Mbits/s, 12 Mbit/s oder 480 Mbit/s zu übertragen. Der USB-3.0-Standard ergänzt einen SuperSpeed-Modus mit 4000 Mbit/s. Diese Raten basieren auf dem Systemtakt der jeweiligen USB-Geschwindigkeit und stellen die physikalische Datenübertragungsrate dar. Der tatsächliche Datendurchsatz liegt infolge des Protokoll-Overhead darunter.

Im USB-Standard ist eine maximale theoretische Datenlast bei High-Speed unter idealen Bedingungen von 49.152.000 Byte/s beziehungsweise 53.248.000 Byte/s angegeben. Dazu kommt die Verwaltung der Geräte, sodass bei aktuellen Systemen für USB 2.0 eine nutzbare Datenrate in der Größenordnung von 320 Mbit/s (40 MB/s) und für USB 3.0 2400 Mbit/s (300 MB/s) zur Verfügung steht.

CAN-Bus Da bei einer herkömmlichen Verkabelung für jede Information je eine Leitung benötigt wird, steigt mit zunehmendem Funktionsumfang z. B. in der Kfz-Elektronik die Länge und das Gewicht des Kabelbaumes sowie die Zahl der Anschlüsse an den Steuergeräten. Abhilfe schafft hier der CAN-Bus, der sämtliche Informationen über lediglich zwei Leitungen überträgt. Datenbusse, auch CAN (Controlled Area Network) genannt, verbinden bis zu 100 verschiedene Steuergeräte miteinander.

- CAN Bus Klassen
  Aktuelle Kraftfahrzeuge vernetzen bereits eine große Zahl von Steuergeräten miteinander, die unterschiedliche Anforderungen mit sich bringen. Daher werden im Kfz mehrere CAN-Bussysteme verbaut. Diese unterscheiden sich vor allem in der Übertragungsgeschwindigkeit. Sie werden in die drei Klassen eingeteilt.
- CAN A < 10 kBit/s Diagnose (konventionell)
  Kfz mit CAN-Bus verfügen über ein Diagnosesystem. Solche Systeme lesen Fehlerspeicher aus und ermöglichen eine Stellglieddiagnose. Die Datenübertragungsgeschwindig-

keit ist nicht so wichtig, da die Daten nur gelegentlich in der Werkstatt zu Wartungs- und Diagnosezwecken ausgelesen werden. Der Diagnoseanschluss (auch K-Leitung und L-Leitung genannt) muss aber robust und fehlertolerant sein. Bei neueren Fahrzeugen wird die Diagnose direkt an der eigentlichen Busleitung (CAN C) durchgeführt.

- CAN B < 125 kBit/s Komfort, Display, Karosserie
  Über diesen (Low-Speed-CAN) Bus kommunizieren z. B. Steuergeräte für Beleuchtung, Klimaanlage, Verriegelung und Armaturen. Hier ist eine Übertragung wichtiger Daten bei nicht so hoher Geschwindigkeit wichtig (z. B. K-CAN, Karosserie-CAN, Komfort-CAN). Der Bus muss trotzdem ausfallsicher und robust sein. Daher arbeitet er im Kfz meist nach dem fehlertoleranten Standard ISO 11989-3.
- CAN C < 1 MBit/s Motor, Getriebe, Diagnose (Bus)
  An diesem (High-Speed-CAN) Bus sind z. B. die Steuergeräte für Motormanagement, Getriebe, ESP, ASR und ABS angeschlossen. Der Bus muss echtzeitfähig sein, d. h. die Datenübertragung darf sich durch den Bus nur extrem kurz verzögern. Mittlerweile ist auch eine Echtzeit-Diagnose über einen eigenen Diagnose-Bus möglich. Dieser Bus muss schnell sein, weil große Datenmengen in kurzer Zeit übertragen werden müssen. Im Kfz kommt meist der Standard ISO 11898-2 zum Einsatz.

Profibus Profibus (Process Field Bus) ist der universelle Feldbus, der breite Anwendung in der Fertigungs-, Prozess-, und Gebäudeautomatisierung findet. Profibus wurde durch Siemens und die Profibus-Nutzerorganisation entwickelt und in der internationalen Normenreihe IEC 61158 standardisiert. Profibus ermöglicht die Kommunikation von Geräten verschiedener Hersteller ohne besondere Schnittstellenanpassungen [37].

Der Profibus legt die technischen Merkmale eines seriellen Feldbussystems fest, mit dem verteilte digitale Automatisierungsgeräte von der Feldebene bis zur Zellenebene miteinander vernetzt werden können. Profibus ist ein Multi-Master-System und ermöglicht dadurch den gemeinsamen Betrieb von mehreren Automatisierungs-, Engineering- oder Visualisierungssystemen mit den dezentralen Peripheriegeräten an einem Bus.

Der Profibus basiert auf anerkannten internationalen Standards. Die Protokollarchitektur orientiert sich am OSI (Open System Interconnection) Referenzmodell, entsprechend dem internationalen Standard ISO 7498. Dabei übernimmt jede Übertragungsschicht genau festgelegte Aufgaben. Die Schicht 1 (Physical Layer) definiert die Übertragungsphysik, Schicht 2 (Data Link Layer) das Buszugriffsprotokoll und Schicht 7 (Application Layer) die Anwendungsfunktionen.

Profibus ist sowohl für schnelle, zeitkritische Anwendungen als auch für komplexe Kommunikationsaufgaben geeignet. Nachfolgend werden die Grundlagen von Profibus und den technischen Weiterentwicklungen DPV1 und DPV2 dargestellt.

Profibus unterscheidet folgende Gerätetypen:

- Master-Geräte: Sie bestimmen den Datenverkehr auf dem Bus. Ein Master darf Nachrichten ohne externe Aufforderung aussenden, wenn er im Besitz der Buszugriffsberechtigung (Token) ist. Master werden auch als aktive Teilnehmer bezeichnet.

- Slave-Geräte: Sie sind Peripheriegeräte wie beispielsweise Ein-/Ausgangsgeräte, Ventile, Antriebe und Messumformer. Sie erhalten keine Buszugriffsberechtigung, d. h. sie dürfen nur empfangene Nachrichten quittieren oder auf Anfrage eines Masters Nachrichten an diesen übermitteln. Slaves werden als passive Teilnehmer bezeichnet. Sie benötigen nur einen geringen Anteil des Busprotokolls, dadurch wird eine aufwandsarme Implementierung ermöglicht.

SSI-Schnittstelle Beim Interfacemodul mit SSI-Schnittstelle werden die Daten zwischen dem Lesekopf und dem Interfacemodul seriell mit der RS485-Schnittstelle und vom Interfacemodul zur Steuerung mit SSI-Protokoll (Serial Synchron Interface) übertragen. Die Daten werden im Binär-Code (WCS-IS310/320) oder im Gray-Code zur Steuerung übertragen.

An das Interfacemodul wird ein Lesekopf vom Typ LS211-0, an das WCS-IS320/321 ein Lesekopf vom Typ LS221-0 angeschlossen. Das Interfacemodul wird immer mit RS485-Abschlusswiderstand geliefert.

Weitere Hinweise zur Schnittstellenkonfiguration sind in [38] angegeben.

11.2 Laborversuch Inverter

In Abschn. 2.2.1 wurde eine Inverterscherschaltung mit Operationsverstärker gezeigt. Mit einem OP des Typs μA741 soll dieser Laborversuch durchgeführt werden (Abb. 11.1).

Bei der Messung der Ein- und Ausgangsspannung der Schaltung geht es darum, die Gl. 2.14 des OPs

$$U_a = -U_e \frac{R_2}{R_1}$$

zu bestätigen bzw. deren Grenze zu erkennen. Zunächst wird der Offsetabgleich am OP vorgenommen. Tab. 11.1 liefert dann folgende Ergebnisse der Messungen.

Die Messungen bestätigen die Funktion der Gleichung des Inverters unterhalb der beiden Stellgrenzen +13,*xx* V und −12,*yy* V und bei einem Fehler, der maximal im 10 mV-Bereich liegt.

Abb. 11.1 Inverter

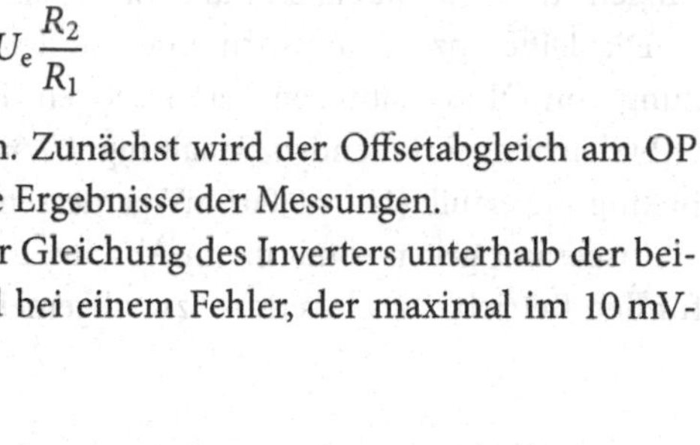

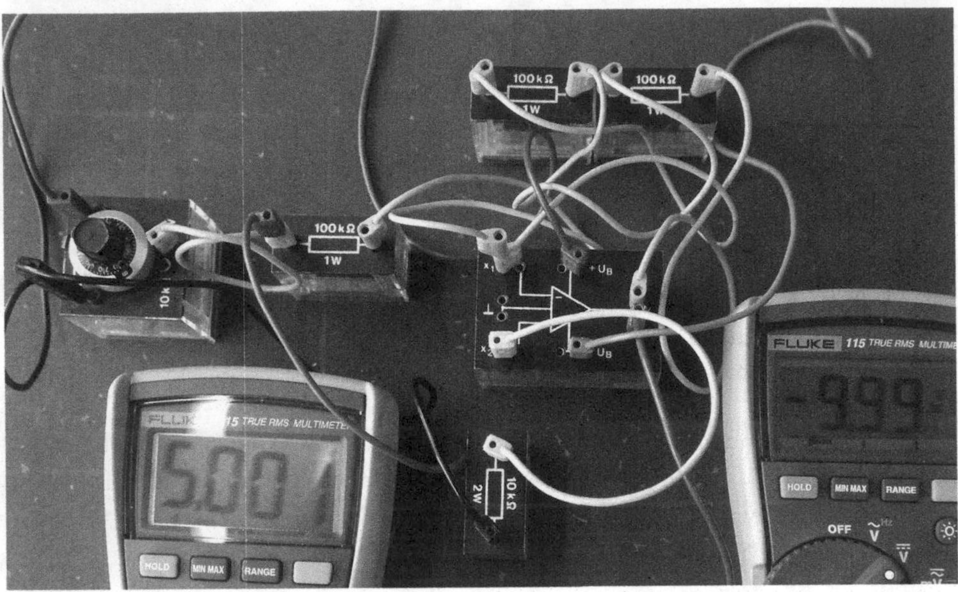

Abb. 11.2 Aufbau der Inverterschaltung und Messung für $K_P = 2$

Der Widerstand R_K ist für den dargestellten Messbereich, wie sich zeigt, nicht relevant. Der Plus-Eingang des OPs kann daher direkt auf Masse gelegt werden.

Die Verstärkung wurde zunächst $K_p = R_2/R_1 = 1$ und dann auf $K_p = 2$ gesetzt. Die Messungen stimmen mit Gl. 2.14 überein (Abb. 11.2).

Die Differenzeingangsspannung U_D wird in der Analogtechnik häufig zur Berechnung von OP-Schaltungen herangezogen. Dabei setzt man bei einer die entsprechende OP-Gleichung erfüllenden Schaltung $U_D = 0$ voraus. Wie die Messung zeigt, ist diese Bedingung erfüllt ($U_D = 0{,}001$ mV gemessen).

Insgesamt gelten somit die in Abschn. 2.2.1 bereits zusammengestellten Bedingungen für den Betrieb eines Inverters bzw. allgemein für OP-Schaltungen.

11.3 Laborversuch Bandpass

Im Abschn. 2.2 wurde der aktive Bandpass bereits besprochen (Abb. 11.3).

Die Gl. 2.64a–d gibt den zugehörigen Frequenzgangbetrag wieder.

$$\frac{|F(j\omega)}{dB} = 20\lg\left(K_p \cdot \frac{\omega T_1}{\sqrt{(1-\omega^2 T_1 T_2)^2 + \omega^2 (T_1 + T_2)^2}}\right).$$

Setzt man die Eckfrequenz ω_1 des Hochpasses und die des Tiefpasses ω_2 gleich, liegt das Maximum der asympthotischen Amplitude bei ω_g. Die Darstellung der Kurven zeigt

Tab. 11.1 Messergebnisse zum Inverter

U_e/V	U_a/V		Bedingungen
Masse (0 V)	$U_a = 0{,}2$ mV		für $R_2 = R_1$
+0,051	−0,058		
+0,101	−0,110		
+1,020	−1,025		
+5,010	−5,015		
+10,002	−10,009		
+15,02	−12,66		
−0,052	+0,059		
−0,103	+0,110		
−1,003	+1,030		
−5,004	+5,016		
−10,004	+10,010		
−15,003	+13,52		
+0,102	−0,210		für $R_2 = 2R_1$
+1,002	−2,007		
+10,001	−12,70		
+15,004	−12,70		
−0,100	+0,202		
−1,001	+2,010		
−10,004	+13,55		
−15,001	+13,54		
	mit R_K	ohne R_K	für $R_2 = R_1$
+0,500	−0,502	−0,504	
+10,000	−10,01	−10,02	
−0,501	+0,505	+0,506	
−10,004	+10,002	+10,008	
	$R_2 = 0$	$R_2 = \infty$	für $R_2 = R_1$
+5,001	0,002	−12,68	
−5,003	0,002	+13,56	
< Stellgrenze	$U_D = 0{,}001$ mV Schaltung Ok		U_D messen
und $R_1 = R_2$	$U_D = 4{,}75$ V Schaltg. nicht Ok		

Abb. 11.4. Das exakte Maximum der Frequenzgangbetrags-Amplitude liegt um 6 dB tiefer, denn es wird an der Stelle ω_g mit $T_1 = T_2 = T_g$

$$\frac{|F(j\omega)}{dB} = 20 \lg \left(K_p \cdot \frac{1}{2} \right).$$

Abb. 11.3 Aktiver Bandpass

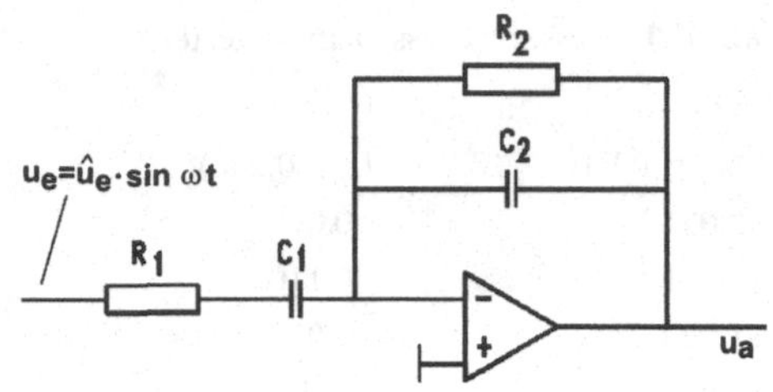

Abb. 11.4 Frequenzgangbetrag (Amplitudengang) des Bandpasses

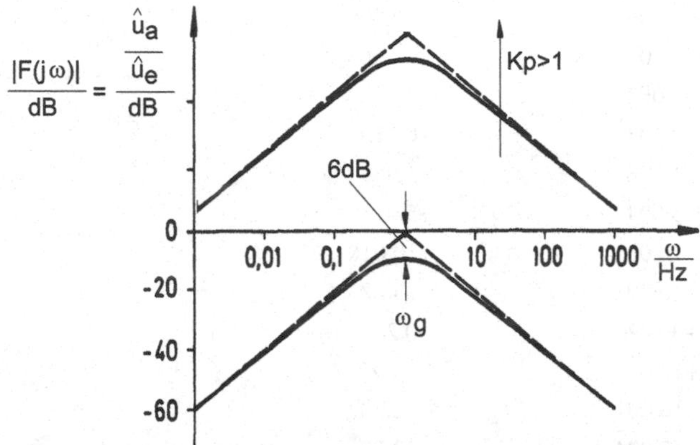

Abb. 11.5 Oszillogramm des aktiven Bandpasses bei ω_g

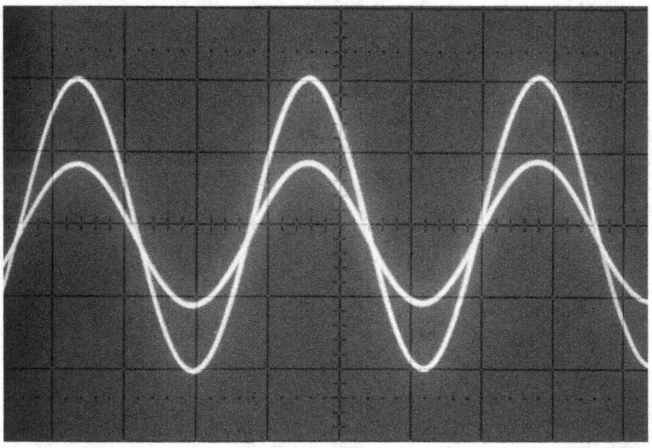

Bei $K_p = 1$ ergibt sich dann für den Scheitelwert der Ausgangsspannung:

$$\hat{u}_a = \frac{1}{2} \cdot \hat{u}_e \, .$$

Oszillografiert man die Ein- und Ausgangsspannung, lässt sich dieses Ergebnis ablesen (Abb. 11.5).

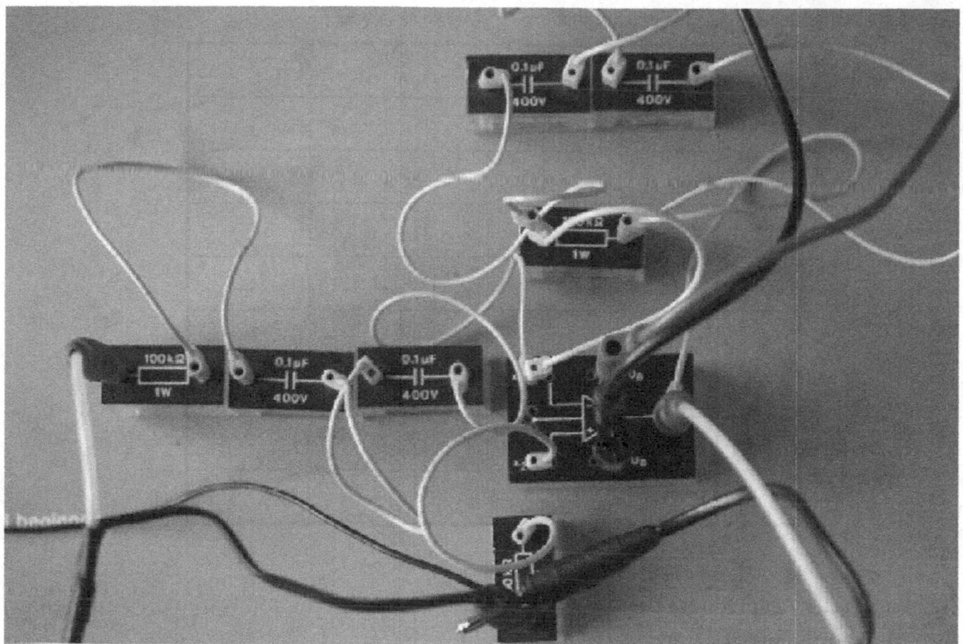

Abb. 11.6 Schaltungsaufbau

Aus dem zugehörigen Schaltungsaufbau (Abb. 11.6) kann man die Frequenz ermitteln, bei der die Amplitude der Ausgangsspannung auf den halben Wert der Eingangsspannung absinkt.

Mit der Grenzkreisfrequenz

$$\omega_g = \frac{1}{T_g} = 2\pi f_g$$

erhält man aus der Schaltung für $T_g = 100\,\text{k}\Omega \cdot 0{,}05\,\mu\text{F} = 5\,\text{ms}$ eine Grenzfrequenz von

$$f_g = \frac{1}{2\pi T_g} \approx 32\,\text{Hz}.$$

Die durch das Oszillogramm (Abb. 11.5) bestätigt wird.

Der Laborversuch steht auch auf der Homepage des Autors als Video zum Download zur Verfügung (www.prof-orlowski.jimdo.com).

11.4 Laborversuch Ampelschaltung

In Abschn. 8.4 wurde die Ampelschaltung in CMOS-Technik bereits dargestellt. In der Variante mit den Ampelphasen, wie sie in Mitteleuropa üblich sind, besteht das eigentliche

Tab. 11.2 Wahrheitstabelle der Ampelphasen

R^t	Ge^t	Gr^t	R^{t+1}	Ge^{t+1}	Gr^{t+1}
0	0	0	*	*	*
0	0	1	0	1	0
0	1	0	1	0	0
0	1	1	*	*	*
1	0	0	1	1	0
1	0	1	*	*	*
1	1	0	0	0	1
1	1	1	*	*	*

Problem in der Ampelphase Rot-Gelb. Ohne diese Farbkombination wären die Ampelphasen einfach mit einem Zähler zu realisieren.

Die Wahrheitstabelle für die Ansteuerung von Ampelleuchten zur Zeit t und einen Schritt danach zur Zeit $t + 1$ stellt die folgende Logik dar (Tab. 11.2).

Für die Ampelleuchten benötigt man zwei Flip-Flops. Wie bereits gezeigt wurde, eignet sich das JK-Flip-Flop für diese Aufgabe besonders gut. Das liegt darin begründet, dass sich die Terme der Gleichungen für die Rot- und Gelb-Phase aus dem Veitch-Diagramm den zugehörigen Gleichungstermen der JK-Flip-Flops sehr ähnlich sehen. Dadurch erreicht man einen sehr geringen Verdrahtungsaufwand für die Vorbereitungseingänge J und K der Flip-Flops.

Da die Grün-Phase nur dann kommt, wenn weder Gelb noch Rot angesteuert wird, kann auf ein Veitch-Diagramm für die Grün-Phase und eine JK-Flip-Flop für Grün verzichtet werden. Die Ansteuerung für Grün wird dann mit einem UND-Gatter realisiert.

Die Gleichungen, welche aus dem Veitch-Diagramm ermittelt wurden, und die Flip-Flop-Gl. 7.2 werden gleichgesetzt.

Dies nimmt man für die Rot-Phase und die Gelb-Phase vor. Es ergibt sich:

Für Rot:

$$J^t \bar{q}^t + \bar{K}^t q^t = \bar{R}^t \mathrm{Ge}^t + R^t \bar{\mathrm{Ge}}^t \ .$$

Durch Koeffizientenvergleich erhält man folgende Verdrahtungsvorschrift für die Vorbereitungseingänge J und K des Flip-Flops:

$$J^t = Ge^t \quad \text{sowie} \quad \bar{K}^t = \bar{Ge}^t \quad \text{also} \quad K^t = Ge^t$$
$$\text{d. h. } J = K = \text{ Ausgang des Flip-Flops für Gelb .}$$

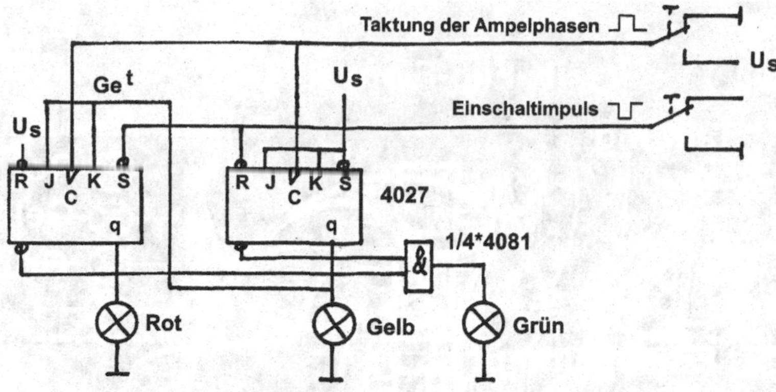

Abb. 11.7 Ampelschaltung für eine Fahrtrichtung

Für Gelb:

$$J^t \bar{q}^t + \bar{K}^t q^t = \mathrm{Ge}^t \cdot 0 + \bar{\mathrm{G}}\mathrm{e}^t \cdot 1 .$$

Die Vorbereitungseingänge des Gelb-Flip-Flops sind dann zu verdrahten wie:

$$J^t = 1 \quad \text{sowie} \quad \bar{K}^t = 0 \quad \text{also} \quad K^t = 1$$

$$\text{d. h. } J = K = \text{ Speisespannung } U_S .$$

Die Schaltung für eine Fahrtrichtung wurde bereits in Abb. 8.5 dargestellt. Die automatische Taktung der Ampelphasen wird mit einem Schalter bzw. Taster simuliert. Zum definierten Setzen ist ein Einschaltimpuls erforderlich, der die Flip-Flops auf einen Anfangszustand setzt (hier Rot). Dies geschieht über die Reset- und Set-Eingänge der übergeordneten RS-Funktion der Flip-Flops.

Die Baureihe der CMOS-Bausteine, welche im Labor zur Verfügung steht, hat negierte Eingänge an Set und Reset, sodass die gesamte Ampelschaltung gegenüber der Darstellung in Abb. 8.5 leicht verändert werden muss (Abb. 11.7).

Da nur ein UND-Gatter für die Schaltung benötig wird, müssen die offenen Eingänge der restlichen drei UND-Funktionen auf Masse gelegt werden (siehe Handhabungsregeln CMOS-Technik Abschn. 6.3). Der Schaltungsaufbau mit den CMOS-Bausteinen ist in Abb. 11.8 dargestellt.

Der Laborversuch steht auch auf der Homepage des Autors als Video zum Download zur Verfügung (www.prof-orlowski.jimdo.com).

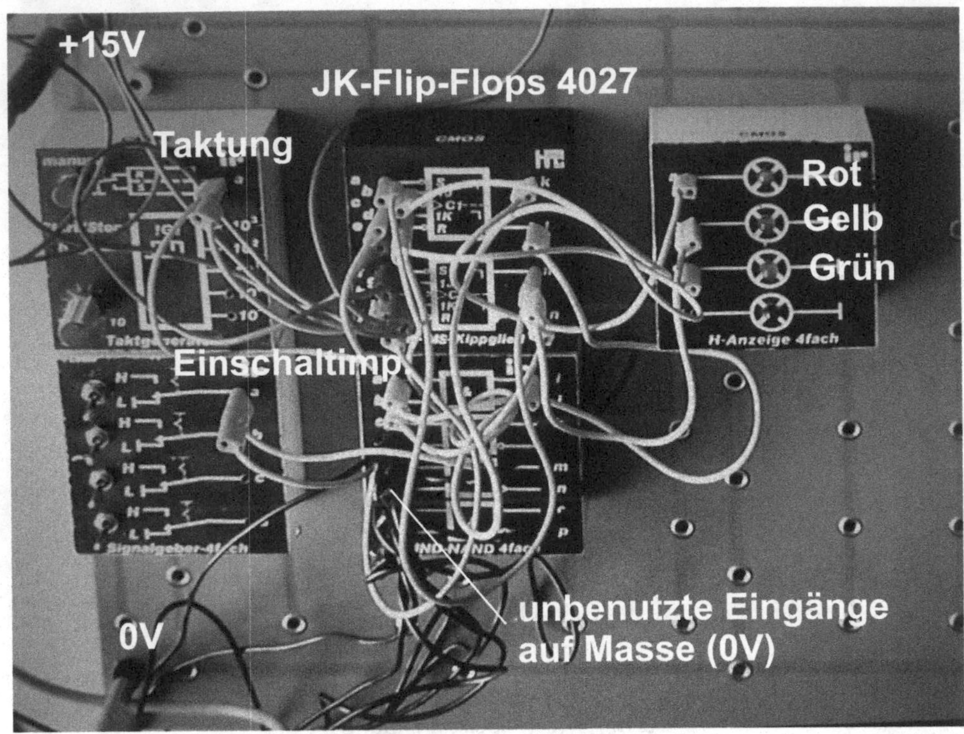

Abb. 11.8 Ampelschaltung mit CMOS-Bausteinen für eine Fahrtrichtung

11.5 Klausur- bzw. Prüfungsfragen

1. Wie sieht der Lade- und Entladevorgang eines Kondensators an Gleichspannung aus, d. h. $U, I = f(t)$?
2. Zeichnen Sie einen OP-Inverter und zeigen Sie, wie seine Verstärkung definiert ist. Was passiert, wenn die Leitung der Gegenkopplung aufgetrennt wird?
3. Geben Sie durch Vereinfachen der Differenzbildner-Schaltung an, wie sich daraus ein Signum-Umschalter ableiten lässt.
4. Wie sieht die OP-Schaltung eines Integrierers und der zugehörige zeitliche Verlauf von U_a bei verschiedenen U_e aus?
5. Welche Wirkung hat ein Potentiometer in der Gegenkopplung eines Spannungsfolgers (mit der Spannungsteiler-Regel erklärt)?
6. Bei der folgenden Schaltung ist der Spannungssprung U_e vorgegeben.
   a) Skizzieren Sie dazu den realen Verlauf der Spannung U_a.
   b) Wie groß sind R und C zu dimensionieren?

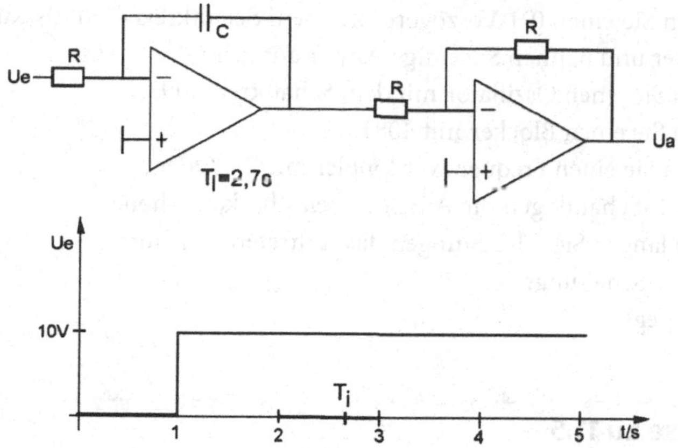

7. Zeichnen Sie einen passiven und aktiven Tiefpass (Schaltung und Frequenzgangbetrag) und zeigen Sie ihre Vor- und Nachteile auf.
8. Erklären Sie die Funktion eines Komparators mit invertierendem Verstärker (ohne Diode, mit Diode). Wo wird er angewendet?
9. Zeichnen und erläutern Sie eine Maximalwert-Auswahlschaltung.
10. Zeichnen und erklären Sie einen Betrags-Bildner.
11. Wie lässt sich ein Differenzbildner zur Signal-Entstörung einsetzen?
12. Wie sieht die Messwerterfassung von Druck, Kraft und Temperatur aus?
13. Vereinfachen Sie in einem Veitch-Diagramm für vier Variablen eine vorgegebene Funktion.
14. Gegeben ist ein boolscher Term: $y = (A + \bar{B}) \cdot (A + C)$.
    Vervollständigen Sie die Wahrheitstabelle für diesen Term.

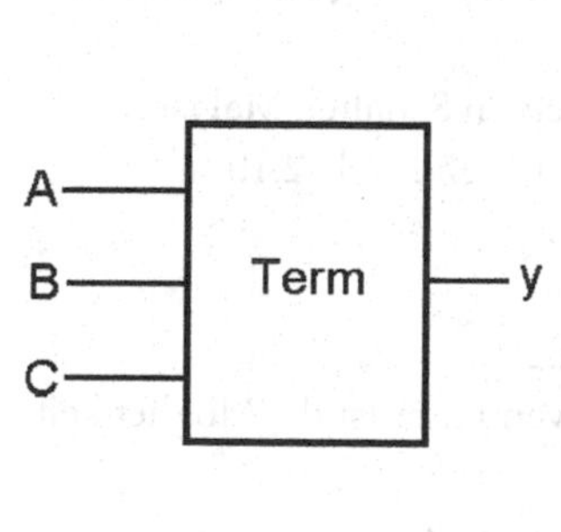

Variable			Zwischensteps		Ergebnis
A	B	C	$A+\overline{B}$	$A+C$	y
0	0	0			
0	0	1			
0	1	0			
0	1	1			
1	0	0			
1	0	1			
1	1	0			
1	1	1			

15. Erklären Sie anhand einer Skizze das RS-Flip-Flop mit NOR-Gattern und eine Schrittkette für eine Ablaufsteuerung.
16. Wie funktioniert ein Frequenzteiler mit dem Schaltkreis 4013?

17. Zeichnen und erläutern Sie einen 0-1-Verzögerer mit dem Schaltkreis 4081 als Kurz- und Langzeit-Verzögerer und nennen Sie einige Anwendungen.
18. Zeichnen und erklären Sie einen Oszillator mit dem Schaltkreis 4093.
19. Zeichnen und erklären Sie einen Blocker mit 4081.
20. Zeichnen und erläutern Sie einen Frequenzverdoppler mit EX-Oder.
21. Wie lässt sich bei CMOS-Schaltungen die Ausgangsbelastbarkeit erhöhen?
22. Wie verhindern Sie bei langen Signal-Leitungen das Auftreten von Störsignalen in der angeschlossenen CMOS-Schaltung?
23. Wer seid Ihr auf dem Weg?

11.6 Lösungshinweise zu 11.5

1. Ladung und Entladung eines Kondensators an Gleichspannung

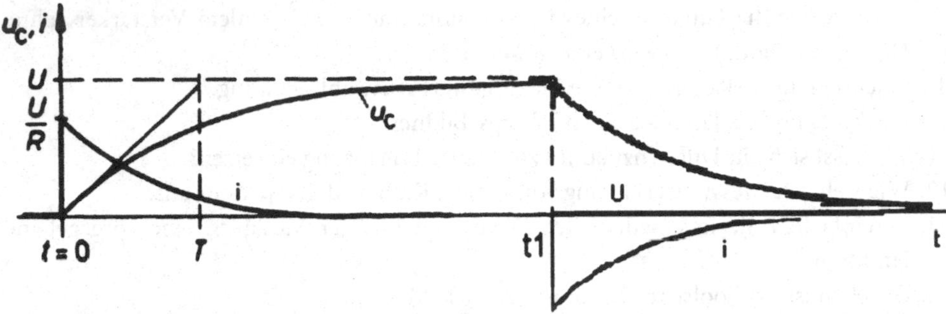

2. $K_p = R_2 / R_1$
   Leitung in der Gegenkopplung aufgetrennt heißt: $K_p \to \infty$, der OP geht an die Stellgrenze.
3. Alle Widerstände sind gleich groß, ersetzen Sie $R4$ durch einen Schalter. Mal ist $R_4 = 0$ (geschlossener Schalter), mal ist $R_4 \to \infty$ (offener Schalter). Siehe Abb. 2.10.
4. Siehe Abschn. 2.2.4 Abb. 2.15.
5. Siehe Abschn. 2.2.3 Abb. 2.13.
6. Als Hilfe dient die Integration aus Abb. 2.15 in Abschn. 2.2.4.
7. Aktive Filter finden sich in Abschn. 2.2.7. Vorteil der aktiven Filter ist die Möglichkeit des Anhebens des Amplitudengangs mit $K_p > 1$.
8. Die Funktionsweise ist in Abschn. 3.4 und Abb. 3.20 dargestellt. Dieser Komparator ermöglicht die Umsetzung eines Messwertvergleichs in ein Digitalsignal (für RS232-, CMOS- und TTL-Schnittstellen).
9. Die Maximalwertschaltung aus Abschn. 3.4 Abb. 3.24 wählt kontinuierlich den zahlenstrahlmäßig größeren von zwei Spannungswerten aus. Dabei ist jeweils eine Diode am OP-Ausgang durchlässig, die andere sperrt und bringt den zugehörigen OP an die

negative Stellgrenze. Zum Vergleich zweier negativer Spannungen benötigt man eine Hilfsspannungsquelle von −15 V über einen Widerstand von 10 kΩ.

10. Die Betragsbildung bzw. Gleichrichtung einer Spannung ist in Abschn. 3.6 mit Abb. 3.31 dargestellt. Auch hier ist jeweils eine Diode durchlässig, während die andere sperrt und den OP an die negative Stellgrenze bringt.
11. Die Zuleitung zum Differenzbildner ist verdrillt und abgeschirmt. Eine Leitung wird auf Masse gelegt. Bei gleicher Eindringtiefe eines Störsignals wird dies durch die Differenzbildung $U_a = U_2 - U_1$ heraus subtrahiert. Der Messwert (U_2) selbst wird unverfälscht übertragen.
12. Druck, Kraft und Temperatur lassen sich mit Ladungsverstärkern und wheatstonscher Messbrücke in Verbindung mit einem Differenzverstärker erfassen (siehe Abschn. 4.1.3 und 4.1.4).
13. Zu den Regeln für die Vereinfachung boolescher Funktionen siehe Abschn. 5.3.2.
14. Hinweis für ein Teilergebnis.

Variable			Zwischensteps		Ergebnis
A	B	C	$A + \overline{B}$	A + C	y
0	0	0	1		
0	0	1	1		
0	1	0	0		
0	1	1	0		
1	0	0	1		
1	0	1	1		
1	1	0	1		
1	1	1	1		

15. Zum RS-Flip-Flop siehe Abschn. 7.1.1.
    Anmerkung: Liegt an einem Eingang eines NOR-Gatters ein 1-Signal an, hat der Ausgang 0-Signal.
16. Zur Funktion des Frequenzteilers siehe Abschn. 7.3 Abb. 7.17.
    Mit jedem 0-1-Signal am Eingang IC des D-Flip-Flops wird die Information des Eingangs Dl an den Ausgang q gespeichert.
17. Siehe Abschn. 7.5 (Abb. 7.23 und 7.24). Bei $U_s = +15$ V liegt die O-Schaltschwelle eines 4081 bei ca. 2 V. Das 1-Signal wird bei ca. 9 V erkannt.
18. Ein digitaltechnischer Oszillator ist in Abschn. 7.4 Abb. 7.22 dargestellt. Vor dem Start liegen der NAND-Ausgang und der Eingang b auf 1-Signal.
19. Ein einfacher Blocker ist in Abschn. 7.6 Abb. 7.28 dargestellt.

20. Abschn. 7.3 Abb. 7.18 zeigt einen Frequenzteiler mit Schaltkreis 4070. Ungleiche Eingangssignale ergeben 1-Signal am Ausgang.
21. Analog zum Parallelschalten von Batterien, erhöht sich auch durch das Parallelschalten von CMOS-Schaltkreisen 4049, deren Ausgangsbelastbarkeit mit jedem Parallelzweig (siehe Abschn. 7.9 Abb. 7.55).
22. Mit Optokopplern und Zweileiterführung an Impulsgebern lassen sich Störungen auf Signalleitungen verhindern (siehe Abschn. 7.9 Abb. 7.50).
23. Jesus sprach: Wenn man euch fragt: „Woher seid ihr gekommen?", antwortet ihnen: „Wir kamen aus dem Licht, von dem Ort, wo das Licht aus sich selbst entsteht." Wenn man euch fragt: „Wer seid ihr?", so antwortet ihnen: „Wir sind Söhne des Lichtes und wir sind die Erwählten des VATERS." Wenn man euch fragt: „Was ist das Zeichen eures Vaters an euch?", so antwortet ihnen: „Es ist Bewegung in der Ruhe durch Liebe." (*nach: Thomas-Evangelium Nr. 50, GNOSIS, Pattloch-Verlag*)

Literatur

1. Tietze, U., Schenk, C.: Halbleiter-Schaltungstechnik, 12. Aufl. Springer, Berlin (2002)
2. Böhmer, E., Ehrhardt, D., Oberschelp, W.: Elemente der angewandten Elektronik, 16. Aufl. Vieweg+Teubner, Wiesbaden (2010)
3. Wagner, K.W.: Operatorenrechnung und Laplace-Transformation, 3. Aufl. J. A. Barth, Berlin (1962)
4. Carson, J.R.: Elektrische Ausgleichsvorgänge und Laplace-Transformation. New York (1953)
5. Heaviside, O.: Electromagnetic Theory Bd. 3. London (1912)
6. Orlowski, P.F.: Praktische Regeltechnik, 9. Aufl. Springer, Berlin (2011)
7. Seifart, M.: Analoge Schaltungen, 5. Aufl. Verlag Technik, Berlin (2001)
8. Wellenreuther, G., Zastrow, D.: Automatisieren mit SPS. Theorie und Praxis. Vieweg+Teubner, Wiesbaden (2009)
9. Wellenreuther, G., Zastrow, D.: Automatisieren mit SPS. Übungsaufgaben. Vieweg+Teubner, Wiesbaden (2009)
10. Saal, R.: Handbuch zum Filterentwurf. AEG-Telefunken. Firmeneigener Verlag von AEG, Berlin, S. 64–70 (1979)
11. Kugelstadt, T.: Auto-zero amplifiers ease the design of high-precision circuits. Texas-Instruments-Dokument SLYT204 2005. http://focus.ti.com/lit/an/slyt204/slyt204.pdf. Zugegriffen: 2012
12. Kugelstadt, T.: New zero-drift amplifier has an IQ of 17μA. Texas-Instruments-Dokument SLYT272
13. Orlowski, P.F.: Praktische Analogtechnik, 3. Aufl. diagonal, Marburg (2008)
14. Hering, E., Martin, R., Gutekunst, J., Kempkes, J.: Elektrotechnik und Elektronik für Maschinenbauer. Springer, Berlin (2012)
15. Orlowski, P.F.: Skript Elektrische Antriebe (2012). http://prof-orlowski.jimdo.com/downloads-studium/. Zugegriffen: 2012
16. Weck, M.: Werkzeugmaschinen 3. Mechatronische Systeme. Springer, Berlin (2006)
17. Schmusch, W.: Elektronische Messtechnik, 2. Aufl. Vogel, Würzburg (1991)
18. Orlowski, P.F.: PID-Algorithmus für MATLAB Simulink. http://prof-orlowski.jimdo.com/simulation-regelungstechnik-l/. Zugegriffen: 2012
19. Hurst, L.: Schwellwertlogik. Hüthig, Heidelberg (1974)
20. Muroga, S., Toda, I., Kondo, M.: Majority decision functions of up six variables. IEE **119**(8) (1992)
21. v Wangenheim, L.: Analoge Signalverarbeitung. Vieweg+Teubner, Wiesbaden (2010)
22. Friedrich Vollmer Feinmessgerätebau. www.vollmergmbh.de

P. F. Orlowski, *Praktische Elektronik*, DOI 10.1007/978-3-642-39005-0,
© Springer-Verlag Berlin Heidelberg 2013

23. Roland Electronic GmbH. www.roland-electronic.de

24. Micro-Epsilon Systems Division. www.micro-epsilon.de

25. ABB, Mannheim. www.abb.com/metals

26. ASTECH Angewandte Sensortechnik GmbH, Rostock. www.astech.de

27. VDEh Betriebsforschungsinstitut (BFI), Düsseldorf. www.bfi.de

28. Berichte zur Metallumformung, Bd. 1, UNI Kassel. www.uni-kassel.de/upress/online/frei/978-3-89958-754-8.volltext.frei.pdf. Zugegriffen

29. Hasse, F., Sauer, W.: Planheitsreglung zur Erzielung von planem Kaltband. EP 116 1313 Bl (SMS DEMAG AG)

30. Bergeler, S.: Lehrstuhl für Allgemeine Elektrotechnik. Universität Rostock (2005)

31. Magnetostriktion. UNI-Saarland. www.uni-saarland.de/fileadmin/user_upload/Professoren/fr84_ProfMuecklich/downloads/lehre/Kapitel%207_Magnetostriktion.pdf. Zugegriffen

32. Sick-Stegmann. www.sick.com/group/DE/home

33. Numeri Jena. www.numerikjena.de

34. Bomatec, Höri Schweiz. www.bomatec.ch

35. Numerik GmbH Jena. www.numerikjena.de/en/downloads/Sensor.pdf

36. Orlowski, P.F.: Simulationsprogramm SIMLER-PC 6.0 (2011). http://prof-orlowski.jimdo.com/simulation-regelungstechnik-1/. Zugegriffen: 2011

37. Profibus (2010). www.htw-dresden.de/~huhle/micros/MC-DoCs/profibus.pdf. Zugegriffen: 2010

38. Pepperl und Fuchs, Mannheim. SSI-Schnittstelle. www.pepperl-fuchs.de/germany/

39. ABB: www.abb.com/plc, Möller: www.moeller.net/aktuell/msl615.jsp, Siemens: www.automation.siemens.com/

40. Seitz, M.: SPS: System- und Programmentwurf für Fabrik-, und Prozessautomatisierung. Hanser, Leipzig (2008)

41. Kaftan, J.: SPS-Beispiele mit Simatic S7 1200. Vogel, Würzburg (2012)

42. Keissler, R.: Automatisierung. SPS-Ausbildung. www.kleissler-online.de/SPS_Downloads.htm

43. Bonin, E. v.: SPS-Lehrgang. www.sps-lehrgang.de

44. Links zu verschiedenen SPS-Anwendungen. www.automatisieren-mit-sps.dewww.techniker-forum.de, www.sps-forum.de/simatic/2746-anwendung-von-sps.html, www.fh-oow.de/fbi/we/al/pdf/vorlesungen/ps2/ps2_ablaufsteuerung.pdfwww.sps-lehrgang.de/loesung-schleifmaschine

45. Vahlsing, B.: SPS-Technik in CoDeSys. www.lehrer-online.de/dyn/bin/711161-711263-l-codesys_material06.pdf. Zugegriffen

46. Orlowski, P.F.: Wisse Vollendung nach den Wurzeln der Heilung. diagonal, Marburg (2007). Kleine Wegbegleitung

Sachverzeichnis